大气科学前沿译丛

集合预报
的统计后处理

Statistical Postprocessing of Ensemble Forecasts

斯特凡·范尼特姆（Stéphane Vannitsem）

丹尼尔·S. 威尔克斯（Daniel S. Wilks） 著

雅各布·W. 梅斯纳（Jakob W. Messner）

赵琳娜 等 译

赵琳娜 校

ELSEVIER

气象出版社
China Meteorological Press

内 容 简 介

　　本书介绍了集合预报和预报系统，阐述了集合预报统计后处理的基本理论，分类说明了集合预报的统计后处理方法以及专门为评估集合预报而设计的预报检验方法，同时阐述了这些方法在天气、气候和水文预报以及可再生能源预报等几个重要领域的应用。针对本书中提出的一些方法，介绍了集合预报统计后处理中一些重要而有用的 R 语言函数，并给出了四个典型后处理实例的 R 语言实现过程。

　　本书汇集了当前国际上集合预报统计后处理最新的方法和技术，内容全面，数理概念明晰，并配有示例，可操作性强。该书可供高等院校大气科学相关专业的高年级本科生、研究生使用，也可作为大气科学、水文学、可再生能源、环境科学和农业气象等领域的相关科研人员和业务工作者的参考书。

图书在版编目（ＣＩＰ）数据

　　集合预报的统计后处理 / （比）斯特凡·范尼特姆等著；
赵琳娜等译. -- 北京 ：气象出版社，2023.8
　　书名原文：Statistical postprocessing of
ensemble forecasts
　　ISBN 978-7-5029-8002-3

　　Ⅰ．①集… Ⅱ．①斯… ②赵… Ⅲ．①水文预报－研
究 Ⅳ．①P338

　　中国国家版本馆CIP数据核字(2023)第131882号

　　北京版权局著作权合同登记：图字 01-2023-5079 号

集合预报的统计后处理

Jihe Yubao de Tongji Hou Chuli

出版发行：气象出版社	
地　　址：北京市海淀区中关村南大街 46 号	**邮政编码**：100081
电　　话：010-68407112（总编室）　010-68408042（发行部）	
网　　址：http：//www.qxcbs.com	**E-mail**：qxcbs@cma.gov.cn
责任编辑：隋珂珂	**终　　审**：张　斌
责任校对：张硕杰	**责任技编**：赵相宁
封面设计：楠竹文化	
印　　刷：三河市君旺印务有限公司	
开　　本：787 mm×1092 mm　1/16	**印　　张**：20
字　　数：530 千字	**彩　　插**：5
版　　次：2023 年 8 月第 1 版	**印　　次**：2023 年 8 月第 1 次印刷
定　　价：138.00 元	

Statistical Postprocessing of Ensemble Forecasts

Stéphane Vannitsem，Daniel S. Wilks，Jakob W. Messner

ISBN：978-0-12-812372-0

Elsevier

Radarweg 29，PO Box 211，1000 AE Amsterdam，Netherlands

The Boulevard，Langford Lane，Kidlington，Oxford OX5 1GB，United Kingdom

50 Hampshire Street，5th Floor，Cambridge，MA 02139，United States

译者名单

赵琳娜　朱玉祥　齐　丹

李应林　曹　越　高　岚

贡献者名单

Roberto Buizza
欧洲中期天气预报中心（英国雷丁）

Sebastian Buschow
波恩大学（德国波恩）

Petra Friederichs
波恩大学（德国波恩）

Thomas M. Hamill
物理科学部 NOAA 地球系统研究实验室（美国科罗拉多州博尔德）

Stephan Hemri
海德堡理论研究所（德国海德堡）

Jakob W. Messner
丹麦技术大学（丹麦孔根斯林格比）

Annette Möller
克劳斯塔尔工业大学（德国克劳斯塔尔·泽勒费尔德）

Pierre Pinson
丹麦技术大学（丹麦孔根斯林格比）

Roman Schefzik
德国癌症研究中心（德国海德堡）

Nina Schuhen
挪威计算中心（挪威奥斯陆）

Thordis L. Thorarinsdottir
挪威计算中心（挪威奥斯陆）

Bert Van Schaeybroeck
比利时皇家气象研究所（比利时布鲁塞尔）

Stéphane Vannitsem

比利时皇家气象研究所（比利时布鲁塞尔）

Sabrina Wahl

波恩大学汉斯·埃特尔天气研究中心（德国波恩）

Daniel S. Wilks

康奈尔大学（美国纽约州伊萨卡）

序　言

在过去 20 年中，动力天气预报发生了一场革命性的变化。这是由于对初始条件的敏感性（"混沌"动力学）和动力学方程中的结构性误差，未来大气行为的基本不确定性已经开始通过集合预报来体现。对这些控制物理方程的多重积分旨在表示未来大气状态的概率分布，从而制作出概率预报，为决策者和其他预报用户带来最大的效用和价值。遗憾的是，原始动力集合预报在大小（偏差）和离散度（校准）上存在系统性误差，必须对其进行校正，才能从概率上解释预报结果。虽然这种统计订正方法在传统的确定性预报的后处理方面已有悠久的应用历史，但将其扩展用于集合预报是一个相对较新且仍在快速发展的领域，地球科学各个领域开发和应用的各种后处理技术就是明证。

在美国气象学会（AMS）和欧洲地球物理联盟（EGU）的会议上，当编者们组织关于集合预报后处理的会议时，成功地吸引了来自地球科学不同领域的很多专家，他们认识到需要对这些技术进行全面概述。尤其是，这些会议揭示了有效用于具体应用的各种方法，以及许多新的统计后处理方法的潜力。本书试图汇集和概述在此背景下提出的各种方法，并说明它们在一系列具体领域中的应用。本书由国际相关专题的专家贡献的章节组成，介绍了集合预报统计后处理技术的最新水平，并说明了这些方法在天气、水文和气候预测以及可再生能源预报等几个重要领域中的应用。

我们要感谢所有这些专家的出色工作，并对他们使这一汇编成为可能表示感谢，他们是 Roberto Buizza、Sebastian Buschow、Petra Friederichs、Thomas M. Hamill、Stephan Hemri、Annette Möller、Pierre Pinson、Roman Schefzik、Nina Schuhen、Thordis L. Thorarinsdottir、Bert Van Schaeybroeck 和 Sabrina Wahl。我们还要感谢不同章节的审稿人，感谢他们为提高本书内容质量所做出的奉献。最后，我们要感谢爱思唯尔制作团队一直以来的支持。

我们希望这本书能够帮助不同领域的科学家在这个快速发展的集合后处理领域中找到他们的方法。

Stéphane Vannitsem
比利时皇家气象研究所

Daniel S. Wilks
美国康奈尔大学

Jakob W. Messner
丹麦技术大学

译者前言

对数值预报进行统计后处理是气象预报预测发展和进步过程中的关键环节和重要组成部分。

由于大气的混沌特性，大气数值预报不可避免地具有误差。虽然集合预报是表达预报不确定性的重要手段，但是集合预报系统由于同化方案、初值扰动、模式参数化方案等方面的不完善，常存在系统偏差和离散度偏差。因此，模式输出的集合预报需要进行统计学后处理，纠正系统偏差、调整离散度，以提升集合预报的可靠性和准确率。目前统计后处理已成为许多国家气象服务的重要组成部分。虽然统计后处理方法在传统的确定性预报的后处理方面有着悠久的使用历史，但将其扩展用于集合预报中是一个相对较新且仍在快速发展的领域，许多新方法值得研究和探索。

本书 2018 年由爱思唯尔公司出版，汇集了当前国际上集合预报统计后处理最新的方法和技术，同时阐述了这些方法在天气、气候和水文预报以及可再生能源预报等几个重要领域的应用，是目前为止关于集合预报后处理方法较全面、较新的一本书籍。

基于此，以赵琳娜为主要代表的译者团队，选择对本书进行中文翻译。朱玉祥翻译了第 1章，参加修改了第 2、4、5、10 章和序言，李应林翻译了第 3 章，参加修改了第 6 章，齐丹翻译并修改了第 8 章和第 9 章，曹越翻译了第 11 章，高岚翻译了主题索引，赵琳娜翻译了其余各章、文前部分，对全书进行了修改和统稿，形成本书中文版，最后对全书进行了校对、润色和把关。

本书中文版由国家重点研发计划"重大自然灾害监测预警与防范"项目"重大灾害性天气的短时短期精细化无缝隙预报技术研究（2017YFC1502000）"和"多源气象资料融合技术研究与产品研制（2018YFC1506600）"、国家科技支撑计划课题"城镇突发灾害及事故快速风险评估与预警集成技术（2015BAK10B03）"、中国气象科学研究院科技发展基金"模式预报误差订正和多模式集成预报方法研究（2023KJ022）"共同资助出版。

相信本书对国内天气、气候预测领域以及水文、可再生能源等领域的从业者，学习和应用新的集合预报统计后处理方法，跟踪集合预报统计后处理的国际动态，具有很好的借鉴和参考价值，对促进我国预报预测技术的发展与进步必将产生积极的作用。

由于译者水平有限，译文中还会存在一定的不当之处，请各位读者不吝赐教。对此，我们深表谢意。

赵琳娜

2022 年 10 月于北京

目 录

第 1 章
来自确定性动力预报的不确定性

Daniel S. Wilks[*] , Stéphane Vannitsem[**]

[*] 美国纽约州伊萨卡,康奈尔大学

[**] 比利时布鲁塞尔,比利时皇家气象研究所

1.1 对初始条件的敏感性或"混沌"

在半个多世纪前发表的一篇令人震惊的论文中,Lorenz(1963)证明了确定性非线性微分方程系统的解可以表现出对初始条件的敏感相关性。也就是说,当从给定的初始条件向前积分时,尽管确定性方程产生了唯一的和可重复的解,但从非常微小的初始条件中表现出敏感相关性的积分系统最终产生了彼此严重发散的计算状态。12年后,Li 等(1975)创造了"混沌"动力学的名称,尽管这个名称并不准确,因为它并没有描述出对初值的敏感相关现象。

Lorenz(1963)使用的、最初是由 Saltzman(1962)推导出来的3个耦合的常微分方程组,看起来很简单:

$$\frac{\mathrm{d}X}{\mathrm{d}t} = -10X + 10Y \tag{1.1a}$$

$$\frac{\mathrm{d}Y}{\mathrm{d}t} = -XZ + 28X - Y \tag{1.1b}$$

$$\frac{\mathrm{d}Z}{\mathrm{d}t} = XY - \frac{8}{3}Z \tag{1.1c}$$

该系统是流体中热对流的高度抽象表示,其中 X 表示对流运动的强度,Y 表示对流的上升分支和下降分支之间的温度差,Z 表示垂直温度廓线的线性偏离。尽管这个系统维度比较低,表面上看起来很简单,但由式(1.1a)~(1.1c)组成的系统与控制大气运动的方程有一些相同的关键性质,特别是动力天气预报核心特征的明显不稳定的行为。因此,Lorenz(1963,第141页)得出结论:"除非确切地知道目前的状况,否则用任何方法都不可能预报足够遥远的未来。鉴于天气观测不可避免地存在不准确和不完整性,因此精确的超长期预报似乎是不存在的。"

Palmer(1993)指出,除了对初值的敏感相关性外,简单的洛伦兹(Lorenz)系统和控制大气运动的方程在可预报性方面还表现出区域结构、多个不同的时间尺度和状态相关的变化。因为洛伦兹系统只有3个预报变量,这3个变量的性质和它们对初始条件的敏感相关性,可以用系统相空间吸引子上的轨迹来可视化。相空间是一个抽象的几何空间,它的每一个坐标轴都对应于动力系统中的一个预报变量。因此,洛伦兹系统的相空间(式(1.1a)~(1.1c))是一个3维体积。动力系统的吸引子是相空间中的一个几何物体,随着时间的推移,轨迹被吸引到这个物体上,其上的每个点共同代表所有的预报变量的动态自洽状态。对这类吸引子的具体几何形状和动力学性质的理解是混沌的遍历理论和奇异吸引子的研究课题(Eckmann et al.,1985)。

来自 Palmer(1993)的图 1.1 显示了投影到 X-Z 平面上的洛伦兹吸引子的近似效果。该图是通过对洛伦兹系统进行长时间的数值积分构建的,用每个点代表系统在离散时间增量上的状态。洛伦兹吸引子的这种投影的特征形状被称为洛伦兹"蝴蝶"。在某种意义上,吸引子可以被认为代表其动力系统的"气候状态",在其上的每一个点都代表了一个可能的瞬时"天气"状态。然后,这些状态的序列沿着吸引子在相空间中形成一条轨迹。

图 1.1 中吸引子的每个翼(翅膀)代表洛伦兹系统的一个区域。相空间中的轨迹包括围绕

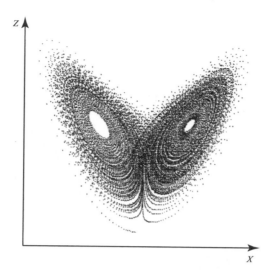

图 1.1　洛伦兹吸引子投影到 X-Z 平面的有限呈现,产生了洛伦兹"蝴蝶"(引自 Palmer T N,1993)

吸引子左翼($X<0$)的动力学方程的一个不稳定固定点的若干顺时针"绕圈",然后移动到吸引子的右翼($X>0$),围绕第二个不稳定固定点执行若干逆时针绕圈,直到轨迹再次转移到左翼,依此类推。从一个翼向另一个翼的过渡在动力学方程的第 3 个不稳定固定点附近进行。围绕一个或另一个翼的循环发生的时间尺度比在每个翼上的停留时间要短。图 1.2 中的轨迹是 X 变量的时间序列示例,说明了围绕一个或另一个翼的快速振荡在数量上是变化的,并且两个翅膀状态之间的跃迁是突然发生的。图 1.2 中的两条轨迹是在非常相似的点上初始化的,它们之间的突然差异开始于第一次区域转换之后,说明了对初值的敏感相关现象。

洛伦兹系统和真实大气共有的一个特别有趣的特性是它们在可预报性方面存在状态相关性变化。也就是说,在相空间的某些区域(对应于动态自洽天气状态的特定子集)初始化的预报可能比其他区域预报结果更好。图 1.3 通过跟踪在吸引子的不同部分初始化的初始条件的循环轨迹,说明了洛伦兹系统的这一思想。图 1.3a 中左侧上部的初始循环说明了极其有利的预报演变。在 10 个阶段的整体预报过程中,这些初始点保持紧密的联系(当然,如果要进一步往前积分,它们最终也会出现分歧)。结果是,来自这些初始状态中的任何一个预报都将产生来自(未知的)真实初始条件(可能位于初始循环的中心附近)轨迹的良好预报。相反,图 1.3b 显示了初始条件为吸引子左翼稍低的圆环上的点时对同一组未来时刻的预报。在这里,动力学预报在预报期的前半段表现得相当好,但在预报期结束时,由于一些轨迹停留在吸引子的左翼,而另一些轨迹则经历了向右翼的状态转变,预报结果出现了强烈的发散。其结果是,从接近未知的真实初始条件附近的初始条件可以预报出大范围的预报变量,并且无法提前辨别出哪些轨迹可能代表好的预报,哪些轨迹可能代表差的预报。

初值的这种高敏感性与吸引子中心鞍型节点两侧沿不稳定方向的发散有关。吸引子上气流可预报性的非均匀性是许多低阶系统(如洛伦兹模型)以及高度复杂的模式(包括业务预报系统)所共有的特性,正如最近的两篇综述文章所讨论的那样(Vannitsem,2017;Yoden,2007)。

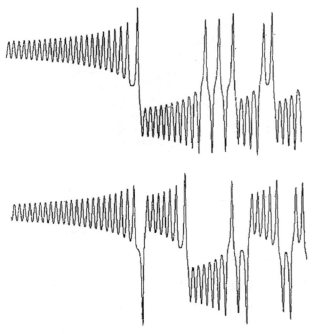

图 1.2　洛伦兹系统中 X 变量的时间序列示例。两个时间序列的初始值几乎相同（引自 Palmer T N,1993）

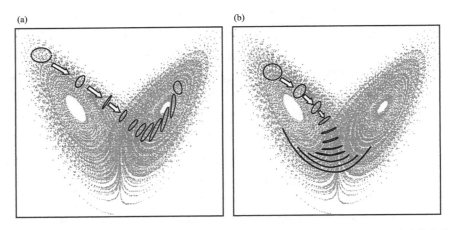

图 1.3　洛伦兹系统的预报轨迹集合,初始化于(a)吸引子的高可预报性部分和(b)吸引子的中等可预报性部分。(a)中的预报都可以很好地代表未知的真实未来状态,而(b)图中的很多结果将对应于糟糕的预报
（引自 Palmer T N,1993）

1.2　确定性预报中的不确定性和概率

在 20 世纪中叶,当时动力天气预报还不是一种业务工具,而只是出于研究的好奇心,Eady(1951)写道:

"运动的初始状态从来无法精确地给出,我们也永远不知道在某一误差范围之下可能存在什么样的小扰动。由于扰动可能以指数速度增长,预报(最终)状态的误差幅度将随着预报周期的延长而呈指数增长,无论我们的预报方法是什么,这种可能的误差都是不可避免的……与我们的初始数据一致的所有可能的未来发展的集合是发散集合,任何直接计算都只是随意地挑出集合中的一个成员。显然,如果我们要在有限的时间间隔之外收集任何关于发展的信息,必须扩展我们的分析,并考虑所有可能发展的集合(set)或"集合(ensemble)"(对应于统计力学的吉布斯集合(Gibbs-ensemble))的性质。因此,从广义上讲,长期预报必然是统计物理学的一个分支:我们的问题和回答都必须用概率来表达。"

当然,Eady 当时不可能知道今天所谓的混沌动力学,但他已经意识到,初始条件误差的放大将不可避免地导致动力预报的不确定性,这些不确定性应该用概率的语言来表达。

不确定性、概率和动力预报的联系,可以使用洛伦兹吸引子的相空间作为真实的现代动力天气预报模式的数百万维相空间的低维和可理解的类比来理解。再看图 1.3 所示的预报轨迹,与其将左上环视为初始状态的集合,不如想象它们代表包含大部分概率的边界,对于定义在吸引子上的概率密度函数,也许是 99% 的概率椭球。在初始化一个动力预报模式时,我们永远无法确定真正的初始状态,但我们可以用概率分布来量化初始条件的不确定性,如果初始状态要与控制方程在动力上一致,则必须在系统的吸引子上定义该分布。实际上,这些控制方程将作用于初始条件不确定性的概率分布进行运算,使其平流通过吸引子,并在此过程中扭曲其初始形状。如果初始概率分布是初始条件不确定性的正确表达,并且如果模式方程是真实系统动力学的正确表达,那么后续的平流和扭曲概率分布将正确量化未来时刻的预报不确定性。这种不确定性可能更大(如图 1.3b 所示)或更小(如图 1.3a 所示),这取决于吸引子初始区域状态的内在可预报性(如果预报模式方程不能完整和正确地表示真实的动力学(这在大气建模中是不可避免的),那么就会引入额外的不确定性)。

Epstein(1969)利用这种量化初始条件不确定性的概率分布概念,提出了随机动力学预报方法。Lewis(2014)回顾了这篇重要论文的历史和传记背景。Epstein(1969)从总概率(φ)的守恒方程开始,将(多变量)不确定性分布表示为 φ,并将向量 $\dot{\boldsymbol{X}}$ 表示为包含定义相空间坐标轴的预报变量对时间的全导数。

$$\frac{\partial \varphi}{\partial t} + \nabla \cdot (\dot{\boldsymbol{X}} \varphi) = 0 \tag{1.2}$$

式(1.2)也被称为刘维尔方程(Liouville equation)(Ehrendorfer, 1994a；Gleeson, 1970),类似于我们更熟悉的质量连续性(即守恒)方程。正如 Epstein (1969)所指出的:

"可以将相空间中的概率密度可视化，就像三维物理空间中的质量密度（通常是 ρ ）一样。注意，对于所有空间和时间 $\rho \geqslant 0$，如果 M 是系统的总质量，则 $\iiint (\rho/M)\mathrm{d}x\mathrm{d}y\mathrm{d}z = 1$。根据定义，任何系统的'总概率'都等于 1。"

式(1.2)指出，相空间中某一点周围的小（超）体积中所包含的概率的任何变化都必须由通过该体积边界的相等的净概率通量来平衡。系统的控制物理动力学（例如，洛伦兹系统的式(1.1a)～式(1.1c)）包含在式(1.2)中的时间导数 $\dot{\boldsymbol{X}}$ 中，也称为倾向。注意，式(1.2)的积分是确定性的，即在动力倾向项的右边没有引入随机项。实际上，刘维尔方程是一种更通用方法的极限情形（仅有漂移的情况），其中包含了随机扩散强迫和跳跃过程，即 Chapman-Kolmogorov 方程(Gardiner, 2009)。因此，Epstein(1969)使用的术语不应该与当前随机系统的概念混淆。

Epstein(1969)认为，在相空间内的一组网格点上直接对式(1.2)进行积分在计算上是不切实际的，即使对于他所使用的理想化的三维动力系统也是如此。相反，他通过假设预报分布的三阶和更高阶矩消失，推导了 φ 的均值向量和协方差矩阵元素的时间趋势方程（实际上，假设这个分布在最初和所有预报时间都遵从多变量正态分布），得到一个由 9 个耦合微分方程（平均值、方差和协方差各 3 个）组成的系统。除了提供（矢量）平均预报之外，该过程还通过填充预报协方差矩阵的预报方差和预报协方差来表征状态相关的预报不确定性，随着预报时效的延长，其递增行列式（"大小"）的增大可以用来表征预报不确定性的增加。

相空间中基于不确定性分布的一阶和二阶矩的随机动力学预报或对式(1.2)积分的相关方法(Ehrendorfer, 1994b；Thompson, 1985)，即使在今天，当应用到现实的预报模式时，在计算上也是不切实际的。此外，基于式(1.2)的预报不确定性的预报，假设 $\dot{\boldsymbol{X}}$ 元素所编码的系统动力学是正确和完整的，而在现实的天气预报模式中违反这一假设会给任何预报增加不确定性。

1.3 集合预报

尽管 Epstein(1969)提出的随机动力学预报方法在计算上无法实现，但它在理论上是合理的，在概念上也很有吸引力。它为解决动力天气和气候模式中初始条件的敏感性问题提供了哲学基础，而目前该问题最好通过集合预报来解决。集合预报不是计算控制动力学对初始条件不确定性的完全连续概率分布的影响，而是通过构建该过程的离散近似来进行的。也就是说，选择一组独立的初始条件（每个初始条件由相空间中的一个点表示），并根据动力系统的控制方程在时间上向前积分每个初始条件。理想情况下，这些状态在相空间中未来时间点的分布（可以映射到物理空间）将代表预报不确定性统计分布中的一个样本。

集合预报是蒙特卡洛积分的一个实例(Metropolis et al., 1949)，第 1.2 节开头引用的 Eady(1951)的话预示了它在气象学中的应用。Lorenz(1965)在一篇会议论文中首次明确提出了气象学中的集合预报：

"该方法选择初始状态的有限集合，而不是观测到的单个初始状态。集合中的每一个状态都与观测到的状态非常相似,因此这种差异可能是由于观测的误差或不足造成的。一个以前被认为适合预报的动力学方程系统随后被应用到集合中的每个成员,从而得到未来任何时间的状态集合。从未来状态的集合中可以估计出事件发生的概率,或诸如数量的集合均值和集合标准差等统计量。"

集合预报最早由 Epstein(1969)在气象背景下实现,作为提供真实预报分布表示的一种手段,他的(截断的)随机动力学计算可以与之进行比较。他从初始条件不确定性的分布中明确地选择了初始集合成员作为独立的随机抽取成员:"相空间中离散的初始点是由一个随机过程选择的,这样选择任何给定点的可能性与给定的初始概率密度成正比。对于每个初始点(即从集合中选择的每个样本),通过数值积分计算相空间中的确定性轨迹——通过对样本取适当数量的平均,确定了对应于特定时间的均值和方差。"那么,包含或多或少不确定性的预报,就可以用较大或较小的集合方差来表征。Leith(1974)的一篇颇具影响力的论文对这一过程做了更详细的阐述。

除了计算上的易处理性,集合预报的一个优势是它允许随着集合成员的发散而出现更多双峰或多峰的预报分布,从而可以允许表示可能的状态变化。Lorenz(1965)在他提出的方法中特别考虑了这个特性。相比之下,由于 Epstein(1969)的截断随机动力学公式是分布矩形式的,因此其预报分布的允许数学形式受到限制,只能计算单峰的预报分布。Nicolis(1992)通过发展误差增长的随机方程,在大气洛伦兹 3 变量模型中很好地解决了多峰问题。

随机动力学和集合方法描述初始条件不确定性的影响最初都假设控制物理动力学的方程是完整和正确的。当然,在实践中,动力学天气预报模式并不完善,通过空间和时间的离散化以及未解决过程的经验公式引入了误差。Pitcher(1974,1977)通过在预报方程中加入随机强迫项来表示这些模式误差的影响,采用的方法是在随机建模背景下开发的。例如,Gardiner(2009)和 Leith(1974)建议将同样的方法应用于集合预报。

这种"随机参数化"方法首次被引入到欧洲中期天气预报中心(European Centre for Medium-Range Weather Forecasts,ECMWF)的业务集合天气预报实践中(Buizza et al. ,1999),尽管这个问题还没有得到解决,而且该领域正在开展的研究既有从实际预报方面进行的(Christensen et al. ,2017),也有根据第一性原理从更理论的角度推导出的技术研究(Demaeyer et al. ,2017;Majda et al. ,2001;Wouters et al. ,2012)。

在气候(Hasselman,1976)和水文建模(Bras et al. ,1984)方面,表示不确定性的随机方法也非常受欢迎,因为这些领域中不确定性的来源比天气预报的大气模式更多。就气候模式而言,在气候模式发展的现阶段,许多影响大气的强迫因素不是没有得到充分理解,就是由于成本过高而无法考虑。在水文学中,无论本质上来自大气的外强迫,还是对(小尺度)地表过程的描述都显示出重要的不确定性。在这两种情况下,这些不确定性通常最好用随机强迫来描述。

1.4 单个动力预报的后处理

动力天气预报的统计后处理的历史几乎和动力天气预报本身的历史一样长。业务的动力天气预报始于 1956 年的美国(Fawcett,1962),1968 年开始向公众发布统计后处理的动力预报产品(Klein et al.,1970;Carter et al.,1989)。早期的这些预报基于一种被称为"完美预报(PP)"的技术(Wilks,2011),PP 不需要来自动力模式的训练数据。此后不久,当获得足够的动力模式的训练数据后,开始使用更好的模式输出统计(MOS)方法(Glahn et al.,1972)。

MOS 方法一直是首选,因为它将特定动力预报模式的过去预报与随后关注的天气要素联系起来,因此能够纠正特定动力模式结构误差所产生的偏差。MOS 方法还对"代表性误差"(特别是网格尺度的动力预报输出与很多预报用户最关心的本地仪器观测值之间的不匹配)进行了调整,这种误差订正在气候变化文献中称为"降尺度"(Wilby et al.,1997)。图 1.4 为说明这些不匹配的示意图。

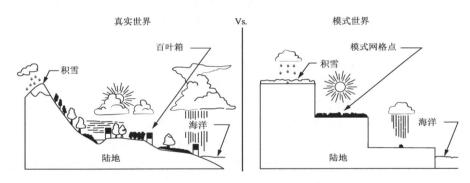

图 1.4 基于粗网格的动力预报(右)对真实世界中的小尺度变化进行预报时固有的代表性误差(左)的示意
(引自 Karl et al.,1989)

最初的 MOS 预报系统在当时可用的单一积分动力预报上运行,几乎所有的 MOS 系统都采用多变量线性回归进行构建:

$$y_t = a + b_1 x_{t,1} + b_2 x_{t,2} + \cdots + b_m x_{t,m} + \varepsilon_t \tag{1.3}$$

其中,$y_t(t=1,\cdots,n)$ 是一组训练数据中的待预测值,$x_{t,k}$ 是预报因子变量,回归系数 $b_k(k=1,\cdots,m)$ 通过最小化 n 个训练样本的残差平方 (ε_t^2) 和来估计。如果预报因子变量在动力模式中可以作为预报变量,那么它通常与关注的量 (y) 相对应。然而,由于早期的动力模式相对于现在的动力模式质量较低,这些方程有时包括 10 个或更多的额外预报因子(Glahn,2014),如其他的动力预报变量、最近的地表观测值、气候值和一年中的某一天(三角变换的),以代表季节变化的某些方面(Jacks et al.,1990)。

几乎所有基于单一积分动力预报的 MOS 预报过去是现在仍将以非概率的形式发布,尽管这些预报的一些基础计算是概率性的。对于其他人来说,发布的对应于式(1.3)的预报,在

$\varepsilon_t = 0$ 的新预报因子数据 $x_{t,k}$ 进行运算,没有不确定性的表达式,因此得到了给定当前 $x_{t,k}$ 值下 y 的条件期望估计值。尽管通过假设以 y_t 为中心的高斯预报分布,方差与回归均方误差相关,可以使用式(1.3)构建概率预报(Glahn et al.,2009;Wilks,2011),但没有表示逐个个例(即状态相关的)预报不确定性的变化。然而,将 MOS 概念扩展到集合预报的后处理中,既可以修正由于模式误差引起的偏差,也可以根据集合离散度的变化来表示不确定性的变化。

1.5 集合预报的后处理:本书概述

1992 年,ECMWF 和美国国家气象中心开始实行业务集合预报(Molteni et al.,1996;Toth et al.,1993)。正如先前研究所预期的那样,在均方误差等指标方面,集合均值预报优于传统的高分辨率单一积分动力预报,但其主要目的是在集合离散度的基础上描述和预报不确定性。最初,每个预报集合中的相对频率被视为对应结果概率的粗略估计,但很快就发现这些概率估计值通常是有偏估计。具体来说,原始的动力集合往往表现出不充分的离散度(Buizza,1997;Hamill,2001),这使得其不确定性的预报欠发散(Wilks,2011)。

显然,集合预报需要采用与传统的单积分预报一样的统计后处理进行偏差订正。实际上,二者执行的是相同的计算机代码。此外,预报集合需要统计后处理来调整其离散度,以产生适当校准的预报概率。因此,集合 MOS 方法旨在纠正由于动力模式的结构缺陷和预测对不确定初始条件的预报敏感而产生的预报误差。这些方法在 21 世纪初开始发展,Wilks(2006)对最早提出的方法进行了比较。在过去的 10 a 里,人们对集合预报的统计后处理产生了浓厚的兴趣,本书的目的就是记录这一迅速发展的领域迄今为止的进展。

在第 2 章中,Buizza(2018)总结了本书的引言部分,概述了集合预报系统(特别是 ECM-WF 业务系统)的构建,并强调了集合预报后处理的需求。

本书的第二部分专门阐述了可用于集合预报的统计后处理的方法。在第 3 章中,Wilks(2018)总结了单变量集合后处理,其中考虑了在一个地点和未来一段时间对单一天气要素的预报。第 4 章由 Schefzik 等(2018)将这些方法扩展到多变量预报中,其中对多个天气要素的后处理预报意味着在统计上相互一致。在预报的空间和/或时间一致性对天气敏感企业的管理很重要时,这种方法很有用。在第 5 章中,Friederichs 等(2018)认为,对于极端和罕见事件的后处理预报,必须要有专业视角。最后由 Thorarinsdottir 等(2018)在第 6 章中讨论了专门为评估集合后处理预报设计的预报检验方法。

本书的第三部分专门讨论集合后处理的应用。Hamill(2018)在第 7 章详细介绍了集合后处理的实际应用,包括一个扩展的说明性案例研究。在第 8 章中,Hemri(2018)讨论了专门针对水文应用的集合后处理,其中如果预报要想用于真实世界,就必须正确表示预报要素之间的空间相关。Pinson 等(2018)在第 9 章中讨论了支持可再生能源应用的后处理,其中气象变量转换为发电带来了额外的挑战。第 10 章由 Van Schaeybroeck 等(2018)撰写,讨论了月、季和年预报的后处理,这尤其困难,因为在这些预报时效中,相对于内在的不确定性可预报信号通常较小。最后,在第 11 章中 Messner(2018)提供了 R 编程语言中可用于集合后处理软件的指南,这将极大地帮助读者实现本书中提出的许多想法。

参考文献[*]

Bras R, Rodriguez-Iturbe I, 1984. Random Functions and Hydrology. Reading, Massachusetts: Addison-Wesley Publishing Company, 559pp.

Buizza R, 1997. Potential forecast skill of ensemble prediction and spread and skill distributions of the ECMWF ensemble prediction system. Monthly Weather Review, 125, 99-119.

Buizza R, 2018. Ensemble forecasting and the need for calibration // Vannitsem S, Wilks D S, Messner J W, Statistical Postprocessing of Ensemble Forecasts. Elsevier.

Buizza R, Miller M, Palmer T N, 1999. Stochastic representation of model uncertainties in the ECMWF ensemble prediction system. Quarterly Journal of the Royal Meteorological Society, 125, 2887-2908.

Carter G M, Dallavalle J P, Glahn H R, 1989. Statistical forecasts based on the National Meteorological Center's numerical weather prediction system. Weather and Forecasting, 4, 401-412.

Christensen H M, Lock S-J, Moroz I M, et al, 2017. Introducing independent patterns into the stochastically perturbed parameterisation tendencies (SPPT) scheme. Quarterly Journal of the Royal Meteorological Society, 143, 2168-2181.

Demaeyer J, Vannitsem S, 2017. Stochastic parameterization of subgrid-scale processes in coupled oceanatmosphere systems: Benefits and limitations of response theory. Quarterly Journal of the Royal Meteorological Society, 143, 881-896.

Eckmann J-P, Ruelle D, 1985. Ergodic theory of chaos and strange attractors. Reviews of Modern Physics, 57, 617-656.

Eady E, 1951. The quantitative theory of cyclone development // Malone T Compendium of Meteorology. Boston, Massachusetts: American Meteorological Society, 464-469.

Ehrendorfer M, 1994a. The Liouville equation and its potential usefulness for the prediction of forecast skill. Part I. Theory. Monthly Weather Review, 122, 703-713.

Ehrendorfer M, 1994b. The Liouville equation and its potential usefulness for the prediction of forecast skill. Part II. Applications. Monthly Weather Review, 122, 714-728.

Epstein E S, 1969. Stochastic dynamic prediction. Tellus, 21, 739-759.

Fawcett E B, 1962. Six years of operational numerical weather prediction. Journal of Applied Meteorology, 1, 318-332.

Friederichs P, Wahl S, Buschow S, 2018. Postprocessing for extreme events // Vannitsem S, Wilks D S, Messner J W, Statistical Postprocessing of Ensemble Forecasts. Elsevier.

Gardiner C W, 2009. Handbook of Stochastic Methods 4th ed. Berlin: Springer.

Glahn H R, 2014. A nonsymmetric logit model and grouped predictand category development. Monthly Weather Review, 142, 2991-3002.

Glahn H R, Lowry D A, 1972. The use of model output statistics (MOS) in objective weather forecasting. Journal of Applied Meteorology, 11, 1203-1211.

Glahn H R, Peroutka M, Wiedenfeld J, et al, 2009. MOS uncertainty estimates in an ensemble framework. Monthly Weather Review, 137, 246-268.

---

[*] 参考文献沿用原版书中内容,未改动,下同。

Gleeson T A, 1970. Statistical-dynamical predictions. Journal of Applied Meteorology, 9, 333-344.

Hamill T M, 2001. Interpretation of rank histograms for verifying ensemble forecasts. Monthly Weather Review, 129, 550-560.

Hamill T M, 2018. Practical aspects of statistical postprocessing // Vannitsem S, Wilks D S, Messner J W. Statistical Postprocessing of Ensemble Forecasts. Elsevier.

Hasselman K, 1976. Stochastic climate models part I. Theory. Tellus, 28, 473-485.

Hemri S, 2018. Applications of postprocessing for hydrological forecasts // Vannitsem S, Wilks D S, Messner J W. Statistical Postprocessing of Ensemble Forecasts. Elsevier.

Jacks E, Bower J B, Dagostaro V J, et al, 1990. New NGM-based MOS guidance for maximum/minimum temperature, probability of precipitation, cloud amount, and surface wind. Weather and Forecasting, 5, 128-138.

Karl T R, Schlesinger M E, Wang W C, 1989. A method of relating general circulationmodel simulated climate to the observed local climate. I. Central tendencies and dispersion. Preprints // Proceedings of the Sixth Conference on Applied Climatology. American Meteorological Society, 188-196.

Klein W H, Lewis B M, 1970. Computer forecasts of maximum and minimum temperatures. Journal of Applied Meteorology, 9, 350-359.

Leith C E, 1974. Theoretical skill of Monte Carlo forecasts. Monthly Weather Review, 102, 409-418.

Lewis J M, 2014. Edward Epstein's stochastic-dynamic approach to ensemble weather prediction. Bulletin of the American Meteorological Society, 95, 99-116.

Li T Y, Yorke J A, 1975. Period three implies chaos. American Mathematical Monthly, 82, 985-992.

Lorenz E N, 1963. Deterministic nonperiodic flow. Journal of the Atmospheric Sciences, 20, 130-141.

Lorenz E N, 1965. On the possible reasons for long-period fluctuations of the general circulation // Proceedings of the WMO-IUGG Symposium on Research and Development Aspects of Long-Range Forecasting. Boulder, CO: World Meteorological Organization, WMO Tech. Note 66, 203-211.

Majda A J, Timofeyev I, Vanden Eijnden E, 2001. A mathematical framework for stochastic climate models. Communications on Pure and Applied Mathematics, 54, 891-974.

Messner J W, 2018. Ensemble postprocessing with R // Vannitsem S, Wilks D S, Messner J W. Statistical Postprocessing of Ensemble Forecasts. Elsevier.

Metropolis N, Ulam S, 1949. The Monte-Carlo method. Journal of the American Statistical Association, 44, 335-341.

Molteni F, Buizza R, Palmer T N, et al, 1996. The ECMWF ensemble prediction system: Methodology and validation. Quarterly Journal of the Royal Meteorological Society, 122, 73-119.

Nicolis C, 1992. Probabilistic aspects of error growth in atmospheric dynamics. Quarterly Journal of the Royal Meteorological Society, 118, 553-568.

Palmer T N, 1993. Extended-range atmospheric prediction and the Lorenz model. Bulletin of the American Meteorological Society, 74, 49-65.

Pinson P, Messner J W, 2018. Application of postprocessing for renewable energy // Vannitsem S, Wilks D S, Messner J W. Statistical Postprocessing of Ensemble Forecasts. Elsevier.

Pitcher E J, 1974. Stochastic-dynamic prediction using atmospheric data (Ph. D. dissertation). University of Michigan, 151pp. https://deepblue. lib. umich. edu/bitstream/handle/2027. 42/7101/bad1099. 0001. 001. pdf.

Pitcher E J, 1977. Application of stochastic dynamic prediction to real data. Journal of the Atmospheric Sciences, 34, 3-21.

Saltzman B，1962. Finite amplitude free convection as an initial value problem—I. Journal of the Atmospheric Sciences，19，329-341.

Schefzik R，Möller A，2018. Ensemble postprocessing methods incorporating dependence structures // Vannitsem S，Wilks D S，Messner J W. Statistical Postprocessing of Ensemble Forecasts. Elsevier.

Thompson P D，1985. Prediction of the probable errors of prediction. Monthly Weather Review，113，248-259.

Thorarinsdottir T L，Schuhen N，2018. Verification：Assessment of calibration and accuracy // Vannitsem S，Wilks D S，Messner J W. Statistical Postprocessing of Ensemble Forecasts. Elsevier.

Toth Z，Kalnay E，1993. Ensemble forecasting at NMC：The generation of perturbations. Bulletin of the American Meteorological Society，74，2317-2330.

Van Schaeybroeck B，Vannitsem S，2018. Postprocessing of Long-Range Forecasts // Vannitsem S，Wilks D S，Messner J W. Statistical Postprocessing of Ensemble Forecasts. Elsevier.

Vannitsem S，2017. Predictability of large-scale atmospheric motions：Lyapunov exponents and error dynamics. Chaos，27，032101.

Wilby R L，Wigley T M L，1997. Downscaling general circulation model output：A review of methods and limitations. Progress in Physical Geography，21，530-548.

Wilks D S，2006. Comparison of ensemble-MOS methods in the Lorenz '96 setting. Meteorological Applications，13，243-256.

Wilks D S，2011. Statistical Methods in the Atmospheric Sciences. 3rd ed. Amsterdam：Elsevier，676pp.

Wilks D S，2018. Univariate ensemble postprocessing // Vannitsem S，Wilks D S，Messner J W. Statistical Postprocessing of Ensemble Forecasts. Elsevier.

Wouters J，Lucarini V，2012. Disentangling multi-level systems：Averaging, correlations and memory. Journal of Statistical Mechanics：Theory and Experiment，P03003.

Yoden S，2007. Atmospheric predictability. Journal of the Meteorological Society of Japan，B85，77-102.

第 2 章
集合预报和校准的需要

Roberto Buizza

英国雷丁,欧洲中期天气预报中心(ECMWF)

2.1 动力天气预报问题

2.1.1 历史背景

天气影响着人类的许多活动,这也是几千年来人们研究和尝试对天气进行预报的原因。

"气象"一词源于古希腊:亚里士多德大约在公元前 340 年所写的一篇论文 Μετεωρολογικά 中描述了天气现象,这篇论文被认为是首次尝试解决气象问题的各个方面。这是第一次使用"流星"(meteor)这个词来描述降水落下的云层,它起源于希腊语单词 μετεωρος(meteoros,流星),意思是"高高在上"。从这个词衍生出现代术语"气象学"(meteorology),研究云和天气。

1922 年,Lewis Fry Richardson 组织了第一次动力天气预报试验,当时他试图对 1910 年 5 月 20 日的情况进行后报。他利用描述大气主要特征的简单数学模型,利用在特定时间(07 时)获取的数据来计算 6 h 后的天气。正如 Lynch (2006)所讨论的,Richardson 的预报完全失败了,他预报在 6 h 内压力会有一个 145 hPa 的巨大上升,而实际上气压基本上是静止不变的。然而,Lynch 的详细分析表明,其原因是没有对数据应用平滑技术,平滑技术可以排除非物理的气压激增。当使用这些技术时,Richardson 的预报基本上是准确的。

我们今天知道的动力天气预报始于 1950 年,当时由 Jules Charney 领导的小组在普林斯顿大学完成了第一个成功的动力天气预报试验(Charney et al.,1950)。从 1948 年到 1956 年,Charney 在普林斯顿大学高级研究所工作,领导气象研究小组。在那里,他与 John von Neumann 合作,尝试使用计算机和数值技术来改进天气预报。1959 年至 1965 年,Charney 任美国国家科学院大气科学委员会委员、国际气象合作委员会主席。在这些职位中,他构想并帮助组织了全球大气研究计划(Global Atmospheric Research Program,GARP),这是天气研究领域的第一次国际努力。

在我们更详细地讨论天气预报是如何产生的之前,让我们首先定义本章中使用的几个术语,然后简要地回顾动力学预报过程。

重要术语列表:

- **动力系统**:其时间演化可以通过一组物理方程在时间上积分来描述的系统。
- **大气**:可以用其状态变量,即风分量(和/或涡度和散度)、温度、压力和微物理变量(包括水汽)来描述自由大气的部分。
- **地球系统**:用陆地、海洋(波浪和洋流)、海冰和大气的各组成部分的状态变量来描述的系统。
- **预报状态**(或预报,或简单预报):从特定初始条件开始的系统的未来状态。
- **初始条件**:系统在初始时刻的状态。
- **天气**:以状态变量表示的特定地点和时间的大气状态,和/或在三维空间和短时间(例如,最多几天)的平均状态。

- **气候**:地球系统在很长的时段内的平均状态(例如超过几天),大部分也是在三维空间上以状态变量的形式表示。
- **短期预报**:预报时效为几天的预报(如 2～3 d)。
- **中期预报**:预报时效长达 2 周的预报。
- **延伸期预报**:预报时效在 2 周到 1 个月的预报。
- **月和次季节预报**:预报时效为 1～2 个月的预报。
- **季预报**:预报时效超过 2 个月的预报。
- **动力学预报**:通过对描述地球系统或其某些组成部分演化的物理方程进行数值求解而产生的预报。
- **单一预报**:描述系统未来可能状态的单一预报。
- **集合预报**:描述系统未来状态可能分布的 m 个预报(也称为集合成员)的集合。
- **概率预报**:以概率形式表示的预报,例如,通过对预报某一特定现象的集合成员的数量进行统计来计算。

在本章接下来的部分,我们将讨论如何使用集合方法为用户提供**地球系统**状态的预报,这是一个**动力系统**,我们将说明集合是如何被设计为能够为**整个地球提供长达 1 a** 的概率预报。读者应记住,这段文字中的**加粗黑体字**具有重要的含义:

- **地球系统**:这意味着我们将讨论用于预报地球系统状态的集合方法,而不仅仅是大气。
- **动力系统**:地球系统是一个动力系统的事实意味着为了解决预报问题,我们可以使用一组动力学方程来描述它如何从一个初始状态随时间的演变。
- **全球尺度**:尽管一般来说,全球和区域预报使用的集合方法非常相似,但在模式模拟的初始状态和不确定性的方式上也可能存在一些重要的差异;在本章中,我们将关注全球集合预报。
- **1 a 以内**:预报发布的时间范围为 1 a,意味着初始条件非常重要,预报问题本质上是一个初值问题。

现在让我们简要地回顾如何在欧洲中期天气预报中心(ECMWF)产生一个全球动力学预报。图 2.1 是欧洲中期天气预报中心(ECMWF)生成全球预报的过程示意:

(1)每天收集尽可能多的观测数据,并使用全球电信网络进行交换,以便天气预报中心及时获取。

(2)一天几次(对于全球预报而言,这样的天气事件每 6 h 就会发生一次,时间上与天气时间 00、06、12 和 18 UTC 一致,其中 UTC 代表协调世界时),执行一个数据同化过程(Daley,1993;Kalnay,2002),来估计系统在特定时刻 T 的状态:这一过程将在时刻 T 之前或以时刻 T 为中心收集到的观测结果与提供大气状态估计的短期预报相融合。

(3)在数据同化过程结束时,初始条件可用来启动下一次预报;在天气预报中,这些初始条件也被称为大气分析场。

(4)从初始条件开始,下一次预报就启动了:例如,在欧洲中期天气预报中心(ECMWF),每天的 4 个天气预报时刻进行不同预报时效的预报。

(5)然后将短期预报作为下一个数据同化过程的输入,并生成预报产品。

(6)所有的分析和预报数据(以及回报生成的数据,请参见第 2.6 节)也复制到一个存档系统中,以便用户可以回去重新研究每个案例,以达到诊断和检验的目的。

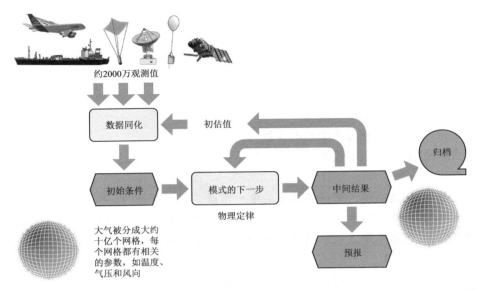

图 2.1　欧洲中期天气预报中心(ECMWF)为生成全球预报所进行的动力天气预报过程示意

2.1.2　观测

　　在过去的 50 a 中,地球系统观测的数量(图 2.2)和质量都有了巨大的增长。自 20 世纪 30 年代末以来,表层和次表层(海洋)数据得到了高空数据(例如来自探空仪)的补充。20 世纪 70 年代是卫星探测的开始。在卫星时代之前,每天在大气中进行观测的数量是几十万次。如今,ECMWF 每天接收数亿次观测,其中约 10％用于估计大气的状态(初始条件)。在这些数据中,大约 95％的大气观测数据来自卫星(图 2.3)。

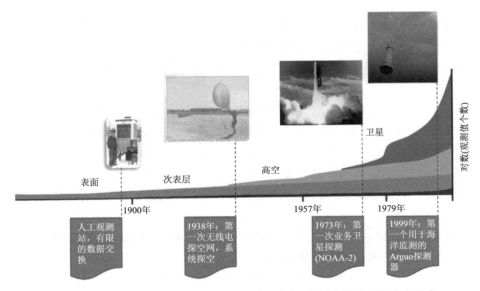

图 2.2　1900 年至今地球系统(陆地、海洋和大气)观测次数随时间演变示意
(注意垂直坐标是观测数量的对数)

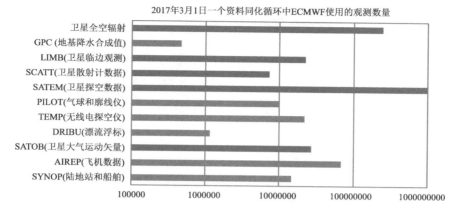

图 2.3 2017 年 3 月在 ECMWF 的一个数据同化周期中使用的分类观测数量,按 11 类
分类(红色条表示卫星观测值)。注意 x 轴为对数(来自 ECMWF 的 Alan Geer;个人交流)(见彩图)

之所以只使用 10% 的观测数据,原因之一是许多观测量是由不同的观测系统观测的,而在数据同化过程中只使用了观测数量的一个子集。此外,一些观测数据在经过质量控制过程后被拒绝。

目前,虽然可以说大气已经很好地被观测,但对于我们需要初始化的地球系统的其他组成部分,尤其是如果我们想产生次季节和季节预报就不能这样说了。例如,对陆地状况(土壤湿度、温度和雪盖)观测很差。此外,对海洋进行的观测非常少:例如,考虑到次表层海洋,目前我们每天收到的海洋观测也只有几千次,而对大气的观测有几百万次。

观测空间覆盖范围取决于观测类型(图 2.4~图 2.5)。陆地表面仍然是常规和卫星平台中观测数量最多的区域。海洋表面在今天也能被很好地观测到,特别是在低纬度地区,但极地地区的观测仍然很差,高质量的海表数据很少。

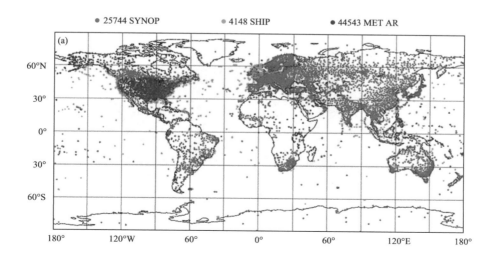

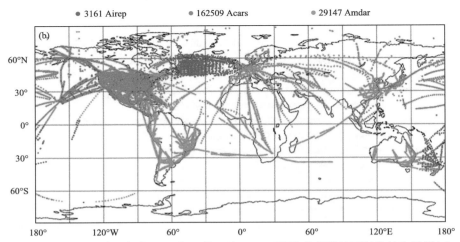

图 2.4　ECMWF 用于生成 2017 年 3 月 2 日 00：00 UTC 分析的地面气象站和浮标（a），
以及飞机（b）观测数据的空间覆盖范围（见彩图）

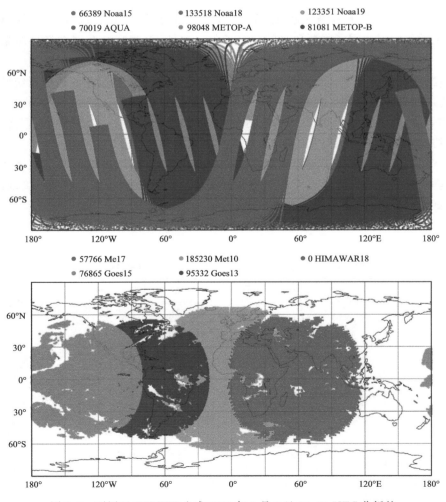

图 2.5　可用于 ECMWF 生成 2017 年 3 月 2 日 00：00 UTC 分析的
极轨 AMSU-A 仪器（上图）和地球静止卫星（下图）的卫星观测空间覆盖范围（见彩图）

观测质量也是非常重要的,因为它影响使用数据同化过程生成的大气真实状态的最佳估计的准确性。一般而言,观测质量取决于仪器,对于卫星而言,也取决于仪器相对于观测区域的位置。此外,卫星观测质量受大气状态的影响,在晴空(多云)条件下的观测误差较低(高)。例如,由于靠近地表的水汽浓度较高,卫星观测在更接近地球表面时就不太准确。

在数据同化过程中考虑了观测受误差影响的事实,误差取决于观测的类型和观测到的大气区域。例如,表 2.1 列出了两个水平风分量(U 和 V)、在不同垂直层次上的位势高度和温度观测值的规定均方根误差。通过对每种观测使用不同的均方根误差估计值,数据同化可以兼顾它们的精度,对精度较高(低)的观测赋予更大(小)的权重。复杂的技术还可以考虑到这样一个事实,即彼此接近的观测其观测误差可能相关。

本节要转达的关键信息是观测受到误差的影响,误差取决于观测结果的类型、气压层高度、观测变量、用于推导变量的方法、位置和大气状态。在估计大气层的状态时,可以(而且必须)考虑到观测误差,这些状态是预报初始化的初始条件。

表 2.1 第 2～4 列:ECMWF 资料同化过程(请参阅 2017 年第 41R3 周期 ECMWF IFS 文档)中使用的三类观测在 7 个不同高度(从地面 1000～50 hPa)的 U 和 V 风分量的规定均方根误差

层次 /hPa	U 和 V 风分量/(m/s)			高度观测/m			温度观测/K		
	TEMP/ PILOT	SATOB	SYNOP	TEMP/ PILOT	SYNOP (Manual Land)	SYNOP (Auto Land)	TEMP	AIREP	SYNOP (Land)
1000	1.80	2.00	3.00	4.30	5.60	4.20	1.40	1.40	2.00
850	1.80	2.00	3.00	4.40	7.20	5.40	1.25	1.18	1.50
700	1.90	2.00	3.00	5.20	8.60	6.45	1.10	1.00	1.30
500	2.10	3.50	3.40	8.40	12.10	9.07	0.95	0.98	1.20
250	2.50	5.00	3.20	11.80	25.40	19.05	1.15	0.95	1.80
100	2.20	5.00	2.20	18.10	39.40	29.55	1.30	1.30	2.00
50	2.00	5.00	2.00	22.50	59.30	44.47	1.40	1.50	2.40

注:第 5～7 列,同第 2～4 列,但为高度。第 8～10 列,同第 2～4 列,但为温度。

2.1.3 大气的运动方程

在本章的引言中,我们说过地球系统特别是海洋和大气层,都是受牛顿物理学定律支配的动力系统,就像应用于流体一样。为了理解动力学预报问题的复杂性,以及预报是如何产生的,我们将在后面简要回顾用于模拟大气的方程,并讨论它们如何通过数值求解来产生天气预报。

大气运动方程推导的起点是:

$$F = ma \tag{2.1}$$

其中,F 代表三维力(矢量),m 代表质量,a 代表三维加速度(矢量),以及流体的能量守恒和质量守恒方程(Holton,2012;Hoskins et al.,2014)。

根据 Holton(2012)的研究,对于旋转球体(地球)上大气的单位流体体积,动力学方程的流体静力学形式为:

动量守恒

$$\frac{\mathrm{d}\boldsymbol{v}}{\mathrm{d}t} = -2\boldsymbol{\Omega} \times \boldsymbol{v} - \frac{1}{\rho}\nabla p + \boldsymbol{g} + \boldsymbol{P}_v \tag{2.2}$$

热力学能量方程

$$c_v\frac{\mathrm{d}T}{\mathrm{d}t} + p\frac{\mathrm{d}\alpha}{\mathrm{d}t} = P_T \tag{2.3}$$

水汽守恒

$$\frac{\mathrm{d}q}{\mathrm{d}t} = P_q \tag{2.4}$$

连续方程

$$\frac{1}{\rho}\frac{\mathrm{d}\rho}{\mathrm{d}t} + \nabla\cdot\boldsymbol{v} = 0 \tag{2.5}$$

流体静力平衡

$$\frac{\mathrm{d}p}{\mathrm{d}z} = -\rho\boldsymbol{g} \tag{2.6}$$

其中，v 为二维水平风矢量；$\boldsymbol{\Omega}$ 为沿地球自转轴方向的地球自转角速度矢量；ρ 为大气密度；p 为气压；$\boldsymbol{g}$ 为重力矢量，大小为 g，指向地球中心；T 是温度；R 为干燥空气的气体常数（$=287$ J·kg^{-1}·K^{-1}）；ω 为垂直风分量；c_v 为定容比热（$=717$ J·kg^{-1}·K^{-1}）；$\alpha = \frac{1}{\rho}$ 为比容（即单位质量的体积）；q 为比湿；$\boldsymbol{P}_v$、P_T、P_q 分别为由于物理过程（例如对流、云与辐射的相互作用等）引起的水平风分量、温度和比湿的变化趋势。

上述方程组右边的 P 项（$\boldsymbol{P}_v$，P_T，P_q）表示物理过程的影响，如对流、云层对太阳辐射的影响，山脉对风的影响，以及湍流对能量和动量传输的影响。它们是最难模拟的项，也是造成大多数模式误差的原因。

这些方程是数值求解生成天气预报方程的简化形式（例如，它们不包括通常也被考虑的云液态水或云冰浓度的方程）。它们是在覆盖整个地球的三维网格上求解的，对于全球模式来说，水平间距从大约 9 km（针对 ECMWF 高分辨率模式版本）到大约 200 km（用于季节预报和气候预报的模式）。在垂直方向上，这些模式使用 20～137 个垂直层次（这是 ECMWF 高分辨率模式版本的价值所在），覆盖了大气层底部的 40～80 km（即它们的大气层顶高达 0.01 hPa）。欧洲中期预报中心（ECMWF）每天 4 次产生全球集合预报（00:00、06:00、12:00 和 18:00 UTC）的中期/月集合预报系统（ensemble，ENS），水平分辨率约为 18 km，垂直层次数为 91 层（可达 0.01 hPa）（图 2.6）。

表 2.2 列出了 ECMWF 综合预报系统（Integrated Forecasting System，IFS）组成部分的特点，这些组成部分用于编写本报告时（2017 年 3 月）生成单一的高分辨率和集合分析和预报。请注意，ECMWF 使用的是谱模式，在地理空间中使用了相应的立方—八面体网格（Wedi et al.，2015）。例如，如果我们考虑两个主要的集合预报系统，即数据同化集合（Ensemble of Data Assimilation，EDA）和中期/月集合系统（ensemble，ENS），它们使用的是 Tco639L137 分辨率。Tco639L137 意味着该模式使用高达 639 个波数的谱分辨率，使用立方八面体网格，垂直 137 层高达 0.01 hPa（即 TOA，大气层顶）。需要指出的是，自 2016 年夏季以来，作为一个特别项目的一部分，ENS 也在 06:00 和 18:00 UTC 运行，这些集合的数据仅提供给为该项目提供资金的 ECMWF 成员国使用。

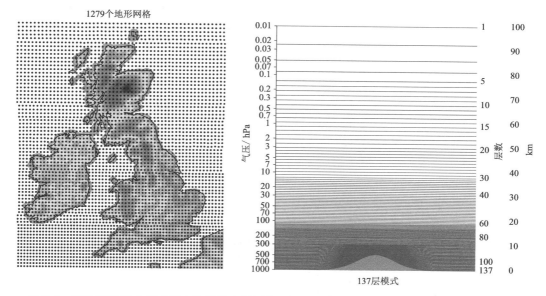

图 2.6　ECMWF 集合模式版本使用的水平网格(左)和垂直层次(右),其分辨率为 Tco639L91:
水平方向为三次八面体表示,总波数为 639,网格间距约为 18 km,垂直方向为 91 层,
高度可达 0.01 hPa(约 80 km)(见彩图)

正如本章后面所讨论的,这些 IFS 组件用于向用户提供分析和预报状态的概率分布函数 (PDF)的估计值:

• EDA[25]:25 个成员,18 km,L137(137 个垂直层)的数据同化集合,提供流依赖统计和分析 PDF 的估计。

• 4DVar:单模式、9 km 单模式 L137 分析。

• ORAS4[5]:5 个集合成员的海洋分析,版本 S4 具有 1°分辨率和 42 个垂直层。

• ORAS5[5]:由 5 个集合成员组成的海洋分析,版本 S5 具有 0.25 °分辨率和 75 个垂直层。

• LIM2:Louvain-la-Neuve 海冰模式(Rousset et al.,2015)。

• ERA-I:80 km,L60 的 ERA-Interim 再分析资料,用于生成 ENS 和 S4 再预报集合的初始条件(ICs)。

• HRES:单模式,9 km 分辨率,L137,10 d 预报。

• ENS[51]:由 51 个成员组成的 L91 耦合集合,提供 18 km 分辨率至第 15 d 的预报,以及第 15~46 d 的 36 km 分辨率的预报。

• S4[51]:51 个成员,L91,80 km 耦合的季节集合系统-4(S4),提供季节时间尺度的预报和预报 PDF 的估计。

如果用 $\boldsymbol{x}(t)$ 表示 t 时刻大气的状态向量,它包括水平风分量、温度、水汽浓度和地面气压的对数:

$$\boldsymbol{x}(t) \equiv (\boldsymbol{v}(t), T(t), q(t), \ln(p_s(t))) \tag{2.7}$$

我们可以将动力学方程写成如下形式:

$$\frac{\partial \boldsymbol{x}}{\partial t} = \boldsymbol{F}(\boldsymbol{x}, t) \tag{2.8}$$

表 2.2　ECMWF 业务系统 8 个组件的关键配置(2017 年 3 月 00:00 和 12:00 UTC 运行)

IFS 组件	描述	#	水平和垂直分辨率	预报长度	海洋/海冰模式	不确定性模拟
4DVar analysis	Atm/land/wave High-resolution analysis	1	Tco1279(9 km) L137 (TOA 0.01 hPa)	—	无	无
EDA[25] Analyses	Atm/land/wave Ensemble of data Assimilation	25	Tco639 (18 km) L137 (TOA 0.01 hPa)	—	无	有: — Observations — Model: SPPT(1)
ORAS4[5] analyses	Ocean Ensemble of analyses	5	1° 42 layers	—	NEMO	有: — Observations
ORAS5[5] analyses	Ocean Ensemble of analyses	5	0.25° 75 layers	—	NEMO/ LIM2	有: — Observations
ERAInterim analysis	Atm/land/wave Reanalysis	1	TL255 (80 km) L60(TOA 0.1 hPa)	—	无	无
HRES forecast	Atm/land/wave High-resolution	1	Tco1279 (9 km) L137 (TOA	10 d	无	无
ENS[51] forecast	Atm/land/wave/ ocean Medium-range and monthly ensemble	51	0.01 hPa) Tco639 (18 km) L91 (TOA 0.01 hPa) Tco319 (36 km) L91 (TOA 0.01 hPa)	15 d 15~46 d	NEMO/ LIM2 0.25° 75 层	有: —ICs: EDA, SVs, ORAS5; — Model: SPPT, SKEB;
S4[51] forecast	Atm/land/wave/ ocean Seasonal ensemble	51	TL255 (80 km) L91 (TOA 0.01 hPa)	7 m 13 m	NEMO 1° 42 层	有: — ICs: EDA, SVs, ORAS4; — Model: SPPT (3), SKEB;

　　注:在第 1 列中,EDA[25] 表示 25 个成员的数据同化集合,ORAS4[5] 表示 5 个成员的海洋再分析系统－4,HRES 为高分辨率模式,ENS 为中期/月集合,S4 为季节系统 4。在第 4 列中,Tco 表示具有立方八面体网格的谱三角截断,TOA 表示"大气顶"。在第 6 列中,NEMO 是海洋模式,LIM 是海冰模式(见正文)。在第 7 列中,SPPT 是随机扰动参数化的倾向性模式错误方案(Buizza et al.,1999)。参阅正文可以获得更多细节。

式(2.8)指出状态变量 x 在每个网格点的时间变化取决于系统本身的状态和时间。请注意,状态向量(即我们试图解决的问题的自由度)的维度很大。例如,如果我们取 ECMWF 中期集合预报系统 ENS 中的一个成员(表 2.2),并且为了简单起见,假设状态向量是在谱空间($N=639$)中定义的,并且包括所有垂直层次(91)上的 4 个变量(两个水平风分量、温度和比湿)加上地面压力,那么:

$$N_{\text{tot}} = (91 \times 4 + 1) \times \frac{(N+1) \times (N+2)}{2} = 74,868,800 \tag{2.9}$$

形式上,我们可以将式(2.8)的解,即预报表示为:

$$x(t) = x(0) + \int_0^t F(x, \tau) \mathrm{d}\tau \tag{2.10}$$

对式(2.10)进行数值求解,通过在每个时间步长上计算右侧的趋势项 $F(x, t)$,并对方程进行时间积分得到预报。请注意,该项只能以近似的方式得到,部分原因是某些项(如 $\boldsymbol{P}_v$、$\boldsymbol{P}_T$、$\boldsymbol{P}_q$)以近似的方式模拟真实过程,还有一部分是因为用有限差分近似导数和用数值计算的面积近似积分来对方程进行数值求解的。这些近似导致了预报误差,它们也被称为模式不确定性:它们实际上是预报误差的主要来源之一。

预报模式在描述地球系统的动力学和物理演变方面存在局限,这既源于数值近似,也源于次网格物理过程参数化所涉及的假设。一个设计合理、可靠的集合预报系统应以表征趋势中的随机误差为目标,以预报真实可信的不确定性估计值。这可以通过在每个积分中使用可替代的数值和物理公式,并且和/或通过包含一个随机成分来表示给定过程的可替代的、物理上合理的表达之间的差异来实现。目前,大多数业务集合预报包括一种或多种方案和方法来模拟模式不确定性的影响,或者基于多模式方法、扰动参数方法、扰动倾向方法、随机后向散射方法或者他们的组合。

式(2.10)清楚地表明解(即预报)取决于初始状态 $\boldsymbol{x}(0)$。显然,如果初始状态受到误差的影响,例如,由于观测只覆盖全球的一部分和/或受到观测误差的影响,正如我们在这里讨论的那样,那么预报也可能是错误的。与大气初始状态相关的误差也称为初值不确定性:它们是预报误差的另一个主要来源。

2.1.4 初始条件的计算(分析)

确定地球系统的初始状态是非常复杂的,因为该系统有许多自由度,而且许多自由度(如果不是全部的话)需要适当地进行初始化。例如,本章讨论的 ECMWF IFS(见表2.2),如果按照欧洲中期天气预报中心(ECMWF)ENS分辨率(水平方向约18 km,垂直方向91层)进行模拟,大气具有约1亿个自由度。在使用欧洲中期预报中心(ECMWF)高分辨率版本进行模拟时,这个数字增大到约4.5亿。欧洲中期天气预报中心高分辨率版本的水平分辨率是ENS的2倍,垂直分辨率为137,而不是91。

所有这些模式组成部分的初始状态定义分析,即系统在式(2.10)中的 $t=0$ 时的状态。该分析是通过比较从最后一个可用初始条件开始的短期预报和一个时间窗口内(1000万量级)的所有可用观测结果,使用一个称为"数据同化"的程序来计算的。

在欧洲中期天气预报中心,通过比较从先前可用的分析开始的12 h预报和在这个窗口内收集的所有观测(见图2.7),使用4维变分同化程序(4DVar)来计算分析(Rabier et al.,1999)。4DVar通过寻找代价函数的最小值来计算分析,该代价函数衡量了短期预报的轨迹与观测的距离。

我们用 $\boldsymbol{x}_b(t)$ 表示从先前可用的分析(也称为初猜值)开始的短期预报,用 $\boldsymbol{x}_a(t)$ 表示我们正在寻找的分析。

定义:

$$\delta\boldsymbol{x} = \boldsymbol{x}_a(t) - \boldsymbol{x}_b(t) \tag{2.11}$$

作为需要添加到短期预报中的订正,来计算分析值。

我们根据订正 $\delta\boldsymbol{x}$ 定义4DVar的代价函数为:

$$J(\delta\boldsymbol{x}) = \frac{1}{2}\,\delta\boldsymbol{x}^{\mathrm{T}} \cdot \overline{\overline{B^{-1}}} \cdot \delta\boldsymbol{x} + \frac{1}{2}\,(\overline{H} \cdot \delta\boldsymbol{x} - \boldsymbol{d})^{\mathrm{T}} \cdot \overline{\overline{R^{-1}}} \cdot (\overline{H} \cdot \delta\boldsymbol{x} - \boldsymbol{d}) \tag{2.12}$$

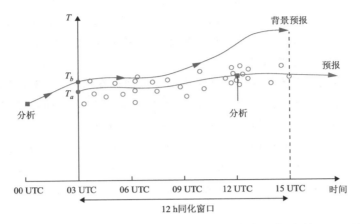

图 2.7　ECMWF 用于计算 03：00 UTC 分析的四维变分方案示意，即从 03：00 UTC 开始的
预报的初始条件

（该图说明了一个特定地点的温度情况是同化 03：00—15：00 UTC 期间收集的所有观测所得。在同
化窗口开始时，T_b 表示由前一次分析开始的预报给出的"背景"温度，T_a 表示同化过程结束时的"分析"
温度。T_a 和 T_b 的差异是同化过程引入的校正。03 UTC 和 15 UTC 之间的圆表示用于在 03 UTC
生成分析的观测结果）

其中：$\overline{B}$ 是由预报误差统计量定义的矩阵；$\overline{R}$ 是由观测误差统计量定义的矩阵；$\overline{H}$ 是观测算子，它将状态向量 x 从模式相空间映射到观测空间（例如，它是运算符，将从最接近网格点的模式温度值计算站点位置的温度）；$d = o - \overline{H} \cdot x_b$ 是观测和初猜值的距离，也称为新息向量。

代价函数的第一项衡量的是解与初猜值的距离，第二项衡量的是解与观测值的距离。

两个（逆）矩阵 $\overline{B}^{-1}$ 和 $\overline{R}^{-1}$ 定义了赋予这两项的相对权重，换句话说，即观测初猜值的置信度。矩阵 $\overline{B}^{-1}$ 还确定了一个特定位置的观测在多大程度上可以影响附近点的分析。因为，正如我们在这里所讨论的，初猜值（这是一种短期预报）和观测都会受到误差的影响，而这些误差取决于（例如，系统的状态和位置）两个矩阵的相对值，而不是常数。

4DVar 的目标是计算使式(2.12)中代价函数 J 最小的修正量 δx。这个最小值是通过应用复杂的最小化程序来计算的，这些计算过程涉及切线向前算子及其伴随算子的定义。关于数据同化的介绍，读者可以参考 Daley (1993) 和 Kalnay (2002)。

其他的数据同化过程将使用不同的方法来解决不同的最小化问题，但问题的本质仍然是相同的：即合并所有可用的信息（对系统状态的观测值和初猜值）来计算分析场。

根据式(2.12)可以看出，分析的质量显然取决于观测（更确切地说，取决于它们的质量、数量和覆盖范围）、模式（因为它用于定义初猜值和定义观测算子）的保真度和资料同化的假设（如误差服从正态分布）。后一种相关性与同化方法的选择有关，对于 4DVar 而言，则与代价函数的定义以及权重矩阵的定义和计算方法有关。这 3 个方面中的任何一个的不确定性都会影响对初始条件的认识，并在式(2.10)的时间积分中及时传播，从而生成预报。

4DVar 是目前用于生成天气预报初始条件的方法之一。一般来说，用于初始化集合的方法可以分为三大类：变分方法（3 维或 4 维）、集合方法（EnKF，ETKF）或混合方法，混合方法结合了一个用于提供流依赖统计的集合分量和一个变分分量。关于这一主题的更多信息，读者可以参考更多的专题书籍，例如 Daley (1993)，Ghil 等 (1997) 和 Kalnay (2002)。

2.2　大气的混沌性

在前几节中,已经讨论了解决动力预报问题和发布预报的主要步骤。特别是,讨论了观测和模式的不确定性以及数据同化假设会影响大气实际状态(分析、初始条件)的估计,以及对地球系统的总体估计,初始误差会随时间传播并影响预报。

如果误差的传播和增长速度较慢,那么尽管存在这些不确定性,我们仍能够发布较准确的预报,因为预报误差仍然较小。也就是说,与初始不确定性一样大。不幸的是,事实并非如此。如果每天的误差传播是一样的,人们可以想到使用一些复杂的统计技术来估计误差特性,然后修正后验预报。遗憾的是,情况也并非如此:误差的传播和增长率取决于大气环流本身(Lorenz,1993)。

Lorenz(1963)通过其三维混沌大气简化模型非常清楚地强调了这种误差增长对大气环流的敏感性。他表明,从非常接近的初始条件开始的轨迹会随着它们的发展而发散,其发散的速度取决于系统的状态。在某些情况下,开始靠近的轨迹会在很长一段时间内保持接近,在其他情况下它们会在一段时间后发散,而在另一些情况下它们会很快发散。这种行为是混沌系统典型的行为,混沌系统对初始条件表现出很强的敏感性(Lorenz, 1993;Palmer et al., 2006)。

初始条件和模式的不确定性、数据同化的假设以及大气的混沌性使得天气预报极其困难,预报误差每天都有很大的变化。

这种可预报性的变化在业务天气预报中经常被检测到。图 2.8 给出了欧洲中期天气预报中心单一 ENS 控制预报欧洲上空 500 hPa 位势高度场的预报准确率变化的一个例子。"控制"(control)是从未受扰动的初始条件开始的集合成员,并在没有对模式不确定性进行任何模拟的情况下进行积分(2.7 节)。准确性的衡量标准是距平相关系数(Anomaly Correlation Co-efficient,ACC,与气候计算的距平有关)(Wilks,2011),对于完美的预报 ACC 的值为 1.00。图 2.8 显示,从第 1 天到第 2 天,ACC 可以有很大的变化,特别是对于较长的预报时效(请注意图 2.8 中不同的垂直轴刻度)。从图中可以清楚地看到,有些环流型比其他更难预报,不仅是提前几天预报,而且在较短的预报时效内也很难预报。例如,在 1 月 29 日和 31 日之间发布的 24 h 预报的 ACC 有一个明显的下降。同样,在 1 月 27 日至 29 日之间发布的 72 h 预报显示下降,在 1 月 25 日至 27 日之间发布的 120 h 预报和在 1 月 23 日至 25 日之间发布的 168 h 预报也显示出下降。

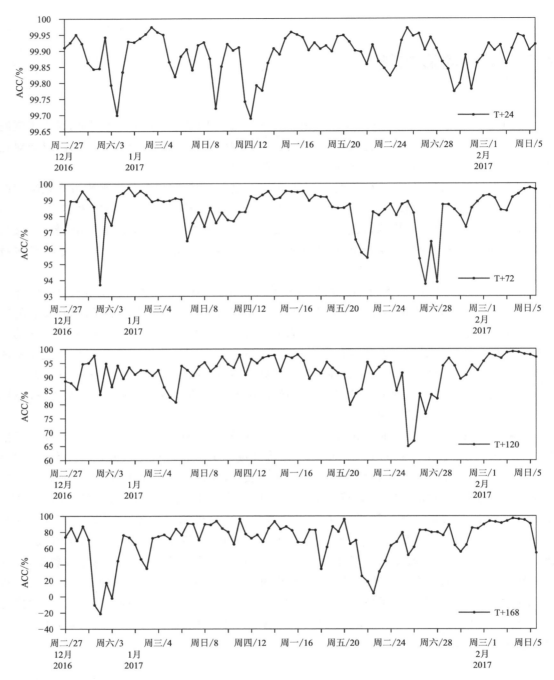

图 2.8 2017 年 1 月每天 00:00 和 12:00 UTC 发布的 ECMWF 单一 ENS 控制预报(从未受
干扰的初始条件开始的集合成员)的欧洲上空 500 hPa 的位势高度距平相关系数:
从上到下,四个子图分别显示 24、72、120 和 168 h 预报的 ACC

2.3 从单一预报到集合预报

纵观如图 2.8 所示准确度的时间演变,在 20 世纪 80 年代,气象学家开始怀疑是否有一种方法可以提前确定某个时期的环流会比整个季节的平均环流更可预报或是更不可预报。也就是说,他们开始想知道,在预报产生时,是否有一种方法可以对预报技巧进行预报,以确定是否有的区域的预报比平均预报水平更准确或更不准确。换句话说,他们开始想知道是否可以设计一种方法对预报技巧进行可靠和准确的估计,要么用一系列的预报值来表示,要么以某些特定事件发生的概率来表示。

读者可以参考本书的其他章节,以获得关于预报检验问题、可以使用的度量标准以及可靠性、准确性和有价值预报含义的更详细讨论。接下来,我们将讨论两个关键问题,并将可靠和准确的概率预报的概念与概率预报的生成联系起来。

2.3.1 预报的可靠性和准确性

在许多情况下,一般来说,当我说有 90% 的信心预报是准确的,或者说温度将超过 30 ℃ 的概率是 90%,那么这个事件实际上发生的概率是 90%,则这个预报是可靠的。不可靠预报是指在很多情况下,平均而言,预报概率与发生概率之间没有对应关系。衡量预报可靠性的一种方法是比较预报概率和相对发生频率,并计算两者的平方差。

另一种衡量可靠性的方法是比较集合平均的平均均方根误差和集合的平均离散度,用其标准差来衡量。事实上,在一个可靠的集合中,验证或分析大多情况下应包含在集合所跨越的范围内:在这种情况下,平均而言,集合均值的误差(即集合均值与分析的平均距离),应该与集合均值与集合成员的平均距离(即集合标准差)相近。正如 Hamill(2001)所指出的,当只使用这种方法来评估可靠性时,应该小心谨慎,因为有可能在一个区域中出现系统性的过度离散被另一个区域的离散不足所补偿。

如果预报场与系统的真实状态有很好的匹配,那么预报就是准确的。如果考虑单个预报,那么预报准确度可以通过距平相关系数来度量,如图 2.8 所示,或者通过预报和检验(比如说分析)场之间的均方根距离来度量。如果考虑一个概率预报,那么预报准确度可以通过计算预报的 PDF 和观测的 PDF 的距离进行度量(有关预报检验度量指标的更多信息,见 Wilks,2011;Jolliffe et al.,2011)。

我们在本节中要考虑的第二个问题也是 20 世纪 80 年代气象预报员和科学家扪心自问的最重要的问题之一:我们如何对预报技巧提供可靠和准确的估计?

正如我们已经提到的那样,这不能通过基于过去个例的统计方法来实现,因为大气本身无法重复,也不显示周期性行为。虽然看起来似乎过去和现在的事件之间有某种相似,但如果考虑到系统的所有数百万个自由度,将过去和现在的事件进行比较,它们之间的相似度就很差。此外,过去的数据可能不包括未来发生的事件。对于造成最严重损害的罕见和极端事件尤其如此,这意味着必须设计其他方法。

Leith(1974)是最早提出蒙特卡洛技术来提供一系列可能预报结果的人员之一,通过使用一组预报而不是仅仅一个预报,他可以提供预报技巧的估计和未来可能的情况。他估计,大约10个成员就足以很好地估计预报状态可能分布的平均值,以及平均值周围变化的一些迹象。

图2.9是他提出的集成方法背后的思想示意,即从单一的预报方法过渡到用多个预报作为补充的方法,旨在对所有可能的预报误差来源进行采样。采用单一预报方法进行动力预报时,无法估计可能的预报结果的范围,也无法估计预报准确度是否高于或低于平均值。相比之下,通过可靠的预报集合,人们可以估计可能结果的范围,并计算预报准确度的估计值。

当时,该领域的每个人都必须在集合预报中开始解决的关键问题是如何设计一个可靠和准确的集合,因为该系统有几百万个自由度,而且他们只能生成10个集合成员。

例如,在20世纪80年代,Hoffman等(1983)提出了一种滞后平均方法,即连续几天发布的单一预报可以组合起来提供一个预报集合。由于这些集合在不同的时间开始,最早的预报是以最低的误差为特征的,所以在合并时给予不同的权重,以提供预报PDF的估计。这种方法的一个问题是,它们只能合并几个集合成员,以避免在预报的初始日期之间有太大的差异。第二个问题是,特别是对于短期气候预测,最早和最晚预报的误差存在很大的差异,因此只有极少数的成员被赋予不可忽视的权重。这些集合成员提供了一些有用的指标,特别是对中长期预报,但对短期预报没有太大价值。

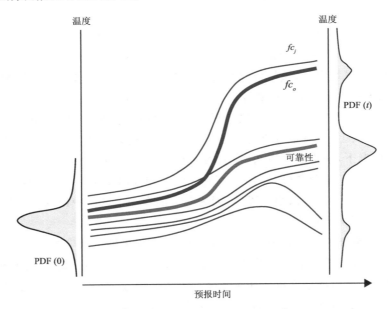

图2.9　动力预报的集合方法示意

(许多集合成员用于估计初始和预报状态的概率密度函数(probability density function,PDF)。
"fc_o"表示控制预报,"fc_j"表示单个扰动的预报,PDF(0)和PDF(t)表示初始和预报时间t的PDF)

Hollingsworth(1980)试图开发一个"爆发"集合,所有成员从相同的初始时间开始。他报告了基于蒙特卡洛试验的结果,其中预报从相同的时间开始,但初始条件(通过在分析中添加随机扰动来定义)略有不同。结果是不确定的,因为初始的扰动并没有随预报误差的增大而增长,所有的预报结果都非常相似。这些集合并没有像他们希望的那样发散,并且产生的概率密度函数太窄,这些概率密度函数往往未包括大气的真实状态。如果我们对比被测试的预报数量(10 量级)和系统的自由度数(即使在 20 世纪 80 年代使用的低分辨率时也是几百万量级),那么这个结果并不令人奇怪,确实很难想象一些随机扰动能够模拟出预报误差的演变。

这些早期的试验表明,尽管蒙特卡洛方法的想法很简单(只需要运行 m 个预报就能构建一个集合),但无法设计出一个可靠和准确的集合预报系统。简单地使用初始条件的随机扰动或者使用滞后集合并不奏效,因为这些方法不能够采样和代表预报误差的来源。

2.3.2　集合预报比单一预报更有价值吗?

解决这个问题和衡量单一与基于集合的概率预报差异的一个方法是使用预报系统的潜在经济价值(Potential Economic Value,PEV)(Buizza,2001;Richardson,2000;Zhu et al.,2002)的概念。PEV 是通过考虑一个简单的成本损失模型来定义的,用户可以决定承担一个成本 C 来抵御与特定天气事件有关的损失 L。然后,可以通过考虑不同 C/L 值的用户来对预报进行评估,并通过构建曲线显示用户使用预报可以节省的费用。显然,PEV 是预报的可靠性和准确性的函数。

图 2.10 给出了 ECMWF 单一高分辨率预报和 ENS 4 个事件概率预报的平均 PEV。$t+144$ h 的预报已根据欧洲和北非的 SYNOP 观测进行了检验,并计算了 2016 年 10—12 月 3 个月的 PEV。图 2.10 表明,基于 ENS 的概率预报对所有的用户都有较高的 PEV。

2.4　预报误差的来源

20 世纪 80 年代,人们做了大量工作试图了解大气中的扰动和误差增长,并需要在集合模拟中确定预报误差的来源,以便能够提供可靠和准确的预报。显然,误差源可能来自观测、动力学模式和资料同化过程,但最初的注意力主要集中在对初始不确定性造成的预报误差的模拟上。做出这一选择的原因是,有研究结果表明,在短期预报范畴,初始不确定性主导了扰动增长(Harrison et al.,1999)。

Buizza 等(1995)在 ECMWF 研究了利用有限时间区间内增长最快的奇异向量(Singular Vectors,SV)来模拟初始条件的不确定性。奇异向量(SV)为定义 ECMWF 集合的初始扰动提供了一个非常好的基础:与随机初始扰动相比,它们具有非常好的增长率,类似于预报误差增长率。在 1992 年 11 月 24 日开始发布业务预报的第一版 ECMWF 集合中确实使用了奇异向量(SV)。它们一直是欧洲中期天气预报中心(ECMWF)集合预报系统中使用的唯一初始扰动类型,直到 2008 年数据同化集合(Ensemble of Data Assimilations,EDA)开始和奇异向量一起使用(Buizza et al.,2008)。

在美国国家环境预报中心(National Centers for Environmental Prediction,NCEP),Toth 等(1993)使用繁殖向量(Bred-Vectors,BVs)来定义 NCEP 集合的初始扰动。ECMWF 和 NCEP 集合预报系统是最早应用于业务动力学天气预报的集合预报系统。这两个集合预报系

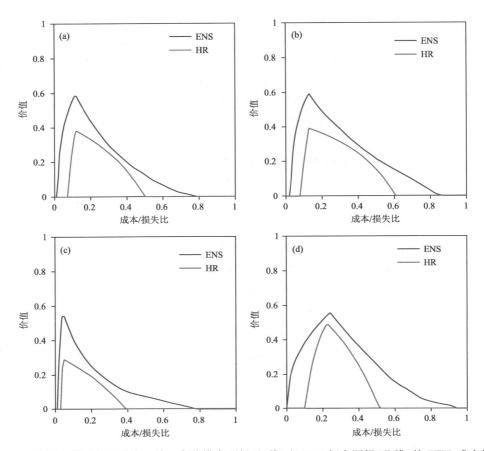

图 2.10　欧洲中期天气预报中心单一高分辨率预报（红线）和 ENS 概率预报（蓝线）的 PEV,成本损失比 C/L 从 0 到 1,针对 4 种不同预报:2 m 气温负异常低于 4 ℃(a)、2 m 气温正异常高于 4 ℃(b)、10 m 风速大于 10 m · s^{-1}(c)和总降水量大于1 mm (d)(PEV 平均值的计算考虑了 2016 年 10—12 月的 ECMWF 业务预报,并与 SYNOP 观测值进行了验证)(见彩图)

统之后,1995 年加拿大采用蒙特卡洛方法开发了集合预报系统,旨在模拟由于观测误差和数据同化假设产生的初始不确定性及模式不确定性(Houtekamer et al. ,1996)。

　　对比一下欧洲中期天气预报中心(ECMWF)和美国国家环境预报中心(NCEP)使用不同的扰动集来初始化其集合预报背后的原理是很有意义的。欧洲中期天气预报中心(ECMWF)的 SV 方法是基于这样的概念,即给定一个初始条件的不确定性,沿着最大增长方向的扰动比沿其他方向的扰动放大得更大。如果预报误差是线性演变的,并且使用了适当的初始范数(Barkmeijer et al.1999；Buizza et al. ,1995),则生成的集合预报在优化时可以捕获最大的预报误差方差(Ehrendorfer et al. ,1997)。BV 循环旨在模拟数据同化循环,它是基于数据同化产生的分析由于扰动动力作用会累积增长误差的概念(Toth et al. ,1993,1997)。这是由于同化方案在同化窗口的早期检测到的中性或衰减误差会减小,而在同化窗口结束时,由于这些扰动的动态变化,误差剩余的部分会衰减。相反,即使同化系统减小了不断增长的误差,剩余的误差在同化窗口结束时仍会放大。

　　仿照加拿大的例子,1999 年 ECMWF 集合预报系统中引入了对模式不确定性的模拟,使用随机方法模拟了与物理参数化方案相关的模式误差的影响(Buizza et al. ,1999)。目前,在集合预报中主要采用 4 种方法来表示模式不确定性：

· 多模式方法，其中对每个集合成员使用不同的模式。模式可以完全不同，也可以仅在模式的某些组成部分不同（如对流方案）。

· 扰动参数方法，其中所有的集合系统积分都使用相同的动力学模式，但是使用不同的参数定义模式组件的设置。加拿大集合预报系统就是一个这样的例子（Houtekamer et al.，1996）。

· 扰动倾向方法，其中随机方案用于模拟模式的随机误差分量，仅仅模拟现实中可以近似得到的倾向。一个例子是 ECMWF 随机扰动参数化倾向方案（Stochastically Perturbed Parametrization Tendency，SPPT）（Buizza et al.，1999；Palmer et al.，2009）。

· 随机后向散射方法，其中模式无法分辨的过程模拟采用随机动能后向散射方案（Stochastic Kinetic Energy Backscatter，SKEB），例如，ECMWF-ENS 从模式分辨率以下的尺度到可分辨尺度的升尺度能量传输采用的 SKEB 方案（Berner et al.，2008；Palmer et al.，2009；Shutts，2005）。

由于必要的数值近似和物理过程表示中的近似，预报模式永远不会完美，因此在集合预报系统中必须考虑模式的不确定性（Hamill et al.，2015）。

欧洲中期天气预报中心（ECMWF）（http://www.ecmwf.int/）、美国国家环境预报中心（NCEP）（http://www.emc.ncep.noaa.gov/gmb/ens/）和加拿大气象局（Meteorological Service of Canadian，MSC）（https://weather.gc.ca/ensemble/index_e.html）是最早使用集合预报进行业务预报的 3 个气象中心。许多其他业务气象中心紧随其后，开发和实施了用于中期、次季节和季节时间尺度的全球集合预报系统以及短期区域预报。根据加拿大气象局的例子，集合预报系统也越来越多地用于在分析时提供 PDF 的估计并定义集合预报的初始条件。

2.5　全球集合业务预报系统的特点

自 2007 年以来，TIGGE（THORPEX 互动式全球集合预报大集合）作为世界气象组织项目的一部分（Bougeault et al.，2009；Swinbank et al.，2016），产生全球集合预报的气象中心一直在交换数据（https://www.wmo.int/pages/prog/arep/wwrp/new/thorpex_gifs_tigge_index.html）。作为 TIGGE 的一部分，每天有超过 500 多个全球预报被交换；这些预报可以从 TIGGE 数据门户网站上以准实时（48 h 的延迟）的方式访问。

表 2.3 给出了由欧洲中期天气预报中心（ECMWF）主办的 TIGGE 网站提供的全球业务集合预报的概况（http://www.ecmwf.int/en/research/projects/tigge）。

BMRC，澳大利亚气象局（只截至 2010 年 7 月）；

CMA，中国气象局；

CPTEC，巴西天气预报和气候研究中心；

ECMWF，欧洲中期天气预报中心；

JMA，日本气象厅；

KMA，韩国气象局；

MSC，加拿大气象局；

NCEP，美国国家环境预报中心；

UKMO，英国气象局。

每个 TIGGE 的集合成员都是由其产品中心采用的模拟地球系统的模式方程的数值积分来定义的。也就是说，从第 d 天开始的每一个单一的 T h 预报是由从初始时刻 0 到时刻 T 的一组模式方程的时间积分给出的：

$$e_j(d;T) = e_j(d;0) + \int_0^T [A_j(t) + P_j(t) + dP_j(t)] dt \tag{2.13}$$

其中，A_j 是由绝热过程（如平流、科里奥利力、气压梯度力）引起的趋势，P_j 是由参数化物理过程（如对流、辐射、湍流等）引起的趋势，dP_j 表示由随机模式误差和未分辨的物理过程引起的趋势。

在 MSC 集合预报中，每个数值积分都从一个独立的数据同化过程定义的初始条件开始：

$$e_j(d,0) = F[e_j(d-T_A, T_A), o_j(d-T_A, d)] \tag{2.14}$$

表 2.3　9 个业务全球中期集合预报系统（按字母顺序排列，第 1 列）的关键特征：初始不确定性方法（第 2 列）、模式不确定性模拟（Y/N，第 3 列）、截断和近似水平分辨率（第 4 列）、垂直层次数和大气顶高度（第 5 列）、预报时效（第 6 列）、每次运行的扰动成员数（第 7 列）和每天运行次数。浅灰色（深灰色）表示具有最精细（粗）特征的集合（更多详情请参阅 Buizza，2014）

中 心	初始不确定性方法（区域）	模式不确定性	截断	垂直层次数（大气顶高度，hPa）	预报时效 /d	扰动成员数	运行次数 每天（UTC）
BMRC	SV(NH,SH)	否	TL119 (1.5°;210 km)	19 (10.0)	10	32	2(00/12)
CMA	BV(globe)	否	T213(0.56°;70 km)	31(10.0)	10	14	2(00/12)
CPTEC	EOF (40°S—30°N)	否	T126(0.94°;120 km)	28(0.1)	15	14	2(00/12)
ECMWF	SV(NH,SH,TC) +EDA (globe)	有	Tco639 (0.14°;16 km) Tco319 (0.28°;32 km)	91(0.01)	0~15 15/46	50	4(00/06/12/18)
JMA	SV(NH,TR,SH)	有	TL479 (0.38°;50 km)	60(0.1)	11	25	2(00/12)
KMA	ETKF (globe)	有	N320 (0.35°;40 km)	70(0.1)	10	23	4(00/06/12/18)
MSC	EnKF (globe)	有	600×300 (0.6°;66 km)	40(2.0)	16/32	20	2(00/12)
NCEP	EnKF (globe)	有	T254(0.70°;90 km) T190(0.95°;120 km)	28(2.7)	0~8 8~16	20	4(00/06/12/18)
UKMO	ETKF (globe)	有	N216 (0.45°;60 km)	70(0.1)	15	23	2(00/12)

注：BMRC 集合在 2010 年 7 月停止运行。第 2 列中，SV 代表奇异向量法，BV 代表增长模繁殖向量，EOF 代表经验正交函数，EDA 代表数据同化集合，ETKF 代表集合变换卡尔曼滤波，EnKF 代表集合卡尔曼滤波，ETR 代表旋转变换的集合（详情见正文）。

其中，$F[\cdots,\cdots]$ 表示从 $(d-T_A)$ 到 d，将模式初猜值 $e_j(d-T_A,T_A)$ 和跨越时间段 T_A（数据同化过程所覆盖的窗口）的观测值合并的数据同化过程。初猜值 $e_j(d-T_A,T_A)$ 是由模式方程从 $(d-T_A)$ 到 d 的 T_A 小时积分给出的。资料同化过程在资料同化程序开始时可用 $(d-T_A)$ 和 d 之间的观测值 $o_j(d-T_A,d)$。更确切地说，每个成员的初始条件是在其集合卡尔曼滤波器的 192 个成员中选择的。

在其他 8 个集合预报系统中，每个数值积分都是从通过向未扰动的初始状态添加扰动而定义的初始条件开始的：

$$e_j(d,0) = e_0(d,0) + de_j(d,0) \tag{2.15}$$
$$e_0(d,0) = F[e_0(d-T_A,T_A), o_0(d-T_A,d)] \tag{2.16}$$

其中，未扰动的初始条件由跨越时间段 T_A 的数据同化过程定义。初始扰动 $de_j(d,0)$ 在每个集合中以不同的方式定义。

式（2.13）～式（2.16）提供了一个简单、统一的框架来描述 502 个 TIGGE 预报中的第 j 个成员每天是如何产生的。Buizza（2014）对每个集合预报系统中初始和模式不确定性的模拟方式进行了总结，并列出了描述每个集合预报系统的主要参考文献。

所有这些集合预报系统的设计都是为了提供可靠和准确的预报：它们的实际表现如何？让我们关注欧洲中期天气预报中心（ECMWF）中期/月尺度集合预报系统（ensemble，ENS），它被认为在中期预报时效范围内可提供最可靠和最准确的预报。

图 2.11a 给出了 2016—2017 年冬季（2016 年 11 月—2017 年 1 月）ECMWF ENS 500 hPa 位势高度预报（即对距地球表面约 5000 m 处的自由大气中的天气尺度特征的预报）可靠性。图 2.11b 显示了过去 4 年的季节平均集合离散度和集合平均误差的差异：正（负）值表示集合离散度大于（小于）误差，因此表明是一个过离散（欠离散）的集合。就这个变量而言（并考虑第 2.3 节中提到的关于使用集合离散度和误差的匹配作为可靠性度量的注意事项），ECMWF 集合预报是非常可靠的，平均超过/低于离散度只有几个百分点（注意图 2.11a 的纵坐标刻度比图 2.11b 的纵坐标刻度小 10 倍）。

图 2.12 给出了 ECMWF ENS 的预报准确度检验值，即连续分级概率技巧评分（Continuous Ranked Probability Skill Score，CRPSS），也用于检验过去 4 个冬季北半球 500 hPa 位势高度的预报。CRPS 是用于连续预报对象概率预报的常规准确度指标。连续分级概率技巧评分 CRPSS 是与 CRPS 对应的技巧评分：1.00 表示完美预测，0 表示与基于气候学的统计预测一样好（有关 CRPS 和 CRPSS 的定义请参阅 Wilks，2011）。图 2.12 显示，在整个 ENS 预报时效内，ECMWF ENS 的概率预报比基于过去事件的统计概率预报技巧更高。在短期预报时效内 CRPSS 数值较高，然后随着预报误差开始影响每个集合成员，预报技巧逐渐降低。

在特定地点的检验表明，对于其他变量，特别是接近地表的变量，如降水和风速，集合预报的可靠性和准确性就不那么好了。这些变量受到局地特征的强烈影响，例如受大气流动与地形和植被类型的相互作用的影响，因为模式只包含了大气地表流动与地形相互作用等过程的近似表示。此外，我们应该考虑到，在天气受到局地特征（如地貌、地形特征、海陆对比等）影响较大的特定地点预报地表变量尤其具有挑战性。这一点从图 2.13 中可以非常清楚地看到，它显示了 ECMWF ENS 预报 2016/2017 年冬季降水的 CRPSS。与 500 hPa 位势高度的预报（图 2.12）相比，降水 CRPSS 值不仅在预报第 8 天达到无技巧的 0 值，而且在短期预报时效也有较低的值（降水预报第 1 天 CRPSS 约为 0.15，而第 1 天 500 hPa 位势高度预报 CRPSS 约

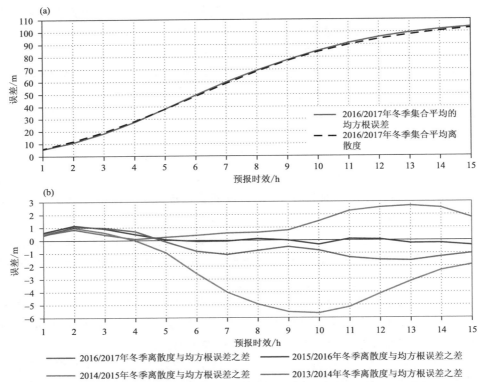

图 2.11 （a）2016/2017 年冬季北半球 500 hPa 位势高度 ECMWF 集合预报平均离散度，分别用标
准差（黑色虚线）和用集合平均的平均均方根误差（红色实线）计算的；（b）采用分析数据进行检验的
离散度的误差：2016/2017 年冬季（红线）、2015/2016 年冬季（蓝线）、2014/2015 年冬季（绿色线）和
2013/2014 年冬季（青色线）（见彩图）

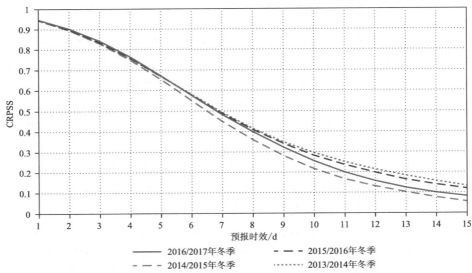

图 2.12 2016/2017 年（2016 年 11 月—2017 年 1 月；红实线）、2015/2016 年（蓝色虚线）、2014/2015 年
（绿色虚线）和 2013/2014 年（青色虚线）年冬季 ECMWF 北半球 500 hPa 位势高度集合概率预报连续分级
概率技巧评分（CRPSS，更多详情请参阅正文）；预报已根据分析数据进行了检验（见彩图）

为 0.95)。这同样适用于图 2.12 所示的其他集合预报,它们甚至更早地越过了无技巧的 0 值线。

图 2.11~图 2.13 所示的结果是基于原始的集合预报数据,也就是说,所使用的集合预报数据是由模式产生的,没有进行任何校正。该研究结果表明,即使是世界上最好的全球集合系统 ECMWF ENS,也不能提供超过几天后的可靠和准确的地面变量预报。

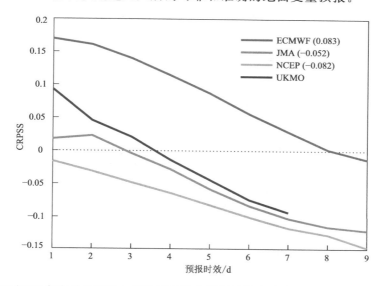

图 2.13　2016/2017 年冬季全球降水 ECMWF 集合概率预报(红色实线)的连续分级概率技巧评分 (CRPSS,更多详情请参阅正文);蓝色、绿色和黄色线对应表示 UKMO、JMA 和 NCEP 集合预报; 预报已根据 SYNOP 观测值进行了检验(见彩图)

值得一提的是,TIGGE 的后续项目——世界气象组织(WMO)的次季节到季节项目(sub-seasonal-to-seasonal,S2S)(http://s2sprediction.net/)于 2016 年启动。该项目旨在促进对次季节和季节时间尺度的可预报性的理解,并帮助开发该时间尺度的集合预报。S2S 旨在构建一个与 TIGGE 项目类似的数据库(Vitart et al.，2017),其中所有可用 S2S 集合预报产品都是共享的,可以延迟 3 周后自由访问。

2.6　回报系统的价值

事实上,一段时间以来人们已经知道集合预报无法对某些变量提供可靠和准确的原始预报,遗憾的是,这些变量恰恰是预报用户最感兴趣的变量(即这些变量描述了接近人类居住的地表的地球系统的状态)。尽管集合预报不断取得进展,但这些变量预报性能的改进比描述自由大气的变量(如 500 hPa 位势高度或 850 hPa 位势温度)慢得多。

解决这个问题的一种方法是使用过去预报误差的统计数据来对预报进行校正。例如,人们可以使用过去几年的预报来估计集合预报的偏差,并将其从最近的预报中去除,或者估计集合预报是否存在过离散或欠离散的情况,并相应地校正集合预报的分布。类似地,如果人们对具体事件的概率预报感兴趣,则可以检验分位数预报,构建所谓的分位数到分位数散点图,如果预报和观测到的统计数据存在差异,则可以对其进行校正,这一点在本书的以下章节中有广泛的讨论。

上述所有这些方法都需要一个训练数据集。利用这组过去的预报—观测对,基于回归的校准方案就可以确定校正系数。当有回报训练数据集时,这种方法被证明是有效的(Hage-dorn et al.,2008,2012;Hamill et al.,2006,2008,2013)。回报数据集是由与过去非常相似或不完全相同的系统进行预报的集合,通常可以追溯到相当多的年份或几十年。预报和回报系统的一致对于校准技术的有效性非常重要。

从业务的角度来看,ECMWF 是第一个通过回报系统补充其集合预报系统的业务预报中心,回报系统和业务预报尽可能接近。表 2.4 列出了 ECMWF 中期/月(ENS)和季节(S4)(Molteni et al.,2011)集合预报和回报系统的主要特征。

表 2.4　ECMWF 中期/月集合(ENS)和季节集合(S4)的预报和回报集合的关键特征

集合预报		初始条件的不确定性	模式的不确定性	截断	垂直层数(大气顶高度/hPa)	预报时效	扰动成员数	回报年	大气未扰动的初始条件
ENS	forecast	SV+EDA(d)+ORAS5	有	Tco639(0.14°;16 km)	91 (0.01)	0~15 d	50,2 次/d	无	HRES an
				Tco319(0.28°;32 km)		15/46 d			
	Reforecast	SV+EDA(const)+ORAS5	有	Tco639(0.14°;16 km)	91(0.01)	0~15 d	11,2 次/月	20	ERA-Interim
				Tco319(0.28°;32 km)		15/46 d			
S4	forecast	SV+SSTpert+ORAS5	有	TL255L91(0.75°;80km)	91(0.01)	0~7/13 月	50,1 次/月	无	HRES an
	Reforecast	SV+SSTpert+ORAS5	有	TL255L91(0.75°;80 km)	91(0.01)	0~7/13 月	15,1 次/月	30	ERA-Interim

注:灰色框标识了预报和回报序列不同的参数。第 3 列(初始条件的不确定性)表示用于生成初始扰动的方法;第 4 列为是否模拟了模式的不确定性;第 5 列为水平分辨率;第 6 栏为垂直分辨率;第 7 列为预报时效(天或月);第 8 列为回报序列中包含的年数;第 9 列为"未扰动"的分析,用作集合初始条件的中心。

对于 ENS 来说,回报运行了 20 a,每周两次,使用的是 11 个成员而不是 51 个成员的集合预报。它们的初始化方式略有不同:控制预报、未受干扰的分析是不同的(采用的是 ERA-Interim 而不是业务上的 HRES),因为最新版本的高分辨率分析和 EDA 分析是最近几年才有的。例如,过去在当前分辨率下的分析只有在 2015 年 3 月实施 Tco1279L137 模型版本后才有。此外,基于 EDA 的初始扰动生成方式略有不同(更多细节详见 Buizza et al.,2008):这是因为 2010 年才开始业务运行输出 10 个成员的 EDA 结果,到 2013 年 11 月 EDA 成员增加到 25 个,因此 2008 年之前没有可用的 EDA 分析结果。随着我们预报模式的进步(更确切地说,每周生成了过去 20 a 的回报,以当前一周为中心的 5 周内的过去 20 a 的回报都是可用的),这些回报每周是"飞速"运行的。这是因为 ENS 模式的周期每年变化两次,最好的方法是在需要的时候"飞速"运行回报。当一个新的模式系列实施时,事先运行它们需要在短时间内使用大量的计算资源,这是不可行的。

对于季节预报系统 4(S4),回报的时间为 30 a,初始日期相同(即每个月的第一天),采用 15 个成员而不是 51 个成员的集合预报。此外,由于与 ENS 相同的原因,控制的未扰动的分析是 ERA-Interim 而不是业务上的 HRES。因为 S4 使用冻结的模式系列(即模式在大约 5 a 内没有变化)(Molteni et al. ,2011),季节回报是在运行前的阶段提前生成的,而不是随着时间的推移而连续生成的。

为了了解生成回报数据集所需的大量计算资源,让我们测算一下作为预报和回报系统的一部分运行的预测次数。

对于中期/月集合预报,假定回报是"飞速"运行的情况下,1 a 内运行的预报数量计算如下:

• ENS 预报:1 a 的 ENS 预报意味着运行 37128(52×7×2×51)次预报,最长预报时效为 15 d,其中预报时效为 46 d 的预报有 5304(52×2×51)次。

• ENS 回报:20 a 预报时效为 46 d 的 ENS 回报意味着平均运行 22880(20×52×2×11)次预报。

因此,对于 1 a 以上的 ENS,回报的成本约为预测成本的 60%。

相比之下,由于季节集合预报系统被冻结了大约 5 a(到目前为止,ECMWF 的所有业务季节系统都是如此),让我们计算一下 5 a 内运行的预报和回报的数量。

• S4 预报:5 a 的 S4 预报包括运行 6060(5×12×51)次预报,预报时效最长达 7 个月,其中 2020 年延长到 13 个月。

• S4 回报:30 a 的 S4 再预报意味着运行 5400(30×12×15)次集合预报,其中 1800 次预报时效延长到 13 个月。

因此,对于 S4 的 5 a 业务运行,回报的成本约为预测成本的 90%。

回报不仅用于计算误差统计量(如偏差、分位数与分位数之间的对应关系)或评估集合预报的可靠性(离散度/误差比、可靠性图),以便设计出纠正预报的方法。回报还可用于提供对预报集合的预期技巧的估计。这是非常重要的,特别是如果考虑到极端和罕见的事件,如强烈的副热带气旋发展和风暴、极端降水事件和热浪/冷涌,以及厄尔尼诺和拉尼娜条件。如果拥有一个涵盖同一季节多年的回报系统,就能拥有一个更好的、更具统计学意义的具有类似特征的个例数据集,那我们就可以通过分析了解预报系统在这种情况下的表现。

从表 2.4 来看,人们可以提出这样一个问题:在预报和回报系统的集合规模(成员数)方面以及在回报所跨越的年数方面,是否存在一个最佳配置。在集合预报的早期,人们已经关注到了集合规模的问题。Leith(1974)的结论是,大约 10 个成员就足以对预报状态 PDF 的第一时刻(集合平均数)有一个很好的估计。

关于集合预报系统的规模问题,1992 年 ECMWF 开始有 32 个成员,然后 1996 年增加到 51 个,之后就没有再增加过。今天,所有的业务集合预报系统都有几十个成员(见表 2.3)。多年来,当有更多的计算机能力可用时,所有的气象中心都用它来提高分辨率,而不是增加其集合预报的规模。这种选择背后的主要原因是,如果一个集合不能模拟出某种现象,那么它就没有机会为这种现象的发生提供概率。这对于需要精细分辨率才能正确模拟的极端严重事件来说尤其如此。

关于回报集合的规模,优先考虑使用与预报集合相同的分辨率,中期/月集合预报至少跨越 20 a,季节集合预报至少跨越 30 a。因此,为了使回报系统的成本低于预报系统的成本,我们不得不做出妥协,使回报集合的规模低于预报集合系统的规模。同时,我们尽量保持其接近,这样两套集合预报系统的属性将非常相似(例如,在可靠性方面)。

2.7   未来展望

正如本章前面所提到的,集合预报不仅被越来越多地用于估计预报的概率分布函数(PDF),而且还能提供初始时刻(分析)PDF 的良好估计。它们还用于生成气候预估,并用于制作气候再分析产品,这样用户就可以使用再分析的集合预报产品来估计过去与当前状态的分析不确定性,这是非常重要的。例如,如果人们想通过观察几十年的数据来提取气候趋势。

由于过去的观测更稀疏,质量更低,显然过去对地球系统状态的估计不如现在准确。例如,对于海洋来说这是非常重要的,因为我们只有在过去的 15 a 里才能获得高质量的数据(例如,自从 2000 年开始部署 argo 浮标以来)。

随着 ECMWF 和 NCEP 集合预报的业务实施,1992 年开始的从单一到集合的概率预报的范式转变将继续下去。ECMWF 在 2016—2025 年 10 a 战略(http://www.ecmwf.int/en/about/what-we-do/strategy)中列出了以下目标:

"通过以下方式提供所需的预报信息,帮助拯救生命,保护基础设施,促进成员国和合作国的经济发展:

• 在知识前沿进行研究,开发预报时效可达 1 a 的地球系统的全球综合模式,以产生在时间上保真度不断提高的预报。这将解决数值天气预报中最困难的问题,如目前欧洲天气预报技巧水平较低的问题。

• 基于业务集合的分析和预报,描述天气、气候事件可能场景的范围及其发生的可能性,提高质量和业务可靠性的国际标准。2016 年中期天气预报的技巧平均延长到大约 1 周。到 2025 年,目标是在未来 2 周内对高影响天气进行有技巧的集合预报。通过开发一种无缝的方法,我们还旨在提前 4 周预报大尺度环流型和状态的调整,以及提前 1 a 预报全球尺度的异常现象。"

因此,未来将更广泛地使用地球系统模式的集合,以提供对海洋、陆地、海冰和大气状态的可靠和准确的预报。

2.8 小结：本章的关键信息

最后，让我们用几个要点概括本章所讨论的关键问题：

①大气和地球系统（陆地、海洋、海冰和大气）预报是动力系统产生的，其中包括两个关键部分：观测和尽可能接近真实情况的模式。

②大气（以及地球系统的某些组成部分）的混沌性质使得预报问题非常困难，因为误差的增长是流依赖的。

③预报误差的两个关键来源是观测误差和模式的不确定性及近似；预报误差的第 3 个重要来源是在计算分析时所做的数据同化假设（即预报的初始条件）。

④虽然我们知道预报误差的来源和地球系统的混沌性质的作用，但很难设计出一个能可靠和准确地模拟所有预报误差来源的集合预报，特别是对接近地表的变量：后处理和校准技术可以帮助我们生成更准确和可靠的产品，而不是仅由原始集合预报的数据生成。

⑤1992 年，集合预报开始成为 ECMWF 和 NCEP 业务体系的一部分，引入了从单一模式预报到集合概率预报的范式转变。

⑥集合预报应该有两个关键属性：可靠性和准确性，判断集合预报的性能应该综合考虑这两个属性。

⑦如今，几乎所有的气象中心都使用集合预报：作为 10 个全球集合预报一部分产生的大约 500 个预报作为 TIGGE 的一部分每天共享。在可靠性和准确性方面，它们的性能差异很大。

⑧大约 10 a 前引入了回报集合预报，以帮助纠正原始的、基于集合的、概率性的预报，并对集合预报性能提供更有统计学意义的评估。

⑨ECMWF 的中期/月和季节集合预报都有一个回报系统，其包括的成员比集合预报系统略少，分别跨越 20 a 和 30 a。

⑩未来将有更多的人使用集合预报。

⑪未来基于集合预报的产品将看到更复杂的校准和后处理技术的发展，这些技术可以应用于原始集合预报的数据，为用户提供更可靠和准确的产品。

参考文献

Barkmeijer J, Buizza R, Palmer T N, 1999. 3D-Var hessian singular vectors and their potential use in the EC-MWF ensemble prediction system. Quarterly Journal of the Royal Meteorological Society，125，2333-2351.

Berner J, Shutts G, Leutbecher M, et al, 2008. A spectral stochastic kinetic energy backscatter scheme and its impact on flow-dependent predictability in the ECMWF ensemble prediction system. Journal of the Atmospheric Sciences，66，603-626.

Bougeault P, et al, 2009. The THORPEX interactive grand global ensemble (TIGGE). Bulletin of the American Meteorological Society, 91, 1059-1072.

Buizza R, 2001. Accuracy and economic value of categorical and probabilistic forecasts of discrete events. Monthly Weather Review, 129, 2329-2345.

Buizza R, 2014. The TIGGE medium-range, global ensembles. ECMWF research department technical memorandumn. ECMWF, Shinfield Park, Reading RG2-9AX, UK (53)pp. http://www. ecmwf. int/ sites/default/files/elibrary/2014/7529-tigge-global-medium-range-ensembles. pdf.

Buizza R, Palmer T N, 1995. The singular-vector structure of the atmospheric general circulation. Journal of the Atmospheric Sciences, 52, 1434-1456.

Buizza R, Miller M, Palmer T N, 1999. Stochastic representation of model uncertainties in the ECMWF ensemble prediction system. Quarterly Journal of the Royal Meteorological Society, 125, 2887-2908.

Buizza R, Leutbecher M, Isaksen L, 2008. Potential use of an ensemble of analyses in the ECMWF ensemble prediction system. Quarterly Journal of the Royal Meteorological Society, 134, 2051-2066.

Charney J G, Fjörtoft R, von Neumann J, 1950. Numerical integration of the Barotropic vorticity equation. Tellus, 2, 237-254.

Daley, R, 1993. Atmospheric Data Analysis. Cambridge University Press, 466.

Ehrendorfer M, Tribbia J, 1997. Optimal prediction of forecast error covariances through singular vectors. Journal of the Atmospheric Sciences, 54, 286-313.

ECMWF, 2017. ECMWF IFS Documentation for Cycle 41R3, Part I: Observations: Freely available from the ECMWF. http://www. ecmwf. int/sites/default/files/elibrary/2016/17114-part-i-observations. pdf.

ECMWF Strategy, 2015. The strength of a common goal. http://www. ecmwf. int/sites/default/files/ECMWF_Strategy_2016-2025. pdf.

Ghil M, Ide K, Bennet A, et al, 1997. Data Assimilation in Meteorology and Oceanography. Tokyo, Japan: Meteor. Soc. Japan.

Hagedorn R, Hamill T M, Whitaker J S, 2008. Probabilistic forecast calibration using ECMWF and GFS ensemble reforecasts. Part I: Two-meter temperatures. Monthly Weather Review, 136, 2608-2619.

Hagedorn R, Buizza R, Hamill T M, et al, 2012. Comparing TIGGE multi-model forecasts with re-forecast calibrated ECMWF ensemble forecasts. Quarterly Journal of the Royal Meteorological Society, 138, 1814-1827.

Hamill T M, 2001. Interpretation of rank histograms for verifying ensemble forecasts. Monthly Weather Review, 129, 550-560.

Hamill T M, Bates G T, Whitaker J S, et al, 2013. NOAA's second-generation global medium-range ensemble reforecast data set. Bulletin of the American Meteorological Society, 94, 1553-1565.

Hamill T M, Hagedorn R, Whitaker J S, 2008. Probabilistic forecast calibration using ECMWF and GFS ensemble forecasts. Part II. Precipitation. Monthly Weather Review, 136, 2620-2632.

Hamill T M, Swinbank R, 2015. Chapter 11: Stochastic forcing, ensemble prediction systems and TIGGE. // Vol. 1156. Seamless Prediction of the Earth System: From Minutes to Months. World Meteorological Organization, 187-212.

Hamill T M, Whitaker J S, Mullen S L, 2006. Reforecasts, an important dataset for improving weather predictions. Bulletin of the American Meteorological Society, 87, 3 3-46.

Harrison M S J, Palmer T N, Richardson D S, et al, 1999. Analysis and model dependencies in medium-range ensembles: Two transplant case studies. Quarterly Journal of the Royal Meteorological Society, 126, 2487-2515.

Hoffman R N, Kalnay E, 1983. Lagged average forecasting, an alternative to Monte Carlo forecasting. Tellus

A，35A，100-118.

Hollingsworth A，1980. An experiment in Monte Carlo forecasting // Proceedings of the ECMWF workshop on stochastic-dynamic forecasting，65-95. http://www. ecmwf. int/sites/default/files/elibrary/1979/9945-experiment-monte-carlo-forecasting. pdf.

Holton J，2012. An Introduction to Dynamic Meteorology Vol. 88. 5th ed. Oxford，UK：Academic Press，552pp.

Hoskins B J，James I N，2014. Fluid Dynamics of the Middle Atmosphere. Chichester，UK：WileyBlackwell，432pp.

Houtekamer P L，Lefraive L，Derome J，1996. A system simulation approach to ensemble prediction. Monthly Weather Review，124，1225-1242.

Jolliffe I T，Stephenson D B，2011. Forecast Verification：A Practitioner's Guide in Atmospheric Science. 2nd ed. Chichester，UK：Wiley.

Kalnay E，2002. Atmospheric Modelling，Data Assimilation and Predictability. Chichester，UK：Cambridge University Press，369pp.

Leith C E，1974. Theoretical skill of Monte Carlo forecasts. Monthly Weather Review，102，409-418.

Lynch P，2006. The Emergence of Numerical Weather Prediction. Cambridge，UK：Cambridge University Press，290pp.

Lorenz E，1963. Deterministic nonperiodic flow. Journal of the Atmospheric Sciences，20，130-141.

Lorenz E，1993. The Essence of Chaos. Seattle，WA：University of Washington Press，240pp.

Molteni F，Stockdale T，Balmaseda M，et al，2011. The new ECMWF seasonal forecast system (system 4). ECMWF research department technical memorandumn. ECMWF，Shinfield Park，Reading RG2-9AX，UK.，51pp. http://www. ecmwf. int/en/elibrary/technical-memoranda.

NEMO：The Nucleus for European Modelling of the Ocean，a state-of-the-art modelling framework for oceanographic research，operational oceanography seasonal forecast and climate studies，see http://www. nemoocean. eu/About-NEMO and references.

Palmer T N，Hagedorn R，2006. Predictability of Weather and Climate. Cambridge，UK：Cambridge University Press，702pp.

Palmer T N，Buizza R，Doblas-Reyes F，et al，2009. Stochastic parametrization and model uncertainty. ECMWF Research Department Technical Memorandum No. Shinfield Park，Reading RG2-9AX，UK：ECMWF，42pp.

Rabier F，Järvinen H，Klinker E，et al，1999. The ECMWF operational implementation of four dimensional variational assimilation. Part I：Experimental results with simplified physics. ECMWF Research Department Technical Memorandum No. 271，26pp. http://www. ecmwf. int/en/elibrary/technical-memoranda.

Richardson D S，2000. Skill and economic value of the ECMWF ensemble prediction system. Quarterly Journal of the Royal Meteorological Society，126，649-668.

Rousset C，Vancoppenolle M，Madec G，et al，2015. The LouvainLa-Neuve sea ice model LIM3. 6：Global and regional capabilities. Geoscientific Model Development，8，2991-3005.

Shutts G，2005. A kinetic energy backscatter algorithm for use in ensemble prediction systems. Quarterly Journal of the Royal Meteorological Society，131，3079-3100.

Swinbank R，et al，2016. The TIGGE project and its achievements. Bulletin of the American Meteorological Society，97，49-67.

TIGGE：Information and data can be accessed from the ECMWF web site：https://software. ecmwf. int/wiki/display/TIGGE，http://www. ecmwf. int/en/research/projects/tigge

Toth Z，Kalnay E，1993. Ensemble forecasting at NMC：The generation of initial perturbations. Bulletin of the American Meteorological Society，74，2317-2330.

Toth Z，Kalnay E，1997. Ensemble forecasting at NCEP and the breeding method. Monthly Weather Review，125，3297-3319.

Vitart F，et al，2017. The sub-seasonal to seasonal (S2S) project database. Bulletin of the American Meteorological Society，98，163-173.

Zhu Y，Toth Z，Wobus R，et al，2002. The economic value of ensemble-based weather forecasts. Bulletin of the American Meteorological Society，83，73-83.

Wedi N P，Bauer P，Deconinck W，et al，2015. The modelling infrastructure of the integrated forecasting system：Recent advances and future challenges. ECMWF Research Department Technical Memorandum No. 760，48pp. http://www. ecmwf. int/en/elibrary/technical-memoranda.

Wilks D，2011. Statistical Methods in the Atmospheric Sciences. 3rd ed. San Diego，CA：Academic Press，676pp.

第3章
单变量集合预报后处理方法

Daniel S. Wilks

美国纽约州伊萨卡,康奈尔大学

3.1 引言

原则上，一个预报的集合是来自于预报不确定性分布的随机样本，因此预报某一特定事件或条件下的集合成员的比例应该是该事件或条件概率的样本估计。当评估的预报样本量够大，这一比例应该与观测的相对频率很好地对应。如果是这样，预报集合就被概率性地校准了。除了体现出校准外，所得到的概率预报应该尽可能地具有锐度（即明确）（Brier，1950；Gneiting et al. 2007a；Murphy et al.，1987）。

预报集合是指代表某一特定预报的内在不确定性的集合。小的集合离散度（所有集合成员彼此相似）应该表示较小的不确定性，而大的集合离散度（集合成员之间存在实质性差异）应该对应于较大的预报不确定性。Buizza（2018，第 2 章）已经概述了集合预报方案的结构性缺陷，以及为什么需要进行后处理。如果仅仅因为这些分布是未知的，那么，从初始条件不确定性分布中随机抽样是不现实的。此外，预报问题的维度（百万）比可行的集合规模（几十）要大许多量级，因此即使集合是已知的，预报集合也无法对它们的相关分布进行充分的采样。不仅如此，动力预报模式中的误差和不准确也会在预报中引入偏差。因此，预报集合需要后处理的原因与传统的单个积分的动力预报相同，但除了偏差订正之外，还需要对其集合离散度进行调整以实现概率校准。

集合后处理的单变量方法扩展了传统的模式输出统计（MOS）方法，MOS 在订正非概率动力预报方面已经使用了近半个世纪（Glahn et al.，1972；Wilks，2011）。在集合预报计算变得可行之前就已经知道需要对集合预报进行统计后处理（Leith，1974）。任何 MOS 订正的目标都是针对某一特定系统过去的预报数据库统计误差特征，然后利用这些误差特征来订正该系统将来的预报。因此，Glahn 等（2009）写道："MOS……是模式后处理的同义词"。而集合后处理产生的不是单个的值，而是一个完整的预报分布或者是一个变换后的集合成员的离散集合，其代表一个经过校准的预报分布的样本。对于传统的非概率动力预报，MOS 的目的是订正（条件）均值的误差。对于集合预报，在离散度方面也存在误差，因此，集合 MOS 提出了一个更困难的问题。

本章概述了单变量的集合后处理方法（即预报是单个预报变量的单变量概率分布之情形）。Schefzik 等（2018，第 4 章）描述了将这些方法扩展到两个或更多预报变量的联合概率分布。这里的讨论主要集中在构建后处理集合预报的方法上，而第 7 章到第 10 章讨论这些方法在具体情况中的实际应用。

到目前为止，最常用的单变量集合后处理方法有非齐次回归方法（Nonhomogeneous Regression，NR）和贝叶斯模型平均（Bayesian Model Averaging，BMA）。这些方法和其密切相关的方法分别在第 3.2 节和第 3.3 节中进行描述。将在第 3.4 节中对完全贝叶斯的单变量集合后处理方法进行综述，非参数化方法在第 3.5 节中进行介绍。在本章的最后，第 3.6 节对较为流行的方法进行了简要的对比和总结。

3.2　非齐次回归及其他回归方法

3.2.1　非齐次高斯回归(NGR)

非齐次高斯回归(Nonhomogeneous Gaussian regression,NGR)是两种最常用的集合 MOS 方法之一。它是由 Jewson 等(2004)和 Gneiting 等(2005)分别独立提出的,并将其命名为 EMOS(用于集合 MOS)。然而,从后续章节的概述中可以清楚地看到,它是许多集合 MOS 方法中的一种,因此,Wilks(2006)对其采用了更具体准确的名称——NGR。它是一种基于回归的方法,预报分布的条件平均值被定义为集合成员的最优线性组合,类似于式(1.3)。然而,与一般回归模型不同的是,在一般的回归模型中,"误差"和预报方差被假定为常数,而在 NGR 中,这些方差被表述为与集合方差线性相关:它们是非齐次的。这一特性使 NGR 的预报分布在集合离散度大时表现出更大的不确定性,而在集合离散度小时表现出更小的不确定性。最后,在 NGR 原始的公式(Gneiting et al.,2005;Jewson et al.,2004)及随后的许多应用中,预报分布被指定为高斯分布。

具体来说,对于每个预报时刻 t,高斯预报分布具有特定于该时刻预报集合的均值和方差。

$$y_t \sim N[\mu_t, \sigma_t^2] \tag{3.1}$$

其中,y_t 是预报量。高斯预报分布具有均值

$$\mu_t = a + b_1 x_{t,1} + b_2 x_{t,2} + \cdots + b_m x_{t,m} \tag{3.2}$$

以及方差

$$\sigma_t^2 = c + d s_t^2 \tag{3.3}$$

其中,$x_{t,k}$ 是第 t 个预报时刻的第 k 个集成成员,s_t^2 是集合方差

$$s_t^2 = \frac{1}{m} \sum_{k=1}^{m} (x_{t,k} - \overline{x}_t)^2 \tag{3.4}$$

其中,m 是集合的规模(集合成员的个数),集合均值为

$$\overline{x}_t = \frac{1}{m} \sum_{k=1}^{m} x_{t,k} \tag{3.5}$$

$m+3$ 个回归常数 a、b_k、c 和 d 对每个预报时刻 t 都是一样的,需要用过去的训练数据来估计。(在式(3.4)中除以 $m-1$ 将产生相同的预报,因为样本方差的较大估计值将被参数 d 的较小估计所补偿)。通常 $x_{t,k}$ 是与 y_t 具有相同数量的动力模式预报,但它们可以是任何有用的预报因子(Messner et al.,2017)。

式(3.2)是预报均值的一般形式,当 m 个集合成员是不可交换时,也就是说,这些成员具有不同的统计特征,该方程是适用的。例如,当一个多模式集合是由 m 个模式的单一积分组成时,就会出现这种情况。很多时候,预报集合由可交换的成员组成,它们具有相同的统计特

征。因此，除了估计误差外，回归系数 b_k 必须是相同的。在这种常见的集合成员统计意义上可交换的情况下，式(3.2)被改为

$$\mu_t = a + b\overline{x}_t \qquad (3.6)$$

此时，需要估计 4 个回归参数（a、b、c 和 d），中等复杂程度的均值函数有时也是合适的。例如，两个模式的集合，其中每个模式内部的成员是彼此可以交换的，Bröcker 等(2008)将其称为"复合集合"，这将需要两个 b 系数对两个模式内的集合均值进行计算。Sansom 等(2016)将 NGR 扩展到季节预报。在这种情况下，源于气候逐渐变暖的时间相关性偏差是很重要的 (Wilks et al., 2013)，采用式(3.7)而不是使用式(3.6)计算 μ_t：

$$\mu_t = a + b_1\overline{x}_t + b_2 t \qquad (3.7)$$

预报量 y_t 的概率 NGR 预报由下式计算：

$$Pr\{y_t \leqslant q\} = \Phi\left(\frac{q - \mu_t}{\sigma_t}\right) \qquad (3.8)$$

其中，q 是预报分布中任何要预报的分位数，$\Phi(\cdot)$ 表示标准高斯分布的累积分布函数(CDF)。当 $a \neq 0$ 时预报均值(式(3.6)和式(3.2))可订正非条件预报偏差(一致的预报过量或预报不足)；当式(3.2)中 $b_k \neq 1/m$ 或者式(3.6)中 $b \neq 1$ 时订正条件预报偏差。预报的方差(平方根)(式(3.3))订正了离散度误差，并进一步允许将任意的离散度—技巧关系(即集合离散度和集合平均误差的正相关(Delle et al., 2013))纳入到预报方程中。在式(3.3)中，表现出好的离散度特征的预报集合对应于 $c \approx 0$ 和 $d \approx 1$，较大的 d 值反映了较强的离散度—技巧关系，而 $d \approx 0$ 表示缺乏有用的离散度—技巧关系。

与传统线性回归的情况不同，没有解析公式可以用于拟合参数。Gneiting 等(2005)提出的一个创新想法是，通过训练数据的最小化平均连续分级概率评分(CRPS)(Matheson et al., 1976；Wilks, 2011)来估计 NGR 参数 a、b_k、c 和 d。对于高斯预报分布，这就是

$$\overline{\mathrm{CRPS}}_G = \frac{1}{n}\sum_{t=1}^{n}\sigma_t\left\{\frac{y_t - \mu_t}{\sigma_t}\left[2\Phi\left(\frac{y_t - \mu_t}{\sigma_t}\right) - 1\right] + 2\phi\left(\frac{y_t - \mu_t}{\sigma_t}\right) - \frac{1}{\sqrt{\pi}}\right\} \qquad (3.9)$$

其中，$\phi(\cdot)$ 表示标准高斯分布的概率密度函数，n 是训练样本的数量，μ_t（视情况）由式(3.2)或式(3.6)定义，σ_t 是式(3.3)中数量的平方根。数学上要求 $c \geqslant 0$ 和 $d \geqslant 0$，这可以通过设定 $c = \gamma^2$ 和 $d = \delta^2$ 并对 γ 和 δ 进行优化来实现。

Jewson 等(2004)使用了一个更传统的参数估计方法是：将下面的高斯对数似然函数进行最大化

$$L_G = -\sum_{t=1}^{n}\left[\frac{(y_t - \mu_t)^2}{2\sigma_t^2} - \ln(\sigma_t)\right] \qquad (3.10)$$

其中形式上假定了 n 个训练样本之间相互独立。该目标函数的最大化等价于平均对数评分(也就是所谓的无知评分(Roulston et al., 2002))的最小化(Good, 1952)。尽管它对离群极值的影响不太稳健，对数似然函数的最大化也需要迭代求解，但计算量远小于 CRPS 的最小化 (Gneiting et al., 2007b)。Gneiting 等(2005)发现使用式(3.10)来估计 NGR 参数一定程度上会产生过度发散的预报分布，尽管 Baran 等(2016a)、Gebetsberger 等(2017a)、Prokosch (2013)、Williams 等(2014)以及 Williams(2016)已经报告了使用式(3.9)和式(3.10)估计 NGR 参数时预报性能差别不大。

Möller 等(2016)建议使用自回归时间序列模型来表示 NGR 预报误差中的自相关，并在

研究中发现该方法可以改善传统的 NGR 对日前温度预报表现出的离散性不足问题。Siegert 等(2016a)提出使用"预报的自助法"(Harris,1989)来考虑 NGR 中参数估计的不确定性。对所得预报分布的影响是它们表现出较重的尾部,特别是对于较小的训练样本量,类似于在传统回归中对小到中等规模的样本使用 t 分布而不是高斯分布(Glahn et al.,2009)。

3.2.2 具有更灵活预报分布的非齐次回归

从结构上说,这里描述的 NGR 公式只能生成高斯预报分布。一些气象和气候预报量的分布特征不是高斯或近似高斯分布,因此,如果用该方法要充分描述它们,就需要对 NGR 进行修改。一种可能的方法是在拟合 NGR 模型之前(Hemri et al.,2015)将集合中的目标预报量和其对应的预报量进行博克斯—考克斯(Box-Cox)(幂或者归一化)变换(Box et al.,1964;Wilks,2011)

$$\ddot{y}_t = \begin{cases} (y_t^\lambda - 1)/\lambda, & \lambda \neq 0 \\ \ln(y_t), & \lambda = 0 \end{cases} \tag{3.11}$$

目的是使 y 的气候分布尽可能接近高斯分布。这里 λ 是一个额外的待估计参数。尽管 Yeo 等(2000)将其定义延伸到可适用于一般的实数数据,但式(3.11)仅适用于严格意义上的正数 y_t。

在这种方法的一个特例中,Baran 等(2015,2016a)研究了使用非齐次对数正态回归(等价于当预报变量 y 已经过对数变换时的 NGR),因此,基于变换后尺度的预报概率就可以用式(3.12)进行估计

$$Pr\{y_t \leqslant q\} = \Phi\left[\left(\ln(q) - \ln\left(\frac{\mu_t^2}{\sqrt{\mu_t^2 + \sigma_t^2}}\right)\right)\Big/ \sqrt{\ln\left(1 + \frac{\sigma_t^2}{\mu_t^2}\right)}\right] \tag{3.12}$$

其中,σ_t^2 和 μ_t 分别根据式(3.3)和式(3.6)进行了参数化。Baran 等(2015)针对平均对数正态 CRPS,给出了式(3.9)的对应形式。

非齐次回归的另一种可能途径是指定非高斯预报分布。Messner 等(2014a)使用具有逻辑预报分布的非齐次回归对平方根变换的风速进行了建模。

$$Pr\{y_t \leqslant q\} = \frac{\exp[(q - \mu_t)/\sigma_t]}{1 + \exp[(q - \mu_t)/\sigma_t]} \tag{3.13}$$

其中,条件均值 μ_t 是用式(3.6)建模的,相应的(严格意义上为正)尺度参数是用式(3.14)指定的

$$\sigma_t = \exp(c + ds_t) \tag{3.14}$$

其中,s_t 是式(3.4)中数值的平方根。逻辑分布在形状上和高斯分布相似,但尾部更重。Messner 等(2014a)使用最大似然法估计了式(3.13)中的回归参数,Taillardat(2016)给出了最小 CRPS 估计所需的表达式。Scheuerer 等(2015b)研究了具有 Γ(伽玛)分布的非齐次回归,并给出了一个解析形式的 CRPS 公式。

在另一种非齐次集合回归设定下的正偏态预报量进行建模的方法中,Lerch 等(2013)使用广义极值(GEV)预报分布来预报最大日风速的概率分布。在这种情况下,预报概率由以下公式给出

$$Pr\{y_t \leqslant q\} = \begin{cases} \exp\left\{-\left[1 + \xi\left(\dfrac{q - \mu_t}{\sigma_t}\right)\right]^{-1/\xi}\right\}, & \xi \neq 0 \\ \exp\left\{-\exp\left[-\left(\dfrac{q - \mu_t}{\sigma_t}\right)\right]\right\}, & \xi = 0 \end{cases} \tag{3.15}$$

Lerch 等(2013)使用式(3.6)来确定位置参数 μ_t,但在他们的应用中发现,当尺度参数与集合平均相关时(式(3.16)),会得到更好的结果

$$\sigma_t = \exp(c + d\bar{x}_t) \tag{3.16}$$

上式确保了 $\sigma_t > 0$。式(3.16)不允许显式地与集合离散度相关,但确实反映了诸如风速和降水量等变量的异方差性质。通常其数值越大,变率就越大。为了给参数估计提供更好的稳定性,正如通常所做的那样(Coles,2001),GEV 形状参数 ξ 保持不变(独立于集合统计量)。Lerch 等(2013)发现,使用最大似然法拟合参数 a、b、c 和 d 时,可以获得更好的数值稳定性。尽管也可以使用 Friederichs 等(2012)的结果来实现最小 CRPS 的估计。当 $\xi > 0$ 时(在 Lerch 等(2013)做的绝大多数预报中发现),式(3.15)允许 $y_t > \mu_t - \sigma_t/\xi$,因此 GEV 预报分布可能对预报量的负值产生非 0 概率。当预报最大日风速时,这些概率是相当低的,但当预报对象是日降水量时,预计概率会更大一些。

3.2.3 截断非齐次回归

当要预报的预报因子表现出合理的对称分布(例如温度或海平面气压)时,原始 NGR 方法(第 3.2.1 节)通常是合适的。当预报值的分布不是对称的而是单峰的,并且如果其分布在 0 处的任何不连续性都很小,那么对变换后的预报值或不同预报形式的非齐次回归(如第 3.2.2 节所述),NGR 可能很有效。然而,严格的非负预报量在 0 处的概率密度通常表现出较大的不连续性,这可能会使简单的变换无法实现对高斯型的充分近似,而且可能也很难替换成传统预报分布来表示。这个问题在相对较短时间(如每天)降水累积的情况下尤为突出,累积降水通常以 0 的大概率"尖峰"为特征。本节描述了基于截断和删失的非齐次回归方法,这些方法可以成功地解决这个问题。

Thorarinsdottir 等(2010)提出在一个非齐次回归框架内将 0 截断高斯预报分布用于正偏态和非负的预报量。0 截断的高斯分布是一种仅对随机变量的正值具有非 0 概率的高斯分布。与传统的高斯分布类似,它有两个参数 μ 和 σ,但其概率密度函数为

$$f_{TG}(y_t) = \phi\left(\frac{y_t - \mu_t}{\sigma_t}\right)\left[\sigma_t \Phi\left(\frac{\mu_t}{\sigma_t}\right)\right]^{-1}, \quad y_t > 0 \tag{3.17}$$

图 3.1 显示了一个假设的 0 截断高斯分布,对于这个分布,μ_t/σ_t 的比值为 1.5。因为对应于负值的概率已经被"切断",为了使式(3.17)的积分为 1,因子 $\Phi(\mu_t/\sigma_t)$ 是必需的。实际上,$y_t \leqslant 0$ 的概率已按比例分摊到整个分布的其余部分。式(3.17)中分布的均值必然是大于位置参数 μ_t,而方差必然小于 σ_t^2,因为式(3.17)规定 $y_t \leqslant 0$ 的概率为 0(Baran,2014)。Baran(2014)等(1994)研究中可以找到这两个分布参数的均值和方差的表达式。

截断高斯分布的平均 CRPS(Taillardat et al.,2016;Thorarinsdottir et al.,2010)与等式(3.9)相对应,可再次用于拟合回归参数 a、b_k、c 和 d。参数获得这些估计后,使用式(3.2)或式(3.6)计算当前预报的位置参数 μ_t,用式(3.3)来计算尺度参数 σ_t,然后可以用式(3.18)计算预报的概率:

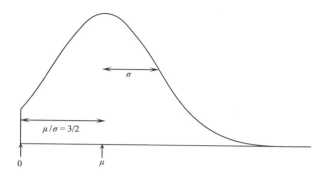

图 3.1　一个假设的 0 截断高斯分布,其中比值 $\mu/\sigma=1.5$,因此最左边的 $\Phi(-3/2)=0.067$ 部分的
概率在一个完整的高斯分布中已被"切断",并按比例分配到分布的其余部分

$$Pr\{y_t \leqslant q\} = \left[\Phi\left(\frac{q-\mu_t}{\sigma_t}\right) - \Phi\left(\frac{-\mu_t}{\sigma_t}\right) \right] \Big/ \Phi\left(\frac{\mu_t}{\sigma_t}\right) \tag{3.18}$$

其中,当 $\mu_t \gg \sigma_t$ 时,它收敛于式(3.8)。

　　Hemri 等(2014)在对预报变量进行平方根变换后使用了 0 截断的高斯回归。Scheuerer 等(2015b)使用了带有截断逻辑预报分布的非齐次回归(式(3.13))。Junk 等(2015)采用 Hamill 等(2006)的想法,使用仅限于当前预报近似值的训练数据来拟合 0 截断高斯回归。

　　由于发现了对数正态概率模型较重的尾部能更好地代表较强的风速分布,而截断高斯模型在分布的其余部分表现更好,Baran 等(2016a)研究了非齐次对数正态和 0 截断高斯预报分布的混合概率,因此,预报概率的计算是采用

$$Pr\{y_t \leqslant q\} = wPr_{\text{TG}}\{y_t \leqslant q\} + (1-w)Pr_{\text{LN}}\{y_t \leqslant q\} \tag{3.19}$$

式中标出的截断高斯(TG)和对数正态(LN)概率分别由式(3.18)和(3.12)给定。Baran 等(2016a)同时估计了混合概率 w 与两个分布的参数,这样就产生了一个高维估计问题。Baran 等(2016b)建议简化这种情况下的参数估计,方法是首先通过 CRPS 的最小化单独估计每个成分分布的最优参数,然后寻找最优混合概率对这些先前拟合的分布进行加权。他们发现类似的预报性能,与单个对数正态或截断高斯分布相比,后者的分布组合方法的计算成本大幅度减少,而且从混合概率中得到的预报分布校准效果明显更好。

　　Lerch 等(2013)引入了一个状态切换模型,当集合的中位数高于阈值 θ 时使用 GEV 预报分布(式(3.15)),否则使用截断高斯预报分布(式(3.18)),θ 是需要额外估计的参数。Baran 等(2015)研究了一个类似的状态切换模型,如果集合中位数大于 θ,则预报分布为对数正态而非 GEV。

3.2.4　删失非齐次回归

　　与截断相反,删失允许概率分布代表假定低于删失阈值的值,即使这些值没有被观测到。在集合预报后处理的背景下,删失阈值通常为 0,与负的预报值相对应的任何概率都被赋值为 0,从而在那里产生一个概率峰值。使用回归模型为这些删失预报分布指定参数,就会产生经济学上所说的 Tobit 回归(Tobin,1958)。

　　Scheuerer(2014)描述了一个具有 0 删失的 GEV 预报分布的非齐次回归模型,这样,任何

负的 y_t 的非 0 概率都被赋值为 0 降水。假设式(3.15)中的 $\xi \neq 0$(和 $\xi = 0$ 明显不同),预报概率用下式计算

$$Pr(y_t \leqslant q) = \begin{cases} \exp\left\{-\left[1 + \xi\left(\dfrac{q - \mu_t}{\sigma_t}\right)\right]^{-1/\xi}\right\}, & q \geqslant 0 \\ 0, & q < 0 \end{cases} \tag{3.20}$$

以便将 $y_t \leqslant 0$ 的所有概率都分配为 0。Scheuerer(2014)用如下关系式将删失 GEV 的参数和集合统计量关联起来

$$\mu_t = a + b_1\overline{x}_t + b_2\sum_{k=1}^{m} I(x_{t,k} = 0) - \frac{\sigma_t}{\xi}[\Gamma(1 - \xi) - 1] \tag{3.21}$$

其中,$I(\cdot)$ 是指示函数,如果其自变量为真,则其值为 1,否则为 0,$\Gamma(\cdot)$ 表示 Γ 函数,并且

$$\sigma_t = c + \frac{d}{m^2}\sum_{k=1}^{m}\sum_{j=1}^{m}|x_{t,k} - x_{t,j}| \tag{3.22}$$

上式除以 $m(m-1)$ 而非 m^2 可能更可取,因为式(3.22)中的 m 项对于 $k = j$ 将都为 0(Ferro et al.,2008;Wilks,2018)。分布参数通过最小化平均 CRPS 来估计,假设形状参数 ξ 与集合统计量无关,Lerch 等(2013)也做了同样的假设。

使用类似的方法,Scheuer 等(2015)以及 Baran 等(2016c)使用 0 删失的平移 Γ(即皮尔逊 III 型)预报分布实现了降水量的非齐次回归。该分布的概率密度函数可以写为

$$f_{P\text{-}III}(y_t) = \frac{\left(\dfrac{y_t - \eta_t}{\beta_t}\right)^{\alpha_t - 1}\exp\left(-\dfrac{y_t - \eta_t}{\beta_t}\right)}{\beta_t\Gamma(\alpha_t)} \tag{3.23}$$

其中,形状参数 α_t 和尺度参数 β_t 都要求是正的,而在此应用中平移参数 $\eta_t < 0$。从另一个角度看式(3.23),$y_t - \eta_t$ 这个量服从一个普通的双参数 Γ 分布(式(3.38))。与 Scheuerer(2014) 0 删失 GEV 模型的情况一样,负的 y_t 的任何非 0 概率都被赋为 $y_t = 0$。所以

$$Pr\{y_t \leqslant q\} = \begin{cases} F_{\gamma(\alpha_t)}\left(\dfrac{q - \eta_t}{\beta_t}\right), & q \geqslant 0 \\ 0, & q < 0 \end{cases} \tag{3.24}$$

这里 $F_\gamma(\alpha)$ 表示具有形状参数为 α 的标准 $(\beta = 1)$ 双参数 Γ 分布的 CDF(其求解需要数值积分)。

图 3.2 来自 Scheuerer 等(2015a),它说明了对于两个平移的 Γ 分布把负的 y_t 的所有概率归 0 的想法。从概念上讲,人们可以想象一个潜在的过程,其负的结果的概率为正(深灰色),这映射到降水量恰好为 0(即干日)的概率上。这种方法与图 3.1 所示截断法不同,截断方法中 0 以下的概率按比例分布到正的预报值中。当有关变量从下限开始基本上是连续时,截断的计算方法可能更合适,而删失的计算方法允许在这个极限处表示非连续概率峰值。

为了将集合统计数据与删失、平移 Γ 预报分布的参数联系起来,Scheuerer 等(2015a)考虑了多种回归形式,包括将可降水量的集合预报作为式(3.2)中的 x。Baran 等(2016c)根据具体情况使用式(3.2)或式(3.6)来表示 Γ 分布的均值 $\mu_t = \alpha_t\beta_t$,而其分布的方差 $\sigma_t^2 = \alpha_t\beta_t^2$ 表示如下

$$\sigma_t^2 = c + d\overline{x}_t \tag{3.25}$$

与式(3.16)类似,该式不包括预报方差对集合离散度的显式相关,但对于较大的预报值来说,确实描绘了更大的不确定性。Scheuerer 等(2015a)以及 Baran 等(2016c)都是通过最小化平

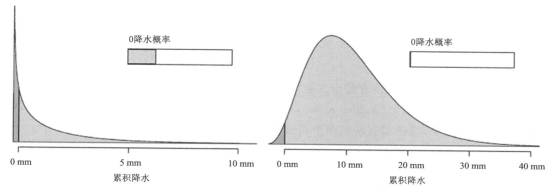

图 3.2　平移 Γ(即皮尔逊 III 型)概率密度函数的两个例子表明,负降水的隐含概率被指定为
0 降水。这些虚的负降水量向左延伸至平移参数 η 的值

均 CRPS 来估计回归参数的。Baran 等(2016c)报告说,最大似然估计法在这种情况下的性能较差。

Messner 等(2014b)利用删失逻辑预报分布提出了对平方根变换后风速的非齐次回归,尽管该分布的 CRPS 已在 Taillardat 等(2016)的研究中给出,但这里的回归参数是用最大似然法估计得到的。那么用下式计算变换后尺度上的概率

$$\Pr\{y_t \leqslant q\} = \begin{cases} \dfrac{\exp[(q-\mu_t)/\sigma_t]}{1+\exp[(q-\mu_t)/\sigma_t]}, & q \geqslant 0 \\ 0, & 其他 \end{cases} \tag{3.26}$$

其中,均值和尺度参数分别取决于式(3.6)和 (3.14)的集合统计量。通过定义逻辑分布的参数为

$$\mu_t = a + b_1 I\left(\sum_{k=1}^{m} x_k = 0\right) + b_2 \overline{x}_t \left[1 - I\left(\sum_{k=1}^{m} x_k = 0\right)\right] \tag{3.27a}$$

和

$$\ln(\sigma_t) = c + d \ln(s_t) \left[1 - I\left(\sum_{k=1}^{m} x_k = 0\right)\right] \tag{3.27b}$$

Stauffer 等(2017)将这种删失逻辑方法进一步扩展到降水预报中,在某些情况下,所有集合成员的降水预报都可能为 0。因此,如果至少有一个集合成员预报了非 0 降水,则调用均值和标准差参数的回归公式,如果所有的集合成员都是干的(0 降水),则使用固定的 $\mu_t = a + b_1$ 和 $\sigma_t = \exp(c)$。Stauffer 等(2017)将这些方程应用于幂变换的降水,并使用最大似然法估计回归参数。式(3.27b)中的对数确保预报标准差始终为正。Gebetsberger 等(2017b)指出,即使所有的集合成员都为 0(此时 $s_t = 0$),式(3.27b)也允许定义标准偏差的对数关系。

另一种表示 0 降水有限概率删失法的办法是构建混合模型,其中混合模型的一个元素是 0 降水的概率 p_t (Bentzien et al.,2012),在该研究中,这个概率是用逻辑回归(Logistic Regressions,LR)(第 3.2.5 节)计算的,然后结合非 0 降水量的 Γ 或对数正态分布 F_t 生成概率的计算公式为:

$$Pr\{y_t \leqslant q\} = p_t + (1-p_t)F_t(q \mid q > 0) \tag{3.28}$$

Bentzien 等(2012)还提出使用广义帕累托分布(Generalized Pareto Distribution,GPD)来指定大极值的概率,该分布出现在极值理论(Coles,2001)中,用于高于高阈值的分布,附加在 Γ 或

对数正态预报分布的右尾部。

3.2.5 逻辑回归

Hamill 等(2004)首次提出在集合预报后处理中使用逻辑回归,尽管该方法在广义线性建模的框架内已有更长的历史(Nelder et al.,1972)。Hamill 等(2004)在应用中使用集合均值作为唯一的预报因子,仅使用气候的两个百分位作为预报阈值 q:

$$Pr\{y_i \leqslant q\} = \frac{\exp[a_q + b_q \overline{x}_t]}{1 + \exp[a_q + b_q \overline{x}_t]} \tag{3.29}$$

当拟合逻辑回归的参数时,预报量的训练数据是二元的,如果式(3.29)左侧的花括号中的条件为真,则为 1,否则为 0。图 3.3 说明了这一想法,训练数据用圆点表示。对于指定观测值 y_t 高于或低于选定分位数的概率来说,这种回归形式非常适合,因为其"S"形($b_q > 0$)或反"S"形($b_q < 0$)的形式在单位区间上有界。尽管 Taillardat 等(2016)给出了最小 CRPS 优化的公式,但逻辑回归的参数估计最常使用的还是最大似然法。

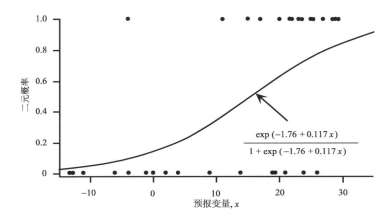

图 3.3 逻辑回归函数的示例,二元训练数据(圆点)参数拟合(图修改自 Wilks D S,2011)

如式(3.29)所示,一般来说,必须对逻辑回归中的每个预报变量和阈值(q)估计单独的回归系数。特别是当对大量预报的阈值进行逻辑回归估计时使用等式(3.29)进行的概率计算有可能越来越不一致,这意味着某些结果的概率为负。Wilks(2009)提出将普通的逻辑回归推广到预报值分布的所有分位数上,通过假设相等的回归系数 b_q,并将回归截距指定为目标分位数的非递减函数,从而统一了回归函数。

$$Pr\{y_i \leqslant q\} = \frac{\exp[ag(q) + b\overline{x}_t]}{1 + \exp[ag(q) + b\overline{x}_t]} \tag{3.30}$$

函数 $g(q) = \sqrt{q}$ 可以使 Hamill 等(2004)那篇论文中的数据得到好的结果。这个公式确保了计算得到的概率规定是一致的,并且与传统的逻辑回归相比,需要估计的参数更少。通常采用最大似然法(Messner et al.,2014a)使用一组选定的观测分位数来拟合参数,但是一旦拟合成功,式(3.30)就可以适用于任何 q 值。这种方法被称为扩展逻辑回归(Extended Logistic Regression,XLR)。

XLR 的机理可以通过实现式(3.29)的回归函数在对数比值比(log-odds)尺度上是线性的最容易理解：

$$\ln\left(\frac{Pr\{y_t \leq q\}}{1 - Pr\{y_t \leq q\}}\right) = ag(q) + b\overline{x}_t \tag{3.31}$$

图 3.4a 给出了所选预报量分位数 q 的 XLR 概率计算示例,与图 3.4b 单独进行的相同预报量分位数逻辑回归(式(3.29))的相应结果进行了比较。式(3.30)和式(3.31)中的共同斜率参数 b 强迫图 3.4a 中对所有分位数的回归在对数比值比上是平行的;而图 3.4b 单独逻辑回归的是交叉的,在某些情况下会导致较小的降水量的累积概率要比大降水量的大。

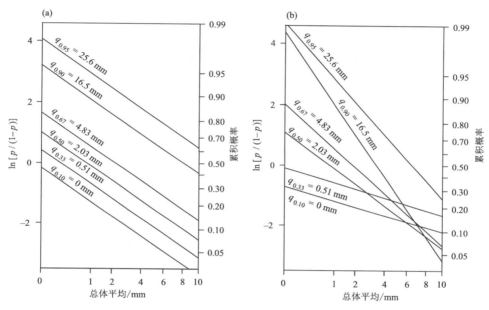

图 3.4 在对数比值比上绘制降水量的逻辑回归的示例

(a)预报结果来自式(3.30),使用了 $g(q) = \sqrt{q}$,由式(3.30)在选定的分位数上计算得到,用平行线表示,这不会产生预报数据集的逻辑不一致;(b)对于相同的分位数,使用式(3.29)分别拟合的回归。因为这些回归没有被限制为平行,所以对于预报变量足够极端的取值,逻辑上不一致的预报是不可避免的

(摘自 Wilks D S, 2009)

当然,式(3.29)或式(3.30)指数中的逻辑回归函数可以包括多个预报因子,形式为 $b_1 x_{t,1} + b_2 x_{t,2} + \cdots + b_m x_{t,m}$,类似于式(3.2),其中各种 x 可能是不可交换的集合成员或其他协变量。Messner 等(2014a)指出,即使其中一个或多个涉及到集合离散度,这些形式也不能明确表示预报集合的任何离散度一技巧关系,但可以进一步修改逻辑回归框架以实现这一点(式(3.13))。

式(3.30)和式(3.31)可以看作是比例一优势逻辑回归方法(proportional-odds logistic regression)(McCullagh,1980)的连续扩展,用于指定一组有序离散结果的累积概率。Messner 等(2014a)使用普通的(同方差)和非恒定方差的(异方差)公式,将比例优势一逻辑回归应用于预报风速和降水的气候十分位数中。Hemri 等(2016)将更传统的同方差比例一优势逻辑回归应用于云量集合预报的后处理中。云量预报是以"八分之一"或离散的天空半球的八分之一来度量,因此,9 个有序的预报值是 $y_t = 0/8, 1/8, \cdots, 8/8$ 。然后,将(同方差)比例一优势逻辑回

归预报表述为

$$\ln\left(\frac{Pr\{y_t \leqslant q\}}{1 - Pr\{y_t \leqslant q\}}\right) = a_q + b_1 x_{t,1} + b_2 x_{t,2} + \cdots + b_m x_{t,m} \qquad (3.32)$$

其中，$q = 0/8, 1/8, \cdots, 8/8$，如前所述，预报因子 $x_{t,k}$ 可能是不可交换的集合成员和/或来自预报集合的其他统计量，并且截距是严格排序的，因此有 $a_{0/8} < a_{1/8} < \cdots < a_{8/8}$。总体结果与图 3.4a 所示非常相似，回归函数在对数比值比空间中是平行的，具有单调增加的截距 a_q。但它的不同之处在于，由于预报量的离散性，图 3.4a 中线之间的中间函数没有被定义。

3.3 贝叶斯模型平均及其"集合敷料法"

3.3.1 贝叶斯模型平均（BMA）

BMA 是由 Raftery 等（2005）提出的一种集合后处理工具，是两种最常用的集合 MOS 方法中的第二种。与第 3.2 节中描述的回归方法一样，BMA 为预报变量 y 生成了连续的预报分布。但是，BMA 的预报分布不是强加一个特定的参数形式，而是混合分布，或者说是 m 个分量概率分布的加权和，每个分量概率分布的中心是被后处理的 m 个集合成员之一的校准值为中心。BMA 程序是有时被称为"集合敷料法"过程的一个例子。因为它是 m 个概率分布的综合结果，被比喻为"披"在每个被校准的集合成员身上。

BMA 预报分布的构造一般可表示为

$$f_{\text{BMA}}(y_t) = \sum_{k=1}^{m} w_k f_k(y_t) \qquad (3.33)$$

其中，w_k 是与第 k 个集合成员 $x_{t,k}$ 的分量概率密度 $f_k(y_t)$ 相关的非负权重，且 $\sum_{k=1}^{m} w_k = 1$。图 3.5 给出了一个由 5 个具有不可交换成员的集合后处理。其中分量的分布是高斯分布，被约束为具有相同的方差，而权重可以被解释为各成员提供最佳预报的概率（Raftery et al.，2005）。图 3.5 强调了即使分量密度是高斯分布的，它们的加权之和也可以有各种各样的形状。在图 3.5 中，BMA 密度是双峰的，反映了这个小集合分成两组的分叉情况。

为了使 BMA 和其他集合敷料法步骤能正常进行，必须首先对原始集合成员进行去偏处理，以纠正现有训练数据中表现出来的系统性预报误差。通常情况下，这个最初的去偏是通过线性回归实现的。不过，如果有合适的更复杂的方法也可以使用。对成员不可交换的集合来说，对每个集合成员分别进行回归是恰当的，这样能反映他们不同的误差统计特征（Raftery et al.，2005），因此，偏差订正是通过将每个分量分布的中心集中在均值上完成的。

$$\mu_{t,k} = a_k + b_k x_{t,k} \qquad k = 1, \cdots, m \qquad (3.34)$$

通常情况下，回归系数最小化了训练期间观测值 y_t 和条件回归结果 $\mu_{t,k}$ 的平均平方差。当集合成员可以交换时，这些订正方程对每个成员都应该是相同的，这可以通过约束式（3.34）中的

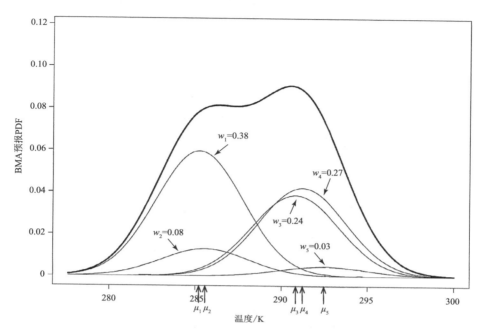

图 3.5 一个 BMA 预报分布的图示（加粗曲线），构造于成员数为 5 的偏差订正后的集合。水平轴上的箭头表示经过偏差订正的集合成员的大小，5 个高斯分量的权重（较细曲线）对应于水平轴上的箭头，与它们的面积相对应。BMA 预报分布就是加权的总和（修改自 Raftery et al.，2005）

回归参数对所有集合成员相等来实现（Wilson et al.，2007），或者使用涉及将集合均值作为唯一预报因子的回归方法来实现（Hamill，2007；Williams et al.，2014）。

$$\mu_{t,k} = (x_{t,k} - \overline{x}_t) + (a + b\overline{x}_t) \tag{3.35}$$

方程中的分量概率密度 $f_k(y_t)$ 经常采用高斯分布（式（3.33））。然后通常在 n 个可用的训练样本上通过最大化下面的对数似然函数来估计相应分量的标准差（σ_k）和权重（w_k）。

$$L_{\text{BMA}} = \sum_{t=1}^{n} \sum_{k=1}^{m} \left[\ln(w_k) - \frac{(y_t - \mu_{t,k})^2}{2\sigma_k^2} - \ln(\sigma_k) \right] \tag{3.36}$$

在这种情况下，最大似然估计最好使用期望最大化（EM）算法进行计算（McLachlan et al.，1997），它对拟合混合分布的参数特别方便，如式（3.33）（Wilks，2011）。然后，高斯 BMA 预报概率由下式计算：

$$Pr\{y_t \leqslant q\} = \sum_{k=1}^{m} w_k \Phi \left(\frac{q - \mu_{t,k}}{\sigma_k} \right) \tag{3.37}$$

这个方程反映了一个事实，即 BMA 预报分布离散度的个例差异源于订正后集合成员 $\mu_{t,k}$ 的离散度，因为分量（"敷料"）分布的标准差（σ_k）分布是固定的。

当所有集合成员都可交换时，标准差（σ_k）和权重（w_k）将被约束为相等（Wilks，2006；Wilson et al.，2007）。类似地，如果在集合中存在着一组可交换成员（例如，来自几个动力模式中的每一个模式的可交换成员），那么这些参数（以及式（3.34）中的去偏均值）在每组内将是相等的（Fraley et al.，2010）。

与非齐次回归方法的情况一样（第 3.2 节），将 BMA 后处理建立在高斯分量分布的基础上可能不适合有偏分布的预报量。高斯分量分布可能不适合具有偏斜分布的预报量和/或那些只能取非负的预报量。Duan 等（2007）通过博克斯—考克斯（Box-Cox）（即"幂"）变换后的预报量（式（3.11））进行预报，简单地解决了这些问题中的第一个。

对于非负预报量问题，特别是与风速和降水量预报相关的问题，则要困难得多。Sloughter 等（2010）描述了 BMA 用于分量概率密度的 Γ 分布进行风速的预报。

$$f_k(y_t) = \frac{(y_t/\beta_{t,k})^{\alpha_{t,k}-1}\exp(-y_t/\beta_{t,k})}{\beta_{t,k}\Gamma(\alpha_{t,k})} \tag{3.38}$$

根据式（3.33）将它们组合起来。当 $\eta_t = 0$ 时，式（3.38）等同于式（3.23）。Sloughter 等（2010）将集合统计量与这些分量 Γ 密度的参数（式（3.34）表示均值）联系起来，且标准差为

$$\sigma_{t,k} = c + dx_{t,k} \tag{3.39}$$

其中，$\mu_{t,k} = \alpha_{t,k}\beta_{t,k}$ 和 $\sigma_{t,k} = \beta_{t,k}\sqrt{\alpha_{t,k}}$ 将这些回归与两个 Γ 分布参数 $\alpha_{t,k}$ 和 $\beta_{t,k}$ 联系起来。他们指出，估计特定成员的 c_k 和 d_k 参数并没有明显改善预报结果；当去偏参数 a 和 b 也不具有成员特异性时，即使是在该研究中的集合成员是不可交换的，也可以获得几乎相同的结果。Sloughter 等（2010）提出的基本参数拟合过程使用传统的线性回归估计 a_k 和 b_k，然后找到参数 c、d 的最大似然值及使用 EM 算法得到权重 w_k。预报概率用下式计算：

$$Pr\{y_t \leqslant q\} = \sum_{k=1}^{m} w_k F_{\gamma(\alpha_{t,k})}(q/\beta_{t,k}) \tag{3.40}$$

其中，$F_\gamma(\alpha)$ 仍然表示具有形状参数 α 的标准（$\beta = 1$）Γ 分布的 CDF。

Baran（2014）提出在 BMA 中使用截断的高斯分量分布来预报风速，类似于 Thorarinsdottir 等（2010）提出的非齐次回归方法。式（3.33）中要加权的分量概率密度函数具有与式（3.17）相同的形式。

$$f_k(y_t) = \frac{\phi[(y_t - \mu_{t,k})/\sigma]}{\sigma\Phi(\mu_{t,k}/\sigma)} \tag{3.41}$$

用式（3.34）定义的位置参数 $\mu_{t,k}$，并假定尺度参数 σ 对每个集合成员都是相同的。那么预报概率用下式计算

$$Pr\{y_t \leqslant q\} = \sum_{k=1}^{m} w_k \left[\Phi\left(\frac{q - \mu_{t,k}}{\sigma}\right) - \Phi\left(\frac{-\mu_{t,k}}{\sigma}\right)\right] / \Phi\left(\frac{\mu_{t,k}}{\sigma}\right) \quad q > 0 \tag{3.42}$$

Baran（2014）使用线性回归拟合式（3.34），然后对式（3.33）中 BMA 权重 w_k 和共同尺度参数 σ 采用最大化似然估计的更传统方法，与同时对所有参数 a_k、b_k、w_k 和 σ 采用完全最大似然估计的方法进行比较，发现完全的最大似然估计方法的效果更好，但代价是计算时间延长了将近 40%。Baran（2014）考虑了具有不可交换成员的集合，以及每组中包含可交换成员的多组集合，当然也可以通过将每个集合成员的所有 w_k、a_k 和 b_k 约束为相同来实现可交换的集合预报成员。

降水分布的预报通常更难建模，因为它通常由精确为 0 的离散概率和非 0 量的连续概率密度组成。Sloughter 等（2007）描述了此类降水分布的 BMA，用逻辑回归（第 3.2.4 节）指定了降水量正好为 0 的概率：

$$p_{t,k} = \frac{\exp[a_{0,k} + a_{1,k}x_{t,k}^{1/3} + a_{2,k}I(x_{t,k}=0)]}{1 + \exp[a_{0,k} + a_{1,k}x_{t,k}^{1/3} + a_{2,k}I(x_{t,k}=0)]} \tag{3.43}$$

和非 0 降水量的 Γ 分布，产生的混合离散—连续分量的分布为：

$$f_k(y_t) = p_{t,k}I(y_t=0) + (1 - p_{t,k})I(y_{t,k}>0)\frac{(y_t/\beta_{t,k})^{\alpha_{t,k}-1}\exp(-y_t/\beta_{t,k})}{\beta_{t,k}\Gamma(\alpha_{t,k})} \tag{3.44}$$

Schmeits 等(2010)将这种方法稍作修改,使用逻辑回归而不是用式(3.43)为每个集合成员的分量敷料分布指定相等的 0 降水概率

$$p_{t,k} = \frac{\exp\left[a_0 + a_1 \sum_{k=1}^{m} x_{t,k}^{1/3}\right]}{1 + \exp\left[a_0 + a_1 \sum_{k=1}^{m} x_{t,k}^{1/3}\right]} \tag{3.45}$$

式(3.43)~式(3.45)表明 Sloughter 等(2007)、Schmeits 等(2010)在使用立方根变换的降水量进行计算时得到了最佳结果。Sloughter 等(2007)用

$$\mu_{t,k} = b_{0,k} + b_{1,k} x_{t,k}^{1/3} \tag{3.46a}$$

和

$$\sigma_{t,k}^2 = c + d x_{t,k} \tag{3.46b}$$

指定了 Γ 分布参数与集合统计量的联系。对于其他数据集,用集合的方差来指定式(3.46b)和/或允许每个集合成员有不同的方差回归参数可能更合适。式(3.43)、式(3.46a)和式(3.46b)中的参数是由 Sloughter 等(2007)使用回归方法分别估计的。之后,BMA 的权重和方差参数 c 和 d 是通过 EM 算法用最大似然法估计的。通过 $\mu_{t,k} = \alpha_{t,k}\beta_{t,k}$ 和 $\sigma_{t,k}^2 = \alpha_{t,k}\beta_{t,k}^2$,式(3.46a)和式(3.46b)与 Γ 分布形状和尺度参数相关联。Sloughter 等(2007)考虑了一个成员不可交换的集合,但和以前一样,通过使每个成员的参数相等,该模型就可以适用于集合预报成员可交换的情况。

图 3.6 展示了使用混合离散—连续分量分布所构建的降水的 BMA 预报分布。在 0 点处的粗大垂直线条表示由 $w_k p_{t,k}$ 所规定的概率的加权之和约为 0.37。加权的分量 Γ 分布用较细的曲线表示,每条细曲线下的面积等于 $w_k(1 - p_{t,k})$,其总和为粗曲线所示预报分布的非 0 部分。值得注意的是,这种混合的离散—连续分布形式与图 3.1 和图 3.2 所示的截断分布和删失分布都不同。因为对于 $y_{t,k} \leqslant 0$ 没有规定连续分布的任何部分,但实质上与 Bentzien 等(2012)提出的回归混合分布(式(3.28))相似。式(3.44)中的每个 $f_k(y_t)$ 都将积分为概率 1,因为第二项包含尺度因子 $(1 - p_{t,k})$。因此,这个模型的概率计算如下:

$$Pr\{y_t \leqslant q\} = \sum_{k=1}^{m} w_k \left[p_{t,k} + (1 - p_{t,k})F_{\gamma(a_{t,k})}(q/\beta_{t,k})\right], \quad y_t \geqslant 0 \tag{3.47}$$

因为当 $y_t = 0$ 时,有 $F_{\gamma(a)}(y_t) = 0$,其中 $F_{\gamma(a)}(y_t)$ 表示标准 Γ 分布的 CDF。

3.3.2 其他的集合敷料法

集合后处理的敷料法与核密度平滑法密切相关(Silverman,1986;Wilks,2011),该方法通过在每个数据点(这里是每个修正的集合成员)以特征形状(核)为中心,从有限数据集中估计概率分布,并对其求和或求平均。作为一种统计学的后处理思想,集合敷料法是由 Roulston 等(2003)提出的,作为一种非参数化方法,将在后面的第 3.5.3 节中描述。他们提出,敷料核应该代表每个集合成员周围预报误差的分布情况,假设该成员在该时刻代表了单个成员的"最优"预报,以便敷料核只代表集合离散度尚未反映的不确定性。

Wang 等(2005)将 Roulston 等(2003)的最优成员敷料法的思想扩展为一种参数化方法,提出使用以每个订正后的集合成员为中心的连续高斯核,所有这些核都具有相同的方差。

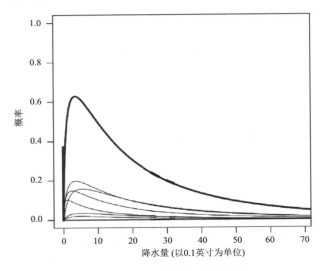

图 3.6　BMA 预报分布示例图
（其分布是 0 值时的离散分量（粗竖线）和非 0 降水量的 Γ 分布（较细曲线）的混合）
（修改自 Sloughter et al.，2007）

$$\sigma_D^2 = s_{\mu_t - y_t}^2 - \left(1 + \frac{1}{m}\right)\bar{s}_t^2 \tag{3.48}$$

其中，右侧的第一项表示订正后（式(3.6)，尽管 Wang 等(2005)实际上假设 $b=1$)集合平均预报的误差方差，第二项随着集合尺度 m 的增加接近训练期间的平均集合方差。因此，式(3.48)中的二阶矩约束可以视为反映了订正后集合平均预报的总误差方差($s_{\mu_t - y_t}^2$)划分为：由平均集合离散度带来的不确定性($\bar{s}_t^2$)加上每个集合成员的不确定性(σ_D^2)。然后，用下式计算概率预报

$$Pr\{y_t \leqslant q\} = \frac{1}{m}\sum_{k=1}^{m}\Phi\left(\frac{q - \mu_{t,k}}{\sigma_D}\right) \tag{3.49}$$

其中，$\mu_{t,k}$ 表示订正后的第 k 个集合成员(式(3.34))。式(3.49)相当于用所有权重 $w_k = 1/m$ 简化了相对于 BMA 预报概率的计算(式(3.37))，并使用式(3.48)而非式(3.36)来估计共同的敷料方差。这种高斯集合敷料法对常见的欠离散集合的情况是有效的，但它不能减少过离散集合的预报方差，而且如果集合足够过度发散，就会因指定负的敷料方差而失败。如果式(3.48)中两项的差值为正但很小，那么混合分布就会有噪声且不切实际(Bishop et al.，2008)。

　　Fortin 等(2006)注意到，在这种最优成员设定下，即使原始集合成员是可交换的，但如果根据每个成员在集合中的排名，对每个集合成员取不同的预报混合分布权重更为恰当。其基本思想为，当动力预报模式的离散度不足时，更极端的集合成员更有可能成为最优成员，而当原始集合的离散度过大时，更靠近中心的集合成员更有可能成为最优的。Fortin 等(2006)使用 β 分布建立了混合概率模型，结果表明所得的后处理预报可以纠正原始集合的过离散和欠离散。此外，对于过度离散的集合，至少对于更极端的集合成员，敷料核应该位于其订正后的成员和集合均值之间。该方法还允许不同的分量分布型根据其分级与经过订正的集合成员相关联，因此可以用式(3.33)的形式表示。

　　Bröcker 等(2008)导出了一个集合敷料法的扩展，他们称之为仿射核敷料法（Affine Kernel Dressing，AKD）。他们提出了以订正值

$$\mu_{t,k} = a + b_1 x_{t,k} + b_2 \overline{x}_t \tag{3.50}$$

为中心的分量高斯敷料分布，并将这些敷料分布的方差设定为：

$$\sigma_t^2 = c + b_1^2 d s_t^2 \tag{3.51}$$

其中，参数 a、b_1、b_2、c 和 d 必须从训练数据中估计得到。当 $b_1 = 1$ 时，式（3.51）简化为式（3.3）。式（3.50）和（3.51）通过参数 b_1 联系起来，使 AKD 可以纠正原始集合中的过离散和欠离散情况，因为所产生预报混合分布的方差为：

$$\sigma_{y_t}^2 = c + (1 + d) b_1^2 s_t^2 \tag{3.52}$$

这可能比集合的方差小。

Bröcker 等（2008）还建议在敷料处理中增加一个额外的"集合成员"，将 y 的气候分布包括进去，以使其对偶尔出现的特别糟糕的预报集合更加稳健。包括这个气候高斯分布（其均值为 μ_C、标准偏差为 σ_C）的 AKD 预报概率的计算方法为：

$$Pr\{y_t \leqslant q\} = \frac{1 - w_C}{m} \sum_{k=1}^{m} \Phi\left(\frac{q - \mu_{t,k}}{\sigma_t}\right) + w_C \Phi\left(\frac{q - \mu_C}{\sigma_C}\right) \tag{3.53}$$

因此，每一个实际的集合成员都被赋予了相等的权重和相等的敷料方差，尽管这种方差在不同的预报中会发生变化，其取决于原始集合的方差（式（3.51））。所有 6 个参数（a、b_1、b_2、c、d 和 w_C）用最大似然法同时估计得到。Bröcker 等（2008）发现他们的例子中气候分布的权重参数 w_C 的范围大约为 0.02～0.06，预报时效越长，取值越大。

Unger 等（2009）使用式（3.49）对具有可交换成员的集合计算了基于回归的集合敷料概率，但对每个成员使用如下的相同订正参数进行单个集合成员的订正。

$$\mu_{t,k} = a + b x_{t,k} \tag{3.54}$$

其中，参数 a 和 b 是通过集合平均和观测的回归拟合得到的。利用回归的结果，他们将分量高斯分布的标准差设定为

$$\sigma_D = \left[\frac{n}{n-2} s_y^2 \left(1 - \frac{r_M^2}{r_x}\right)\right]^{1/2} \tag{3.55}$$

其中 s_y^2 是预报量的（气候）样本方差，r_M 是训练期内集合均值和预报量的相关系数，r_x 是训练期内单个集合成员与预报量的相关系数。Glahn 等（2009）和 Veenhuis（2013）使用基于经验的 σ_D 公式提出了类似的方法。

3.4　完全的贝叶斯集合预报后处理方法

虽然 BMA（第 3.3.1 节）有贝叶斯思想的基础，但它并不是一个完全的贝叶斯过程（Di Narzo et al.，2010）。贝叶斯分析是基于以下关系式：

$$f(y \mid x) = \frac{f(x \mid y) f(y)}{\int_y f(x \mid y) f(y) \mathrm{d}y} \tag{3.56}$$

这就是我们熟知的贝叶斯定理和贝叶斯法则。其中，y 表示推理的目标（在当前上下文中为待

预报的量),x 表示可用的相关训练数据。式(3.56)的左边称为给定数据下目标的后验分布;分子中的第一项称为似然函数,它描述了给定 y 的特定值时生成训练数据的过程;分子中的第二项是先验分布,表征在观测到数据被观测之前关于 y 的知识。式(3.56)分母中的积分仅作为一个比例常数,以确保后验分布积分为 1,因此,式(3.56)是一个适当的概率密度函数。

贝叶斯预报后处理的大多数实现都假设先验分布和似然分布为高斯分布。这种假设很方便,因为如果与高斯似然相关的方差可以为一个单值在外部指定给贝叶斯分析,则后验分布也是高斯分布,其参数也可以解析指定。Krzysztofowicz(1983)显然是第一个在天气预报后处理中使用这个框架的,他通过后处理单一(即非概率性)动力预报 x,将高斯分布用于温度变量 y 的预报中,当然,x 在式(3.56)中可以看作为集合预报中的集合均值。Krzysztofowicz 等(2008)通过使用高斯分布变换,将这种后处理框架扩展到更广泛的可能的分布形式。

当要进行后处理的变量 y 是观测到的天气变量时,先验分布 $f(y)$ 的一个很自然的选择是其气候态分布。y 的长气候记录通常是可用的,贝叶斯方法在预报后处理方面的一个优势是,即使与 x 和 y 有关的训练数据非常有限,这些长记录也可以自然地纳入到分析中。在这种情况下,似然函数对训练样本中包含过去预报误差的概率信息进行编码,表征了预报 x 减少预报量 y 的不确定性的程度。因此,式(3.56)表示根据过去观测到的预报表现对先验信息 $f(y)$ 的修改或更新。然而,气候分布并不是先验信息的唯一来源:例如,Coelho 等(2004)利用统计模型的预报分布作为先验信息,结合动力模式的似然编码性能,通过贝叶斯定理将两个预报信息源结合起来。

因为对于给定的观测变量 y 的特定值,式(3.56)中的似然函数表示(通常是集合均值)预报的条件分布,它刻画了训练数据中预报的区分度(Wilks,2011;Jolliffe et al.,2012)。Coelho 等(2004)和 Luo 等(2007)使用线性回归估计高斯似然函数,其中预报量是集合均值,预报因子是观测值 y。因此高斯似然函数的均值函数是 $\mu_L = a + by$,方差 σ_L^2 是回归的预报方差。图 3.7 来自 Coelho 等(2004)的文章,其中举例说明了该过程。其中较冷的预报几乎没有偏差,但较暖的预报则显示出明显的正偏差。因为回归的预报方差 σ_L^2 被指定为式(3.56)外部的点值,因此得到的预报分布也是均值为 $\mu_{P,t}$、标准差为 $\sigma_{P,t}$ 的高斯分布,对于第 t 次预报的概率计算如下:

$$Pr\{y_t \leqslant q\} = \Phi\left(\frac{q - \mu_{P,t}}{\sigma_{P,t}}\right) \tag{3.57}$$

Luo 等(2007)将高斯预报的参数表示为:

$$\mu_{P,t} = \sigma_P^2 \left[\frac{\mu_C}{\sigma_C^2} + \frac{b(\overline{x}_t - a)}{\sigma_L^2 + \overline{\sigma}_e^2}\right] \tag{3.58a}$$

和

$$\sigma_P = \left[\frac{(\sigma_L^2 + \overline{\sigma}_e^2)\sigma_C^2}{\sigma_L^2 + \overline{\sigma}_e^2 + b^2\sigma_C^2}\right]^{1/2} \tag{3.58b}$$

其中,μ_C 和 σ_C^2 分别为(先验的)气候均值和方差,$\overline{\sigma}_e^2$ 为平均的集合方差。

Stephenson 等(2005)在他们称为预报同化(Forecast Assimilation)的方法中,通过使用多变量正态似然分布对单个不可交换的集合成员而非集合均值,扩展了基于高斯分布的贝叶斯校准。Reggiani 等(2009)对每个集合成员(正偏态的水文变量经过变换后)分别进行基于高斯分布的贝叶斯再校准,然后构造预报分布(类似于 $w_k = 1/m$ 的式(3.33))作为 m 个单个预报密度函数的均值。Hodyss 等(2016)通过将似然函数表示为每个成员的条件分布的乘积来考

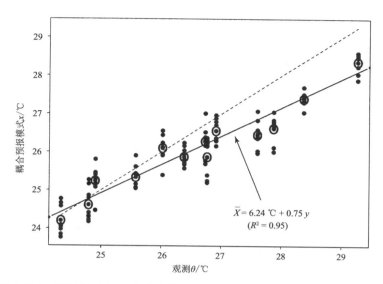

图 3.7　单个集合成员(小圆点)和集合均值(圆圈)作为观测到的 12 月 Niño 3.4 温度之函数
(实线是定义贝叶斯似然性集合均值的加权回归,虚线 1∶1 线将对应于完美预报)
(修改自 Coelho et al. , 2004)

虑单个集合成员的不可交换性,但代价是为了定义似然函数需要估计大量的回归参数。Sieg-ert 等(2016b)描述了一个更详细的贝叶斯框架,用于集合均值的再校准,该框架无法得到后验分布的解析解,因此需要从最终的预报分布中进行重采样。

Friederichs 等(2012)描述了一种对风速极值预报进行后处理的贝叶斯方法。该方法使用 GEV (式(3.15))作为似然分布型,其中位置参数(μ_t)和尺度参数(σ_t)指定为协变量的线性函数,形式类似于式(3.2),而假定对所有的预报形状参数 ξ 都是相同的。他们使用无信息的分布(方差非常大的独立高斯分布)作为先验分布,并使用计算密集型的参数估计程序。

Satterfield 等(2014)提出了一种不同的贝叶斯集合订正方法。他们的推断目标是当前集合方差所预报的预报误差方差,因此该过程旨在寻求表示集合预报的离散度—技巧关系。因为假定了逆 Γ 先验分布和平移-Γ 似然函数,所以必须再次通过重采样来评估预报分布。

到目前为止,本节中总结的贝叶斯预报与第 3.2 节中介绍的回归方法类似,其输出是单一的预报分布,在大多数情况下是已知的参数形式。相比之下,Bishop 等(2008)、Di Narzo 等(2010)及 Marty 等(2015)为集合敷料提出了完整的贝叶斯分析,这是针对本章第 3.3 节所述方法的一种替代方法。Bishop 等(2008)建议使用 BMA 混合分布公式作为贝叶斯似然函数而不是预报分布。Di Narzo 等(2010)使用了分层贝叶斯模型,其中一个潜在变量代表"最优成员"。Marty 等(2015)将 Krzysztofowicz 等(2008)的贝叶斯方法与传统的 BMA 相结合。这些方法通过构造的方式将集合方差的信息融入到预报分布中,从而允许原始集合中的双峰等特征传递到后处理的预报分布中。

3.5 非参数化集合预报后处理方法

3.5.1 排序直方图再校准

非参数化集合预报后处理方法完全或大部分是基于数据的,与前几节所述的与参数相关的概率分布(即预先指定的数学形式)方法不同。Hamill 等(1997)最早提出了这些非参数化方法,该方法是在检验排序直方图的基础上估计后处理的集合概率。检验排序直方图列出训练数据中观测值 y_t 大于其预报的集合成员 $x_{t,j}$ 的相对频率 p_j ($j+1$)(Hamill et al.,1997;Thorarinsdottir et al.,2018,第 6 章)。例如,p_1 是观测值小于所有集合成员训练样本预报的比例,p_{m+1} 是观测值大于所有集合成员预报的比例。

Hamill 等(1997)用再校准程序对无条件去偏集合成员的排序直方图进行运算:

$$\widetilde{x}_{t,k} = x_{t,k} - \sum_{t=1}^{n} (\overline{x}_t - y_t) \tag{3.59}$$

旨在实现再校准排序直方图的平坦性(成员等同性)。当感兴趣的分位数不超出集合的范围时,通过线性插值来估计概率:

$$Pr\{y_t \leqslant q\} = \sum_{j=1}^{k} p_j + p_{j+1} \frac{q - \widetilde{x}_{t,(k)}}{\widetilde{x}_{t,(k+1)} - \widetilde{x}_{t,(k)}}, \quad \widetilde{x}_{t,(k)} \leqslant q \leqslant \widetilde{x}_{t,(k+1)} \tag{3.60}$$

括号内的下标表示集合成员已按升序进行了排序。当感兴趣的四分位数在集合预报的范围之外时,p_1 和 p_{m+1} 所代表的概率必须以某种方式进行外推。由于他们的预报是针对非负的降水量,Hamill 等(1997)通过线性插值法对左尾部进行外推(当所有集合成员为非 0 时):

$$Pr\{0 \leqslant y_t \leqslant q\} = \frac{p_1 q}{\widetilde{x}_{t,(1)}}, \quad 0 \leqslant q \leqslant \widetilde{x}_{t,(1)} \tag{3.61}$$

并使用拟合的耿贝尔分布外推出右尾。或者使用

$$Pr\{y_t \leqslant q\} = p_1 \frac{\Phi(z_q)}{\Phi(z_{\widetilde{x}_{(1)}})}, \quad q \leqslant \widetilde{x}_{(1)} \tag{3.62a}$$

和

$$Pr\{y_t \leqslant q\} = (1 - p_{m+1}) + p_{m+1} \frac{\Phi(z_q) - \Phi(z_{\widetilde{x}_{(m)}})}{1 - \Phi(z_{\widetilde{x}_{(m)}})}, \quad q > \widetilde{x}_{(m)} \tag{3.62b}$$

对高斯分布的尾部进行外推(Wilks,2006)。其中,z 表示通过减去(去偏的)集合均值并除以集合标准差来实现标准化。在通常情况下,当集合发散不足时,必须对左、右两边尾部的大部分进行外推。

类似地,Flowerdew(2014)描述了一种不是基于排序直方图订正的方法,而是基于对可靠性图中显示的集合的误差校准进行订正的方法(Sanders,1963;Wilks,2011)。

3.5.2　分位数回归

Bremnes(2004)介绍了分位数回归(Koenker et al.，1978)在连续预报量集合预报后处理中的应用。分位数回归可以看作是与 NGR 等方法对应的非参数化方法，其中 y_t 的预报概率分布由其分位数的有限集合表示。分位数 q_p 是随机变量超过其分布的 $p \times 100\%$ 概率的大小。例如，$q_{.50}$ 表示中位数或第 50 百分位数。

Bremnes (2004)考虑的预报对象是降水量，降水量具有离散(0 处的有限概率值)和连续的(非 0 降水量)混合分布。他用 probit 回归(与第 3.2.5 节的逻辑回归非常相似)预报降水恰好为 0 的概率，用分位数回归预报选定的非 0 降水百分位数，并根据条件概率的数学定义将二者结合起来，得到：

$$Pr\{y_t \leqslant q_p\} = 1 - \frac{1 - p_{y>0}}{1 - Pr\{y_t = 0\}} \qquad (3.63)$$

其中，$p_{y>0}$ 是由描述非 0 降水量的分位数回归得到的合适的累积概率。例如，为了计算当 0 降水量的概率为 0.2 时预报分布的中位数($q_{.50}$)，所预报的降水量将是对应于 $p_{y>0} = 0.6$ 的非 0 降水量预报分布的分位数。当 $p_{y>0} \leqslant Pr\{y_t = 0\}$ 时则隐含了 $q_p = 0$。对于 $Pr\{y_t = 0\} = 0$ 的严格正预报量，该方法当然也可以使用，而且实际上更容易实现。

对于非 0 的 y_t 预报分布的每个选定的分位数的预报都使用下面的线性关系预报：

$$q_p(\boldsymbol{x}_t) = a_q + \sum_{i=1}^{I} b_{q,i} x_{t,i} \qquad (3.64)$$

其中，$\boldsymbol{x}_t$ 表示含 I 个预报因子 $(x_{t,1}, x_{t,2}, \cdots, x_{t,I})$ 的向量。对于不同分位数的预报方程，预报因子 $x_{t,i}$ 可以不同。通过对下式进行数值极小化分别估计每个分位数的回归系数 a_q 和 $b_{q,i}$：

$$\sum_{t=1}^{n^*} \rho_p [y_t - q_p(\boldsymbol{x}_t)] \qquad (3.65)$$

其中，n^* 是训练数据中非 0 的 y_t 个数，

$$\rho_p(u) = \begin{cases} up, & u \geqslant 0 \\ u(p-1), & u < 0 \end{cases} \qquad (3.66)$$

被称为校验函数。

尽管 Ben Bouallègue (2016)建议使用式(3.65)的 LASSO 回归惩罚版本来选择预报因子(Tibshirani，1996)，但是对于每个预报的预报量分位数 q_p，使用普通的最小二乘回归(Wilks，2011)也必须选择适当的集合预报因子 $\boldsymbol{x}_t$ 的列表。Bremnes(2004)考虑了预报量的 5 个分位数($q_{.05}$、$q_{.25}$、$q_{.50}$、$q_{.75}$、和 $q_{.95}$)，对于这 5 个分位数回归他使用了相同的 2($I=2$)个预报因子，即集合预报的两个四分位数。图 3.8 针对集合第 25 百分位数的 3 个级别说明了作为集合第 75 百分位数函数的预报结果。这表明随着两者间值的增大，预报的不确定性(预报分位数之间的距离更大)更大，特别是对于 $q_{.25}$。

Bentzien 等(2012)提出了一种修正的分位数回归方法，其中式(3.65)用下式的极小化进行了替代：

$$\sum_{t=1}^{n^*} \rho_p [y_t - \max\{0, q_p(\boldsymbol{x}_t)\}] \qquad (3.67)$$

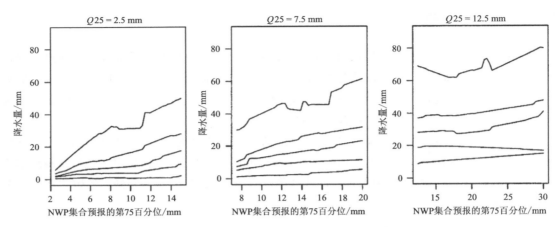

图 3.8　对于集合预报下四分位数的 3 个取值,作为集合预报上分位数的函数,对 5 个非 0 降水预报分布的分位数($q_{.95}$、$q_{.75}$、$q_{.50}$、$q_{.25}$ 和 $q_{.05}$(从上到下))所做的分位数回归预报(引自 Bremnes,2004)

由于实际上回归函数在式(3.64)中被限定为非负值,因此他们把这种做法称为删失分位数回归。Bentzien 等(2012)对降水量进行了立方根变换,使用集合均值和预报的分位数对应的经验集合的分位数作为 2($I=2$)个预报因子,使用逻辑回归对降水为 0 的概率进行了建模。

由于每个目标分位数的预报方程是独立生成的,因此,分位数回归的一个潜在问题就出现了,尤其是在训练数据有限的情况下,该过程可能会产生概率上不一致的结果,因此较大分位数的预报累积概率可能小于较低分位数的概率。图 3.8 中那些交叉的曲线就是这类情况的反映。最近 Noufaily 等(2013)提出了分位数回归的参数化版本,从构造上看不会出现这一问题。

3.5.3　集合敷料法

尽管通常使用参数核(第 3.3.2 节)来实现集合敷料法,但它最初是由 Roulston 等(2003)提出的一种非参数化集合后处理方法。他们从过去预报归档数据中使用误差集合中随机样本对每个校正后的集合成员进行集合敷料处理,这些误差是相对于每次最接近观测的集合成员("最优成员")定义的。图 3.9 显示了洛伦兹(Lorenz)1996(Lorenz,2006)模式系统输出的随预报时效变化敷料法分布示例。这里有 32 个集合成员(中等灰色曲线),其中每个都使用了 16 个最优成员误差轨迹(浅灰色曲线)的样本进行了敷料法处理,因此预报分布由 512 条轨迹的集合表示。图 3.9a 显示了一个可预报性较低的例子,图 3.9b 显示了一个可预报性较高的例子,在两幅图中,加粗的曲线代表真实轨迹。这两个例子对过去的最优成员误差分类都进行了采样,但是低可预报性例子中的预报分布的离散度更大,因为构成其基础的集合离散度更大。Messner 等(2011)提出了一种类似重采样的方法,其中离散的敷料核是参照 Hamill 等(2006)的方法,从训练数据中与当前集合成员相似模拟中导出的。

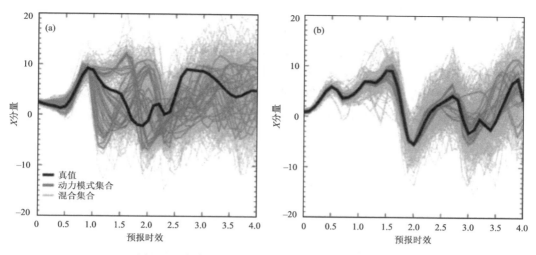

图 3.9　洛伦兹(Lorenz)1996 系统的两个预报个例

真实演变(粗曲线)、32 个原始的集合成员(中等灰色曲线)以及每个原始集合成员 16 条最优成员轨迹的敷料法预报分布(浅灰色曲线)(a)低可预报性;(b)高可预报性(引自 Roulston et al.,2003)

3.5.4　单个集合成员调整

另一种非参数化的集合后处理方法是对每个集合成员分别进行变换,从而得到一个大小为 m 的订正集合。这被称为逐成员后处理(Member-By-Member Postprocessing,MBMP)方法(Van Schaeybroeck et al.,2015)。

Eckel 等(2012)提出了"平移—拉伸(shift-and-stretch)"变换:

$$y_{t,k} = (\overline{x}_t - a) + c(x_{t,k} - \overline{x}_t) \tag{3.68}$$

其中,等式左边的双下标强调每个原始集合成员 $x_{t,k}$ 映射到一个不同的订正集合成员 $y_{t,k}$,这里假定集合成员是可交换的。后处理的集合成员由经过偏差订正的集合均值加上每个原始集合成员与原始集合均值的比例偏差之和组成。Eckel 等(2012)利用训练数据分别计算了偏差(平移)参数

$$a = \frac{1}{n} \sum_{t=1}^{n} (\overline{x}_t - y_t) \tag{3.69a}$$

以及缩放(拉伸)参数

$$c = \left[\frac{\dfrac{m}{(m+1)n} \sum_{t=1}^{n} (\overline{x}_t - y_t)^2}{\dfrac{1}{(m-1)n} \sum_{t=1}^{n} \sum_{k=1}^{m} (x_{t,k} - \overline{x}_t)^2} \right]^{1/2} \tag{3.69b}$$

式(3.69a)为集合均值预报的平均误差,式(3.69b)为集合均值预报的均方误差与平均集合方差之比的平方根。Johnson 等(2009b)提出了适用于多模式(不可交换)集合的类似方法。式(3.68)是"膨胀"法的扩展,有时被用于降尺度的气候预测(Von Storch,1999),其中 $a = 0$。Taylor 等(2009)也采用了式(3.68),结合了核密度(一种有效的集合敷料法)平滑,其中参数 a、c 和敷料核的宽度通过联合最小化无知评分优化。

更一般地,MBMP 调整可以表示为:

$$y_{t,k} = (a + b\overline{x}_t) + \gamma_t(x_{t,k} - \overline{x}_t) \tag{3.70}$$

其中,每个原始集合成员再次映射到一个不同的订正后的对应值 $y_{t,k}$,参数 a 和 b 定义了无条件和有条件的偏差订正,参数 γ_t 控制了相对于集合平均与预报相关的膨胀或收缩。对于这些参数的各种定义已被提出(式(3.35)可以看作是一个特例)。

Eade 等(2014)使用下式估计了式(3.70)中的参数:

$$a = \overline{y} - b\overline{\overline{x}} \tag{3.71a}$$

$$b = \frac{s_{y_t}}{s_{\overline{x}_t}} r_{y_t, \overline{x}_t} \tag{3.71b}$$

和

$$\gamma_t = \frac{s_{y_t}}{s_t} \sqrt{1 - r_{y_t, \overline{x}_t}^2} \tag{3.71c}$$

其中,s_{y_t} 是气候预报量的标准差,式(3.71b)和(3.71c)中的相关关系与预报量和集合均值有关,且

$$\overline{\overline{x}} = \frac{1}{n} \sum_{t=1}^{n} \overline{x}_t \tag{3.72}$$

是训练数据中集合均值的平均值。式(3.71a)和(3.71b)是关联集合均值和预报量 y 的普通最小二乘法的回归系数,式(3.71c)根据分母中的集合标准差(s_t)随预报的变化而变化。Do-blas-Reyes 等(2005)以及 Johnson 等(2009a)提出了一个等价的模型,假设预报集合和观测都已经中心化,因此式(3.71a)中的 $a = 0$。

Van Schaeybroeck 等(2015)允许在下式中,让"拉伸"系数 γ_t 与集合离散度相关,计算公式为:

$$\gamma_t = c + \frac{d}{\delta_t} \tag{3.73}$$

其中

$$\delta_t = \frac{1}{m(m-1)} \sum_{j=1}^{m} \sum_{k=1}^{m} |x_{t,j} - x_{t,k}| \tag{3.74}$$

是未订正的集合成员之间的平均绝对差值,并且 c 和 d 都被约束为非负。因此,式(3.70)可以看作第 3.2.1～第 3.2.3 节中描述的非齐次回归非参数化的对应公式。Van Schaeybroeck 等(2015)描述了参数 a、b、c 和 d 的两种估计方式。第一种方法是使用最大似然法,假设订正后集合均值预报的误差服从指数分布(均值为 δ_t),因此,关于 a、b、c 和 d 最大化:

$$L_{\text{exp}} = -\sum_{t=1}^{n} \left[\frac{\overline{y}_t - y_t}{\delta_t} + \ln\delta_t \right] \tag{3.75}$$

其中

$$\overline{y}_t = \frac{1}{m} \sum_{k=1}^{m} y_{t,k} \tag{3.76}$$

是对预报个例 t 经逐一单独订正的集合成员的平均值。

另一种方法是通过最小化集合的 CRPS 来估计参数,CRPS 的计算公式为(Gneiting et al.,2007b)

$$\text{CRPS}(F, x) = E_F |X - x| - \frac{1}{2} E_F |X - X'| \tag{3.77}$$

这里 x 是用于检验的观测量,而 X 和 X' 是取自计算期望值的预报分布 F 的随机抽样。将离散的集合视为来自 F 的随机样本,并用样本均值替换为式(3.77)中的统计期望值,得到集合 CRPS 的表达式:

$$\mathrm{CRPS}_e = \frac{1}{n} \sum_{t=1}^{n} \left[\frac{1}{m} \sum_{k=1}^{m} (| y_{t,k} - y_t |) - \frac{\delta_t}{2} \right] \tag{3.78}$$

根据式(3.74),δ_t 表征集合的离散度。式(3.78)的最小化完全是非参数的,但它比式(3.75)中的最大似然法具有更大的计算量。

Williams (2016)使用了式(3.70)中的非参数化调整过程。但"拉伸"系数定义为:

$$\gamma_t = \frac{\sqrt{d + cs_t^2}}{s_t} = \sqrt{c + d/s_t^2} \tag{3.79}$$

利用这个公式,可以推导出所需参数的矩法估计值,其计算速度将相对较快。两个偏差订正参数 a 和 b 同样是式(3.71a)和式(3.71b)中定义的最小二乘回归参数。"拉伸"参数的矩法估计值为

$$c = \frac{\mathrm{cov}(s_t^2, y_t^2) - 2ab\,\mathrm{cov}(s_t^2, \overline{x}_t) - b^2 \mathrm{cov}(s_t^2, \overline{x}_t)}{\mathrm{Var}(s_t^2)} \tag{3.80a}$$

和

$$d = s_{y_t}^2 - c\,\overline{s}^2 - b^2 s_{\overline{x}_t}^2 \tag{3.80b}$$

其中

$$\overline{s}^2 = \frac{1}{n} \sum_{t=1}^{n} s_t^2 \tag{3.81}$$

是训练期集合方差的均值,而

$$s_{\overline{x}_t}^2 = \frac{1}{n-1} \sum_{t=1}^{n} (\overline{x}_t - \overline{\overline{x}})^2 \tag{3.82}$$

是训练期集合均值的方差。同样,c 和 d 限定为非负。Wilks (2018)发现式(3.73a)和式(3.79)的表现类似。

MBMP 调整方法如图 3.10 所示。图 3.10a(实线)是由式(3.71a)和式(3.71b)中参数 a 和 b 定义的去偏函数。式(3.71a)和式(3.71b)表明具有中等和较大均值的集合在训练数据中存在正偏差,而具有较小集合均值的集合则是负偏差。图 3.10b 显示了一个假定的待订正的 $(m=5)$ 成员集合(实心圆圈)。图 3.10b 中以原始集合均值为起点的虚线箭头指向图 3.10c 中订正后的集合均值。图 3.10c 中的订正集合成员(空心圆圈)保留了它们的分布形状,但相对于图 3.10b 中的原始集合,通过因子 $\gamma_t = 1.5$ 已经扩展得更加远离订正后的集合均值,因此,图 3.10c 所示的订正后的集合范围是图 3.10b 中欠发散的原始集合集合范围的 1.5 倍。

由于在这些调整中保留了各个集合成员的特性,因此,经过独立后处理的不同预报变量将继续表现出从原始集合继承的排序相关结构。原始集合中单个位置不同变量之间的相关性以及给定变量的时、空相关都将被传递到后处理的集合中。因此,如第 4 章所述,MBMP 也可以作为多变量后处理算法的基础。另外,如果不约束要求所有后处理的集合成员都为非负值,MBMP 用于诸如风速或降水等的后处理预报量可能存在问题。

3.5.5 集合预报后处理的"统计学习"方法

统计学习方法(Hastie et al.,2009)是计算密集型算法,直到最近才开始应用于集合预报

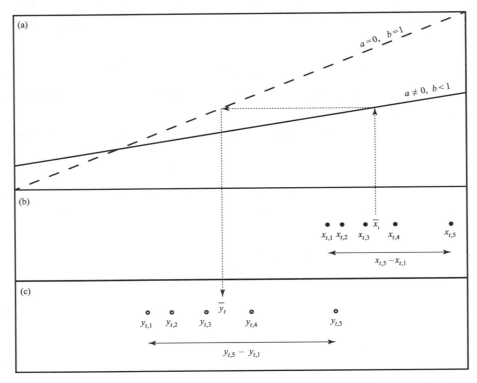

图 3.10 Van Schaeybroeck 等（2015）和 Williams（2016）的 MBMP 调整方法示意
对于（b）一个假定 $m=5$ 个成员在欠发散及正偏差的原始集合（实心圆圈），该集合预报已使用（a）中的
去偏函数（实线）和"拉伸"系数 $\gamma_t = 1.5$ 将其转换为（c）订正后的集合（空心圆圈）

的后处理问题。这些方法需要非常大的训练数据集，但具有极大的灵活性和数据自适应的特点，其结构中可能包含多种非线性的类型。

  Roebber（2013，2015）提议使用遗传算法，该算法旨在模仿基因的自然选择，最大化生物种群的繁殖适合度。在统计学习情况下，种群中的每个个体（i）是一个算法或预报方程，它聚合了有限数量"基因"的影响，其中任何数量和数学形式都可适用于当前可定义的问题。Roebber（2013，2015）为每个个体 i 定义了 10 个基因（由下标 j 标出），其形式为：

$$\zeta_{t,i,j} = \begin{cases} (c_{1,i,j} v_{1,i,j}) O_{1,i,j} \ (c_{2,i,j} v_{2,i,j}) O_{2,i,j} \ (c_{3,i,j} v_{3,i,j}), \text{如果} \underline{v_{4,i,j} O_{R,i,j} v_{5,i,j}} \\ 0, \qquad\qquad\qquad\qquad\qquad\qquad\qquad\qquad\quad \text{其他} \end{cases} \tag{3.83}$$

其中，$v_{1,i,j}$、$v_{2,i,j}$、$v_{3,i,j}$、$v_{4,i,j}$ 和 $v_{5,i,j}$ 已经从下标 t 的训练数据的可用预报因子中选出的，在集合后处理的叙述中这些预报因子通常是指预报集合的成员、集合统计量（如集合均值或方差）或气象学的其他相关协变量，根据它们在训练数据中的范围归一化到区间 $[-1,1]$ 上。变量 $c_{1,i,j}$、$c_{2,i,j}$ 和 $c_{3,i,j}$ 是 -1 到 $+1$ 范围内的乘法常数，$O_{1,i,j}$ 和 $O_{2,i,j}$ 是加法或乘法运算符，$O_{R,i,j}$ 是关系运算符"$\leqslant$"或"$>$"中的一个，式（3.83）中带下划线的组将在下一段末尾解释。个体 i 的整体繁殖适应度由训练数据的预报 MSE 定义：

$$\mathrm{MSE}_i = \frac{1}{n} \sum_{t=1}^{n} \left(\widehat{y}_t - \sum_{j=1}^{10} \zeta_{t,i,j} \right)^2 \tag{3.84}$$

其中，$\widehat{y}_t$ 表示根据训练数据中的预报量 y_t 的范围将其转换到区间 $[-1,1]$ 上。

遗传算法的初始化是通过为式(3.83)中的每个基因选择 11 个元素,分别对 i 个个体,从它们的可能值中随机均匀地选择概率。这样做的结果是大多数初始个体的预报相当差(MSE$_i$ 很大),虽然在一个大的种群中,一些个体会偶然地代表合理但粗略的预报模型。对于式(3.84)中高于最小 MSE 阈值的个体或者对于训练数据的气候分布与 y_t 的气候分布完全不同的个体会"死亡"且无法繁殖。那些幸存者可能会通过以下方式繁殖:要么(以指定的概率)复制自己;要么通过经历"突变",也就是在复制之前,将式(3.83)中的一个基因的 11 个元素中的一种,随机替换为另一种有繁殖可能性的基因;或通过"基因交叉"的方式,即式(3.83)中一个基因的 4 个下划线元素之一在复制之前替换该个体其他 10 个基因之中的一个对应元素。

遗传算法在连续的"世代"中迭代,随着"基因库"的逐步修改,最小 MSE 的标准逐渐收紧,直到达到停止标准。根据式(3.83)中 $v_{4,i,j}O_{R,i,j}v_{5,i,j}$ 的特定逻辑,给定个体 i 的第 j 个基因可能一直处于活跃状态或有时处于活跃状态或者从不活跃。在这个过程结束时,预报分布由幸存的种群成员对 y_t 的预报组成,此时 $v_{1,i,j}$、$v_{2,i,j}$、$v_{3,i,j}$、$v_{4,i,j}$ 和 $v_{5,i,j}$ 的当前值已经被替换到式(3.83)中。

Taillardat 等(2016)提出了用于集合后处理的第二种统计学习方法,他们描述了分位数回归森林的使用。尽管名称与第 3.5.2 节中的分位数回归相似,但有很大不同,因为它预报的是整个分布,而不是预先选择的有限数量的预报分位数。分位数回归森林由随机森林的"树"组成。一个个体树是在预报变量的基础上通过对训练数据序列进行二元分割构建的,这样可以逐步减少训练样本的预报量 y_t 在二分分割定义的组之间的方差之和。在分位数回归森林法的集合后处理中,预报因子将是诸如集合均值、集合方差、原始集合的选定分位数等。在算法的第一步("树干的根部"),为了找到组合方差的最小值,需要诊断 y_t 的两个组 g_1 和 g_2 的所有可能定义(由每个预报因子在其每个可能值的二元分割得到)

$$V = \frac{1}{n_1 - 1} \sum_{y_t \in g_1} (y_t - \overline{y}_{g_1})^2 + \frac{1}{n_2 - 1} \sum_{y_t \in g_2} (y_t - \overline{y}_{g_2})^2 \tag{3.85}$$

在算法的第二步和后续步骤中,继续寻找先前基于预报因子定义的组之一的最小方差二元分割,产生一个树的分支序列,当停止标准满足时结束,此时,$s+1$ 个组已经在 s 个算法步骤的基础上定义。

随机森林是一组树的集合,每棵树彼此不同,因为每个树都是基于训练数据的不同自助样本进行计算的,这称为自助聚合或装袋(Bagging)(Hastie et al.,2009)。由于只允许预报因子的一个随机子集被考虑作为在每个新分支上定义二元分割的候选变量,所以随机森林中的树之间的差异进一步增大了(所需的计算量也减少了)。预报是从随机森林中推导出来的,方法是沿着每棵树的分支由预报因子变量指向与预报量相关的末端分支("叶子")。训练样本预报值的子集在每一个叶子上定义了该树的一个经验预报分布。然后分位数回归森林预报分布成为随机森林中所有树的末端叶子处经验分布的均值。由于最终的预报分布是末端叶节点经验分布的平均值,因此不会产生不一致的概率预报。此外,非 0 概率不能分配给不可能的结果,如负的风速或降水量。另外,非 0 概率也不能分配给超出训练数据取值范围的预报量值,因此该方法用于极值预报可能会有问题。

随机分位数森林产生的预报分布可以呈现多种形式,并且随着不同的预报可能有很大的不同,正如根据 Taillardat 等(2016)修改得到的图 3.11 所示的那样。图 3.11 中两个分位数随机森林预报分布(实线)彼此之间以及与它们的原始集合(横轴上刻度线标记和平滑点线)都非常不同。相比之下,NGR(虚线)和BMA(点划线)预报分布的形状非常相似,尽管正如预期的那样,与原始集合相比,所有3种后处理方法产生的预报分布彼此更相似。

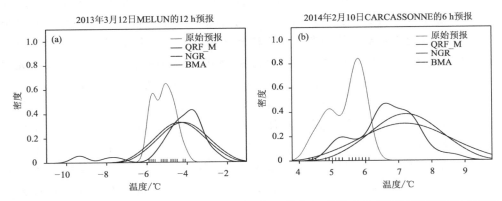

图 3.11　分位数随机森林预报分布(实线)示例,与原始集合(横轴上的刻度标记)和基于它们的平滑预报分布(点线)比较(同时也给出了相应的 NGR(虚线)和 BMA(点划线)的预报分布)
(修改自 Taillardat et al. ,2016)

3.6　各种方法间的比较

集合后处理方法层出不穷,且很难在其中进行选择。这些方法有许多是最近才提出来的,因此积累的经验相对较少。本章所述的大多数成果将其中提出的方法与选定的基准方法进行了比较,但很少有论文将方法之间的比较作为主要目标。表 3.1 总结了这些文献的结果,其中"+"表示方法的总体性能良好,"±"表示性能中等,"一"表示性能较差。当然,这些文献并不是对每种方法都进行了研究。

在所考察的方法中,表现最差的方法显然是排序直方图再校准(Rank Histogram,RH)。尽管 RH 是一个非常早期的方法,且一定程度上显得有点粗糙,但它(以及所研究的所有其他方法)优于相应的原始集合预报,所以从这个意义上说是一个成功的方法。传统的逻辑回归(LR)表现出相对较弱的性能,尽管一些研究表明 LR 的性能只有中等程度的好,但这些研究涉及到的训练期相对较短。表 3.1 中总结的其余方法总体上都取得了较好的结果。

最常用于比较的方法是 BMA 和非齐次回归(NR),特别是考虑到 XLR 可以解释为具有逻辑分布误差的非齐次回归(Messner et al. ,2014a)。非齐次回归方法的优点是,偏差和离散度误差都可以表示出来且可以订正,同时需要估计的参数相对较少,特别是如果集合均值是式(3.2)唯一的预报变量。另外,这些方法将预报分布限制为具有特定的、预定义的、通常是单峰的形式。相比之下,BMA 及其相关方法在表示预报分布的形状方面更加灵活,包括特定的基础预报集合所建议的多峰分布。然而,这些方法在订正集合预报过发散问题上可能存在困难。

表 3.1 集合后处理方法的比较总结

	数据类型	NR	LR	XLR	BMA	OED	FA	RH	QR	MBM
Wilks(2006)	综合	+	±		±	+	±	—		
Williams 等(2014)	综合	+	—		+	+				
Boucher 等(2015)	综合	+				+				
Van Schaeybroeck 等 (2015)	综合和温度	+								+
Prokosch(2013)	温度	+			+					
Vannitsem 等(2011)	温度	+								+
Wilks 等(2007)	温度和降水	+	±			±				
Schmeits 等(2010)	降水			+	+					
Bentzien 等(2012)	降水	±	+						+	
Ruiz 等(2012)	降水		±	+	+			—		
Scheuerer(2014)	降水	+		+	±					
Mendoza 等(2015)	降水		±		+				+	

注:'十' =表现良好,'士' =表现中等,'一' =表现较差,NR =非齐次回归(高斯和非高斯),LR =逻辑回归,XLR =扩展逻辑回归,BMA =贝叶斯模型平均,OED =其他集合敷料方法,FA =预报同化,RH =排序直方图再校准,QR =分位数回归和 MBM =逐个成员订正。所有的方法都优于它们所使用的原始集合预报。

表 3.1 中 3 个性能等级的划分有一定的主观性,因为即使在给定的研究中,一种方法在特定的性能指标或特定的预报时效内可能是强的,但是对于其他方法则较弱。这些方法在不同的使用背景下产生的性能差异也阻碍了任何试图寻找唯一最优方法的尝试:每个更具有竞争力的方法都有自己的优势和弱点,没有一种方法优于其他的所有方法。很多方法只是最近才提出来的,无论是对整体预报还是特定的预报量,关于哪种集合预报后处理方法最优都还没有形成共识。

参考文献

Baran S, 2014. Probabilistic wind speed forecasting using Bayesian model averaging with truncated normal components. Computational Statistics and Data Analysis, 75, 227-238.

Baran S, Lerch S, 2015. Log-normal distribution based ensemble model output statistics models for probabilistic wind-speed forecasting. Quarterly Journal of the Royal Meteorological Society, 141, 2289-2299.

Baran S, Lerch S, 2016a. Mixture EMOS model for calibrating ensemble forecasts of wind speed. Environmetrics, 27, 116-130.

Baran S, Lerch S, 2016b. Combining predictive distributions for statistical post-processing of ensemble forecasts. arXiv:1607.08096v2.31pp.

Baran S, Nemoda D, 2016c. Censored and shifted gamma distribution based EMOS model for probabilistic quantitative precipitation forecasting. Environmetrics, 27, 280-292.

Ben Bouallègue Z, 2016. Statistical postprocessing of ensemble global radiation forecasts with penalized quantile regression. Meteorologische Zeitschrift, 26, 253-264.

Bentzien S, Friederichs P, 2012. Generating and calibrating probabilistic quantitative precipitation forecasts from the high-resolution NWP model COSMO-DE. Weather and Forecasting, 27, 988-1002.

Bishop C H, Shanley K T, 2008. Bayesian model averaging's problematic treatment of extreme weather and a paradigm shift that fixes it. Monthly Weather Review, 136, 4641-4652.

Boucher M A, Perreault L, Anctil F, et al, 2015. Exploratory analysis of statistical post-processing methods for hydrological ensemble forecasts. Hydrological Processes, 29, 1141-1155.

Box G, Cox D, 1964. An analysis of transformations. Journal of the Royal Statistical Society B, 26, 211-252.

Bremnes J B, 2004. Probabilistic forecasts of precipitation in terms of quantiles using NWP model output. Monthly Weather Review, 132, 338-347.

Brier G W, 1950. Verification of forecasts expressed in terms of probabilities. Monthly Weather Review, 78, 1-3.

Bröcker J, Smith L A, 2008. From ensemble forecasts to predictive distribution functions. Tellus A, 60A, 663-678.

Buizza R, 2018. Ensemble forecasting and the need for calibration // Vannitsem S, Wilks D S, Messner J W. Statistical Postprocessing of Ensemble Forecasts. Amsterdam: Elsevier.

Coelho C A S, Pezzulli S, Balmaseda M, et al, 2004. Forecast calibration and combination: A simple Bayesian approach for ENSO. Journal of Climate, 17, 1504-1516.

Coles S, 2001. An Introduction to Statistical Modeling of Extreme Values. Springer, 208pp.

Delle Monache L, Eckel F A, Rife D L, et al, 2013. Probabilistic weather prediction with an analog ensemble. Monthly Weather Review, 141, 3498-3516.

Di Narzo A F, Cocchi D, 2010. A Bayesian hierarchical approach to ensemble weather forecasting. Journal of the Royal Statistical Society C, 59, 405-422.

Doblas-Reyes F J, Hagedorn R, Palmer T N, 2005. The rationale behind the success of multi-model ensembles in seasonal forecasting. II. Calibration and combination. Tellus A, 57, 234-252.

Duan Q, Ajami N K, Gao X, et al, 2007. Multi-model ensemble hydrologic prediction using Bayesian model averaging. Advances in Water Resources, 30, 1371-1386.

Eade R, Smith D, Scaife A, et al, 2014. Do seasonal-to-decadal climate predictions underestimate the predictability of the real world?. Geophysical Research Letters, 41, 5620-5628.

Eckel F A, Allen M S, Sittel M C, 2012. Estimation of ambiguity in ensemble forecasts. Weather and Forecasting, 27, 5 0-69.

Ferro C A T, Richardson D S, Weigel A P, 2008. On the effect of ensemble size on the discrete and continuous ranked probability scores. Meteorological Applications, 15, 1 9-24.

Flowerdew J, 2014. Calibrating ensemble reliability whilst preserving spatial structure. Tellus A, 66, 22662.

Fortin V, Favre A C, Said M, 2006. Probabilistic forecasting from ensemble prediction systems: Improving upon the best-member method by using a different weight and dressing kernel for each member. Quarterly Journal of the Royal Meteorological Society, 132, 1349-1369.

Fraley C, Raftery A E, Gneiting T, 2010. Calibrating multimodel forecast ensembles with exchangeable and missing members using Bayesian model averaging. Monthly Weather Review, 138, 190-202.

Friederichs P, Thorarinsdottir T L, 2012. Forecast verification for extreme value distributions with an application to probabilistic peak wind prediction. Environmetrics, 23, 579-594.

Gebetsberger M, Messner J W, Mayr G J, et al, 2017a. Fine-tuning nonhomogeneous regression for probabilistic precipitation forecasts: unanimous predictions, heavy tails, and link functions. Monthly Weather Review, 145, 4693-4708.

Gebetsberger M, Messner J W, Mayr G J, et al, 2017b. Estimation methods for non- homogeneous regression-minimum CRPS vs. maximum likelihood. University of Innsbruck working paper in economics and statistics 23pp. https://EconPapers. repec. org/RePEc:inn:wpaper:2017-23.

Glahn H R, Lowry D A, 1972. The use of model output statistics (MOS) in objective weather forecasting. Journal of Applied Meteorology, 19, 769-775.

Glahn H R, Peroutka M, Wiedenfeld J, et al, 2009. MOS uncertainty estimates in an ensemble framework. Monthly Weather Review, 137, 246-268.

Gneiting T, Raftery A E, Westveld A H, et al, 2005. Calibrated probabilistic forecasting using ensemble model output statistics and minimum CRPS estimation. Monthly Weather Review, 133, 1098-1118.

Gneiting T, Balabdaoui F, Raftery A E, 2007a. Probabilistic forecasts, calibration and sharpness. Journal of the Royal Statistical Society B, 69, 243-268.

Gneiting T, Raftery A E, 2007b. Strictly proper scoring rules, prediction, and estimation. Journal of the American Statistical Association, 102, 359-378.

Good I J, 1952. Rational decisions. Journal of the Royal Statistical Society B, 14, 107-114.

Hamill T M, 2007. Comments on Calibrated surface temperature forecasts from the Canadian ensemble prediction system using Bayesian model averaging. Monthly Weather Review, 135, 4226-4230.

Hamill T M, Colucci S J, 1997. Verification of Eta-RSM short-range ensemble forecasts. Monthly Weather Review, 125, 1312-1327.

Hamill T M, Whitaker J S, Wei X, 2004. Ensemble reforecasting: Improving medium-range forecast skill using retrospective forecasts. Monthly Weather Review, 132, 1434-1447.

Hamill T M, Whitaker J S, 2006. Probabilistic quantitative precipitation forecasts based on reforecast analogs: Theory and application. Monthly Weather Review, 134, 3209-3229.

Harris I R, 1989. Predictive fit for natural exponential families. Biometrika, 76, 675-684.

Hastie T, Tibshirani R, Friedman J, 2009. The Elements of Statistical Learning. 2nd ed. New York: Springer, 745pp.

Hemri S, Scheuerer M, Pappenberger F, et al, 2014. Trends in the predictive performance of raw ensemble weather forecasts. Geophysical Research Letters, 41, 9197-9205.

Hemri S, Lisniak D, Klein B, 2015. Multivariate postprocessing techniques for probabilistic hydrological forecasting. Water Resources Research, 51, 7436-7451.

Hemri S, Haiden T, Pappenberger F, 2016. Discrete postprocessing of total cloud cover ensemble forecasts. Monthly Weather Review, 144, 2565-2577.

Hodyss D, Satterfield E, McLay J, et al, 2016. Inaccuracies with multi-model postprocessing methods involving weighted, regression-corrected forecasts. Monthly Weather Review, 144, 1649-1668.

Jewson S, Brix A, Ziehmann C, 2004. A new parametric model for the assessment and calibration of medium-range ensemble temperature forecasts. Atmospheric Science Letters, 5, 96-102.

Johnson N L, Kotz S, Balakrishnan N, 1994. Continuous Univariate Distributions (Vol. 1). New York: Wiley, 756pp.

Johnson C, Bowler N, 2009a. On the reliability and calibration of ensemble forecasts. Monthly Weather Review, 137, 1717-1720.

Johnson C, Swinbank R, 2009b. Medium-range multimodel ensemble combination and calibration. Quarterly Journal of the Royal Meteorological Society, 135, 777-794.

Jolliffe I T, Stephenson D B, 2012. Forecast Verification, a Practitioner's Guide in Atmospheric Science. 2nd ed. Chichester: Wiley-Blackwell, 274pp.

Junk C, Delle Monache L, Alessandrini S, 2015. Analog-based ensemble model output statistics. Monthly Weather Review, 143, 2909-2917.

Koenker R, Bassett B, 1978. Regression quantiles. Econometrica, 46, 33-49.

Krzysztofowicz R, 1983. Why should a forecaster and decision maker use Bayes theorem. Water Resources Research, 19, 327-336.

Krzysztofowicz R, Evans W B, 2008. Probabilistic forecasts from the National Digital Forecast database. Weather and Forecasting, 23, 270-289.

Lerch S, Thorarinsdottir T L, 2013. Comparison of non-homogeneous regression models for probabilistic wind speed forecasting. Tellus A, 65, 21206.

Leith C E, 1974. Theoretical skill of Monte-Carlo forecasts. Monthly Weather Review, 102, 409-418.

Lorenz E N, 2006. Predictability—A problem partly solved//Palmer T, Hagedorn R. Predictability of weather and climate. Cambridge, UK: Cambridge University Press, 40-58.

Luo L, Wood E F, Pan M, 2007. Bayesian merging of multiple climate model forecasts for seasonal hydrological predictions. Journal of Geophysical Research, D112, D10102.

Marty R, Fortin V, Kuswanto H, et al, 2015. Combining the Bayesian processor of output with Bayesian model averaging for reliable ensemble forecasting. Applied Statistics, 64, 75-92.

Matheson J E, Winkler R L, 1976. Scoring rules for continuous probability distributions. Management Science, 22, 1087-1096.

McCullagh P, 1980. Regression models for ordinal data. Journal of the Royal Statistical Society B, 42, 109-142.

McLachlan G J, Krishnan T, 1997. The EM Algorithm and Extensions. Hoboken, NJ: Wiley, 274pp.

Mendoza P A, Rajagopalan B, Clark M P, et al, 2015. Statistical postprocessing of high-resolution regional climate model output. Monthly Weather Review, 143, 1533-1553.

Messner J W, Mayr G J, 2011. Probabilistic forecasts using analogs in the idealized Lorenz '96 setting. Monthly Weather Review, 139, 1960-1971.

Messner J W, Mayr G J, Wilks D S, et al, 2014a. Extending extended logistic regression: extended versus separate versus ordered versus censored. Monthly Weather Review, 142, 3003-3014.

Messner J W, Mayr G J, Zeileis A, et al, 2014b. Heteroscedastic extended logistic regression for postprocessing of ensemble guidance. Monthly Weather Review, 142, 448-456.

Messner J W, Mayr G J, Zeileis A, 2017. Nonhomogeneous boosting for predictor selection in ensemble postprocessing. Monthly Weather Review, 145, 137-147.

Möller A, Groß J, 2016. Probabilistic temperature forecasting based on an ensemble autoregressive modification. Quarterly Journal of the Royal Meteorological Society, 142, 1385-1394.

Murphy A H, Winkler R L, 1987. A general framework for forecast verification. Monthly Weather Review, 115, 1330-1338.

Nelder J, Wedderburn R, 1972. Generalized linear models. Journal of the Royal Statistical Society A, 135, 370-384.

Noufaily A N, Jones M C, 2013. Parametric quantile regression based on the generalized gamma distribution. Journal of the Royal Statistical Society C, 62, 723-740.

Prokosch J, 2013. Bivariate Bayesian model averaging and ensemble model output statistics (M. S. thesis). Norwegian University of Science and Technology, 85pp. http://www. diva-portal. org/smash/get/diva2: 656466/FULLTEXT01. pdf

Raftery A E, Gneiting T, Balabdaoui F, et al, 2005. Using Bayesian model averaging to calibrate forecast ensembles. Monthly Weather Review，133，1155-1174.

Reggiani P，Renner M，Weerts A H，et al，2009. Uncertainty assessment via Bayesian revision of ensemble streamflow predictions in the operational river Rhine forecasting system. Water Resources Research，45，W02428.

Roebber P J，2013. Using evolutionary programming to generate skillful extreme value probabilistic forecasts. Monthly Weather Review，141，3170-3185.

Roebber P J，2015. Evolving ensembles. Monthly Weather Review，143，471-490.

Roulston M S，Smith L A，2002. Evaluating probabilistic forecasts using information theory. Monthly Weather Review，130，1653-1660.

Roulston M S，Smith L A，2003. Combining dynamical and statistical ensembles. Tellus A，55A，16-30.

Ruiz J J，Saulo C，2012. How sensitive are probabilistic precipitation forecasts to the choice of calibration algorithms and the ensemble generation method? Part I. Sensitivity to calibration methods. Meteorological Applications，19，302-313.

Sanders F，1963. On subjective probability forecasting. Journal of Applied Meteorology，2，191-201.

Sansom P G，Ferro C A T，Stephenson D B，et al，2016. Best practices for postprocessing ensemble climate forecasts. Part I. Selecting appropriate calibration methods. Journal of Climate，29，7247-7264.

Satterfield E A，Bishop C H，2014. Heteroscedastic ensemble postprocessing. Monthly Weather Review，142，3484-3502.

Schefzik R，2017. Ensemble calibration with preserved correlations：Unifying and comparing ensemble copula coupling and member-by-member postprocessing. Quarterly Journal of the Royal Meteorological Society，143，999-1008.

Schefzik R，Möller A，2018. Multivariate ensemble postprocessing // Vannitsem S，Wilks D S，Messner J W. Statistical Postprocessing of Ensemble Forecasts. Amsterdam：Elsevier.

Scheuerer M，2014. Probabilistic quantitative precipitation forecasting using ensemble model output statistics. Quarterly Journal of the Royal Meteorological Society，140，1086-1096.

Schmeits M J，Kok K J，2010. A comparison between raw ensemble output，(modified) Bayesian model averaging，and extended logistic regression using ECMWF ensemble precipitation forecasts. Monthly Weather Review，138，4199-4211.

Scheuerer M，Hamill T M，2015a. Statistical postprocessing of ensemble precipitation forecasts by fitting censored，shifted gamma distributions. Monthly Weather Review，143，4578-4596.

Scheuerer M，Möller D，2015b. Probabilistic wind speed forecasting on a grid based on ensemble model output statistics. Annals of Applied Statistics，9，1328-1349.

Siegert S，Sansom P G，Williams R M，2016a. Parameter uncertainty in forecast recalibration. Quarterly Journal of the Royal Meteorological Society，142，1213-1221.

Siegert S，Stephenson D B，Sansom P G，et al，2016b. A Bayesian framework for verification and recalibration of ensemble forecasts：How uncertain is NAO predictability?. Journal of Climate，29，995-1012.

Silverman B W，1986. Density Estimation for Statistics and Data Analysis. Chapman and Hall，175pp.

Sloughter J M，Raftery A E，Gneiting T，et al，2007. Probabilistic quantitative precipitation forecasting using Bayesian model averaging. Monthly Weather Review，135，3209-3220.

Sloughter J M，Gneiting T，Raftery A E，2010. Probabilistic wind speed forecasting using ensembles and Bayesian model averaging. Journal of the American Statistical Association，105，25-35.

Stauffer R，Mayr G J，Messner J W，et al，2017. Ensemble post-processing of daily precipitation sums over complex terrain using censored high-resolution standardized anomalies. Monthly Weather Review，145，955-

969.

Stephenson D B, Coelho C A S, Doblas-Reyes F J, et al, 2005. Forecast assimilation: A unified framework for the combination of multi-model weather and climate predictions. Tellus A, 57, 253-264.

Taillardat M, Mestre O, Zamo M, et al, 2016. Calibrated ensemble forecasts using quantile regression forests and ensemble model output statistics. Monthly Weather Review, 144, 2375-2393.

Taylor J W, McSharry P E, Buizza R, 2009. Wind power density forecasting using ensemble predictions and time series models. IEEE Transactions on Energy Conversion, 24, 775-782.

Thorarinsdottir T L, Gneiting T, 2010. Probabilistic forecasts of wind speed: Ensemble model output statistics by using heteroscedastic censored regression. Journal of the Royal Statistical Society A, 173, 371-388.

Thorarinsdottir T L, Schuhen N, 2018. Verification: Assessment of calibration and accuracy // Vannitsem S, Wilks D S, Messner J W. Statistical Postprocessing of Ensemble Forecasts. Amsterdam: Elsevier.

Tibshirani R, 1996. Regression shrinkage and selection via the lasso. Journal of the Royal Statistical Society B, 58, 267-288.

Tobin J, 1958. Estimation of relationships for limited dependent data. Econometrica, 26, 24-36.

Unger D A, van den Dool H, O'Lenic E, e tal, 2009. Ensemble regression. Monthly Weather Review, 137, 2365-2379.

Vannitsem S, Hagedorn R, 2011. Ensemble forecast postprocessing over Belgium: Comparison of deterministic-like and ensemble regression methods. Meteorological Applications, 18, 94-104.

Van Schaeybroeck B, Vannitsem S, 2015. Ensemble post-processing using member-by-member approaches: Theoretical aspects. Quarterly Journal of the Royal Meteorological Society, 141, 807-818.

Veenhuis B A, 2013. Spread calibration of ensemble MOS forecasts. Monthly Weather Review, 141, 2467-2482.

Von Storch H, 1999. On the use of "inflation" in statistical downscaling. Journal of Climate, 12, 3505-3506.

Wang X, Bishop C H, 2005. Improvement of ensemble reliability with a new dressing kernel. Quarterly Journal of the Royal Meteorological Society, 131, 965-986.

Wilks D S, 2006. Comparison of ensemble-MOS methods in the Lorenz '96 setting. Meteorological Applications, 13, 243-256.

Wilks D S, 2009. Extending logistic regression to provide full-probability-distribution MOS forecasts. Meteorological Applications, 16, 361-368.

Wilks D S, 2011. Statistical Methods in the Atmospheric Sciences. 3rd ed. Amsterdam: Academic Press, 676pp.

Wilks D S, 2018. Enforcing calibration in ensemble postprocessing. Quarterly Journal of the Royal Meteorological Society, 144, 7 6-84. https://doi. org/10. 1002/qj. 3185.

Wilks D S, Hamill T M, 2007. Comparison of ensemble-MOS methods using GFS reforecasts. Monthly Weather Review, 135, 2379-2390.

Wilks D S, Livezey R E, 2013. Performance of alternative "normals" for tracking climate changes, using homogenized and nonhomogenized seasonal U. S. surface temperatures. Journal of Climate and Applied Meteorology, 52, 1677-1687.

Williams R M, 2016. Statistical methods for post-processing ensemble weather forecasts (Ph. D. dissertation). University of Exeter, 197pp. https://ore. exeter. ac. uk/repository/bitstream/handle/10871/21693/WilliamsR. pdf.

Williams R M, Ferro C A T, Kwasniok F, 2014. A comparison of ensemble post-processing methods for extreme events. Quarterly Journal of the Royal Meteorological Society, 140, 1112-1120.

Wilson L J，Beauregard S，Raftery A E，et al，2007. Reply. Monthly Weather Review，135，4231-4236.

Yeo L K，Johnson R A，2000. A new family of power transformations to improve normality or symmetry. Biometrika，87，954-959.

第 4 章
包含相关结构的集合后处理方法

Roman Schefzik* , Annette Möller**

* 德国海德堡,德国癌症研究中心(DKFZ)

** 德国克劳斯塔尔·泽勒费尔德,克劳斯塔尔工业大学

4.1 引言

尽管解决了不确定性的主要来源,但集合预报往往还受到偏差和/或离散误差的影响(Buizza,2018,第 2 章)。因此,需要对集合预报进行统计后处理。Wilks(2018,第 3 章)概述了最先进的集合后处理技术,这些技术可以生成单独标量预报变量的单变量预报分布,包括贝叶斯模型平均法(BMA)(Raftery et al.,2005)和非齐次回归(Nonhomogeneous Regression,NR)方法(Gneiting et al.,2005),有时也被称为集合模型输出统计(EMOS)。本章我们将讨论处理多变量相关关系的集合后处理方法。重点关注天气预报的关键例子,但所介绍的一些方法和原则也可以用于更广泛的情况。

像 BMA 和 NR 这类单变量后处理方法,可以大幅度提高动力天气预报集合输出的预报性能(Hagedorn et al.,2012;Hemri et al.,2014;Wilks et al.,2007)。然而,它们通常适用于单一地点和单一预报时效的单一天气变量,因此可能无法正确地纳入变量间、空间和时间的相关结构。在许多应用中,考虑相关结构是至关重要的。例如,空中交通控制需要对风场进行概率预报(Chaloulos et al.,2007),而时、空天气轨迹对可再生能源的管理有非常重要的意义(Pinson,2013;Pinson et al.,2009;Pinson et al.,2018,第 9 章)。

如果对每个天气变量、地点和预报时效分别进行统计后处理,则会忽略这些变量间、空间和/或时间上的相关结构,为了捕捉这些结构,因此开发了各种不同的方法。一种策略是设计出能够产生真正多变量预报分布的方法。这种多变量集合后处理技术可以是参数化的、拟合具体的多变量分布;也可以是非参数化的、基本上是基于重新排序的概念。在低维环境下,或者存在具体的变量间、空间或时间结构,那么在预报误差中的多变量相关模型进行后处理建模的参数化方法是足够的(Berrocal et al.,2007;Schuhen et al.,2012;Sloughter et al.,2013)。然而在应用方面,特别是在天气预报中的应用,可能涉及比参数化模型所能处理的维度更高。这种情况下非参数化方法,如集合 copula 耦合(Ensemble Copula Coupling,ECC)(Schefzik et al.,2013)和 Schaake 洗牌法(Schaake shuffle)(Clark et al.,2004)似乎是更合适的选择。在这些方法中,来自单个后处理预报分布的单变量样本是按照具体的多变量模板的秩序结构排列的,该模板被称之为"相关模板"(Schefzik,2016b;Wilks,2015)。特别是后处理的样本采用相关模板中的成对秩相关结构。

从数学的角度来看,大多数产生真正多变量分布的后处理方法都可以用所谓的 copula 函数进行显式或隐式地解释(Nelsen,2006),它是随机相关性建模中一个成熟的工具(Joe,2014)。特别是参数化方法可能依赖于参数的使用,尤其是高斯 copula 族,而非参数化方法通常采用经验 copula 函数(Schefzik,2015)。

另一种策略包括真正产生单变量参数分布的方法,但通过设计模型参数的估计程序来考虑空间或时间上的相关性。例如,为了确保空间一致性,可以对 BMA 或 NR 的系数进行约束,使其在不同位置之间平滑变化(Kleiber et al.,2011;Scheuerer et al.,2014)。结合空间相关性的单变量方法在本质上也可能是完全贝叶斯方法(Möller et al.,2016)。

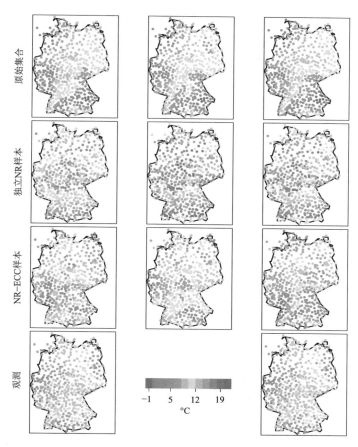

图 4.1　多变量后处理方法的效果说明（见彩图）

　　图 4.1 说明了在后处理中结合相关性结构的必要性和效果，考虑德国不同站点的地表温度预报（单位：℃），起报时间为 2010 年 10 月 3 日 00：00 UTC。最上面一行显示了从欧洲中期天气预报中心（ECMWF）集合中随机选择的 3 个（共 50 个）集合成员对德国 508 个站点的地表温度（单位：℃）的预报，起报时间为 2010 年 10 月 3 日 00：00 UTC（ECMWF Directorate，2012）。在每种情况下，3 个原始 ECMWF 集合成员发布的温度图在相邻站点的预报之间表现出明显的空间相关，这也是可以合理预期的。然而，与底行显示的 2 次实际观测值相比，原始预报显示出一些局部偏差。例如，德国西部地区的温度预报太高，而东南部地区的预报太低。这些偏差可以通过应用标准 NR 方法进行纠正，该方法对原始温度预报进行逐个站点的后处理。图 4.1 的第二行显示了随机选择的 3 个（50 个中的）单个 NR 后处理样本。这些样本能够在一定程度上消除偏差，但缺乏原始集合中的真实空间结构，而是产生了噪声和不连续的温度场。这一缺陷可以通过将单个 NR 后处理预报与 ECC 相结合来解决，其中相应的 NR-ECC 后处理的集合成员如图 4.1 第三行所示。NR-ECC 后处理集合继承了单个 NR 后处理预报的偏差校准边缘，同时保留了原始集合预报的空间相关结构。最下一行显示了各自的观测结果，为对称期间，观测左右两边各放了观测值。具体来说，图 4.1 第三行的每个 NR-ECC 集合成员都采用了第一行各自原始集合成员的秩序结构。

本章的其余部分组织如下：第 4.2 节提供了关于 copulas 的理论背景。第 4.3 节讨论了对变量间、空间或时间相关性进行建模的参数化多变量集合后处理方法。第 4.4 节介绍了基于经验 copulas 的非参数化多变量集合后处理方法，包括 ECC 和 Schaake 洗牌法，以及建立空间或时间模型的单变量集合后处理方法。第 4.5 节介绍了对空间或时间相关性进行建模的单变量集合后处理方法。最后，第 4.6 节以讨论结束，包括对本章涉及的方法进行了比较。

4.2　基于 copula 的相关性建模

为了对相关关系进行充分建模并获得真正的多变量后处理分布，我们利用了 copulas 的概念和著名的基本斯科拉（Sklar）定理。回顾了参数化的特别是高斯 copula 族，以及经验 copulas，它允许从相关性模板中采用秩序结构。

4.2.1　copula 函数和斯科拉定理

由 Sklar(1959)引入的 copula 连接函数是随机相关性建模有价值且成熟的工具(Joe，2014；Nelsen，2006)。一个 copula 连接函数 $C:[0,1]^L \to [0,1]$ 是一个具有标准统一单变量边缘 CDF 的 L 变量累积分布函数(CDF)，其中 $L \in \mathbb{N}, L \geqslant 2$。copulas 不仅具有理论意义(Nelsen，2006；Sempi，2011)，而且还被成功地应用于气候学、水文学、风险管理和金融等广泛的应用领域。特别是在本书重点讨论的气象背景下，它们尤其适合处理集合后处理中的相关关系。copula 函数的实际意义和重要性源于以下斯科拉(Sklar)(1959)著名定理。

定理(Sklar,1959)对于任何 L 变量的累积分布函数(CDF) F，其中各变量的边缘累积分布函数(CDFs)为 $F_1,\cdots,F_L$，存在一个 copula 函数 C，如：

$$F(y_1,\cdots,y_L) = C(F_1(y_1),\cdots,F_L(y_L)) \tag{4.1}$$

其中，$y_1,\cdots,y_L \in \mathbb{R}$。此外，$C$ 在边缘范围内是唯一的。

反过来说，给定一个 copula 函数 C 和边缘累积分布函数(CDFs) $F_1,\cdots,F_L$，式(4.1)中定义的函数 F 是一个 L 变量的累积分布函数 CDF。

在多变量集合后处理的背景下，假设我们对每个单变量天气量 Y_ℓ 有一个后处理预报累积分布函数(CDF) F_ℓ，其中 $\ell \in \{1,\cdots,L\}$。这里，ℓ 可以理解为一个多下标，$\ell = (i,j,k)$，它指的是天气变量 $i \in \{1,\cdots,I\}$、位置变量 $j \in \{1,\cdots,J\}$ 和预报时效或时间点 $k \in \{1,\cdots,K\}$，用 $L = I \times J \times K$ 表示(见第 4.4 节的方法)。在纯变量间(即 $J=1$ 和 $K=1$)、纯空间上(即 $I=1$ 和 $K=1$)或纯时间(即 $I=1$ 和 $J=1$)的设置中，ℓ 可能仅具体指天气变量或地点或预报时效/时间点(见第 4.3 节中的方法)。

我们努力寻求一个物理上一致的多变量预报累积分布函数(CDF) F，其边缘累积分布函数为 $F_1,\cdots,F_L$。由斯科拉(Sklar)定理和式(4.1)，这样的多变量累积分布函数(CDF) F 可以通过指定单变量各边缘的累积分布函数(CDF) $F_1,\cdots,F_L$ 和相关结构建模的 copula 函数 C 来获得。在我们的设置中，累积分布函数(CDF) $F_1,\cdots,F_L$ 可以像 Wilks(2018，第 3 章)那样通过单变量后处理方法得到。例如,通过 BMA 或 NR 分别应用于每个地点、天气变量和预报范围。剩下需要解决的问题是:如何选择 copula 函数 C? 基于 copula 函数的性质,得到的真正多变量集合后处理方法可以分为两类:第一类是基于 copula 函数参数族的参数化方法,第二类是基于经验 copula 函数的非参数化方法。

4.2.2　参数化、特别是高斯 copula 函数

当某个具体情况下如果维度 L 较小,或者可以利用具体的(如变量间、空间或时间)结构,参数或半参数的 copula 族是适当的选择。

许多参数化方法都是基于高斯 copula 框架,在此框架下,对于 $y_1,\cdots,y_L \in \mathbb{R}$,多变量的累积分布函数(CDF) F 具有如下形式:

$$F(y_1,\cdots,y_L \mid \boldsymbol{\Gamma}) = \boldsymbol{\Phi}_L(\boldsymbol{\Phi}^{-1}(F_1(y_1)),\cdots,\boldsymbol{\Phi}^{-1}(F_L(y_L)) \mid \boldsymbol{\Gamma}) \tag{4.2}$$

在式(4.2)中,$\boldsymbol{\Phi}_L(\cdot \mid \boldsymbol{\Gamma})$ 表示均值向量为 $\boldsymbol{0}$、相关矩阵为 $\boldsymbol{\Gamma}$ 的 L 变量标准正态分布 $\mathcal{N}_L(\boldsymbol{0},\boldsymbol{\Gamma})$ 的累积分布函数(CDF),$\boldsymbol{\Phi}^{-1}$ 是均值为 0、方差为 1 的单变量标准正态分布 $\mathcal{N}(0,1)$ 的累积分布函数(CDF) $\boldsymbol{\Phi}$ 对应的分位数函数。对于 $u_1,\cdots,u_L \in [0,1]$,高斯 copula 本身被定义为:

$$C_{\text{Gauss}}(u_1,\cdots,u_L) = \boldsymbol{\Phi}_L(\boldsymbol{\Phi}^{-1}(u_1),\cdots,\boldsymbol{\Phi}^{-1}(u_L) \mid \boldsymbol{\Gamma})$$

因为只需对相关矩阵 $\boldsymbol{\Gamma}$ 进行建模,所以高斯 copula 特别方便。根据式(4.2)可知,当边缘分布 $F_1,\cdots,F_L$ 为正态分布时,高斯 copula 模型在具体情况下服从 L 变量正态分布。

图 4.2 给出了具有不同相关强度的两个二元高斯 copula 函数的例子。

高斯 copula 函数已应用于包括气候学(Schoelzel et al.,2008)和水文学(Genest et al.,2007;Hemri et al.,2015)等许多领域。在我们天气预报的关键设置中,许多学者的后处理方法都显式或隐式地使用高斯 copula 函数(Berrocal et al.,2007,2008;Gel et al.,2004;Möller et al.,2013;Pinson et al.,2009 和 Schuhen et al.,2012)。还有一些方法,如 Sloughter 等(2013)使用多变量正态分布的混合分布,其中每个混合成分可以连接到一个高斯 copula 函数。

在地统计学中,高斯 copula 函数技术的应用由来已久,被称为变形法 (Chilès et al.,2012)。在空间设置中,假设式(4.2)中的相关矩阵 $\boldsymbol{\Gamma}$ 是高度结构化的,满足诸如空间平稳性和/或各向同性等条件。例如,Gel 等(2004)和 Berrocal 等(2007,2008)的温度和降水场预报方法。以类似的方式,高斯 copula 函数被用于后处理预报 CDF 中合并连续预报时效的相关性模型(Pinson et al.,2009;Schoelzel et al.,2011)。在正常边缘 $F_1,\cdots,F_L$ 的情况下,基本随机模型是高斯过程或高斯随机场的模型。然后为相关矩阵 $\boldsymbol{\Gamma}$ 选择参数化对应于空间统计中参数相关模型的选择(Cressie et al.,2011)。

在很多情况下,高斯 copula 函数会产生便利的随机模型,前述高斯 copula 方法将在 4.3 节中进行更详细的讨论。但也有参数化或半参数化的替代方案,如椭圆 copula 函数(Demarta et al.,2005)、阿基米德 copula 函数(McNeil et al.,2009)、对 copula 函数(Aas et al.,2009)或藤 copula 函数(Kurowicka et al.,2011)。

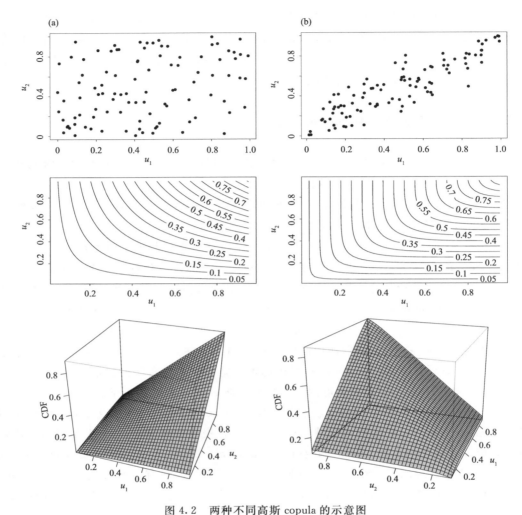

图 4.2 两种不同高斯 copula 的示意图

左栏和右栏分别对应具有相关参数(a) 0.2 (两个变量之间弱相关)和(b) 0.9 (两个变量之间强相关)
的二元高斯 copula;顶行显示了大小为 100 的随机样本的二元散点图,中间行显示了等值线图,
底行显示了 CDF 的相应面图

4.2.3 经验 copula 函数

如果维数 L 很大,不能利用具体的结构,参数化方法可能会变得不适合或者至少很繁琐。那么,一个常用的方法是使用经验 copula 的非参数化方法。参照斯科拉(Sklar)定理和式(4.1),我们考虑这样的情形:$F_1, \cdots, F_L$ 是由单变量后处理预报 CDF 的样本定义的经验 CDF,C 是所谓的经验 copula (Rüschendorf, 2009),也称为"经验相关函数"(Deheuvels, 1979)。

经验 copula 是从一个具体的离散数据集推导出来的,该 copula 在集合后处理的背景下扮演了如第 4.1 节(参见第 4.4 节中的方法)所述的多变量相关性模板的角色(Wilks, 2015)。如果写成公式,那么令:

$$I_N = \left\{ 0, \frac{1}{N}, \frac{2}{N}, \cdots, \frac{N-1}{N}, 1 \right\}$$

和 $I_N^L = \underbrace{I_N \times \cdots \times I_N}_{L \text{ times}}$ ，其中 $N \in \mathbb{N}$ ，此外，令：

$$z = \{ (z_1^1, \cdots, z_N^1), \cdots, (z_1^L, \cdots, z_N^L) \}$$

表示一个包含实值项，由 L 个大小为 N 的数组组成的数据集。进一步，令秩（z_n^ℓ）为 z_n^ℓ 在 $\{ z_1^\ell, \cdots, z_N^\ell \}$ 中的秩，其中 $n \in \{ 1, \cdots, N \}$，$\ell \in \{ 1, \cdots, L \}$。为方便起见，我们假设不存在关联，即 $z_n^1 \neq z_v^1, \cdots, z_n^L \neq z_v^L$，其中 $n, v \in \{ 1, \cdots, N \}$，$n \neq v$。

由数据集 z 导出的经验 copula $E_N : I_N^L \to I_N$ 定义为：

$$E_N \left(\frac{i_1}{N}, \cdots, \frac{i_L}{N} \right) = \frac{1}{N} \sum_{n=1}^{N} \mathbb{1}_{\{ \text{rank}(z_n^1) \leqslant i_1, \cdots, \text{rank}(z_n^L) \leqslant i_L \}} = \frac{1}{N} \sum_{n=1}^{N} \prod_{\ell=1}^{L} \mathbb{1}_{\{ \text{rank}(z_n^\ell) \leqslant i_\ell \}} \quad (4.3)$$

其中，$0 \leqslant i_1, \cdots, i_L \leqslant N$ 是整数，$\mathbb{1}_A$ 表示指示函数，如果事件 A 实现，其值为 1，否则为 0。根据式（4.3）的定义，经验 copula 可以解释为由 z 给出的秩序变换后数据的经验分布。

任何经验 copula 都是离散型 copula（Schefzik，2015），这也是 copula 的一种特殊类型。许多学者研究了离散型 copula 的性质（Kolesárová et al.，2006；Mayor et al.，2005，2007），Mesiar（2005）研究了二元（$L = 2$）情况下离散型 copula 的性质，Schefzik（2015）将离散 copula 的概念和一些结果扩展到一般的多变量情形，尤其是已经证明了著名斯科拉（Sklar）定理的多变量离散版本，该定理适用于无关联数据的经验 copula 情形。此外，可以证明经验 copula、随机数组和拉丁超立方体的等价性，有关数学细节见 Schefzik（2015）。

图 4.3 给出了一个二元（即 $L = 2$）经验 copula 的例子，其中我们考虑一个由 $N = 20$ 个点 (z_n^1, z_n^2)，$n \in \{ 1, \cdots, 20 \}$ 组成的合成数据集 z，其中 z_n^1 和 z_n^2 分别在 $[0, 5]$ 和 $[1, 8]$ 上形成均匀分布。图 4.3a 展示了 z 对应的散点图，图 4.3b 和 c 分别显示了 z 在（稳定的）等值线图和透视图中导出的相应经验 copula，我们注意到经验 copula 只定义在集合 $\{ 0, 1/20, \cdots, 19/20, 1 \} \times \{ 0, 1/20, \cdots, 19/20, 1 \}$ 上，而不是在整个区间 $[0, 1]$ 内。

正如我们将在第 4.4 节中看到的那样，经验 copula 为非参数化多变量集合后处理方法提供了理论框架。这些方法基本上基于重排序概念。经验 copula 能够从一个适合选择的相关模板 z 中采用多变量排序结构。

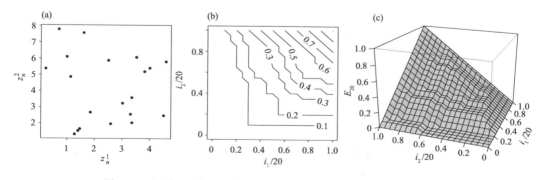

图 4.3 （a）由 20 个二元点（$L = 2$）组成的合成数据集的散点图，
（b）对应的 copula 的（稳定的）等值线图，以及（c）相应的经验 copula 的透视图

4.3 多变量参数化方法

开发真正的多变量参数化集合后处理模型来解释具体类型的相关结构,已经引起人们越来越多的兴趣,并已成为一个相当活跃的研究领域。应用时特别感兴趣的是联合模拟多个天气变量(如温度、风速、降水、压力或风矢量的分量,因为这些量之间存在着众所周知的物理关系)的方法,或融合空间位置之间相关关系的模型。这类模型能够在一个区域上产生空间上一致的预报场。尽管考虑时间相关性的模型在气候和环境研究中很普遍,但也有一些显式模拟时间相关性的集合后处理方法。

本节我们将概述一些产生真正多变量预报分布重要的参数化后处理方法。

4.3.1 变量间相关性

最早对多种天气变量进行联合建模的方法是处理风矢量。用实数 u(西/东)和 v(南/北)来代表风矢量分量描述风的方向和速度。这些方法都是基于二元正态分布,并以不同的方式应用,因此,该示例的维度是 $2(L=2)$。

Pinson(2012)提出了一种方法,该方法用输出一个修正的预报集合替代基于集合预报拟合一个完整的预报概率分布。这使我们能够保留动力集合中固有的原始多变量结构同时改善校准。Pinson(2012)的方法是第 4.4.2 节中讨论的逐个成员后处理(MBMP)的一个示例。

假定代表风矢量的随机向量 $\boldsymbol{Y} = (U, V)^{\mathsf{T}}$ 服从具有均值向量的二元正态分布,其均值向量和协方差矩阵分别为 $\boldsymbol{\mu} = (\mu_u, \mu_v)^{\mathsf{T}}$ 和 $\boldsymbol{\Sigma}$,那么有

$$Y \sim \mathcal{N}_2(\boldsymbol{\mu}, \boldsymbol{\Sigma})$$

集合成员 $m \in \{1, \cdots, M\}$ 的单个预报 $\boldsymbol{x}_m = (u_m, v_m)^{\mathsf{T}}$ 和经验集合均值向量 $\overline{\boldsymbol{x}} = (\overline{u}, \overline{v})^{\mathsf{T}}$ 的预报误差也服从二元正态分布。Pinson(2012)引入了二元正态分布的均值和方差的模型并得到所谓的平移因子(与偏差修正对应)$\boldsymbol{\tau} = (\tau_u, \tau_v)^{\mathsf{T}}$ 和膨胀因子(与方差修正对应)$\boldsymbol{\xi} = (\xi_u, \xi_v)^{\mathsf{T}}$。那么一个经过校准的集合成员 $\hat{\boldsymbol{x}}_m = (\hat{u}_m, \hat{v}_m)^{\mathsf{T}}, m \in \{1, \cdots, M\}$,则由以下公式给出:

$$\hat{\boldsymbol{x}}_m = \boldsymbol{x}^* + \begin{bmatrix} \xi_u & 0 \\ 0 & \xi_v \end{bmatrix} (\boldsymbol{x}_m - \overline{\boldsymbol{x}})$$

其中,$\boldsymbol{x}^* = \overline{\boldsymbol{x}} + \boldsymbol{\tau}$。

平移因子和膨胀因子是通过以下线性模型对 u 和 v 分量拟合得到的,其中 $\hat{\mu}_u$ 和 $\hat{\mu}_v$ 是订正后的均值,$\hat{\sigma}_u$ 和 $\hat{\sigma}_v$ 是订正后的标准差:

$$\hat{\mu}_u = \boldsymbol{\theta}_u^{\mathsf{T}} \boldsymbol{q} \text{ 和 } \hat{\mu}_v = \boldsymbol{\theta}_v^{\mathsf{T}} \boldsymbol{q}$$
$$\hat{\sigma}_u = \exp(\boldsymbol{\gamma}_u)^{\mathsf{T}} \boldsymbol{z}_u \text{ 和 } \hat{\sigma}_v = \exp(\boldsymbol{\gamma}_v)^{\mathsf{T}} \boldsymbol{z}_v$$

这里 $\boldsymbol{q} = (1, \overline{u}, \overline{v})^{\mathsf{T}}, \boldsymbol{z}_u = (1, s_u)^{\mathsf{T}}, \boldsymbol{z}_v = (1, s_v)^{\mathsf{T}}, s_u$ 和 s_v 表示各自的经验集合标准差,参数向量

$\boldsymbol{\theta}_u$、$\boldsymbol{\theta}_v$、$\boldsymbol{\gamma}_u$ 和 $\boldsymbol{\gamma}_v$ 是基于过去的观测值采用指数遗忘的递归最大似然法估计的。

Schuhen 等(2012)对 Pinson(2012)的集合成员订正方法改进并加以扩展,为风矢量建立了一个二元 NR 模型,产生了一个完全的二元正态预报概率分布。与 Pinson(2012)的方法相比,进一步扩展的是 u 和 v 分量的相关系数 ρ_{uv} 的显式建模。Schuhen 等(2012)也分别为 u 和 v 分量的均值和方差建模。然而,他们并没有采用这些模型来获得应用于集合成员本身的校正因子,而是使用估计的均值向量和协方差矩阵作为二元正态分布参数的插件估计。与单变量 NR 方法一样,均值 μ_u 和 μ_v 分别为经验集合均值 $\overline{u}$ 和 $\overline{v}$ 的线性函数:

$$\mu_u = a_u + b_u \overline{u}$$
$$\mu_v = a_v + b_v \overline{v}$$

其中,a_u、a_v、b_u 和 b_v 为偏差校准参数。同样,方差 σ_u^2 和 σ_v^2 分别为经验集合方差 s_u^2 和 s_v^2 的线性函数,分别是:

$$\sigma_u^2 = c_u + d_u s_u^2$$
$$\sigma_v^2 = c_v + d_v s_v^2$$

其中,方差参数 c_u、c_v、d_u 和 d_v 被约束为非负值。此外,相关系数 ρ_{uv} 是用集合平均风向 θ 的三角函数来显式模拟的:

$$\rho_{uv} = r\cos\left(\frac{2\pi}{360}(k\theta + \phi)\right) + q$$

其中,r、k、ϕ 和 q 是需要估计的其他参数。

在 Schuhen 等(2012)发展了一个基于二元正态分布对风矢量预报进行后处理的 NR 模型的同时,Sloughter 等(2013)基于二元 BMA 模型提出了一个非常类似的方法。与单变量 BMA 的情况类似,假定与单个集合成员 $m \in \{1,\cdots,M\}$ 相关的二元正态分布的均值 $\boldsymbol{\mu}_m$ 认为是集合成员预报向量的线性函数:

$$\boldsymbol{\mu}_m = \boldsymbol{a}_m + \boldsymbol{B}_m \boldsymbol{x}_m$$

其中,$\boldsymbol{a}_m \in \mathbb{R}^2$ 和 $\boldsymbol{B}_m \in \mathbb{R}^{2\times2}$ 是一个实数(2×2)矩阵,是需要估计的模型系数。$\boldsymbol{x}_m$ 是集合成员 m 的风向预报,也就是说,所提出的模型假设为

$$\boldsymbol{Y}|\boldsymbol{x}_m \sim \mathcal{N}_2(\boldsymbol{\mu}_m, \boldsymbol{\Sigma})$$

具有一定协方差的矩阵 $\boldsymbol{\Sigma}$,对所有集合体成员这个协方差矩阵是相同的。

等效地,对于每个集合成员 m 的预报误差 $\boldsymbol{e}_m(\boldsymbol{y}) = \boldsymbol{y} - \boldsymbol{\mu}_m$,$\boldsymbol{y}$ 表示相应的观测向量,且认为

$$\boldsymbol{e}_m(\boldsymbol{y}) \sim \mathcal{N}_2(\boldsymbol{0}, \boldsymbol{\Sigma}) \tag{4.4}$$

为解释其具体数据中预报误差 $\boldsymbol{e}_m$ 的稍微重一些的尾部,而这些尾部不能被二元正态分布所捕捉,Sloughter 等(2013)考虑使用极坐标 (θ_m, r_m) 和变换 r_m 的幂变换预报误差向量:

$$\boldsymbol{e}_m^*(\boldsymbol{y}) = (r_m^{4/5}\cos\theta_m, r_m^{4/5}\sin\theta_m)^{\mathsf{T}}$$

然后他们假设变换后的误差向量的二元正态分布:

$$\boldsymbol{e}_m^*(\boldsymbol{y}) \sim \mathcal{N}_2(\boldsymbol{0}, \boldsymbol{\Sigma}) \tag{4.5}$$

Sloughter 等(2013)指出,预报误差向量的不同变换(如有)可能更合适于其他数据。

类比于单变量 BMA 预测概率密度函数,给出最终的权重为 w_m 的 BMA 预报概率密度函数(PDF)为:

$$p(\boldsymbol{y}\mid \boldsymbol{x}_1,\cdots,\boldsymbol{x}_M)=\sum_{m=1}^{M}w_m g_m(\boldsymbol{y}\mid \boldsymbol{x}_m)$$

但每个成员 m 的核密度 $g_m(\boldsymbol{y}\mid \boldsymbol{x}_m)$ 分别由式(4.4)或式(4.5)所示的 $\boldsymbol{y}$ 的二元密度定义。

当要联合模拟多个边缘分布可能不同于正态分布的任意类型的天气变量时,后处理模型需要比所有边缘分布都是正态分布的情况更灵活,因此可以假设联合分布为多变量正态分布。在这方面,Möller 等(2013)提出了一种灵活的方法,也适用于稍高维度的设置。由于适合描述单个天气量的单变量分布可能具有截然不同的性质,例如在温度和降水的情况下,联合参数化建模可能是一项困难的任务。Möller 等(2013)采用高斯 copula 来拟合温度、压力、风速和降水的联合分布。这种方法具有高度的灵活性,因为与单个天气变量相关的边缘分布可以是任何想要的类型。此外,高斯 copula 方法的优点在于它只需要对边缘分布和联合相关结构进行建模,可以通过任何选择的方法简单地分步骤拟合。

Möller 等(2013)提出使用合适的单变量集合后处理模型来拟合各个边缘分布。在他们的个例研究中,他们将 BMA 模型应用于所考虑的每个量。然而,该方法并不局限于使用 BMA;任何选择的后处理模型或任何其他类型的模型都可以获得边缘分布的估计。例如,Baran 等(2017)使用 NR 模型来拟合高斯 copula 方法中的各边缘分布。

对 L 个代表所预报天气变量的随机变量 $Y_1,\cdots,Y_L$,其边缘 CDFs 为 $F_1,\cdots,F_L$,通过假设高斯 copula 得到的联合预报分布 F 如式(4.2)所示。CDFs 的边缘 $F_1,\cdots,F_L$ 可以用任何后处理方法单独拟合,例如 BMA 或 NR。

此时,这一做法的优势凸显出来。高斯 copula 对边缘分布后处理后的联合相关结构进行建模,从而捕捉单个后处理后剩余的残差。

联合分布的分析结构可能并不简单也不能以闭合形式提供。然而,联合分布 F 可以通过从 F 中获得大量的样本 $\hat{\boldsymbol{Y}}$ 来描述。为了获得这样的样本,可以在联合分布 F 中的样本 $\hat{\boldsymbol{Y}}$ 和具有相关矩阵 $\boldsymbol{\Gamma}$ 的潜在 L 维高斯变量 $\boldsymbol{Z}$ 之间构建一个关系

$$\boldsymbol{Z}=(Z_1,\cdots,Z_L)^{\top}\sim \mathcal{N}_L(\boldsymbol{0},\boldsymbol{\Gamma})$$

当为每个 $\ell \in \{1,\cdots,L\}$ 定义了 $Y_\ell=F^{-1}(\Phi(Z_\ell))$ 时,用 F_ℓ^{-1} 表示各自边缘 CDF 的 F_ℓ 的分位数函数,那么

$$\boldsymbol{Y}=(Y_1,\cdots,Y_L)^{\top}\sim F$$

这种关系也凸显了每个单独的随机变量 Y_ℓ 是服从 F_ℓ 边缘分布的。对于完全连续的边缘分布 F_ℓ,可以直接得出 $Z_\ell=\boldsymbol{\Phi}^{-1}(F_\ell(Y_\ell))$。因此,从一个观测值 y_ℓ 和各自 CDF 的 F_ℓ 中可以直接得到一个潜在的观测值 z_ℓ。对于不完全连续的边缘分布 F_ℓ,需要根据基本分布的需要对潜变量 Z_ℓ 的定义进行细化。Möller 等(2013)的文献里可以查到关于降水个例的细节。这里描述的结构允许从 F 中通过首次采样

$$\boldsymbol{Z}\sim \mathcal{N}_L(\boldsymbol{0},\hat{\boldsymbol{\Gamma}})$$

获得一个样本 $\hat{\boldsymbol{Y}}=(\hat{Y}_1,\cdots,\hat{Y}_L)^{\top}$,然后设

$$\hat{Y}_\ell=\hat{F}_\ell^{-1}(\Phi(Z_\ell))$$

其中,$\hat{\boldsymbol{\Gamma}}$ 表示估计的相关矩阵,$\hat{F}_\ell$ 是随机变量 Y_ℓ 的估计边缘分布,可以通过对各自数据拟合任意合适的单变量后处理模型得到。Möller 等(2013)假设相关矩阵随时间保持不变。这允许根据随机变量 $Y_1,\cdots,Y_L$ 的过去观测值,从潜在的高斯变量 $\boldsymbol{Z}$ 估计 $\boldsymbol{\Gamma}$(例如,简单地作为样本相关矩阵)。常数相关矩阵的假设可以放宽,但要以额外的计算负担为代价。

作为多个气象要素联合建模的一个特例，Baran 等（2015,2017）考虑了风速和温度的联合后处理（也就是一个 $L=2$ 维的设置）。让随机向量 $\boldsymbol{Y}=(Y_W,Y_T)^\top$ 分别表示风速（W）和温度（T）的随机变量。在 Baran 等（2015,2017）的例子中，风速采用从 0 开始截断的正态分布建模，而温度则采用经典的正态分布。我们引入了一个二元截断正态分布，用 $\mathcal{N}_2^0(\boldsymbol{\kappa},\boldsymbol{\Theta})$ 表示，其 PDF 值为：

$$g(\boldsymbol{y}\mid\boldsymbol{\kappa},\boldsymbol{\Theta})=\frac{(\det(\boldsymbol{\Theta}))^{-1/2}}{2\pi\Phi(\kappa_W/\vartheta_W)}\exp\left(-\frac{1}{2}(\boldsymbol{y}-\boldsymbol{\kappa})^\top\boldsymbol{\Theta}^{-1}(\boldsymbol{y}-\boldsymbol{\kappa})\right)\mathbf{1}_{\langle y_W\geqslant0\rangle} \tag{4.6}$$

其中，$\boldsymbol{y}=(y_W,y_T)^\top$，$\boldsymbol{\kappa}=(\kappa_W,\kappa_T)^\top$ 是一个位置向量，且

$$\boldsymbol{\Theta}=\begin{bmatrix}\vartheta_W^2 & \vartheta_{WT}\\ \vartheta_{WT} & \vartheta_T^2\end{bmatrix}$$

是一个尺度矩阵。关于 $\boldsymbol{\kappa}$ 和 $\boldsymbol{\Theta}$ 与分布的均值向量 $\boldsymbol{\mu}$ 和协方差矩阵 $\boldsymbol{\Sigma}$ 的关系，参见 Baran 等（2015）所述。虽然 Baran 等（2015）提出了一个基于截断正态分布的二元 BMA 模型，但 Baran 等（2017）分别开发了二元 NR 版本。

与温度和风速的相应单变量 BMA 模型一致，Baran 等（2015）假设 BMA 混合组分 $m\in\{1,\cdots,M\}$ 的位置向量 $\boldsymbol{\kappa}_m=(\kappa_m^W,\kappa_m^T)^\top$ 是各自集合成员预报向量 $\boldsymbol{x}_m=(x_m^W,x_m^T)^\top$ 的线性函数，且尺度矩阵 $\boldsymbol{\Theta}$ 对所有混合分量 m 都是相等的。在 Sloughter 等（2013）的单变量 BMA 变体和二元 BMA 方法中已经使用了共同尺度参数假设，因为这样可以减少参数的数量。那么，二元预报 BMA 的 PDF 由以下公式给出：

$$p(\boldsymbol{y}\mid\boldsymbol{x}_1,\cdots,\boldsymbol{x}_M)=\sum_{m=1}^M w_m g_m(\boldsymbol{y}\mid\boldsymbol{a}_m+\boldsymbol{B}_m\boldsymbol{x}_m,\boldsymbol{\Theta})$$

其中，w_m 是权重，g_m 是由式（4.6）定义的与成员 m 相关的 PDF，而 $\boldsymbol{a}_m\in\mathbb{R}^2$ 和 $\boldsymbol{B}_m\in\mathbb{R}^{2\times2}$ 是需要估计的模型系数。

更简化的模型是对 BMA 混合中的每个成分 m，分别假设相同的模型系数 $\boldsymbol{a}_m$ 和 $\boldsymbol{B}_m$，即对所有 m 而言 $\boldsymbol{a}_m=\boldsymbol{a}$ 和 $\boldsymbol{B}_m=\boldsymbol{B}$。从而给出一个更加简化的二元预报 BMA PDF 模型为

$$q(\boldsymbol{y}\mid\boldsymbol{x}_1,\cdots,\boldsymbol{x}_M)=\sum_{m=1}^M w_m g_m(\boldsymbol{y}\mid\boldsymbol{a}+\boldsymbol{B}\boldsymbol{x}_m,\boldsymbol{\Theta})$$

相比之下，Baran 等（2017）开发的风速和温度的二元 NR 版本假设集合协方差矩阵

$$\boldsymbol{S}=\frac{1}{M-1}\sum_{m=1}^M(\boldsymbol{x}_m-\overline{\boldsymbol{x}})(\boldsymbol{x}_m-\overline{\boldsymbol{x}})^\top$$

的二元预报分布为

$$\boldsymbol{Y}\mid\boldsymbol{x}_1,\cdots,\boldsymbol{x}_M\sim\mathcal{N}_2^0(\boldsymbol{a}+\boldsymbol{B}_1\boldsymbol{x}_1+\cdots+\boldsymbol{B}_M\boldsymbol{x}_M,\boldsymbol{C}+\boldsymbol{D}\boldsymbol{S}\boldsymbol{D}^\top)$$

这里，$\overline{\boldsymbol{x}}=(\overline{x}_W,\overline{x}_T)^\top$ 表示经验集合均值向量，$\boldsymbol{a}\in\mathbb{R}^2$ 且 $\boldsymbol{B}_1,\cdots,\boldsymbol{B}_M,\boldsymbol{C},\boldsymbol{D}\in\mathbb{R}^{2\times2}$ 是待估计的模型系数，其中假定 $\boldsymbol{C}$ 为对称的和非负的。

4.3.2 空间相关性

许多应用要求在研究区域上使用空间一致的预报场，而不是单独考虑具体位置而忽略可能的空间相关。因此，开发以空间自适应的方式估计模型参数的后处理模型，如通过使用空间或地统计模型来合并（相邻）位置之间的相关关系，已成为人们越来越感兴趣的事情。

虽然其中一些方法形式上给出了单变量模型，但这些模型没有建立显式的多变量预报分

布(如第 4.3.1 节所述变量间的情况),而是以具体的方式拟合参数。此类方法将在第 4.5.1 节讨论。本节中将讨论另外能够定义和拟合真正多变量预报分布的方法。

在下文中,令 $\{1,\cdots,L\}$ 表示一个有限的指数集,其中每个指数 $\ell \in \{1,\cdots,L\}$ 表示的是空间区域 D 中一个不同的模型网格点或观测点 $s \in D \subset \mathbb{R}^2$。

第一个以计算可行的方式获得空间预报场的方法是 Gel 等(2004)提出的。这种方法被命名为地统计输出扰动(Geostatistical Output Perturbation,GOP)方法,因为它将地学统计模型输出用于预报误差订正。其动机是不具备运行完整集合模式计算能力的较小气象中心仍希望从其确定性模式预报中获得概率预报。Gel 等(2004)提出通过在确定性模式输出中添加扰动来获得集合预报。这些扰动通过地统计模型结合空间相关性,从而获得空间上一致的预报场的集合。然而,与从动力预报模式获得的集合不同,GOP 集合预报是通过扰动动力模型的输出而不是输入获得的,这是更典型的生成集合预报的方法。

该方法目标是通过使用单一的确定性预报场 $x = \{x(s):s \in D\}$,在固定的检验时间点和预报范围内同时预报所有地点 $s \in D \subset \mathbb{R}^2$ 的空间场 $Y = \{Y(s):s \in D\}$。随机变量 $Y(s)$ 为所预报的气象要素,例如温度,而 $x(s)$ 是 $Y(s)$ 在 $s \in D$ 空间点上的确定性预报(如可以从一个动力模式中获得)。

Gel 等(2004)引入了一般模型的简化版本,使用简单的常量和倍数的偏差校准参数 a 和 b,从而得到了模型

$$Y(s) = a + bx(s) + e(s) \tag{4.7}$$

其中,$s \in D,e(s)$ 是一个 0 均值的平稳高斯过程。

为了建立空间相关性模型,假定指数变差函数模型为(Cressie,1993)

$$\frac{1}{2}\mathrm{Var}(e(s_1) - e(s_2)) = \rho^2 + \tau^2(1 - \exp(- \parallel s_1 - s_2 \parallel /r)) \tag{4.8}$$

其中,$s_1,s_2 \in D$, $s_1 \neq s_2$,$||\cdot||$ 表示欧几里得范数。参数 ρ^2 可以解释为观测误差方差,$\rho^2 + \tau^2$ 解释为过程 $e(s)$ 的边缘方差。参数 r 是一个范围参数,它控制误差过程的空间相关衰减的速度。

式(4.7)和式(4.8)规定的模型为 Y 定义了一个完全的多变量预报分布。例如,在温度的情况下是一个多变量正态分布。

估计了模型参数后,在给定当前确定性预报 $x(s)$ 的情况下,通过模拟由模型式(4.7)和式(4.8)定义的空间过程,可以生成一个预报场集合。

虽然 GOP 方法通过地统计模型结合了空间相关性,但它只使用了单个确定性预报,而不是一个完整的预报集合。因此,GOP 忽略了隐藏在预报集合中的流依赖信息。相反,NR 和 BMA 等单变量后处理方法则利用了完整的预报集合。然而,这些方法估计具体位置的后处理预报分布时并没有考虑空间相关。为了结合这两种方法的优点,Berrocal 等(2007)引入了一个温度等正态分布量的空间 BMA 模型,并将其扩展到了 Berrocal 等(2008)的降水预报中。

与 GOP 模型类似,令 $Y = \{Y(s):s \in D\}$ 表示所有地点 $s \in D$ 的所预报气象要素的空间场。在空间 BMA 中,不仅考虑单一的确定性预报场 $x = \{x(s):s \in D\}$,而且要考虑 M 个预报场的集合 $x_1 = \{x_1(s):s \in D\},\cdots,x_M = \{x_M(s):s \in D\}$。因此,GOP 方法考虑了 $M = 1$ 的特殊情况。

场 Y 的预报分布是由多变量 BMA PDF 以权重 w_m 建模的:

$$p(y|x_1,\cdots,x_M) = \sum_{m=1}^{M} w_m g_m(y|x_m)$$

在处理温度问题时,假定多变量正态核密度为 g_m,其中每个 $g_m, m \in \{1,\cdots,M\}$,以 $a_m l + b_m x_m$ 为中心,a_m 和 b_m 是参数,l 表示长度为 L 的向量。给定 x_m 的 Y 相应的多变量预报分布为:

$$Y|x_m \sim \mathcal{N}_L(a_m l + b_m x_m, \boldsymbol{\Sigma}_m^*) \tag{4.9}$$

其中,$\boldsymbol{\Sigma}_m^*$ 是每个集合成员 m 具体的空间结构协方差矩阵,由以下公式给出:

$$\boldsymbol{\Sigma}_m^* = \frac{\sigma^2}{\rho_m^2 + \tau_m^2} \boldsymbol{\Sigma}_m$$

这里,σ^2 是单变量 BMA 模型的方差,$\boldsymbol{\Sigma}_m$ 是对成员 m 进行 GOP 时得到的协方差矩阵。收缩因子 $\sigma^2/(\rho_m^2 + \tau_m^2)$ 描述了 m 个成员的 BMA 方差与 GOP 方差对误差的比值。

参数估计分两步进行。在第一步中,对单变量 BMA 模型进行拟合。对于 BMA 的估计值,GOP 的参数是通过对每个成员的 GOP 模型单独进行拟合来估计的。

然后,可以通过从分布式(4.9)随机抽样,生成一个任意大小的空间 BMA 集合。

Feldmann 等(2015)介绍了一种针对正态分布量的空间 NR 方法,他们以类似于空间 BMA 的方式将 NR 模型与 GOP 方法相结合。因此,在使用原始 NR 模型的情况下,Y 在所有 M 个集合成员的多变量预报分布被有条件地定义为:

$$Y|x_1,\cdots,x_M \sim \mathcal{N}_L(a l + b_1 x_1 + \cdots + b_M x_M, \boldsymbol{\Sigma}^*)$$

在空间 NR 模型中,$a, b_1, \cdots, b_M$ 是需要估计的参数,$\boldsymbol{\Sigma}^*$ 定义为 $\boldsymbol{\Sigma}^* = \boldsymbol{D}\boldsymbol{\Gamma}\boldsymbol{D}$,其中 $\boldsymbol{D}$ 是一个对角线矩阵,对角线上为单变量 NR 预报的标准差,$\boldsymbol{\Gamma}$ 是 GOP 协方差矩阵 $\boldsymbol{\Sigma}$ 对应的相关矩阵。

GOP 方法(Gel et al.,2004)和空间 NR 方法(Feldmann et al.,2015)在技术上都是高斯 copula 方法,其中还假设了参数相关模型。

4.3.3 时间相关性

通过真正的多变量集合后处理方法,对变量间和空间相关建模已经有所突破,人们对不同预报时效之间的时间相关性建模又有了兴趣。

Pinson 等(2009)拟合了多变量正态分布来预报多个预报时效的风电功率预报误差,该分布对应于高斯 copula 模型。然而,多变量正态分布之外的相关结构也是可能的,可以用其他 copula 模型来解释。通过对多变量分布协方差矩阵的递归估计可以解释预测误差的相关结构可能表现出的长期变化。

Schoelzel 等(2011)引入了多变量高斯核敷料法,以拟合德国南部温度变化的二元预报 PDF。用二元预报 PDF 共同模拟了区域气候模拟集合的时间均值和趋势。

Hemri 等(2015)在高斯 copula 模型中分别与每个预见期径流集合预报的单变量 NR 模型结合,以获得包含预报时效之间相关的完全多变量预报分布,从而确保预报在时间上的一致。

4.4 多变量非参数化方法

第4.3节中讨论的用于模拟相关关系的多变量参数化集合后处理方法主要适用于低维环境,通常用于处理变量间的空间或时间上的相关。

在高维或更普遍的非特定情况下,如何建立和估计一个合理的参数模型尚不清楚。因此,利用非参数化的多变量后处理方法可能更合适。这些方法基于经验copula的使用,可以同时处理变量间、空间和时间的相关关系。

在本节,我们首先介绍基于非参数化的、基于经验copula的多变量集合后处理的一般框架。然后,我们详细阐述了两个典型方法,即集合copula耦合(ECC)(Schefzik et al.,2013)和基于Schaake洗牌的方法(Clark et al.,2004;Schefzik,2016b)。

4.4.1 基于经验copula的集合后处理

在下文中,令 $\ell = (i,j,k)$ 表示一个多变量下标,该下标可以包括了天气变量 $i \in \{1,\cdots,I\}$、位置 $j \in \{1,\cdots,J\}$ 和预报时效或时间点 $k \in \{1,\cdots,K\}$,并令 $L = I \times J \times K$。此外,让 M 表示原始集合成员的数量,N 表示后处理集合应包括的理想成员数量。

然后,基于多变量经验copula的集合方法对原始集合预报进行后处理

$$\boldsymbol{x} = \{(x_1^1,\cdots,x_M^1),\cdots,(x_1^L,\cdots,x_M^L)\}$$

按照以下步骤进行(Schefzik,2016b)。

(1)相关性模板的说明

为了模拟相关结构,通过式(4.3)从一个适当选择的数据集 $\boldsymbol{z}$ 推导出一个经验copula函数用作相关性模板 E_N,$\boldsymbol{z}$ 的表达式为

$$\boldsymbol{z} = \{(z_1^1,\cdots,z_N^1),\cdots,(z_1^L,\cdots,z_N^L)\}$$

等价地,计算 $\ell \in \{1,\cdots,L\}$ 的单变量排序统计 $z_{(1)}^\ell \leqslant \cdots \leqslant z_{(N)}^\ell$,从而导出 $n \in \{1,\cdots,N\}$ 的排列组合 $\pi_\ell(n) = \mathrm{rank}(z_n^\ell)$,并随机求解关联。除了随机化(这是关联情况下的一种自然方法)之外,还有其他可能的分配方案,且不会带来技术上的困难。无论采用何种分配方法,式(4.3)仍然适用。

虽然原则上可以使用任何模板 $\boldsymbol{z}$ 来确定相关结构,但实际上必须谨慎地选择 $\boldsymbol{z}$,因为在以下过程中,不适当的规范可能会导致物理上不一致的预报。为了确保物理一致性,一个适当的相关性模板 $\boldsymbol{z}$ 应该尽可能准确地代表实际的变量间、空间和时间的相关。正如后面要讨论的那样,合理的相关模板可能依赖于原始集合预报,如ECC方法(Schefzik et al.,2013),或依赖于历史验证观测,如Schaake洗牌方法(Clark et al.,2004;Schefzik,2016b)。

(2)单变量后处理

对于每个边缘 ℓ,对原始集合预报 $x_1^\ell,\cdots,x_M^\ell$ 进行单变量后处理,得到相应后处理预报CDF的 F_ℓ。原则上,可以采用任何单变量集合后处理方法,但BMA和NR是主要的选择。

（3）量化/取样

从每个边缘 CDF 的 F_ℓ 中抽取一个大小为 N 的样本 $\tilde{x}_1^\ell, \cdots, \tilde{x}_N^\ell$。那么 F_ℓ 的等距分位数 $\tilde{x}_1^\ell$ 可以作为一个样本：

$$\tilde{x}_1^\ell = F_\ell^{-1}\left(\frac{1}{N+1}\right), \cdots, \tilde{x}_N^\ell = F_\ell^{-1}\left(\frac{N}{N+1}\right) \tag{4.10}$$

另一种选择是取一个随机样本，形式为：

$$\tilde{x}_1^\ell = F_\ell^{-1}(u_1), \cdots, \tilde{x}_N^\ell = F_\ell^{-1}(u_N) \tag{4.11}$$

其中，$u_1, \cdots, u_N$ 是独立的标准均匀随机变量。

分位数之后的数值可以是（如式（4.10））排过序的，也可以是（如式（4.11））没排过序的。

使用等距分位数作为样本似乎更自然，Bröcker（2012）为式（4.10）的特殊选择提供了理论支持，该选择保持了单变量集合预报的校准。另一种选择，例如采用 $\tilde{x}_1^\ell$ 如下形式：

$$\tilde{x}_1^\ell = F_\ell^{-1}\left(\frac{\frac{1}{2}}{N}\right), \tilde{x}_2^\ell = F_\ell^{-1}\left(\frac{\frac{3}{2}}{N}\right), \cdots, \tilde{x}_N^\ell = F_\ell^{-1}\left(\frac{N-\frac{1}{2}}{N}\right)$$

这在某种程度上无法保持校准，但就某些具体标准而言是最佳的（Bröcker，2012；Graf et al.，2000）。

或者用 Hu 等（2016）提出的使用分层抽样方法，首先将区间（0,1]划分为 N 个不相交的区间，即 $\left(0, \frac{1}{N}\right], \left(\frac{1}{N}, \frac{2}{N}\right], \cdots, \left(\frac{N-1}{N}, 1\right]$。然后通过式（4.12）的设置，得到 F_ℓ 的样本 $\tilde{x}_1^\ell, \cdots, \tilde{x}_N^\ell$：

$$\tilde{x}_1^\ell = F_\ell^{-1}(v_1), \cdots, \tilde{x}_N^\ell = F_\ell^{-1}(v_N) \tag{4.12}$$

其中，v_n 是对于 $n \in \{1, \cdots, N\}$ 从均匀分布的区间 $\left(\frac{n-1}{N}, \frac{n}{N}\right]$ 上抽取的随机数。

（4）根据相关性模板重新排序

将第一步确定的经验 copula 模板 E_N 应用于分位数那步得到的样本。

类似地，按照第一步指定的相关性模板 z 的秩序结构来排列这些样本。因此，对于每个边缘 ℓ，最终基于经验型 copula 后处理的集合 $\tilde{x}_1^\ell, \cdots, \tilde{x}_N^\ell$ 由以下公式给出：

$$\hat{x}_1^\ell = \tilde{x}_{(\pi_\ell(1))}^\ell, \cdots, \hat{x}_N^\ell = \tilde{x}_{(\pi_\ell(N))}^\ell \tag{4.13}$$

然而排列 π_ℓ 是通过相关模板 z 确定的，但式（4.13）中的过程将这种排列应用于第三步的后处理和分位数预报。

由于关键的重排序步骤（式（4.13））的计算成本很低，一旦进行了单变量后处理，基于经验 copula 的后处理方法实际上是没有成本的。基于经验 copula 的后处理概念简单直观，不需要复杂的建模或复杂的参数拟合，因此提供了一个自然的基准。这个概念具有一般性，可以应用于天气预报以外更广泛的场合（必要时进行适当调整）。

正如所指出的，重新排序步骤（式（4.13））是至关重要的，因为它将模板 z 的变量间、空间和时间秩相关模型变换为后处理的集合。如果我们在分位数/采样阶段之后就停止，我们会得到一个不一定保留相关结构的后处理集合。在下文中，这种类型的集合将被称为单独的后处理集合。

下面是上述方案更多技术细节。设 $Z_1, \cdots, Z_L$ 是离散的随机变量，根据相关模板 z，它们分别在 $\{z_1^1, \cdots, z_N^1\}, \cdots, \{z_1^L, \cdots, z_N^L\}$ 中取值。为简单起见，假设对应的边缘之间不存在关联，则多变量随机向量 $\boldsymbol{Z} = (Z_1, \cdots, Z_L)^\top$ 的边缘经验 CDFs $H_1, \cdots, H_L$ 在 $I_N =$

$\left\{0,\dfrac{1}{N},\cdots,\dfrac{N-1}{N},1\right\}$ 上取值。多变量经验 CDF $H:\mathbf{Z}$ 的 $\mathbb{R}^L \to I_N$ 也映射到 I_N 中。根据针对这种框架量身定做的斯科拉(Sklar)定理的多变量离散变量(Schefzik,2015),存在一个唯一确定的经验 copula $E_N:I_N^L \to I_N$,这样对于 $y_1,\cdots,y_L \in \mathbb{R}$ 就有

$$H(y_1,\cdots,y_L) = E_N(H_1(y_1),\cdots,H_L(y_L)) \tag{4.14}$$

反过来说,如果 E_N 是由相关模板 $z=\{(z_1^1,\cdots,z_N^1),\cdots,(z_1^L,\cdots,z_N^L)\}$ 导出的经验 copula,$H_1,\cdots,H_L$ 是相应边缘的单变量经验 CDFs,那么式(4.14)中定义的 H 是一个多变量的经验 CDF。

上述考虑类似地适用于式(4.13)中单独的后处理集合

$$\widetilde{x} = \{(\widetilde{x}_1^1,\cdots,\widetilde{x}_N^1),\cdots,(\widetilde{x}_1^L,\cdots,\widetilde{x}_N^L)\}$$

和基于经验 copula 的后处理集合

$$\hat{x} = \{(\hat{x}_1^1,\cdots,\hat{x}_N^1),\cdots,(\hat{x}_1^L,\cdots,\hat{x}_N^L)\}$$

令 $\widetilde{F}$ 和 $\hat{F}$ 分别表示由 $\widetilde{x}$ 和 $\hat{x}$ 导出的多变量经验 CDFs,$\widetilde{F}_1,\cdots,\widetilde{F}_L$ 为单独后处理集合的边缘经验 CDFs。此外,令 $\widetilde{E}_N$ 表示由单独后处理的集合 $\widetilde{x}$ 所导出的经验 copula,与相关性模板 z 所导出的经验 copula E_N 相反。与之前类似,对于 $y_1,\cdots,y_L \in \mathbb{R}$,则

$$\widetilde{F}(y_1,\cdots,y_L) = \widetilde{E}_N(\widetilde{F}_1(y_1),\cdots,\widetilde{F}_L(y_L)) \tag{4.15}$$

和

$$\hat{F}(y_1,\cdots,y_L) = E_N(\widetilde{F}_1(y_1),\cdots,\widetilde{F}_L(y_L)) \tag{4.16}$$

如式(4.14)～式(4.16)所示,单独后处理的集合和基于经验 copula 的后处理集合具有相同的边缘分布,而相关模板和基于经验 copula 的后处理集合共享经验 copula 函数。

基于经验 copula 的后处理集合保留了多变量秩相关模型以及相关模板中的成对 Spearman 秩相关系数。特别是,相关模板和各自的基于经验 copula 的后处理集合的二维散点图,如图 4.4 所示,两者都表现出相同的 Spearman 相关。

简而言之,基于经验 copula 的集合后处理方法根据单变量经验 CDFs $\widetilde{F}_1,\cdots,\widetilde{F}_L$ 和经验型 copula E_N 构成的式(4.16),得出了一个 L 维的经验分布。CDFs $\widetilde{F}_1,\cdots,\widetilde{F}_L$ 是由单变量后处理得到的各自预报 CDFs $F_1,\cdots,F_L$ 中抽取的样本决定的,而 E_N 是由选择合适的相关模板 z 导出的。

Schefzik(2016a)的方法对之前提出基于重排序的非参数化后处理方案进行了扩展。在该方法中,一个高维集合后处理问题被划分为多个低维构建块。每个块都通过适当的多变量参数化方法进行后处理,第 4.3 节中已讨论了可能有用的技术。从每个经过后处理的低维分布中,抽取一个(多变量)样本,随后根据适当选择的相关模板的多维秩序结构重新排列每个样本,其中,需要在多变量设置中使用适当的排序概念(Gneiting et al. ,2008;Thorarinsdottir, et al. ,2016)。最后,将所有这些重新排序的样本进行组合,以获得最终的后处理集合。注意,在 Schefzik(2016a)的方法中,重新排序的样本可能来自多变量,而不一定是单变量分布。这是与之前讨论的基于经验 copula 的后处理的主要区别,在所有选择的参数化后处理方法都是单变量的特殊情况下,Schefzik(2016a)的过程简化了该后处理。

下面我们将继续使用之前用大量篇幅介绍的基于经验 copula 的集合后处理技术,并着重讨论 ECC 和基于 Schaake 洗牌法作为参考示例。

4.4.2　集合 copula 耦合(ECC)

最初由 Bremnes(2007)、Krzysztofowicz 等(2008)提出的集合 copula 耦合(ECC)方法(Schefziket al.，2013)是基于经验型 copula 集合后处理方法一个特别有吸引力的例子。它利用了原始集合预报给出的排序信息，并依赖于集合成员是可交换的假设，即在统计上是不可区分的隐含假设。此外，它还假定原始集合能够合理地代表观测到的变量间、空间和时间相关结构。这是可以预料的，因为动力预报模式将控制大气物理的方程离散化。然而，建议先从经验上检验集合预报中的相关模型是否与历史观测结果一致。

ECC 后处理集合的主要特点是原始集合中多变量秩相关结构的守恒性。参照第 4.4.1节的方案，ECC 使用原始集合预报作为相关模板(即 $z = x$)。因此，ECC 后处理的集合被限制为具有与原始集合相同的规模(即 $N = M$)。由于 ECC 采用了(原始)集合的经验 copula，从而恢复其秩相关结构，所以"集合 copula 耦合"一词确实是合理的。

图 4.4 给出了一个实际资料个例的 ECC。其中我们考虑了 $M = 50$ 成员的 ECMWF 集合预报。我们关注的是一个二元设置(即 $L = 2$)，用于预报 2010 年 6 月 8 日 00:00 UTC 柏林和汉堡 24 h 气压。图 4.4 第一行显示了(a)原始集合预报；(b)单独的后处理集合，其中每个位置的单变量后处理分别通过 NR 进行(Gneiting et al.，2005)，以及(c)第一行顶部有 ECC的后处理 NR 集合(NR-ECC)的散点图。在这种情况下，每个点代表一个集合成员预报，检验的观测值用叉表示。图 4.4 第二行显示了与 3 个不同集合后处理相关的经验 copula(稳定)等

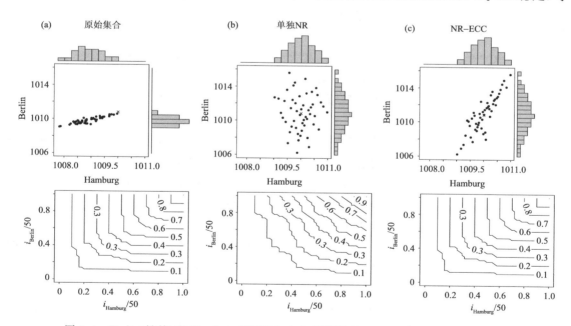

图 4.4　Berlin(柏林)和 Hamburg(汉堡)24 h 气压预报(以 hPa 为单位)ECC 说明示例

(a)ECMWF 原始集合作为相关模板；(b)NR 对每个台站的原始集合进行单变量后处理；

(c)NR-ECC 后处理的集合

第一行:散点图，其中集合预报用点表示，具体观测用叉表示；第二行:相应集合导出的经验型

copula(稳定)等值线图

值线图。图 4.4a 中的原始集合成员显示出明显的空间正相关,这似乎是合理的。然而检验的观测值位于集合范围之外。虽然图 4.4b 中逐个站点的 NR 后处理集合纠正了偏差和离散误差,但它没有表现出相关结构,因为图 4.4a 中未经处理预报的实际二元秩相关模型已经丢失。图 4.4c 中经过后处理 NR-ECC 集合也采用了由各个站点 NR 后处理得到的集合预报,但此外还保留了原始集合的秩相关结构。因此即使单独的 NR 后处理和 NR-ECC 集合共享边缘分布(如顶部边缘直方图所示),它们在其二元等级相关模型上仍有很大差异。如前所述,原始集合和 NR-ECC 集合与相同的经验 copula 有关。相反,单独的 NR 后处理集合与不同的经验 copula 相关联,其(稳定的)等值线图与所谓的独立 copula 函数看起来明显很相似(Nelsen,2006)。

ECC 方法结合了分析、统计和数值建模。它在概念上简单且容易实现,基本上没有超出单变量后处理的计算成本,因此提供了一个自然的基准。ECC 类型的方法在几个天气中心受到了重视(Flowerdew,2012;Roulin et al. ,2012),ECC 的概念在一些文献中被用作参考技术,如在气象学(Ben Bouallègue et al. ,2016;Wilks,2015)和水文学(Hemri et al. ,2015)或设计验证方法时(Scheuerer et al. ,2015;Thorarinsdottir et al. ,2016)。

虽然这里的重点是天气预报的典型示例,但 ECC 的通用框架也能用于其他领域。基本上,只要有模拟运行的原始集合,集合能够适当地代表多变量相关模式,并且有足够的训练数据来统计调整单变量的边缘,就可以采用 ECC 的方法。

ECC 的局限性基本上是由其定义性质决定的,即采用原始集合的秩相关结构。ECC 后处理集合的大小被限制为与原始集合的大小相等。因此,ECC 在原始集合相当大的情况下特别有吸引力。然而,在实践中原始集合的规模可能相当小。解决这一缺陷的选择之一是采用一个循环过程,该过程基于使用第 4.4.1 节中的分位数方案(式(4.11)的重复)实现,该分位数方案可以以 ECC 的方式生成后处理的集合,其大小是原始集合大小的整数倍(Wilks,2015)。另一种规避这一限制的可能是通过采用贝叶斯后处理模型来实现,即从后验分布中重复抽样也可以形成类似 ECC 的集合,其规模是原始集合规模的整数倍。这种方法将在第 4.5.1 节中阐述。

ECC 依赖于完美的模型假设,即集合预报系统正确地描述了不同天气因素、位置和预报时效的多变量相关结构。这一假设对于现代动力天气预报模式来说似乎是合理的。虽然它是相当强大的,但不能期望其每天都有效。特别是,在全球预报模式的低分辨率无法解决小尺度空间变化的情况下,该假设对空间相关可能不成立。通常情况下,数值模式可能会在相关结构上出现错误,且 ECC 不能消除后处理边缘分布本身之间的任何不一致。根据 Ben Bouallègue 等(2016)的研究,当后处理以不加区分的方式大量增加集合发散度时,ECC 会产生不真实的情况。未经处理集合中的非代表性相关模型在校准后被放大,产生不真实的预报变异。因此,对可靠性差的集合应用 ECC 会使降低集合信息量。为了克服这一缺陷,Ben Bouallègue 等(2016)提出了一种 ECC 的改进方案,称为双 ECC。他们的方法专注于时间相关,旨在利用预报误差的平稳性假设,将原始集合的结构与考虑预报误差在连续预报时效内的自相关分量相结合。

第 4.3 节中讨论的多变量参数化方法可能能够纠正条件相关模型集合表示中的任何偏差,并且在低维情形下可能优于 ECC。然而它们通常需要复杂的统计模型来拟合,而且通常是对变量间或空间或时间的相关进行建模。相反,ECC 需要的计算资源几乎可以忽略不计,而且 ECC 可以同时处理跨变量、空间和时间的相关关系,几乎适用于任何维度的模型输出。

正如 Schefzik 等(2013)所指出的,ECC 方法可以被看作是分散在文献中各种看似不相关的方法的统一框架。有关示例见(但不限于)Flowerdew(2012,2014)、Pinson(2012)、Roulin 等(2012)或 Van Schaeybroeck 等(2015)的工作。这些方法的共同点在于采用了原始集合的经验 copula,从而保留了其秩相关模型。

正如 Schefzik(2017)所讨论的,ECC 方法与用于单变量后处理的标准 NR 和所谓的逐个成员后处理(MBMP)概念存在显著的联系,下文将阐述这一概念。

我们重点考虑 Gneiting 等(2005)的 NR 方法,该方法拟合并调整高斯分布,对固定天气变量、地点和预报时效的原始集合预报 $x_1^\ell, \cdots, x_M^\ell$ 进行单变量后处理,其中 $\ell \in \{1, \cdots, L\}$ 指第 4.4.1 节中引入的相应多下标。再考虑到集合体成员是可交换的,数量 Y_ℓ 的 NR 后处理模型为:

$$Y_\ell \mid x_1^\ell, \cdots, x_M^\ell \sim \mathcal{N}(a + b\overline{x}_\ell, c + ds_\ell^2) \tag{4.17}$$

其中相应 NR 的 CDF 应以 F_ℓ 表示。在式(4.17)中,$\overline{x}_\ell$ 和 s_ℓ^2 分别表示经验的原始集合均值和方差,a、b、c 和 d 是待估计的 NR 模型参数,其中 c 和 d 约束为非负值。为了从 F_ℓ 中获得后处理样本 $\widetilde{x}_1^\ell, \cdots, \widetilde{x}_M^\ell$,我们不采用第 4.4.1 节中讨论的分位数方案(式(4.10)、式(4.11)或式(4.12)),而是采用另一种替代过程,即首先对原始集合预报 $x_1^\ell, \cdots, x_M^\ell$ 拟合一个参数化的连续 CDFR_ℓ,随后用下面的转换方案(Schefzik et al.,2013)

$$\widetilde{x}_1^\ell = F_\ell^{-1}(R_\ell(x_1^\ell)), \cdots, \widetilde{x}_M^\ell = F_\ell^{-1}(R_\ell(x_M^\ell)) \tag{4.18}$$

如果 F_ℓ 和 R_ℓ 属于同一位置—尺度族,则意味着 $R_\ell(x) = G((x-\mu)/\sigma)$ 和 $F_\ell(x) = G((x-\mu')/\sigma')$ 对于一些连续的 CDF$G, \mu, \mu' \in \mathbb{R}$ 和 $\sigma, \sigma' > 0$,对于集合成员 $m \in \{1, \cdots, M\}$,从原始预报 x_m^ℓ 到后处理预报 $\widetilde{x}_M^\ell$ 的变换是线性的(Schefzik,2017),其中

$$\widetilde{x}_m^\ell = F_\ell^{-1}(R_\ell(x_m^\ell)) = \mu' + \frac{\sigma'}{\sigma}(x_m^\ell - \mu) \tag{4.19}$$

由于使用抽样程序(式(4.18))和具体设置(式(4.19))时各自映射的单调性,原始集合的秩相关结构通过构造得到守恒,因此在这种情况下,ECC 方法中的最后重新排序步骤会变得多余,即第 4.4.1 节的记号 $\hat{x} = \widetilde{x}$。

上述结果尽管以不同的推导方式得出,但式(4.19)与 Vannitsem(2009)提出的带有一个预报因子的所谓变量误差 EMOS 方法中的发现相吻合。这表明在变量误差 EMOS 方法中,变换(式(4.18))与线性拟合有很强的关系,该方法的设计是为了同时考虑预报因子和预报量的误差。

对于具有连续概率分布的天气变量,可以交替使用 MBMP 方法获得物理上一致的后处理集合(Doblas-Reyes et al.,2005;Johnson et al.,2009;Pinson,2012;Van Schaeybroeck et al.,2011,2015;Wood et al.,2008)。MBMP 方法在 ECC 发展之前就已经出现并得到了普及,而且独立于 ECC 发展。在 MBMP 方法中,将每个集合成员 $m \in \{1, \cdots, M\}$ 的原始集合预报 $x_1^\ell, \cdots, x_M^\ell$ 通过线性变换直接转换为后处理的集合预报 $\hat{x}_1^\ell, \cdots, \hat{x}_M^\ell$:

$$\hat{x}_m^\ell = \zeta + \eta\overline{x}_\ell + \kappa(x_m^\ell - \overline{x}_\ell) \tag{4.20}$$

其中,MBMP 技术在参数 ζ、η 和 κ 的设计和估计方面存在差异。MBMP 方法自动保留了原始集合的秩相关结构,且不改变预报的集合性质;而 NR 后处理本质上产生了一个完整的预报分布,然后必须从中提取一个样本以获得集合预报。

根据 Schefzik(2017)，MBMP 方法（式(4.20)）可以被视为基于式(4.17)、式(4.18)和式(4.19)的特殊 NR-ECC 变体。其方法是分别令 $a=\zeta, b=\eta, c=0$ 和 $d=\kappa^2$，这样 F_ℓ 是服从 $\mathcal{N}(\zeta+\overline{\eta x}_\ell, \kappa^2 s_\ell^2)$ 分布的 NR CDF，R_ℓ 是服从 $N(\overline{x}_\ell, s_\ell^2)$ 分布的 CDF。

4.4.3 基于 Schaake 洗牌法

为了重建预报温度和降水场的时、空结构，Clark 等(2004)提出了所谓的 Schaake 洗牌法，与 ECC 一样，它也是基于经验 copula 的集合后处理框架。

与 ECC 不同，Schaake 洗牌中的相关模板不是由原始集合预报确定的，而是从过去数据记录的 N 个不同日期中提取的历史观测值确定的。

$$y = \{(y_1^1, \cdots, y_N^1), \cdots, (y_1^L, \cdots, y_N^L)\}$$

其中，多下标 $\ell \in \{1, \cdots, L\}$ 可包括天气因子、地点、预报时效和时间点的组合。也就是说，对于一个固定的预报实例，所有的天气变量和地点都使用相同的 N 个日期的观测数据。因此，在第 4.4.1 节的方案中 $z = y$，特别是在 N 不限制为等于原始集合的大小 M 时。

在 Schaake 洗牌的最初实现中(Clark et al., 2004)，除了要进行后处理的当前预报年份，这 N 个日期是从历史记录中的所有年份中挑选出来的。此外，它们位于检验日期的前、后 7 天之内，与年份无关。或者，一个更通用的版本可以使用整个过去记录中任意日期的观测数据(Schefzik, 2016b)。一旦确定了基于观测的相关模板 $z = y$，Schaake 洗牌就会遵循第 4.4.1 节的一般方案，包括作为基于经验 copula 后处理技术的解释。

Schaake 洗牌已被证明在各种应用中都是有益的，在这些应用中，它恢复了观测的变量间和空间相关模型，以及时间持续性(Clark et al., 2004; Schaake et al., 2007; Voisin et al., 2011; Vrac et al., 2015; Wilks, 2015)。然而，原始的 Schaake 洗牌法并不是以当前或预报的大气状态作为相关结构的条件。

为解决这一缺陷，Schefzik(2016b)根据 Clark 等(2004)的建议实现了 Schaake 洗牌的一个具体变体，称为 SimSchaake 方法。在这种方法中，指定相关模板 z 的观测值 y 取自历史日期，在这些日期中，集合预报与当前集合预报在具体选择的相似性标准方面是相似的。因此，SimSchaake 方法中的相关模板 z 是通过使用模拟集合概念构建的(Delle Monache et al., 2011; Hamill et al., 2006)。在以这种方式获得 z 后，SimSchaake 方法根据第 4.4.1 节的方案继续进行。在 SimSchaake 方法中适当地选择相似性标准是非常重要的，且可能在很大程度上取决于人们感兴趣的应用(Schefzik, 2016b)。

Scheuerer 等(2017)提出了 Schaake 洗牌的另一个具体实现方式。在他们的方法中，用于构建相关性模板 z 的历史日期的选择方式是，采样观测轨迹的边缘分布与后处理的边缘预报分布的边缘分布相似，其中相似性是以两个分布的差异来量化的。根据 Scheuerer 等(2017)的研究，这种方法削弱了标准 Schaake 洗牌法对状态无关的时、空秩相关的隐含假设，因为 z 的值更接近于它们在重新排序的过程中映射到的预报值。

ECC 和基于 Schaake 洗牌的方法在几个案例研究中都表现出良好的性能(Clark et al., 2004; Schefzik, 2016b; Schefzik et al., 2013; Vrac et al., 2015)，可以作为一个基准。然而标准 ECC 的集合大小 N 限制为等于原始集合 M（除非使用贝叶斯方法，见第 4.5.1 节）。因此，在应用 ECC 时，原始集合应该尽可能合理的大，以提供关于相关性结构的可靠信息。基于

Schaake 洗牌的方法具有更广泛的适用性,因为它们可以生成任意大小 N 的集合,但前提是有足够多的历史观测数据可用。然而,与 ECC 相比原始的 Schaake 洗牌并不考虑大气环流。对于是选择 ECC 或是基于 Schaake 洗牌法这一技术,可能取决于具体的设置和不同的因素,如集合大小或数据可用性,Wilks(2015)对此进行了初步研究。

4.5　考虑相关关系的单变量方法

在第 4.3 节和第 4.4 节中,我们分别回顾了参数化和非参数化的集合后处理方法,这些方法通过提供真正的多变量预报分布来结合相关结构。然而,也有一些后处理方法在形式上产生了单变量预报分布,但是通过对模型参数的具体估计过程来考虑空间或时间的相关。本节将讨论这些技术。

4.5.1　空间相关性

有几种方法可以解释导致单变量预报分布的空间相关性,而模型参数是针对具体位置估计的。这种所谓的空间自适应技术包括参数在空间上平滑变化的 NR 或 BMA 模型,从而产生局部完美校准的单变量预报分布。同时,这类模型允许将后处理的预报结果内插到训练数据中不存在的位置,甚至内插到完整的动力模式网格中。

Kleiber 等(2011)为正态分布的温度预报引入了地统计模型平均法(Geostatistical Model Averaging,GMA),将原来的 BMA 方法扩展为具有空间自适应的、具体位置的模型参数。通过使用地统计模型,参数以及后处理的预报可以插值到(训练)数据中不存在的位置。Kleiber 等(2011)修改了原始的 GMA 模型,使其适用于降水预报。

令 Y_ℓ 表示代表所预报天气因子的随机变量,y_ℓ 表示在位置 $\ell \in \{1,\cdots,L\}$ 的相应真实值。与原始 BMA 模型类似,位置 ℓ 的单变量 GMA 的预报分布函数(PDF)在 M 个集合成员预报 $x_1^\ell,\cdots,x_M^\ell$ 的条件下,由权重为 w_m 的下式给出

$$p(y_\ell \mid x_1^\ell,\cdots,x_M^\ell) = \sum_{m=1}^{M} w_m g_m(y_\ell \mid x_m^\ell) \tag{4.21}$$

如果假设 Y_ℓ 服从正态分布,那么下式给出了第 m 个集合预报在位置 ℓ 下与核密度 g_m 相关的 Y_ℓ 的预报分布:

$$Y_\ell \mid x_m^\ell \sim \mathcal{N}(x_m^\ell - a_m^\ell, c\sigma_\ell^2)$$

其中,σ_ℓ^2 为非成员具体方差,c 为正的方差收缩因子,a_m^ℓ 为成员具体的常数偏差校准参数。与原始的 BMA 模型相比,Kleiber 等(2011)只采用了一个常数偏差校准参数而非倍数参数。a_m^ℓ 和 σ_ℓ^2 都是使用通常的样本从训练数据中估计出来的。

为了将 a_m^ℓ 和 σ_ℓ^2 内插到未知的位置,考虑对这两个参数采用地统计模型计算。具体来说,估计 $\{\hat{a}_m^\ell\}_{\ell=1}^L$ 和 $\{\hat{\nu}_\ell\}_{\ell=1}^L$,其中 $\hat{\nu}_\ell = \log(\hat{\sigma}_\ell^2)$ 被视为来自具有指数协方差函数的平稳高斯随机场 (Stationary Gaussian Random Fields,GRFs)的样本。

对于作为训练数据一部分的任何已知位置 $\ell \in \{1,\cdots,L\}$，预报的 PDF 由式(4.21)显式给出。对于不属于训练数据的其他位置 ℓ_0，$a_m^{\ell_0}$ 和 $\sigma_{\ell_0}^2$ 的估计值是未知的。然而它们可以通过使用克里金(kriging)的地统计插值技术获得(Cressie，1993；Stein，1999)。将这些内插的估计值插入式(4.21)的位置 ℓ_0，可以得到 Y_{ℓ_0} 的预报 PDF。

Scheuerer 等(2014a，2014b)引入了一种温度的空间自适应性 NR 模型。与原始的 NR 模型不同，他们在回归模型中使用局部观测和预报距平作为响应和协变量。这里，距平定义为观测值或预报值与历史时期各自平均值(气候)的差异。尽管 NR 参数本身不具有位置特异性，但这隐含地进行了位置特异性偏差校正。

由此建立的 NR 模型由下式给出：

$$y_\ell = \overline{y}_\ell + \sum_{m=1}^{M} b_m (x_m^\ell - \overline{x}_m^\ell) + \varepsilon_\ell \tag{4.22}$$

其中，b_m 是偏差校准参数，$\overline{y}_\ell$ 是位置 ℓ 的训练期内所有观测值的经验均值，$\overline{x}_m^\ell$ 是位置 ℓ 的训练期内成员 m 的所有预报值的经验均值。这个模型最重要的部分是 $\overline{y}_\ell$，它适用动力预报模式无法解决的空间小尺度变化。对于误差项 ε_ℓ，我们假定：

$$\varepsilon_\ell \sim \mathcal{N}(0, \sigma_\ell^2)$$

其中，$\sigma_\ell^2 = c_1 \xi_\ell^2 + c_2 s_\ell^2$，$c_1$ 和 c_2 是非负方差参数，s_ℓ^2 是位置 ℓ 的经验集合方差，ξ_ℓ^2 反映训练期间位置 ℓ 的局部不确定性。

式(4.22)中定义的模型产生了训练数据中位置 ℓ 的预报分布。而对于 GMA 一样，在未知位置 ℓ_0，模型参数 $\overline{y}_{\ell_0}$ 和 $\xi_{\ell_0}^2$ 是未知的。与 GMA 方法类似，对模型参数进行地统计模型的拟合。在 Scheuerer 等(2014a，2014b)的方法中，采用了内在的 GRFs。

Dabernig 等(2017b)对 Scheuerer 等(2014)的模型做了进一步修改，采用了标准化的观测值和预报距平。也就是说距平值被其气候标准偏差进一步划分。这种方法消除了季节性和位置特异性的特征，从而产生了一个在任何任意位置隐式有效的模型。

本节所描述的方法利用了距平，这些距平可以看作是根据具体位置特征而修正的预报和观测。许多后处理模型都隐含了空间平稳性假设，而上述方法强调了这一假设并不总是成立，能够处理这一事实的替代方法变得越来越重要。

最近，Möller 等(2016)提出了考虑观测和集合预报中空间结构的温度完全贝叶斯 NR 版本。提出的模型利用所谓的随机偏微分方程(Stochastic Partial Differential Equation，SPDE)方法进行高效的空间建模(Lindgren et al.，2011)，模型拟合是在贝叶斯框架下通过使用集成嵌套拉普拉斯近似方法(Integrated Nested Laplace Approximation，INLA)进行的(Rue et al.，2009)，从而实现快速而准确的贝叶斯估计。

虽然局部版本的 NR 方法也可以模拟具体位置的参数，但其估计值仅基于相应站点的数据，而不考虑其他(邻近)站点的数据。因此，没有考虑站点之间可能存在的相关关系。Möller 等(2016)通过将(具体位置的)偏差校正参数解释为 GRFs，实现了扩展经典局部 NR 方法。这使得参数可以因地制宜，同时在估计过程中使用来自所有地点的数据。为了进行有效的估计，采用了 SPDE 方法(Lindgren et al.，2011)，它允许获得高斯马尔科夫随机场(Gaussian Markov Random Field，GMRF)，这是 GRF 方法的有限多变量表示。Möller 等(2016)的贝叶斯后处理模型所使用的 Lindgren 等(2011)的基本方法中采用了平稳的 SPDE，因此隐式地假设了空间的平稳性。然而，SPDE 方法并不局限于这种设置，也有非平稳和各向异性的版本可用,但这些更高级方法的一些实现仍在构建中。

Möller 等(2016)提出的空间自适应贝叶斯版本的 NR 被称为马尔可夫 NR(Markovian NR,MNR),这是因为参数的模型隐含马尔可夫性质。模型拟合在 SPDE-INLA 框架内以贝叶斯方式进行,在 R 语言软件包 **R-INLA** 实现的(Lindgren et al. , 2015)。

一个空间位置 s 的 MNR 预报分布由以下公式给出:

$$Y(s) \mid \bar{x}(s),a(s),b(s),\sigma \sim \mathcal{N}(a(s)+b(s)\bar{x}(s),\sigma^2) \qquad (4.23)$$

其中,$a(s)$ 和 $b(s)$ 是 NR 模型的偏差校正参数的 GRFs,σ 是误差项的方差,$\bar{x}(s)$ 是 M 个(可交换)集合成员预报的均值。

使用 **R-INLA** 软件包,可以从 $a(s)$、$b(s)$ 和 σ 的边缘后验分布中产生样本 $\{a_j\}_{j=1}^r$,$\{b_j\}_{j=1}^r$ 和 $\{\sigma_j\}_{j=1}^r$。这些边缘后验样本可以用来从预报分布(式(4.23))中生成任意大小的 $N = r$ 个样本(不一定与原始集合大小有关)。

基本的 MNR 方法在形式上产生了一个单变量预报分布,其中模型参数在空间平滑变化。然而,离散的 GMRF 表示法也定义了任意位置 s 的空间场,从而允许在连续域上进行预报。

为了获得真正的多变量后处理模型,Möller 等(2016)引入了 MNR-ECC 方法,该方法将 MNR 模型与第 4.4.2 节所述的 ECC 方法相结合。在每个空间位置 **s**,对于固定的 $j \in \{1,\cdots,r\}$,使用第 4.4.1 节中的分位数方案(式(4.10))从 MNR 预报分布(式(4.23))中抽取一个原始预报集合的大小为 M 的离散样本 $\tilde{x}_{j1}(s),\cdots,\tilde{x}_{jM}(s)$,并以 ECC 的方式将这些大小为 M 的 r 个样本按照原始集合的秩序结构重新排序。

用于模型拟合的贝叶斯框架克服了标准 ECC 后处理集合被约束为与原始集合具有相同大小为 M 的缺点(Möller et al. , 2016)。我们可以通过从后验 MNR 预报分布(式(4.23))中重复(r 次)抽取样本来获得多个大小为 M 的离散样本。然后将 ECC 过程分别应用于每一个 r 个抽样 $\tilde{x}_{j1}(\mathbf{s}),\cdots,\tilde{x}_{jM}(\mathbf{s}),j \in \{1,\cdots,r\}$,得到 r 个 M 大小的后处理集合。通过合并这些样本,可以得到一个大小为 rM 的集合(即原始集合大小的整数倍),其中后验样本的数量 r 可以由用户选择。

4.5.2 时间相关性

第 4.5.1 节概述了基于 NR 或 BMA 的主要单变量空间自适应方法,本节将介绍最近开发的单变量时间自适应 NR 版本,其中考虑了预报时效之间的相关性或固定预报时效的时间相关性。

第 4.3.3 节已经介绍了对多个预报时效联合建模的真正的多变量方法,例如通过高斯 copula。最近,Dabernig 等(2017a)提出了一种单变量时间适应性方法来解释预报时效的差异。该方法是对第 4.5.1 节中提到的 Dabernig 等(2017b)方法的修改,其中使用标准化的距平值而不是原始观测值和预报值来消除数据中的位置特异性特征,允许在所有空间位置拟合单个模型。

为了说明具体预报时效相关的特征,Dabernig 等(2017a)也定义了标准化的距平值。然而,用于定义距平值的气候平均值和标准差是由一个具体的具有平滑时间效应(而不是像原始方法中的空间效应)的广义线性模型估计得到的。然后在 NR 模型中使用估计的(时间上的)标准化距平值,而不是原始数据。虽然得到的 NR 模型系数不具有预报时效的特异性,但该模型允许在任意预报时效上进行预报,甚至在不属于典型动力模式输出的预报时效情况下也可以通过时间标准化的距平值来进行预报。这种方法提出了这样一个事实,即跨预报时效的平稳性不一定是给定的,应该在后处理模型中加以考虑。从预报和观测中去除这些特征,是处理不同预报时效预报的不同性质的一种可能。

Möller 等(2016)提出了一种不同的单变量方法,该方法考虑了具体预报时效和位置的温度集合预报时间演变中存在的自回归相关。他们的自回归 NR 模型是时间自适应的,但本质上是单变量的。然而,Möller 等(2016)提到,扩展到第 4.3 节所述的完全多变量环境是可能的,并计划在未来的研究中发展。这种多变量自回归模型可以通过采用多变量时间序列模型,将时间上的自相关与空间或变量间(甚至预报时效间)的相关性共同考虑。

Möller 等(2016)发现,对于时间点 t 的观测值 $y(t)$,每个单独的集合成员 $x_m(t)$ 的预报误差 $e(t) = y(t) - x_m(t), m \in \{1, \cdots, M\}$ 表现出显著的自回归行为。虽然许多后处理模型隐含地假设了时间(和空间,见第 4.5.1 节)上的平稳性,但 Möller 等(2016)的个例研究表明这个假设不一定成立。然而可以通过去除时间点的具体特征,并采用针对这些相关模型进行修正的预报来解释时间的非平稳性。这个想法与 Dabernig 等(2017a)的方法有关,他们使用针对预报时效具体特征进行校准的异常值。

Möller 等(2016)基于修正预报集合构建了一个类似 NR 的预报分布,其中修正参数是通过拟合单个集合成员预报误差的自回归(AR)过程中获得的。集合体成员本身的参数订正与 Pinson(2012)的方法和其他产生订正预报集合的方法有一定联系。这种集合转换方法的一个优点是可以保留原始集合中存在的与多变量流依赖信息,而根据集合数据拟合单变量预报分布时,这些信息通常会丢失。

具体来说,第一步对每个集合体成员的预报误差序列分别进行 $AR(p)$ 过程的拟合,即假设模型

$$e(t) - \mu = \sum_{j=1}^{p} \alpha_j [e(t-j) - \mu] + \varepsilon(t)$$

其中,$\{\varepsilon(t)\}$ 是白噪声,而 $\mu, \alpha_1, \cdots, \alpha_p$ 是模型参数。则

$$\hat{x}_m(t) = x_m(t) + \mu + \sum_{j=1}^{p} \alpha_j [y(t-j) - x_m(t-j) - \mu]$$

可以看作是基于预报 $x_m(t)$ 以及过去的观测值 $y(t-j)$ 和预报 $x_m(t-j)$,$j \in \{1, \cdots, p\}$ 的订正预报。系数 $\mu, \alpha_1, \cdots, \alpha_p$ 是通过对训练期的观测误差序列 $\{e(t)\}$ 进行 $AR(p)$ 过程拟合得到的。每个预报集合成员 $x_1(t), \cdots, x_M(t)$ 分别进行该修正过程,得到 AR 修正的集合 $\hat{x}_1(t), \cdots, \hat{x}_M(t)$。

第二步,构建一个基于 AR 订正预报集合的 NR 预报分布(称为 AR-NR)。与经典的单变量 NR 方法一样,假定

$$Y(t) \mid x_1(t), \cdots, x_M(t) \sim \mathcal{N}(\tilde{\mu}(t), \tilde{\sigma}^2(t))$$

与原始的 NR 方法相反,参数 $\tilde{\mu}(t)$ 和 $\tilde{\sigma}^2(t)$ 不是通过评分最小化来估计的,而是通过对单个误差序列和各自的 AR 订正集合成员的自回归拟合来估计的。通过 AR 订正集合均值给出均值 $\tilde{\mu}(t)$ 的简单估计,方差项 $\tilde{\sigma}^2(t)$ 的参数为单个 AR 拟合的 M 个方差和 AR 订正集合经验方差的线性函数。这种参数化确保了同时利用时间上的纵向信息(AR 拟合的方差)和截面上的集合发散信息(校正后的集合方差)来校正原始集合的离散度。第三步,将提出的 AR-NR 和标

准 NR 预报分布结合在一个离散调整线性池(Spread-adjusted Linear Pool,SLP)中,以进一步提高预报性能。

在这一点上,应该强调 Möller 等(2016)方法的双重优势。该方法允许同时构建一个订正的预报集合和一个完整的预报概率分布。因此,可以利用这两个概念的优点。

基本的 AR 校正方法、AR-NR 分布和 SLP 组合已在 R 软件包 **ensAR** 中实现(Groß et al., 2016)。如前所述,多变量 AR-NR 的扩展是通过利用向量自回归(Vector-AutoRegressive,VAR)过程以同时拟合多变量时间序列模型到多个位置,也可以对非正态分布的其他天气因子进行订正。

4.6　讨论

本章回顾了包含变量间、空间和/或时间相关的不同集合后处理方法。这些方法可以分为几类。产生真正多变量预报分布的方法可以是参数化的,也可以是非参数化的。

多变量参数化后处理技术通常是专门针对变量间(Schuhen et al.,2012)或空间(Feldmann et al., 2015)或时间(Pinson et al., 2009)而设计的。其在低维度下效果很好,在这种情况下很可能优于更一般的非参数方法。它们大多使用高斯 copula 函数,而高斯 copula 函数通常是相关性建模中一个方便和合理的工具。在集合后处理的背景下,当多变量设置中涉及一个或多个具有空间和时间上间歇性的非高斯和非平稳的天气变量(如降水)参与多变量设定时,高斯 copula 函数甚至可能是合适的。在这里,高斯 copula 函数隐式地模拟了预报误差,而不是直接模拟天气变量。这一点在 Möller 等(2013)的方法中得到了体现。在该方法中,使用合适的单变量方法分别对每个天气变量的预报进行后处理,并仅用高斯 copula 对单变量后处理剩余的残差相关性进行建模。然而,如果需要直接使用 copula 对前一个场景中的天气向量进行建模,则选择高斯 copula 可能是有问题和不完美的。

基于非参数经验 copula 函数的多变量后处理方法,根据相关模板对单变量后处理的集合预报进行重新排序,可以同时对变量间、空间和时间相关进行建模,并可以在相当高的维度情形下使用。它们提供了一个自然的基准,因为除了单变量后处理,几乎不需要额外的计算工作,这可以使用 NR 或 BMA 有效地执行后处理。相比之下,参数化方法通常需要在多变量模型中估计大量的参数,即使是在中等维度的设置中也是如此。

基于经验 copula 的多变量非参数化方法在相关性模板的具体选择方面有着本质上的不同。如何选择相关模板方面有两种主要选项:要么采用原始集合预报,如 ECC 方法(Schefzik et al., 2013),要么采用历史观测数据,如 Schaake 洗牌法及其修改版本(Clark et al., 2004;Schefzik,2016b;Scheuerer et al.,2017)。

为了应用 ECC,基础预报应该合理地反映实际观测的相关结构,而且原始集合应该足够大,使得相关模板可以从足够多的数据点中得到。如果相关结构被集合错误地指定,或者集合非常小,ECC 类型的方法通常会表现不佳。尽管如此,它们与基于 Schaake 洗牌的方法相比,优势在于它们不需要额外大型的观测数据库来构建相关模板。然而,基于 Schaake 洗牌的方法比标准 ECC 技术有更广泛的适用性,因为它们并不局限于生成与原始集合相同大小的后处理集合。

除了多变量后处理预报分布的参数化和非参数化方法外,还讨论了产生单变量分布但能够通过定义平滑变化的参数纳入相关关系的方法。虽然这种参数化技术偶尔会出现在时间相关的背景下(Dabernig et al.,2017a;Möller et al.,2016),但是到迄今为止,它们主要用于对空间相关进行建模(Kleiber et al.,2011;Scheuerer et al.,2014),通常允许将后处理的预报内插到未知样本的位置。特别地,单变量的空间方法可能在本质上是贝叶斯的,例如 Möller 等(2016)的 MNR 方法。这种空间或时间自适应模型的优势在于,它们可以通过定义适应局部条件的平滑变化系数或通过去除具体地点或时间的特征并采用修正的预报和观测,来隐式地处理非平稳数据。

原则上,在第 4.4.1 节中基于经验 copula 的集合后处理的一般方案的第二步中,可以使用考虑了相关关系的单变量后处理方法(例如,代替标准的 NR 或 BMA)。MNR-ECC 方法就是一个例证(Möller et al.,2016),该方法结合了考虑空间相关的单变量 MNR 方法和基于根据原始集合的分级顺序结构对后处理的集合预测进行重新排序的 ECC 概念。

本章讨论的要点可能为选择结合相关关系的后处理方法提供一些指导,并在实际数据个例研究中得到证实(Feldmann et al.,2015;Schefzik,2016b;Scheuerer et al.,2017;Schuhen et al.,2012;Wilks,2015)和模拟(Gräter,2016;Lerch et al.,2017)。然而,多种情况下各文献中的比较仅涵盖了本章所讨论方法的一部分,还需进一步设计和实施更全面的研究,以更深入地了解不同方法的使用效果。最后,考虑到相关关系的后处理方法的预报性能可能不仅仅取决于前面讨论的参数(如具体设置、维度、相关结构的(错误)规范、集合规模或数据可用性),而且还取决于其他标准,如所用的检验指标(Thorarinsdottir et al.,2018,第 6 章)。

致谢

图 4.1 和图 4.4 中使用的预报是由欧洲中期天气预报中心提供的,相应的观测数据由德国气象局提供,在此深表感谢。作者感谢编辑和一位匿名审稿人提供的有益意见和建议,并感谢 Sebastian Lerch 提供的材料。

参考文献

Aas K,Czado C,Frigessi A,et al,2009. Pair-copula constructions of multiple dependence. Insurance:Mathematics & Economics,44,182-198.

Baran S,Möller A,2015. Joint probabilistic forecasting of wind speed and temperature using Bayesian model averaging. Environmetrics,26,120-132.

Baran S,Möller A,2017. Bivariate ensemble model output statistics approach for joint forecasting of wind speed and temperature. Meteorology and Atmospheric Physics,129,99-112.

Ben Bouallègue Z,Heppelmann T,Theis S E,et al,2016. Generation of scenarios from calibrated ensemble forecasts with a dual-ensemble copula-coupling approach. Monthly Weather Review,144,4737-4750.

Berrocal V J,Raftery A E,Gneiting T,2007. Combining spatial statistical and ensemble information in probabilistic weather forecasts. Monthly Weather Review,135,1386-1402.

Berrocal V J,Raftery A E,Gneiting T,2008. Probabilistic quantitative precipitation field forecasting using a two-stage spatial model. Annals of Applied Statistics, 2, 1170-1193.

Bremnes J B, 2007. Improved calibration of precipitation forecasts using ensemble techniques. Part 2: Statistical calibration methods. Technical Report No. 04/2007, Norwegian Meteorological Institute. https://www. met. no/publikasjoner/met-report/met-report-2007/_/attachment/download/758b26ea-11eb4808-a510-eb7df09a5642:c5d0375a363df24adfa4c59ef2867bf07ca5e09c/MET-report-04-2007. pdf.

Bröcker J, 2012. Evaluating raw ensembles with the continuous ranked probability score. Quarterly Journal of the Royal Meteorological Society, 138, 1611-1617.

Buizza R, 2018. Ensemble forecasting and the need for calibration // Vannitsem S, Wilks D S, Messner J W. Statistical Postprocessing of Ensemble Forecasts. Elsevier.

Chaloulos G, Lygeros J, 2007. Effect of wind correlation on aircraft conflict probability. Journal of Guidance, Control, and Dynamics, 30, 1742-1752.

Chilès J P, Delfiner P, 2012. Geostatistics: Modeling Spatial Uncertainty Hoboken: Wiley, 734pp.

Clark M P, Gangopadhyay S, Hay L E, et al, 2004. The Schaake shuffle: A method for reconstructing space-time variability in forecasted precipitation and temperature fields. Journal of Hydrometeorology, 5, 243-262.

Cressie N A C, 1993. Statistics for Spatial Data. Hoboken: Wiley, 900pp.

Cressie N, Wikle C K, 2011. Statistics for Spatio-Temporal Data. Hoboken: Wiley, 624pp.

Dabernig M, Mayr G J, Messner J W, et al, 2017a. Simultaneous ensemble postprocessing for multiple lead times with standardized anomalies. Monthly Weather Review, 145, 2523-2531.

Dabernig M, Mayr G J, Messner J W, et al, 2017b. Spatial ensemble post-processing with standardized anomalies. Quarterly Journal of the Royal Meteorological Society, 143, 909-916.

Deheuvels P, 1979. La fonction de déependance empirique et ses propriétés. Un test non paramétrique d'indépendance. Académie Royale de Belgique, Bulletin de la Classe des Sciences, Série 5, 65, 274-292.

Delle Monache L, Nipen T, Liu Y, et al, 2011. Kalman filter and analog schemes to postprocess numerical weather predictions. Monthly Weather Review, 139, 3554-3570.

Demarta S, McNeil A J, 2005. The t copula and related copulas. International Statistical Review, 73, 111-129.

Doblas-Reyes F J, Hagedorn R, Palmer T N, 2005. The rationale behind the success of multi-model ensembles in seasonal forecasting—II. Calibration and combination. Tellus A, 57, 234-252.

ECMWF Directorate, 2012. Describing ECMWF's forecasts and forecasting system. ECMWF Newsletter, 133, 11-13.

Feldmann K, Scheuerer M, Thorarinsdottir T L, 2015. Spatial postprocessing of ensemble forecasts for temperature using nonhomogeneous Gaussian regression. Monthly Weather Review, 143, 955-971.

Flowerdew J, 2012. Calibration and combination of medium-range ensemble precipitation forecasts. United Kingdom MetOffice: Technical Report No. 567.

Flowerdew J, 2014. Calibrating ensemble reliability whilst preserving spatial structure. Tellus A, 66, 22662.

Gel Y, Raftery A E, Gneiting T, 2004. Calibrated probabilistic mesoscale weather field forecasting: The geostatistical output perturbation (GOP) method (with discussion and rejoinder). Journal of the American Statistical Association, 99, 575-590.

Genest C, Favre A C, 2007. Everything you always wanted to know about copula modeling but were afraid to ask. Journal of Hydrologic Engineering, 12, 347-368.

Gneiting T, Raftery A E, Westveld A H, et al, 2005. Calibrated probabilistic forecasting using ensemble model output statistics and minimum CRPS estimation. Monthly Weather Review, 133, 1098-1118.

Gneiting T，Stanberry L I，Grimit E P，et al，2008. Assessing probabilistic forecasts of multivariate quantities，with applications to ensemble predictions of surface winds (with discussion and rejoinder). Test，17，211-264.

Graf S，Luschgy H，2000. Foundations of Quantization for Probability Distributions. Berlin：Springer：230pp.

Gräter M，2016. Simulation study of dual ensemble copula coupling (Unpublished master's thesis). Karlsruhe Institute of Technology，Germany.

Groß J，Möller A，2016. ensAR：Autoregressive postprocessing methods for ensemble forecasts. R package version 0.0.0.9000. https://github.com/JuGross/ensAR.

Hagedorn R，Buizza R，Hamill T M，et al，2012. Comparing TIGGE multimodel forecasts with reforecast-calibrated ECMWF ensemble forecasts. Quarterly Journal of the Royal Meteorological Society，138，1814-1827.

Hamill T M，Whitaker J S，2006. Probabilistic quantitative precipitation forecasts based on reforecast analogs：Theory and application. Monthly Weather Review，134，3209-3229.

Hemri S，Scheuerer M，Pappenberger F，et al，2014. Trends in the predictive performance of raw ensemble weather forecasts. Geophysical Research Letters，41，9197-9205.

Hemri S，Lisniak D，Klein B，2015. Multivariate postprocessing techniques for probabilistic hydrological forecasting. Water Resources Research，51，7436-7451.

Hu Y，Schmeits M J，Van Andel S J，et al，2016. A stratified sampling approach for improved sampling from a calibrated ensemble forecast distribution. Journal of Hydrometeorology，17，2405-2417.

Joe H，2014. Dependence Modeling With Copulas. Boca Raton：CRC Press，480pp.

Johnson C，Bowler N，2009. On the reliability and calibration of ensemble forecasts. Monthly Weather Review，13，1717-1720.

Kleiber W，Raftery A E，Baars J，et al，2011a. Locally calibrated probabilistic temperature forecasting using geostatistical model averaging and local Bayesian model averaging. Monthly Weather Review，139，2630-2649.

Kleiber W，Raftery A E，Gneiting T，2011b. Geostatistical model averaging for locally calibrated probabilistic quantitative precipitation forecasting. Journal of the American Statistical Association，106，1291-1303.

Kolesárová A，Mesiar R，Mordelová J，et al，2006. Discrete copulas. IEEE Transactions on Fuzzy Systems，14，698-705.

Krzysztofowicz R，Toth Z，2008. Bayesian processor of ensemble (BPE)：Concept and implementation. Workshop slides 4th NCEP/NWS Ensemble User Workshop，Laurel，MD. http://www.emc.ncep.noaa.gov/gmb/ens/ens2008/Krzysztofowicz_Presentation_Web.pdf

Kurowicka D，Joe H，2011. Dependence Modeling：Vine Copula Handbook. Singapore：World Scientific，368pp.

Lerch S，Gräter M，2017. Comparison of multivariate post-processing approaches. Poster at the European Geosciences Union General Assembly 2017.

Lindgren F，Rue H，Lindström J，2011. An explicit link between Gaussian fields and Gaussian Markov random fields：The stochastic partial differential equation approach (with discussion). Journal of the Royal Statistical Society Series B，73，423-498.

Lindgren F，Rue H，2015. Bayesian spatial modelling with R-INLA. Journal of Statistical Software，63，1-25.

Mayor G，Suñer J，Torrens J，2005. Copula-like operations on finite settings. IEEE Transactions on Fuzzy

Systems，13，468-477.

Mayor G，Suñer J，Torrens J，2007. Sklar's theorem in finite settings. IEEE Transactions on Fuzzy Systems，15，410-416.

McNeil A J，Nešlehová J，2009. Multivariate Archimedean copulas，dmonotone functions and '1-norm symmetric distributions. Annals of Statistics，37，3059-3097.

Mesiar R，2005. Discrete copulas：What they are∥Montseny E，Sobrevilla P. Joint EUSFLAT-LFA 2005. Barcelona：Universitat Politècnica de Catalunya，927-930.

Möller A，Lenkoski A，Thorarinsdottir T L，2013. Multivariate probabilistic forecasting using ensemble Bayesian model averaging and copulas. Quarterly Journal of the Royal Meteorological Society，139，982-991.

Möller A，Groß J，2016a. Probabilistic temperature forecasting based on an ensemble autoregressive modification. Quarterly Journal of the Royal Meteorological Society，142，1385-1394.

Möller A，Thorarinsdottir T L，Lenkoski A，et al，2016b. Spatially adaptive，Bayesian estimation for probabilistic temperature forecasts. http：//arxiv. org/abs/1507. 05066.

Nelsen R B，2006. An Introduction to Copulas. New York：Springer，272pp.

Pinson P，2012. Adaptive calibration of (u, v)-wind ensemble forecasts. Quarterly Journal of the Royal Meteorological Society，138，1273-1284.

Pinson P，2013. Wind energy：Forecasting challenges for its operational management. Statistical Science，28，564-585.

Pinson P，Madsen H，Nielsen H A，et al，2009. From probabilistic forecasts to statistical scenarios of short-term wind power production. Wind Energy，12，51-62.

Pinson P，Messner J W，2018. Application of post-processing for renewable energy∥Vannitsem S，Wilks D S，Messner J W. Statistical postprocessing of ensemble forecasts. Elsevier.

Raftery A E，Gneiting T，Balabdaoui F，et al，2005. Using Bayesian model averaging to calibrate forecast ensembles. Monthly Weather Review，133，1155-1174.

Roulin E，Vannitsem S，2012. Postprocessing of ensemble precipitation predictions with extended logistic regression based on hindcasts. Monthly Weather Review，140，874-888.

Rue H，Martino S，Chopin N，2009. Approximate Bayesian inference for latent Gaussian models by using integrated nested Laplace approximation（with discussion）. Journal of the Royal Statistical Society Series B，71，319-392.

Rüschendorf L，2009. On the distributional transform，Sklar's theorem，and the empirical copula process. Journal of Statistical Planning and Inference，139，3921-3927.

Schaake J，Demargne J，Hartman R，et al，2007. Precipitation and temperature ensemble forecasts from single-valued forecasts. Hydrology and Earth Systems Sciences Discussions，4，655-717.

Schefzik R，2015. Multivariate discrete copulas，with applications in probabilistic weather forecasting. Annales de l'ISUP-Publications de l'Institute de Statistique de l'Université de Paris，59，fasc. 1-2，87-116.

Schefzik R，2016a. Combining parametric low-dimensional ensemble postprocessing with reordering methods. Quarterly Journal of the Royal Meteorological Society，142，2463-2477.

Schefzik R，2016b. A similarity-based implementation of the Schaake shuffle. Monthly Weather Review，144，1909-1921.

Schefzik R，2017. Ensemble calibration with preserved correlations：Unifying and comparing ensemble copula coupling and member-by-member postprocessing. Quarterly Journal of the Royal Meteorological Society，143，999-1008.

Schefzik R，Thorarinsdottir T L，Gneiting T，2013. Uncertainty quantification in complex simulation models using ensemble copula coupling. Statistical Science，28，616-640.

Scheuerer M，Büermann L，2014a. Spatially adaptive post-processing of ensemble forecasts for temperature. Journal of the Royal Statistical Society Series C，63，405-422.

Scheuerer M，König G，2014b. Gridded，locally calibrated，probabilistic temperature forecasts based on ensemble model output statistics. Quarterly Journal of the Royal Meteorological Society，140，2582-2590.

Scheuerer M，Hamill T M，2015. Variogram-based proper scoring rules for probabilistic forecasts of multivariate quantities. Monthly Weather Review，143，1321-1334.

Scheuerer M，Hamill T M，Whitin B，et al，2017. A method for preferential selection of dates in the Schaake shuffle approach to constructing spatio-temporal forecast fields of temperature and precipitation. Water Resources Research，53，3029-3046.

Schoelzel C，Friederichs P，2008. Multivariate non-normally distributed random variables in climate research-Introduction to the copula approach. Nonlinear Processes in Geophysics，15，761-772.

Schoelzel C，Hense A，2011. Probabilistic assessment of regional climate change in Southwest Germany by ensemble dressing. Climate Dynamics，36，2003-2014.

Schuhen N，Thorarinsdottir T L，Gneiting T，2012. Ensemble model output statistics for wind vectors. Monthly Weather Review，140，3204-3219.

Sempi C，2011. Copulae：some mathematical aspects. Applied Stochastic Models in Business and Industry，27，37-50.

Sklar A，1959. Fonctions de répartition à n dimensions et leurs marges. Publications de l'Institut de Statistique de l'Université de Paris，8，229-231.

Sloughter J M，Gneiting T，Raftery A E，2013. Probabilistic wind vector forecasting using ensembles and Bayesian model averaging. Monthly Weather Review，141，2107-2119.

Stein M L，1999. Interpolation of Spatial Data：Some Theory for Kriging. New York：Springer，249pp.

Thorarinsdottir T L，Scheuerer M，Heinz C，2016. Assessing the calibration of high-dimensional ensemble forecasts using rank histograms. Journal of Computational and Graphical Statistics，25，105-122.

Thorarinsdottir T L，Schuhen N，2018. Verification：assessment of calibration and accuracy // Vannitsem S，Wilks D S，Messner J W. Statistical Postprocessing of Ensemble Forecasts. Elsevier.

Vannitsem S，2009. A unified linear Model Output Statistics scheme for both deterministic and ensemble forecasts. Quarterly Journal of the Royal Meteorological Society，135，1801-1815.

Van Schaeybroeck B，Vannitsem S，2011. Post-processing through linear regression. Nonlinear Processes in Geophysics，18，147-160.

Van Schaeybroeck B，Vannitsem S，2015. Ensemble post-processing using member-by-member approaches：theoretical aspects. Quarterly Journal of the Royal Meteorological Society，141，807-818.

Voisin N，Pappenberger F，Lettenmaier D P，et al，2011. Application of a mediumrange global hydrologic probabilistic forecast scheme to the Ohio River basin. Weather and Forecasting，26，425-446.

Vrac M，Friederichs P，2015. Multivariate-inter-variable，spatial，and temporal-bias correction. Journal of Climate，28，218-237.

Wilks D S，2015. Multivariate ensemble Model Output Statistics using empirical copulas. Quarterly Journal of the Royal Meteorological Society，141，945-952.

Wilks D S，2018. Univariate ensemble postprocessing // Vannitsem S，Wilks D S，Messner J W. Statistical Postprocessing of Ensemble Forecasts. Elsevier.

Wilks D S，Hamill T M，2007. Comparison of ensemble-MOS methods using GFS reforecasts. Monthly

Weather Review，135，2379-2390.

Wood A W，Schaake J C，2008. Correcting errors in streamflow forecast ensemble mean and spread. Journal of Hydrometeorology，9，132-148.

第5章
极端事件的后处理

Petra Friederichs*，Sabrina Wahl*,**，Sebastian Buschow*

* 波恩大学

** 德国波恩汉斯·埃特尔天气研究中心

5.1 引言

20 世纪 90 年代,集合天气预报的发展使得人们更期待对极端天气的预报指导能力有所提升(Bougeault et al.,2010)。从那时起,动力预报模式越来越准确。现在,用于短期天气预报的高分辨率动力模式已经可以在集合预报系统中运行(Gebhardt et al.,2011)。这些系统可以对小至对流尺度的过程进行模拟,特别适用于与深厚湿对流相关的高影响天气。Wahl 等(2017)研究表明,这种对流尺度的动力模式能够较好地模拟出短时强降水,3 h 降水率的空间分布和极值行为与站点观测类似。这些模式能够更好地刻画中尺度过程,但在真实地模拟与深厚湿对流相关的灾害天气现象方面,仍存在问题。

集合预报系统提供了包含极端天气事件气象条件在内的大量信息。例如,正的上升螺旋度垂直积分可以作为强对流发生位置的指标(Marsh et al.,2012;Sobash et al.,2011)。因此,将集合预报与最先进的统计后处理技术相结合,通常可做出更准确的概率预报(Fritsch et al.,2004)。然而,Mylne 等(2002)研究表明,对于非极端天气事件,校准能极大地提高集合概率预报的质量,但实际上会降低极端天气事件的预报技巧。因此,有必要针对极端天气进行特别处理。

Legg 等(2004)首次尝试将集合预报系统(ECMWF-EPS)的模式输出校准用于英国的强天气概率预报业务。通过对平均预报概率与强天气的样本频率进行权衡调整得到集合概率。为回避模式直接输出产品对当地气象条件的代表性问题,Lalaurette(2003)提出根据模式的气候特征而非观测数据对极端事件量化。他们将极端预报指数(Extreme Forecast Index,EFI)定义为衡量概率预报与模式气候分布的偏差。EFI 的正(负)值表示关注变量出现破纪录的高(低)值的概率更高。

Goodwin 等(2010)指出,统计后处理面临的主要挑战包括:可用的数据量有限(可能不含极端事件)、过时数据集(历史模型或观测是过去而非未来的样本)以及不适用的统计模型。如果真实分布是重尾分布,那么基于预报误差呈正态分布的假设就可能大幅度低估极端事件的概率。他们强调,使用极值理论(Extreme-Value Theory,EVT)时,应将分析集中在极值上,从而避免对分布的主体产生偏差。给定极值模型参数的稳健估计,从而有可能推断出数据集中未包含事件的极端情况。

因此,本章将探讨极值理论用于后处理的潜力。天气预报的文献和方法浩如烟海,许多应用采用极值理论,如洪水预报、统计降尺度等。Friederichs(2010)将极值理论用于极端降水的统计降尺度。她使用了非平稳超越阈值法(Peak-Over-Threshold,POT)来预报条件高分位数,并使用分位数回归(Quantile Regression,QR)将这些估计值与条件分位数进行比较。尽管使用极值理论时分位数估计值的不确定性大幅度降低,但分位数评分的差异却很小。

Wilks(2018,第 3 章)没有专门就极值预报的方法进行讨论。尽管诸如 Lerch 等(2013)、Scheuerer(2014)或 Baran 等(2016)在他们的集合模式输出统计(Ensemble Model Output Statistics,EMOS)方法中使用了广义极值分布(Generalized Extreme-Value Distribution,

GEV),但他们将其作为全部样本空间的灵活偏态分布,而非直接模拟分布的条件尾部特性。正如 Williams 等(2014)对洛伦兹(Lorenz)1996 模式的研究表明,这一过程不一定会导致对极值的预报欠佳,但在有重尾特征的情况下可能会失败,具体分析详见第 5.3 节。专门针对极端天气集合预报后处理的研究很少。Bentzien 等(2012)研究了用于校准集合降水预报的几种参数化和非参数化模型。基于对数正态分布或 Γ 分布的参数模型在主体范围分布内表现良好。而两种模型在极端分位数(99%~99.9%)表现的预报技巧都比基于分位数回归的低。当采用混合分布,即主体分布使用 Γ 分布,而尾部采用广义帕累托分布(GPD)时,极端条件分位数的预报技巧得以改善,并与基于分位数回归的结果相当。将 Γ 分布的第 95%分位数设定为从 Γ 分布到广义帕累托分布(GPD)的变换,为了避免变换处出现不连续,Frigessi 等(2002)提出了一个加权混合模型,其中轻尾密度函数向广义帕累托分布(GPD)尾部的变换是用一个平滑的加权函数进行建模。这一思想的扩展可参见 Vrac 等(2007)和 Naveau 等(2016)的研究结果。Bentzien 等(2012)也表明,最好是使用一个很长的训练周期,并将季节变化作为一个附加协变量。

在许多应用中,不仅需要局地信息,还需要预报变量实际的场信息(例如风险图)。因此,一旦得出边缘(即单变量)分布的信息模型,就需要考虑到空间和最终时间的相关性。Oesting 等(2017)提出了双变量极值平稳过程在最大阵风空间预报后处理中的应用。他们使用的模型是第5.4.2 节所述的空间布朗−雷斯尼克(Brown-Resnick)过程的双变量公式。他们用站点观测和模式 6 h 内最大峰值风速的预报场建立了一个联合空间模型。在对边缘进行适当的均匀化后,Oesting 等(2017)的方法可用于直接对模式输出的极值进行后处理,以输出站点观测值。总体而言,空间极值模型提供了一种基于模式模拟结果,有条件地模拟观测极值的方法。然而,极值平稳场的条件模拟仍然是一个值得深入研究的问题(Dombry et al., 2016)。

第 5.2 节我们首先介绍单变量极值理论(EVT),然后转向使用高分辨率 COSMO-DE 集合预报系统预报结果的极值后处理(Gebhardt et al., 2011)。在第 5.3 节中进行我们的第一个应用,对定量降水的极高分位数进行单变量、类似集合模式输出统计(EMOS)的后处理,展示在后处理中使用极值理论(EVT)的优势。然后在第 5.4 节中我们简要评述极值相关、多变量和空间极值理论(EVT)。在第二个应用中,我们使用空间极值过程进行阵风预报的后处理(第 5.5 节),以引起人们对现有空间极值方法应用潜力的关注。

5.2　极值理论

"不可能的事情永远不会发生是不可能的"是 Emil Julius Gumbel 的一句名言(Gumbel,1958)。Gumbel 定义了极值理论(EVT)的目标,即提供一个预报极端事件的概率概念,即便这些事件可能发生,但尚未被观测到,或者换句话说,提供一个用于推断已有数据范围之外事件的统计模型。极值理论(EVT)给出了随机变量 X 作为 $x \to x_F$ 的渐近行为的普遍极限定律,其中 x_F 是 X 的样本空间的上限。极限定律在较宽松的条件下成立,即冯·米塞斯条件(von Mises condition)(de Haan et al., 2006),并与最大值平稳性的概念相关。

在一个样本中定义极值有两种方法。第一种是取区块最大值为极值，即数据中长度为 n 的子样本的最大值。第二种是统计超过某一足够高的阈值 u 的超过量。对于一大类分布而言，极值理论（EVT）证明了样本最大值的分布在 $n \to \infty$ 时收敛于广义极值分布（GEV），而 $u \to \infty$ 时的阈值超过量则渐近地遵循广义帕累托分布（GPD）。这两种方法是一致的，并通过泊松点过程（Poisson Point process，PP）的极值表达相关联。在这里的应用中，我们既要处理降水的阈值超过量，又要处理阵风的区块最大值。

下面我们简要介绍极值理论（EVT）的主要研究结果。读者可以参考 Coles（2001）关于极值理论（EVT）的简单介绍，关于多变量极值理论（EVT）更深入的介绍可以参考 Beirlant 等（2004）的教科书，也有一些关于极值理论（EVT）在地球科学中应用的简短介绍（Davison et al.，2015；Katz et al.，2002）。

5.2.1 广义极值分布

假设 $X_1, \cdots, X_n$ 是随机变量 X 的相同且独立复制，满足累积分布函数 $F_X(x) = Pr(X_i \leqslant x)$，并且 $M_n = \max(X_1, X_2, \cdots, X_n)$ 为区块最大值。Fisher-Tippett-Gnedenko 定理（Fisher et al.，1928；Gnedenko，1943）指出，假设存在两个序列 $a_n > 0$ 和 b_n，使得归一化最大值的分布 $\widetilde{M_n} = (M_n - b_n)/a_n$ 在 $n \to \infty$ 时收敛到非退化分布 $G(z)$，则分布函数 $G(z) = \lim_{n \to \infty} Pr(\widetilde{M_n} < z)$ 可表示为

$$G(z; \mu, \sigma, \xi) = \exp\left(-\left(1 + \xi \frac{z - \mu}{\sigma}\right)_+^{-1/\xi}\right) \tag{5.1}$$

其中，$\mu \in \mathbb{R}$ 代表位置，$\sigma > 0$ 代表尺度，$\xi \in \mathbb{R}$ 代表形状参数。下标 $+$ 表示 $z_+ = \max(z, 0)$。当 $\xi > 0$ 的时，极限分布为弗雷谢特（Fréchet）分布，也可以说 $F_X(x)$ 在弗雷谢特型广义极值分布的吸引域 $\mathcal{D}_\xi$ 内；反之，当 $\xi < 0$ 时，广义极值分布为威布尔（Weibull）分布。当 $\xi = 0$ 时，为耿贝尔（Gumbel）分布，并表达为

$$\lim_{\xi \to 0} G(z; \mu, \sigma, \xi) = \exp\left(-\exp\left(-\frac{z - \mu}{\sigma}\right)\right) \tag{5.2}$$

该分布经常被称为第 I 类广义极值分布。三种类型的分布如图 5.1 所示。

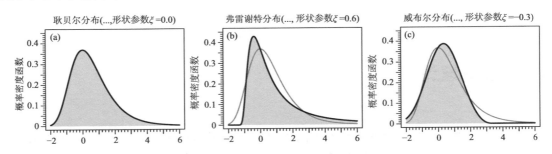

图 5.1　三类广义极值分布的概率密度函数（带阴影的黑线）

(a) $\xi = 0$（耿贝尔分布）；(b) $\xi = 0.6$（弗雷谢特分布）；(c) $\xi = -0.3$（威布尔分布）

（为便于比较，(b) 和 (c) 中的细线为 (a) 的概率密度）

分布函数 $F_X(x)$ 的吸引域 $\mathcal{D}_\xi$ 由生存函数 $\overline{F}_X(x) = 1 - F_X(x)$ 在 $x \to \infty$ 时的分布确定。

对于弗雷谢特分布的 $\mathcal{D}_\xi(\xi>0)$，分布的右端点趋于无穷，呈右侧重尾分布。如果生存函数以多项式速度趋向于 0：

$$当\ x\rightarrow\infty,\quad c>0\ 且\ \xi>0\ 时,\overline{F}_X(x)\sim cx^{-1/\xi}$$

则该分布在弗雷谢特分布的吸引域内(de Haan et al.，2006)。只有当 $\xi<1$ 时存在期望值，且只有当 $\xi<0.5$ 时存在方差。更一般地，当 $\xi<k^{-1}$ 时，广义极值函数的 k 阶矩才存在。如果 $F_X(x)$ 在威布尔广义极值分布的吸引域内(即 $\xi<0$)，则存在一个上限 x_F，满足式

$$\overline{F}_X(x_F-x)\sim cx^{-1/\xi}(当\ x\rightarrow 0,\quad c>0\ 且\ \xi<0\ 时)$$

的任何分布均在威布尔广义极值分布的吸引域内。大气科学中常用的许多分布都在 $\mathcal{D}_0$(即威布尔广义极值分布)的吸引域内。这种情况下的上限可以是有限的，也可以是无限的。在无限的情况下，呈轻尾分布，分布函数

$$\overline{F}_X(x)\sim e^{-x}(当\ x\rightarrow\infty\ 时)$$

在 $\mathcal{D}_0$ 的吸引域内。

极值理论的精妙之处在于它为样本最大值的渐近行为提供了一个普适定律。最大值平稳性对于多变量极值和极值过程的定义特别有意义(de Haan，1984)。假设 $X_1,\cdots,X_n$ 为 $F_X(x)=\exp\{-x^{-1}\}$ 的弗雷谢特分布的随机变量 X 的独立复制，对于最大值 $M_n=\max\{X_1,\cdots,X_n\}$，可以得到

$$Pr(M_n\leqslant x)=F_X^n(x)=\exp\{-nx^{-1}\}$$

因此，最大值平稳性条件，即 $F_X^n(nx)=F_X(x)$ 成立。最大值平稳性意味着最大值平稳随机变量的样本最大值的概率分布形态保持不变，而最大值只需相应地重新调整。极值平稳性条件是极值理论(EVT)的核心，通过它可以对未观测到的极值做出推断。

5.2.2　超越阈值法

极值理论中的另一种处理方式是超越阈值法(POT)。这里，极值被定义为超过足够高阈值 u 的超出量。假定 X_i 是分布函数为 $F_X(x)$ 的 X 的独立复制，其上限为 x_F。那么当 $X_i>u$ 时，将 $\widetilde{X}_i=X_i-u$ 定义为阈值超出量或超过量 $\widetilde{X}$。当 $u\rightarrow x_F$ 时，$\widetilde{X}_i$ 的分布可以用下面的广义帕累托分布(GPD)的分布函数来近似表示：

$$H(\widetilde{x};\sigma_u,\xi)=1-\left(1+\xi\frac{\widetilde{x}}{\sigma_u}\right)_+^{-1/\xi} \tag{5.3}$$

其中，尺度参数 σ_u 随 u 变化，形状参数 ξ 与 u 无关。Pickands(1975)、Balkema 等(1974)讨论了区块最大值和超越阈值法(POT)的关系，他们证明当且仅当各自样本最大值的归一化存在时，σ_u 和 ξ 才存在。那么广义极值分布和广义帕累托分布(GPD)的形状参数 (ξ) 相等，广义帕累托分布(GPD)的尺度参数与广义极值分布(GEV)满足关系 $\sigma_u=\sigma+\xi(u-\mu)$。在区块最大值法中我们得到的 3 类分布：当 $\xi>0$，广义帕累托分布(GPD)的定义域为 $0<\widetilde{x}<\infty$，且生存函数 $\overline{H}(\widetilde{x})=1-H(\widetilde{x})$ 遵循经典帕累托分布：$\overline{H}(\widetilde{x};\sigma_u,\xi)\sim c\widetilde{x}^{-1/\xi}$ 且 $c>0$。当 $\xi<0$，广义帕累托分布(GPD)存在有限的上限 $\widetilde{x}_H=\sigma_u/|\xi|$。当 $\xi\rightarrow 0$，广义帕累托分布(GPD)可简化为指数分布：

$$H(\widetilde{x};\sigma,0)=1-e^{-\widetilde{x}/\sigma}$$

且期望值 $E(\widetilde{X}) = \sigma$。

泊松点过程表示法为广义极值分布（GEV）和广义帕累托分布（GPD）提供了一个统一的框架（Beirlant et al.，2004；Coles，2001）。假定一个随机变量 X，其分布函数为 $F_X(x)$，且 $F_X(x)$ 在一个广义极值分布（GEV）的吸引域 $\mathcal{D}_\xi$ 内，u 取足够高的阈值。在一个有限规模的样本 X 中，阈值超出量的数值 K 非常小，而当样本量大时，K 近似地遵循泊松（Poisson）分布。对于一个足够高的阈值 u，阈值超过量 $X_i - u \,|\, X_i > u$ 近似遵循广义帕累托分布（GPD）。可以看出，对于高阈值 u，点过程 $(i/(n+1),(X_i - a_n)/b_n)$ 可近似为在区域 $A = [t_1,t_2] \times [x,\infty)$ 内的泊松点过程（PP），其中，$[t_1,t_2] \subset [0,1]$，$x > u$，且强度为

$$\Lambda(A) = (t_2 - t_1)\left(1 + \xi\frac{x-\mu}{\sigma}\right)_+^{-1/\xi} \tag{5.4}$$

Coles（2001）表明，泊松点过程为区块最大值和超越阈值法（POT）在描述极端值分布时提供了一种绝妙方法。

5.2.3 非平稳极值

在许多应用中，导致极端天气的过程具有随时间变化的特点。极端天气不是"突然"发生的，而是大气环境为这些极端天气创造了有利条件。例如，深厚湿对流产生的极端降水需要可释放对流有效位能（Convectively Available Potential Energy，CAPE）和克服对流抑制（Convective INhibition，CIN）的过程。此外，极端天气事件通常不能由动力天气预报模式很好地刻画。因此，通常不仅对感兴趣的变量进行后处理的问题，而且还要考虑到各种变量（即协变量）。对极值进行集合后处理的理由是，泊松（Poisson）过程的强度、或者说最大值的分布都会随天气状况的变化而变化，而天气状况的基本信息都是由动力预报的集合来提供的。然后我们要问，给定各自的天气预报，变量的尾部分布是怎样的？

为了说明上述问题，我们提取了多个信息丰富的协变量，并假设每个极值参数 $\theta \in \{\mu,\sigma,\xi\}$ 可分别表达为 $\theta = h(\boldsymbol{\beta}_\theta^{\mathrm{T}} \boldsymbol{Y})$，其中 h 是连接函数的反函数，$\boldsymbol{Y} = (1,Y_1,\cdots,Y_K)^{\mathrm{T}}$ 是内含一个常数和 K 个协变量的向量，$\boldsymbol{\beta}_\theta = (\theta_0,\cdots,\theta_K)^{\mathrm{T}}$ 为回归系数的向量，上标 ^{T} 表示转置。假定 $\boldsymbol{y}^{(i)}$ 是协变量在 t_i 时刻的真实值。设定位置参数与 $\boldsymbol{Y}$ 线性相关：$\mu^{(i)} = \mu_0 + \sum_{k=1}^{K} \mu_k y_k^{(i)}$ 和 $\boldsymbol{\beta}_\mu = (\mu_0,\cdots,\mu_K)^{\mathrm{T}}$，其中连接函数为恒等式。同样可以假定尺度参数为：$\sigma^{(i)} = \exp\left(\sigma_0 + \sum_{k=1}^{K} \sigma_k y_k^{(i)}\right)$，相应地以对数为连接函数，并确保方差为正。然后，可以使用最大似然估计给出足够高阈值来估计泊松过程。对于 $i = 1,\cdots,n$ 的时间样本，相应的似然函数为

$$L(\mu_0,\sigma_0,\cdots,\mu_K,\sigma_K,\xi) = \exp\left(-\frac{1}{n_p}\sum_i \left(1 + \xi\frac{\mu - \mu^{(i)}}{\sigma^{(i)}}\right)_+^{-1/\xi}\right)$$
$$\prod_i \left(\frac{1}{\sigma^{(i)}}\left(1 + \xi\frac{x^{(i)} - \mu^{(i)}}{\sigma^{(i)}}\right)_+^{-(1/\xi+1)}\right)^{\delta_i} \tag{5.5}$$

形状参数 ξ 通常随时间保持不变（Coles，2001），时间尺度参数 n_p 决定了观测在 $x^{(i)} > u$ 的区块规模，不满足则为 0，因此此式（5.5）中是对所有时刻 i 进行求和，但仅考虑超过阈值即 $x^{(i)} > u$ 的超出量。给定非平稳广义极值分布（GEV）参数，可以计算出基于概率 τ 的条件分位

数 $q_\tau^{(i)} = F_{\text{GEV}}^{-1}(\tau; \mu^{(i)}, \sigma^{(i)}, \xi)$，或基于阈值 u 的超越概率 $p_u^{(i)} = 1 - F_{\text{GEV}}(u; \mu^{(i)}, \sigma^{(i)}, \xi)$。

这个过程背后有一些假设。首先，阈值选定为常数，因而与天气状况无关的泊松过程仅拟合了超出量。Bentzien 等（2012）提出了另一种方法，他们将一个非平稳广义帕累托分布拟合至可变阈值的超出量，阈值定义为条件高分位数。在这两种情况下，我们必须确保阈值足够高。这可以通过 Friederichs（2010）中的分位数一分位数图（Q-Q 图）予以评估。此外，式（5.5）中的似然函数还假定了阈值超出量 $x^{(i)}$ 的条件独立性。虽然 EVT 对具有短期相关性的时间序列是有效的，但在条件相关性极值的情况下，可能需要进行分组处理（Coles，2001；Davison et al.，2015）。

对于区块最大值除了似然函数是基于广义极值分布（GEV）的概率密度函数之外，操作步骤基本相似。

5.3　单变量极值的后处理：降水

5.3.1　数据和集合预报

我们的第一个应用目标是需要制作 12:00—18:00 UTC 中某个时刻的极端降水分布预报。因此，目标变量是每天 12:00—18:00 UTC 逐时累计降水量的最大值。观测数据集包括全德国 409 站的逐时观测值。

预报的分发是基于业务化的 COSMO-DE 集合预报系统（COSMO-DE Ensemble Prediction System，COSMO-DE-EPS），该系统由位于奥芬巴赫的德国气象局（DWD）运行。集合预报在 00:00 UTC 起报，因此，预报时效为 12～18 h。关于 COSMO-DE 模式的介绍以及集合系统的设置请参考 Baldauf 等（2011）、Gebhardt 等（2011）和 Peralta 等（2012）的工作。

2011 年 1 月—2016 年 12 月这 6 a 期间的集合预报和观测数据都是可用的。COSMO-DE-EPS 在离每个观测站最近的格点上输出了大量的变量，包括每个格点周围小邻域和大邻域的统计量。最重要的变量见本章附表 5.1。

5.3.2　方法和检验

采用第 5.2.3 节中给出的非平稳泊松点方法（PP）对条件尾部分布进行建模。需要注意的是，我们将所有 409 个站点的数据汇集在一起，从而假设空间平稳的回归系数以及时间、空间的条件独立性。设定 $n_p = 1$，以便每天用一个值来模拟最大值的尾部分布。在似然函数的优化过程中，可将 n_p 用于重新参数化以得到更好的推断（Sharkey et al.，2017）。分别选定每个月日数据的气候态第 99 百分位数作为阈值 u。分位数一分位数图（Q-Q 图，图略）表明阈值选取合理。

我们希望证实对尾部分布进行显式后处理有如下优势：①与适用于全域分布的后处理相

比,减少高分位数的偏差;②与半参数分位数回归模型相比,降低估计的不确定性。①和②对于获得可靠且有区分度的极值预报都是很有必要的。

接下来将采用两种参考方法。第一个参考模型是 Scheuerer 等(2014)提出的数据全域灵活参数分布。出于对无降水事件的考虑,我们选择 0 删失广义极值分布(zero-censored GEV,cGEV),参数的确定采用 Coles 等(1999)提出的惩罚最大似然估计。如第 5.2.3 节所述,与泊松点过程(PP)相同之处在于,0 删失广义极值分布(cGEV)的参数设定为协变量的线性函数,而主要区别是,非平稳 0 删失广义极值分布(cGEV)并不是以极值为目标,而是对所有的 6 h 最大降水量进行拟合。

第二个参考模型采用半参数方法,即删失分位数回归(QR)(Friederichs et al.,2007;Koenker,2005;Wilks,2018;第 3 章)。删失分位数回归使用 $F^{-1}(\tau \mid \boldsymbol{Y}=\boldsymbol{y}) = \max(0, \boldsymbol{\beta}^{\mathrm{T}} \boldsymbol{y})$ 估计条件 τ-分位数,其中系数 $\boldsymbol{\beta}$ 使得下面的非对称代价函数在训练数据集内最小。

$$\hat{\boldsymbol{\beta}} = \underset{\boldsymbol{\beta}}{\operatorname{argmin}} \sum_{i=1}^{N} (\max(0, \boldsymbol{\beta}^{\mathrm{T}} \boldsymbol{y}^{(i)}) - x^{(i)})(\mathbb{I}_{x^{(i)} \leqslant \boldsymbol{\beta}^{\mathrm{T}} \boldsymbol{y}^{(i)}} - \tau) \tag{5.6}$$

如第 5.2.3 节所述,$x^{(i)}$ 代表观测值,$\boldsymbol{y}^{(i)}$ 是 i 时刻的协变量向量,$\mathbb{I}_v$ 是指示函数($\mathbb{I}_v$ 中的"v",泛指 $\mathbb{I}$ 后面的条件)。当 v 为真则 $\mathbb{I}_v=1$,否则 $\mathbb{I}_v=0$。式(5.6)的优化有些复杂,我们采用 Chernozhukov 等(2002)提出的三步法,Friederichs 等也对该方法进行了详细阐释。所有参考方法都使用与泊松点过程(PP)相同的协变量。

我们的检验集中在试验分位数评分对选定的分位数上。假定 q_τ 是概率为 τ 的预报分位数,采用分布函数的倒数 $F_{\mathrm{GEV}}^{-1}(\tau)$ 或 $F_{\mathrm{cGEV}}^{-1}(\tau)$,抑或分位数回归得到 τ 的分位数。分位数评分(the Quantile Score,QS)基于式(5.6)中的代价函数,有:

$$\mathrm{QS} = \sum_{i=1}^{N} (q_\tau^{(i)} - x^{(i)})(\mathbb{I}_{x^{(i)} \leqslant q_\tau^{(i)}} - \tau) \tag{5.7}$$

其中,$x^{(i)}$ 是 N 个成对预报量—观测量中的第 i 个观测值。分位数评分(QS)可分解为三项,分别为不确定性(UNC)、可靠性(REL)和分辨性(RES):

$$\mathrm{QS} = \mathrm{UNC} - \mathrm{RES} + \mathrm{REL} \tag{5.8}$$

完美预报的分位数评分为 0。其中的不确定性项是对气候态的评定,因此与预报无关。当可靠性作为预报和实况分布之差应当趋于 0 时,最大可达到分辨性不等于不确定性。如果我们将式(5.8)除以不确定性项,就可以得到分位数技巧评分(the Quantile Skill Score,QSS),表达式为:

$$\mathrm{QSS} = 1 - \frac{\mathrm{QS}}{\mathrm{UNC}} = \frac{\mathrm{RES}}{\mathrm{UNC}} - \frac{\mathrm{REL}}{\mathrm{UNC}} \tag{5.9}$$

式(5.9)的左边是以气候背景为参考的分位数技巧评分。如果比例分辨性项 RES/UNC 大于 REL/UNC,则技巧为正。RES/UNC 的最优值为 1,而 REL/UNC 的最优值仍为 0。因此,比例分辨性项可以理解为最大可达分辨性的百分比。有关不同评分项的估计,可参考 Bentzien 等(2014)。

模型训练和验证采用交叉验证法。为了将全德国降水明显的季节变化纳入考虑,我们以 3 个月作为滑动窗进行训练。为此,我们在一年中保留了 1 个月的数据,并使用另 5 a 的同月及前后各 1 月进行训练(例如,2016 年 4 月的预报基于 2011—2015 年 3—5 月数据建立的模型)。检验对冬季(DJF)和夏季(JJA)分别进行。为评估分位数估计的不确定性,我们重复完整的评估过程,包括对 6 a 数据中的 100 个自助样本进行交叉验证。为考虑时间相关,我们在生成自助数据集时将连续 5 d 的数据放在一起。因此,2011—2016 年的每一天、409 站中的每一站,我们都通过每一种方式分别得到 100 个模型估计值。下文中的所有不确定性估计都通过这种自助抽样方式得到。

5.3.3 变量的选取

集合预报系统提供了大量的信息,不仅包含所关注的变量,还有关于天气条件、物理过程以及局地反馈等方面信息。由于数据量巨大,变量的选取通常分两步进行:第一步,依据物理机制进行预报因子的初筛;第二步,采用统计选择方法根据预报因子的信息含量(即在降低各自评分函数的能力方面)进行选取。目前已有多种变量选取方法,如逐步引入或逐步剔除(Fahrmeir et al.,1994,第 4.1.2 节)或惩罚回归技术(Kyung et al.,2010)。在此,我们在贝叶斯框架下使用 LASSO(Least Absolute Shrinkage and Selection Operator)模型(Tibshirani,1996)。该模型对非 0 回归系数构造一个惩罚函数,从这个意义上说,模型类似于惩罚回归。为此,贝叶斯 LASSO 方法假设回归系数具有独立的 0 均值拉普拉斯先验分布,其尺度参数,也包括 LASSO 参数,决定了使回归系数趋于 0 的强度,较小的 LASSO 参数会只能得到少数非 0 回归系数。

我们使用贝叶斯分位数回归(QR)(Yu et al.,2001)来选择信息含量最大的预报因子。该方法参照 Wahl(2015)中的 LASSO 应用,该文也对贝叶斯分位数回归(QR)进行了详细阐释。图 5.2 为使用强 LASSO 惩罚的回归系数后验分布。在第 5.7 节给出了所有协变量列表及说明。这些结果是基于 15000 次蒙特卡洛样本的结果。在所有 63 个协变量中,只有少数系数不为 0(即所有的蒙特卡洛结果要么大于 0,要么小于 0)。1 月,最相关的预报因子为集合最大降水量(PREC-max)和 700 hPa 集合平均相对湿度(RH700-m),而 7 月的相关因子有:700 hPa 垂直速度的集合标准差(OMEGA700-sd)、2 m 露点的集合小邻域平均(TD2MM-m)以及小邻域平均总降水量的集合标准偏差(PREC-M-sd)。这些都是最常选的变量(图 5.2 下图)。7 月存在相关的还有 500 hPa 集合平均温度和小邻域平均总云量。在下文中,我们使用PREC-max、RH700-m、OMEGA700-sd、TD2M-m 和 PREC-M-sd 作为所有月份的预报变量。

5.3.4 后处理方法的对比

采用分位数技巧评分(QSS)对概率 $\tau = 99\%$,99.5%,99.9%,99.95%,99.99%的高分位数的情况进行对比。99.99%的分位数预计在 27 a 中一个站点会超过一次。当我们将所有409 站的数据集中在一起,那么在我们的数据集中,99.99%的分位数被超过了约 90 次。

从一系列概率分级 τ 分别在冬季(DJF)和夏季(JJA)的总体分位数技巧评分(QSS)着手进行对比(图 5.3)。分位数回归(QR)只对 5 个 τ 分级进行,而删失广义极值分布(cGEV)和泊松点过程(PP)则提供所有概率分级的估计。由于图 5.3 中的评分是对所有 409 个站的估计,它评估了时间和空间上的技巧。分位数回归(QR)和泊松点过程(PP)甚至在第 99.99%分位的技巧为正。冬季,分位数回归(QR)和泊松点过程(PP)对于高分位数的分位数技巧评分

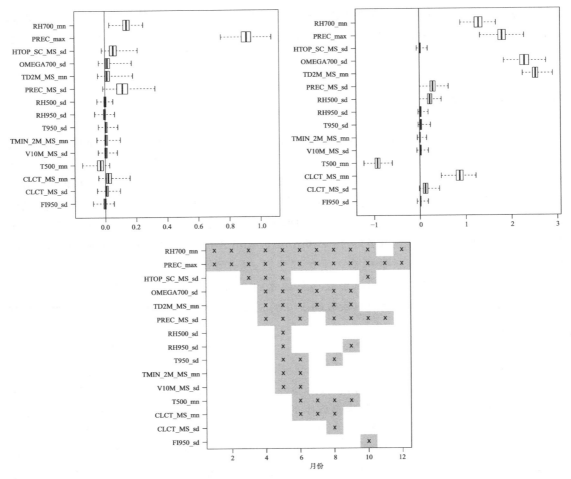

图 5.2 1月(左上图)和 7月(右上图)降水量第 99 百分位数的贝叶斯 LASSO 分位数回归。箱线图表示各预报因子所对应的回归系数的后验分布。下图表示一年中每个月的所选变量(即所有 15000 次蒙特卡洛后验结果不是正就是负),只有至少被选中一次的协变量才进行显示(变量的描述见表 5.1)

(QSS)介于 50％和 60％。泊松点过程(PP)在低于 99％概率水平的技巧降低,这是由于使用 PP 后处理方法会刻意集中在气候态第 99％分位以上。删失广义极值分布(cGEV)方法在冬季对几乎所有概率分级都表现较好,尽管在第 99.99％分位数的技巧明显降低至 30％左右。

各模型的预报技巧在夏季(JJA)第 99％分位以上大幅度降低 25％～40％。其中最明显的是非平稳删失广义极值分布(cGEV),它未能在 99.5％以上的概率分级提供有技巧的分位数预报。对于第 99.9％和 99.95％分位,泊松点过程(PP)表现优于分位数回归(QR),而对于第 99.99％分位,泊松点过程(PP)和分位数回归(QR)技巧相近。因此,对于尾部分布的参数估计,非平稳泊松点过程(PP)与半参数化分位数回归(QR)方法的技巧相当。

删失 GEV 方法在夏季(JJA)的失败是由于广义极值分布(GEV)无法同时体现条件分布的主体和尾部特征。图 5.4 为删失广义极值分布(cGEV)和泊松点过程(PP)方法随时间变化的交叉验证的形状参数估计。在冬季(DJF)形状参数估计略呈负值,而在夏季(JJA)它们明显

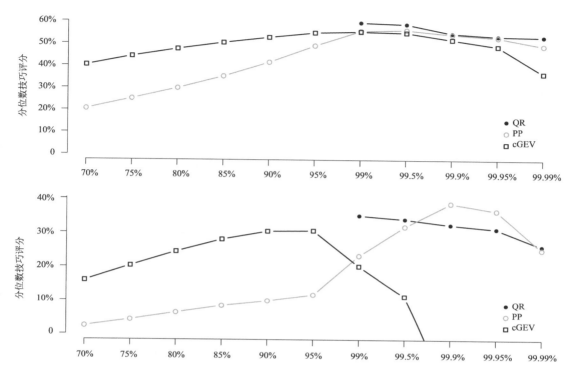

图 5.3 非平稳删失广义极值分布(cGEV,浅灰色方块)、分位数回归(QR,黑点)和非平稳泊松点过程
(PP,灰色圆圈)的分位数技巧评分(QSS)(QSS 是冬季(DJF,上图)和夏季(JJA,下图)中所有日数的平均)

转为正值,删失广义极值分布(cGEV)方法表现尤为显著。在夏季删失广义极值分布(cGEV)的形状参数大值导致了在非常高的 τ 分级上分位数预报被严重高估(例如,采用 cGEV 的最高第 99.99% 分位的预报降水量达到约 2360 mm·h^{-1})。尽管技巧较差,但删失广义极值分布(cGEV)对冬季的高 τ 分级的预报技巧尚可,其尾部分布类似于指数分布甚至 β 分布。

就分位数评分(QS)的可靠性项而言,可以通过可靠性项更深入地了解分位数预报的性能。图 5.5 是冬季(DJF)和夏季(JJA)第 99.99 百分位预报的可靠性项。分位数回归(QR)和泊松点过程(PP)对冬季(DJF)7 mm·h^{-1} 以上的分位降水存在明显低估,泊松点过程(PP)分位数预报的可靠度稍差,泊松点过程(PP)提供了比删失广义极值分布(cGEV)更可靠的分位数预报,cGEV 从 2 mm·h^{-1} 以上分位降水就开始低估,且随着分位数的提高低估更明显。冬季分位数回归(QR)和泊松点过程(PP)之间的校准差异通常很小。低分位数预报存在严重高估,而泊松点过程(PP)系统性地低估了分位数量级在 25~40 mm·h^{-1} 的降水量。如图 5.3 所示,负的高分位数技巧评分的大值说明,用 cGEV 分位预报对冬季降水预报的订正效果很差。在其他 τ 分级也有类似结果(图略)。

图 5.6 从比例分辨性项和比例可靠性项方面详细分析了预报性能,REL/RES 图可以进行这两项预报性能的全面对比,因为它同时涉及评分分解得到的所有项。最靠近绘图区左上角的模型性能最佳。图 5.6 表明,分位数回归(QR)在冬季的比例分辨性和可靠性都优于泊松点过程(PP)。对于所有分位数,cGEV 具有比泊松点过程(PP)和分位数回归(QR)更低的分

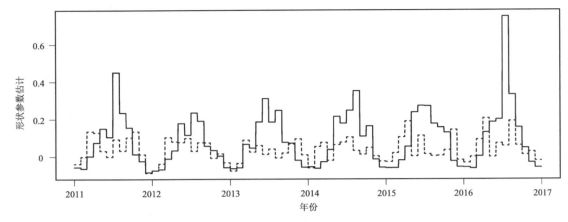

图 5.4　非平稳删失广义极值分布(cGEV,黑线)和
非平稳泊松点过程(PP,虚线)的形状参数估计

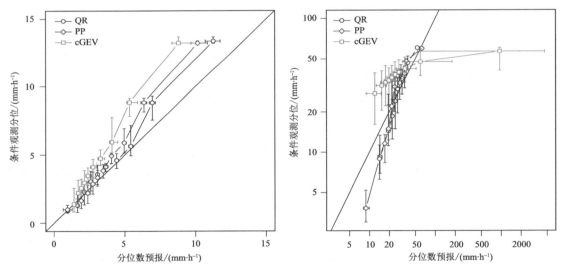

图 5.5　采用分位数回归(QR)、泊松点过程(PP)和非平稳删失广义极值分布(cGEV)方法的第 99.99%
分位数可靠性项预报对比,左图为冬季(DJF)右图为夏季(JJA)(预报被划分为同等数量的区间;x 轴
表示各区间的预报平均值,y 轴表示观测在预报区间上的条件分位数估计;
分档估计和条件分位数估计的 95% 自助置信区间由箱线表示)

辨性和更差的可靠性。夏季,泊松点过程(PP)在第 99.9 和 99.95 百分位的分辨性和可靠性
方面更胜一筹,而在第 99.99 百分位的预报则失去可靠性。需要注意的是,由于 cGEV 的数值
在夏季远超过显示范围,因而未进行评估。cGEV 的预报技巧在图 5.3 所示的分位量级内出
现负值,从第 99.9% 分位数的 −0.2 下降至第 99.99% 分位数的 −1.4,这个负技巧评分是由
0.1 左右的低比例分辨性和介于 0.35～1.5 的低比例可靠性共同导致的。

　　根据分位数评分构成中的不确定性项,有证据表明分位数回归(QR)预报比泊松点过程

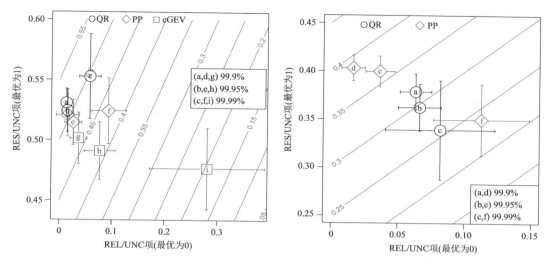

图 5.6　分位数回归（QR）和泊松点过程（PP）分位数预报分别在 $\tau = 99\%$、$\tau = 99.95\%$ 和 $\tau = 99.99\%$ 概率水平的比例分辨性项（RES/UNC）与比例可靠性项（REL/UNC）的分布（左图代表冬季，右图代表夏季；箱线表示 100 个成员自助样本的 95% 自助法不确定性区间；灰色等值线表示等分位数技巧评分（QSS）线）

（PP）预报有更大的不确定性。为了评估分位数估计的不确定性，图 5.7 表示分块自助样本在预报分位数的 95% 置信区间。泊松点过程（PP）方法在分位数预报低值区的不确定性相对较大，这仍是由于泊松点过程（PP）方法仅适用于超过气候态第 99% 分位的超出量。否则，分位数回归（QR）和泊松点过程（PP）估计的不确定性差异会很小。然而，对于夏季非常高的分位数，泊松点过程（PP）估计的不确定性范围比分位数回归（QR）更小。需要注意的是，在 99.99% 的概率等级，不确定性范围累积约达分位数预报值的一半。

　　我们得出的结论是，只要尾部分布是指数分布或 β 分布，数据主体的适宜条件分布也可以提供令人满意的条件极值预报。Williams 等（2014）在研究洛伦兹（Lorenz）1996 模式（Lorenz，1996）中常见后处理方法时，遇到了类似情况。他们已经指出，洛伦兹（Lorenz）1996 模式的气候态分布的尾部非常短，并且经过测试的方法对极值情况也具有合理的表现。然而，在重尾条件分布的情形下，单一分布可能无法可靠地预报出分布的完整范围，而需要对尾部分布另行描述。尽管分位数回归（QR）的不确定性稍高，但即使在非常高的概率水平上，它也能提供与泊松点过程（PP）一样的技巧预报。然而分位数回归（QR）无法进行外推，而泊松点过程（PP）方法的良好表现表明，外推可以为条件极值提供有价值的指导，甚至可以高于观测到的水平。

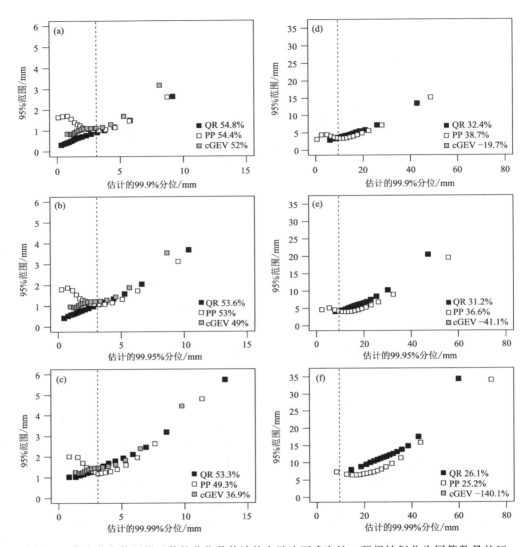

图 5.7　作为分位数预报函数的分位数估计的自助法不确定性。预报被划分为同等数量的区间（x 轴上给出了中心）。方块表示分块自助法样本的 95％不确定性范围。(a)、(b)和(c)分别代表冬季 $\tau = 99.9\%$、99.95％和 99.99％的分位数预报，(d)、(e)和(f)对应夏季相应 τ 分级的预报（数字表示分位数预报技巧评分（QSS），水平虚线表示气候态第 99 百分位数）

5.4　多变量和空间极值的极值理论

　　多变量极值和空间极值的理论不太容易理解。如何对多变量观测进行排序并不清楚，并且极值平稳多变量分布并不是由有限个参数的参数分布构成。因此，相关结构的分类非常多。读者可参考 Davison 等（2013）和 Davison 等（2015）等文献中的简短介绍或参考 Beirlant 等

(2004)和 Coles(2001)编写的教科书。本节中,我们只介绍多变量极值理论、极值相关性和空间极值的主要概念。

5.4.1　极值相关性和多变量极值分布

　　在许多应用中,极值的相关性无论是在变量之间,或是在空间、时间范畴上都很有意义。这种相关关系的特征在于联合尾部分布属性,它与外推法密切相关,因此对统计预报或极值后处理也很重要。对二元随机变量 $\boldsymbol{X} = (X_1, X_2)$ 的极值相关性的自然度量是相关度 χ:

$$\chi = \lim_{x \to x_F} Pr(X_1 > x \mid X_2 > x) \tag{5.10}$$

式中, x_F 是 X_1 和 X_2 的上限,且假定 X_1 和 X_2 具有相同的分布。相关度 χ 描述了当 X_2 出现极值时, X_1 也出现极值的概率。如果 $\chi \neq 0$,则 X_1 和 X_2 渐近相关,反之, $\chi = 0$ 则表示渐近独立。函数 $\chi(x) = Pr(X_1 > x \mid X_2 > x)$ 也可以理解为在某百分位数范围内的相关度。此外,如果 $\boldsymbol{X} = (X_1, X_2)$ 的分布属于二元最大值分布类(即,是二元极值平稳分布),则 $\chi(x)$ 对于所有 x 都是常数。

　　一维以上的极值被定义为分量最大值。这里我们把讨论限定在二元情况下,但它可以很容易地扩展到任意维度 q 。分量上的最大值定义为:

$$\boldsymbol{M}_n = (\max(X_1^{(1)}, \cdots, X_1^{(n)}), \max(X_2^{(1)}, \cdots, X_2^{(n)}))$$

式中, n 是独立实现拟合的数量。与单变量极值理论(EVT)一样,如果存在一系列归一化向量使得归一化最大值遵循具有广义极值分布(GEV)边缘的非退化分布,则 $\boldsymbol{X}$ 落在双变量极值分布的吸引域内。同样,第 5.2.1 节中提出的最大值平稳性概念也适用于二元或多元极值。

　　多变量极值理论(EVT)和应用分为两部分。首先,需要对多变量极值每个分量的边缘分布进行建模。其次,需要用公式对标准化分量之间的相关结构进行表述。因此,为了研究最大值平稳随机变量的相关结构,每个分量都进行标准化,以遵循标准广义极值分布(GEV)。一个非常有用的选择是标准弗雷谢特边缘分布,尽管空间极值模型通常使用标准耿贝尔边缘分布。

　　假定分量最大值具有标准弗雷谢特边缘分布。那么双变量最大值的极限分布是一个二元极值分布,其形式为

$$G(z_1, z_2) = \exp(-V(z_1, z_2)) \tag{5.11}$$

其中, $V(z_1, z_2)$ 称为指数度量。指数度量定义为确保最大值平稳的条件,即, $V(z_1, \infty) = 1/z_1$ 且 $V(\infty, z_2) = 1/z_2$ 以满足标准弗雷谢特边缘分布,以及 $V(tz_1, tz_2) = t^{-1}V(z_1, z_2)$,且 $t > 0$ 作为 -1 阶齐次条件以确保多变量最大值平稳。指数度量含有极值相关的信息,例如,当渐近独立时, $V(z_1, z_2) = 1/z_1 + 1/z_2$,当完全相关时, $V(z_1, z_2) = \max(1/z_1, 1/z_2)$ 。

　　极值相关的另一种度量是满足

$$\theta = \lim_{z \to z_F} \log Pr(X_1 \leqslant z, X_2 \leqslant z) / \log Pr(X_2 \leqslant z)$$

的极值系数 θ 。可以证明相关性度 χ 与 θ 相关,即 $\chi = 2 - \theta$ 。此外,如果 X_1 和 X_2 遵循二元极值分布,则可以很容易地使用 -1 阶齐次条件证明 $\theta = V(1,1)$ 。极值系数(θ)通常用于描述相关性,取值介于渐近相关时的 $\theta = 1$ 和渐近独立时的 $\theta = 2$ 之间。

5.4.2 空间最大值平稳过程

现在转向空间极值，我们首先使用极值系数 (θ) 讨论空间相关性。假设在二维空间 $S \subset \mathbb{R}^2$ 上定义了一个平稳的空间随机过程 X。对于空间过程 X，有位置 s，且 $s' \in S$ 和距离 $h = s - s'$，类似于地统计学中的变差函数：

$$\theta(z, h) = \frac{\log Pr(X(s+h) \leqslant z, X(s) \leqslant z)}{\log Pr(X(s) \leqslant z)} \qquad (5.12)$$

定义极值系数函数 $\theta(h) = \lim_{z \to \infty} \theta(z, h)$，极值系数 $\theta(h)$ 与 F-绝对值变差函数（F-madogram）（Cooley et al.，2006）$\nu(h) = E(|F_X(z, s+h) - F_X(z, s)|)$ 直接相关，式中 F_X 是 X 的边缘分布，并且

$$\theta(h) = \frac{1 + 2\nu(h)}{1 - 2\nu(h)}$$

该关系后文将用于估计空间极值过程。

空间极值的随机过程是无限维的。要成为空间极值的有效过程，则必须具备最大值平稳的属性。因此，类似多变量极值理论（EVT），没有参数公式，但存在几种构建有效最大值平稳空间过程的方法。Smith（1990）清楚地介绍了这种最大值平稳过程的构造思路，正如他对"降雨—暴雨"的解释非常直观。

最大值平稳过程一般被构造为无限多随机过程的点状最大值。空间极值稳定过程被定义为 $S \subset \mathbb{R}^2$，其中位置 $s \in S$。我们在应用中使用布朗—雷斯尼克（Brown-Resnick）过程（Brown et al.，1977；Kabluchko et al.，2009）。布朗—雷斯尼克过程是作为下面的限制过程出现的：

$$Z(s) = \max_{i \in \mathbb{N}} \left\{ U_i + W_i(s) - \frac{\text{Var}(W(s))}{2} \right\}$$

式中，$0 < U_1 < U_2 < \cdots$ 是 $\mathbb{R}_+$ 上强度为 $e^{-u}du$ 的泊松点，W_i，$i \in \mathbb{N}$ 是具有固定增量和半变差函数

$$\gamma(s) = \frac{1}{2}\text{Var}(W(s) - W(0))$$

0 的均值高斯随机场 $\{W(s), s \in S\}$ 的独立复制限制过程 Z 为平稳过程且最大值平稳，具有标准耿贝尔边缘分布，其规律仅与半变差函数 γ 相关（Kabluchko et al.，2009）。这被称为与半变差函数 γ 相关的布朗—雷斯尼克过程。

如 Oesting 等（2017）所述，我们将半变差函数限定为类型

$$\gamma_\vartheta(h) = \| aA(b, \zeta)h \|^\alpha \qquad h \in \mathbb{R}^2$$

其中，$\vartheta = (a, b, \zeta, \alpha)$，$a > 0$ 为尺度因子，$\alpha \in (0, 2]$，矩阵 $A(b, \zeta) \in \mathbb{R}^{2 \times 2}$，有

$$A = \begin{pmatrix} \cos\zeta & \sin\zeta \\ -b\sin\zeta & b\cos\zeta \end{pmatrix}$$

允许几何（椭圆）各向异性，其中 $b > 0$，$\zeta \in (-\pi/4, \pi/4]$。为将布朗—雷斯尼克过程拟合到数据中，我们在半变差函数 $\gamma_\vartheta(h)$ 和极值系数函数 $\theta(h)$ 之间建立直接联系（Oesting et al.，2017）。

5.5 空间极值的后处理：阵风

风预报的后处理，第二个侧重于空间极值后处理的应用。空间数据是由德国气象局（DWD）提供的德国 121 个气象站的逐时峰值风速观测，我们使用 2011 年 1 月至 2016 年 12 月 12:00—18:00 UTC 的峰值风速观测值并将它们记为 fx。风速峰值观测值代表了几秒钟的阵风，因此 6 h 内的风速最大值可以用极值分布来描述。

下文陈述的处理有两个步骤。第一步是对边缘分布的统计建模，即每个站点的阵风观测值 fx 在集合预报条件下的分布。第二步是使用第 5.4.2 节中介绍的最大值平稳的布朗—雷斯尼克过程来描述空间相关性。后者基于第一步得到的边缘分布计算出残差，将阵风观测值 fx 转化为标准的耿贝尔残差。这种变换使用类似于第 5.3 节的单变量后处理的条件广义极值分布（GEV），其中预报因子再次从 COSMO-DE 集合预报系统（COSMO-DE-EPS）中获取。

5.5.1 边缘分布的后处理

第一步与第 5.3 节中用于降水的方法相似。其主要区别在于，我们没有假设泊松点过程，而是直接对 121 个气象站的 6 h 最大阵风 fx 进行处理，假设它们遵循非平稳广义极值（GEV）分布。预报因子从 COSMO-DE 集合预报系统（COSMO-DE-EPS）选取了阵风诊断量 VMAX 的集合最大值（VMAX-max；Schulz，2007）和 10 m 风速的集合平均（VMEAN-m）。我们限定只选取这两个预报因子，因为它们是可以获取到的 2011 年 3 月至 2012 年 2 月的空间场。

广义极值（GEV）模型的使用对象是 fx − VMEAN-m 在时间 t 和地点 s 的边缘分布。因此，我们假设 fx − VMEAN-m ∼ $\mathrm{GEV}_{fx}(x; \mu(s,t), \sigma(s,t), \xi)$，其中

$$\begin{cases} \mu(s,t) = \mu_0 + \mu_1 \mathrm{VMAX\text{-}max}(s,t) + \mu_2 \mathrm{VMEAN\text{-}m}(s,t) \\ \sigma(s,t) = \exp(\sigma_0 + \sigma_1 \log(\mathrm{VMAX\text{-}max}(s,t))) \end{cases} \tag{5.13}$$

这种组合被证明是在高分位数的技巧评分（QSS）方面是最佳模型。我们进一步设置形状参数 $\xi = 0$，以使用耿贝尔型广义极值分布（GEV）。最大似然估计的 ξ 略呈负值，负的 ξ 会严重低估大的阵风。耿贝尔型广义极值分布（GEV）为条件高分位提供了稳定性和技巧性更强的估计。这与 Perrin 等（2006）的结论一致，他们指出，风速的年最大值遵循耿贝尔分布的假设很少被否定。

德国气象局（DWD）根据阈值 $u = 14, 18$ 和 25 m · s⁻¹ 发布阵风警报。因而，我们计算条件分位数 $q_\tau(s,t) = F^{-1}_{\mathrm{Gumbel}}(\tau; \mu(s,t), \sigma(s,t)) + \mathrm{VMEAN\text{-}m}$ 和固定阈值的超越概率 $p_u = 1 - F_{\mathrm{Gumbel}}(u - \mathrm{VMEAN\text{-}m}; \mu(s,t), \sigma(s,t))$。使用布赖尔（Brier）评分（Brier，1950）和基于气候态的布赖尔技巧评分（BSS）进行概率预报量 p_u 的检验。

与用于降水个例的评估相同，这里使用交叉验证进行评估。阵风的季节变化不太明显，因而分位数技巧评分（QSS）和布赖尔技巧评分（BSS）对每个站的整个时段取平均值。为了公平比较，用于分位数技巧评分（QSS）和布赖尔技巧评分（BSS）的气候估计也需要进行交叉验证。

　　图 5.8 为非平稳边缘模型的分位数技巧评分(QSS)和布赖尔技巧评分(BSS)。箱线图分别显示了各个站点计算得到的 QSS 和 BSS 分布。参考预报是对应各分位数或超越概率的、经交叉验证后的局地气候态。第 50%～95% 分位数的评分中位数大致为 40%，而非常高的第 99.9% 分位数的 QSS 中位数降低到仅约 25%。即便在最高分位数的情况下，所有站点的技巧评分也都为正。阈值超出量也得到了类似结果。14 m·s⁻¹ 阈值的评分中位数约为 45%，而 25 m·s⁻¹ 阈值则降低至 10% 左右。25 m·s⁻¹ 阈值的评分则大幅度降低，超过 25% 的站点相对于气候态的预报技巧为负值。

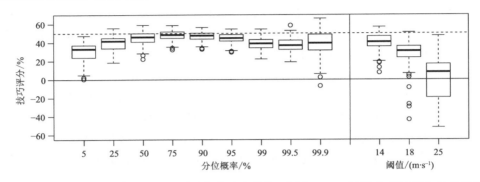

图 5.8　阵风预报在 5%，…，99.9% 分位的分位数技巧评分(QSS，左图)和超过量在各阈值的
布赖尔技巧评分(BSS，右图)

(箱线图表示所有站点的技巧评分分布，所用广义极值分布(GEV)模型为非平稳耿贝尔分布，
协变量满足 $\sigma \sim$ VMEAN-max)

　　通过可靠性图(图 5.9)可见，非平稳广义极值(GEV)分布为观测到的最大阵风提供了部分可靠的模型。中位数预报的可靠性很好，而高分位数预报则存在偏差。其他协变量可以提高可靠性(图略)，但由于并非所有格点都有协变量，因此此处未将其包括在内。

　　分位数估计值中的不确定性采用与降水个例相同的自助法进行估计。由于该估计是基于 121 站 6 a 逐日数据的大样本进行的，因此分位数估计的不确定性非常小，以至于图 5.9a 中箱线图的箱线都看不见。

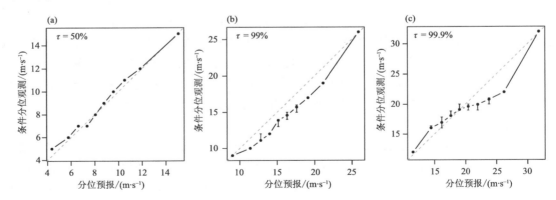

图 5.9　阵风分位数预报在概率水平(a)50%、(b)99% 和(c)99.9% 的可靠性
(预报值被划分为同等数量的区间，x 轴表示各个区间的预报平均值，y 表示预报区间上用条件
分位数估计得到的观测值；区间 95% 自助法不确定性与条件分位数估计用箱线表示)

5.5.2　空间相关性结构

　　本节研究残差的相关结构。为此,使用式(5.13)中给出的非平稳广义极值分布(GEV)参数将观测值变换为标准耿贝尔残差。正如图 5.9 中体现的可靠性不足那样,残差不是完全标准的耿贝尔位置分布(图略)。

　　下一步,我们估计残差在 s_i 和 s_j 处的二元极值系数 $\theta_{i,j}$。图 5.10 显示了所有有关欧氏距离 $|s_i - s_j|$ 的 $\theta_{i,j}$。距离最近的两站的极值系数约为 1.4,经过后处理的残差相关性是显著的,可延伸到数百千米,对于相距甚远的两个站,可以达到接近 2(即独立)。相关性的各向异性非常小(图略)。因而,如果忽略空间相关性,那么阵风的空间后处理结果就不真实了。如第 5.4.2 节所述,极值系数 $\theta_{i,j}$ 用于拟合布朗—雷斯尼克过程。从图 5.10 可见,布朗—雷斯尼克极值系数函数与经验的 $\theta_{i,j}$ 拟合较好。为了说明布朗—雷斯尼克过程,图 5.10 中的右图给出了一个布朗—雷斯尼克过程的拟合结果。

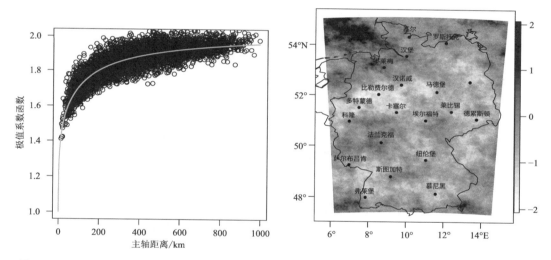

图 5.10　左图为极值系数和使用非平稳广义极值分布(GEV)残差的布朗—雷斯尼克拟合(圆圈表示两站之间的极值系数估计(单位:km),灰线表示随平均距离变化的拟合布朗-雷斯尼克过程的极值系数函数);右图为拟合的布朗—雷斯尼克过程的一个实例

　　图 5.11 显示了 2011 年 6 月慕尼黑机场站经过后处理的阵风预报时间序列结果,并讨论 2011 年 6 月 22 日的空间预报情况。图 5.11 显示的变量为 COSMO-DE 集合预报系统(COSMO-DE-EPS)输出的 10 m 高度阵风诊断量 VMAX 和相应的站点观测。COSMO-DE-EPS 的阵风与观测值对应较好。然而,需要注意的是,观测通常位于 20 个成员的集合范围之外,且该集合大部分是欠离散的。这可以通过排序直方图看到明显的"U"形(图略),其中有大约 30% 天数的观测值在集合范围以下,而大约 20% 在集合范围以上。

　　使用拟合的布朗—雷斯尼克过程进行残差过程的后处理,并使用非平稳的耿贝尔模型对残差进行反演。图 5.11 表示 2011 年 6 月慕尼黑机场站的 100 个经过后处理的预报集合。经过后处理的结果范围更大,尽管有 17% 的天数观测值位于集合范围以下,但排序直方图的校准效果要好得多,尤其是对于中等以上的分级(图略)。

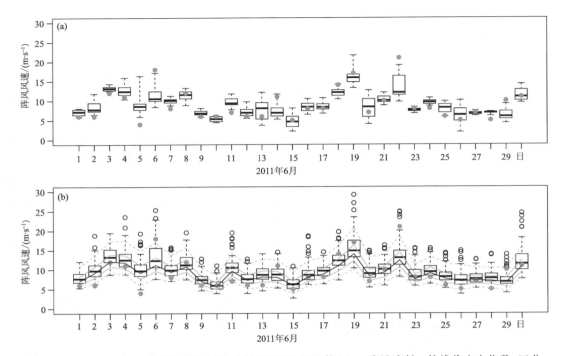

图 5.11　(a)2011 年 6 月慕尼黑机场站 COSMO-DE-EPS 的 10 m 阵风诊断。箱线代表中位数、四分位范围(the interquartile range,IQR)和集合范围,(b)使用布朗—雷斯尼克过程的 100 次实现结果和使用非平稳广义极值分布(GEV)变换处理后的阵风预报

灰点表示观测值。箱线上标示了中位数、四分位距(IQR)、1.5 倍四分位距极限和离群值。

线条给出了经过后处理的中位数(黑色实线)、第 25 和 75 百分位数(灰色实线),以及

第 5 和 95 百分位数(灰色虚线)

　　有了对残差极值过程的了解,即拟合的最大值平稳布朗—雷斯尼克过程,以及每个格点的协变量,现在就可以基于 COSMO-DE 集合预报系统(COSMO-DE-EPS)的预报模拟空间极值过程。我们以 2011 年 6 月 22 日为例进行空间预报,这一天德国受冷锋影响出现了极端天气,锋面与 6 月 16—17 日在北大西洋西部形成的低压系统有关(Weijenborg et al.,2015)。图 5.12 为最大阵风诊断量(VMAX-max)和实况观测的阵风。COSMO-DE-EPS 预报在德国中部出现 40 m·s⁻¹ 以上的阵风,而实际观测到的最大阵风在德国南部,风速约为 36 m·s⁻¹。

　　图 5.13 显示了 2011 年 6 月 22 日经过后处理的结果。我们省略了对无条件和条件空间阵风过程的完整描述。已知每个站点的非平稳广义极值分布(GEV)参数和 COSMO-DE-EPS 预报,我们对布朗—雷斯尼克空间最大值平稳性过程的模拟结果进行变换,从而获得后处理的阵风结果。图 5.13 中显示了 4 个实例。这些后处理结果分布大相径庭,其中的一个结果多处出现 35 m·s⁻¹ 以上的阵风,而有的结果完全没有超过 30 m·s⁻¹ 的阵风。

　　经过后处理的 COSMO-DE-EPS 模拟,实现了预报集合校准和预报空间结构的改善,也就是说,后处理得到的结果很少是欠离散的,并且有接近观测的相关结构。

　　我们的应用是使用空间 EVT 进行极值集合后处理的第一次尝试。这个例子还有相当大的改进空间。首先,利用非平稳 GEV 分布将边缘分布变换为标准耿贝尔分布的过程并不是完美的,而且残差与标准耿贝尔分布的偏差是相当大的。这对空间过程估计的影响并不明显。

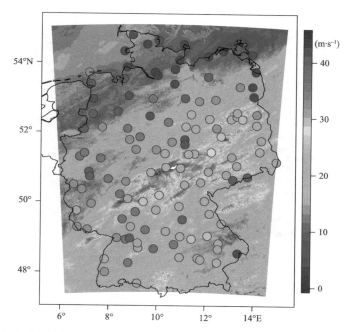

图 5.12　2011 年 6 月 22 日 12：00—18：00 UTC 的集合最大阵风 VMAX-max（阴影）和
观测阵风（圆点）分布（见彩图）

其次,空间过程被假设为具有平稳的相关结构。然而,残差的空间相关性可能取决于天气情况
和当地条件。最后,目前还不清楚如何评估或验证后处理的空间场,需要开展针对空间极值的
评分研究。

5.6　本章小结

极值统计是一个充满活力的研究领域,而气象学家最近才开始在集合后处理中使用极值
理论(EVT)。类似于中心极限定理的极限定律的存在为极值提供了统计模型,这些模型不适
用于一般变量。极值理论(EVT)的应用并不总是简单的,对于多变量或空间极值的情况,这
些方法变得复杂。然而,对于所有非正态的多变量和空间变量来说,情况都是如此。

本章提供了降水和阵风两个应用,展示了极值理论(EVT)用于集合后处理的潜力。降水
的后处理采用了一个空间均匀的、单变量的、非平稳泊松点过程(PP)。由于泊松点过程(PP)
仅适用于阈值超出量,所以它侧重于极值的后处理。相比之下,删失广义极值分布(cGEV)可
用于对完整分布进行后处理,分位数回归(QR)可作为不含分布假设的方法使用。此外,还应
重视使用 LASSO 方法时的变量选取,以及分位数预报的验证。

本章的主要结论为,只要条件分布呈轻尾分布,数据主体的适宜分布也可以提供较好的条
件极值预报。当条件分布呈重尾分布,则需要对尾部分布另行描述。夏季降水就对应此类情
况,这时删失广义极值分布(cGEV)方法无法对条件高分位数提供可靠的、技巧高的预报。分

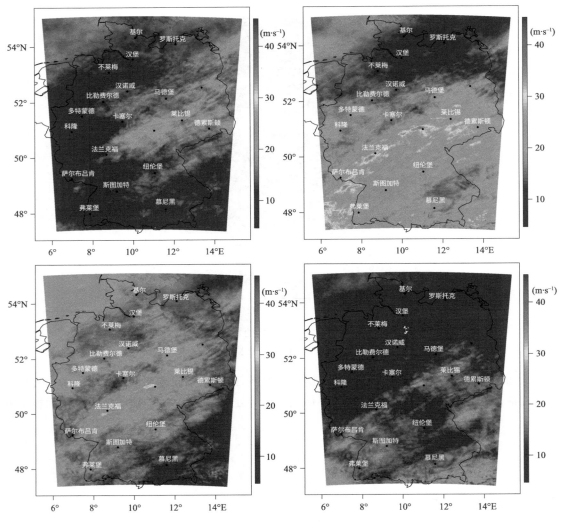

图 5.13 2011 年 6 月 22 日 12:00—18:00 UTC 使用空间布朗—雷斯尼克过程和非平稳
广义极值分布(GEV)边缘得到的阵风预报 4 个实例(见彩图)

位数回归(QR)和泊松点过程(PP)的分位数预报技巧相当,即便在非常高的概率水平时亦然。分位数回归(QR)无法进行外推,而 PP 方法的良好性能表明,外推甚至可以高于观测水平的条件极值提供有价值的指导。

空间后处理应用于 6 小时预报时效的最大小时阵风。该过程分两步:先描述边缘分布,然后描述相关结构。边缘分布的后处理采用空间均匀的非平稳广义极值(GEV)分布。接着使用拟合的非平稳广义极值(GEV)参数导出残差。这些残差表现出相当大的空间相关性。然后,我们通过成对的极值系数来描述这种空间相关性,这些系数用于拟合最大值平稳的布朗—雷斯尼克过程。拟合的布朗—雷斯尼克过程与边缘条件分布一起提供了空间阵风过程的完整描述,并允许对完成后处理的空间阵风预报的集合进行模拟。

尽管最大值平稳过程的理论在实践中不太容易理解,但仍有望成为对空间极值进行后处理的工具。

此外,EVT 社群提供了用统计编程 R 语言(R Core Team,2013)编写的多个软件包。其中,**RandomFields** R 软件包(Schlather,2016)提供了复杂的软件来模拟最大值平稳过程,**SpatialExtremes** R 软件包(Ribatet,2015)提供了拟合和模拟各种类别的最大值平稳随机场的工具。

5.7 附录

表 5.1 从 COSMO-DE 集合预报系统(COSMO-DE-EPS)中选取的协变量列表

首字母缩略词	变量	统计量
CLCT-M-m	总云量	区域平均的集合平均
CLCT-M-sd	总云量	区域平均的集合标准差
FI950-sd	950 hPa 位势	集合标准差
HTOP_SC-Msd	海平面上的云顶高(浅对流)	区域平均的集合标准差
OMEGA700-sd	700 hPa 垂直速度	集合标准差
PREC-max	总降水量	集合最大值
PREC-M-sd	总降水量	区域平均的集合标准差
RH500-sd	500 hPa 相对湿度	集合标准差
RH700-m	700 hPa 相对湿度	集合平均
RH950-sd	950 hPa 相对湿度	集合标准差
TMIN_2M-Mm	2 m 最低气温	区域平均的集合平均
TD2M-M-m	2 m 露点温度	区域平均的集合平均
T500-m	500 hPa 气温	集合平均
T950-sd	950 hPa 气温	集合标准差
VMAX-max	10 m 阵风诊断	集合最大值
VMEAN-m	10 m 风速	集合平均

备注:使用 5 种不同的统计量来计算预报因子:m 表示 20 个集合成员的平均值,sd 表示 20 个集合成员的标准差,max 表示 20 个集合成员的最大值,M 表示 11×11 个格点的空间邻域上的平均值,SD 是邻域的相应标准差。邻域统计量(M,SD)是在集合统计量(m,sd,max)之前计算的。

致谢

特别感谢德国气象局(DWD,奥芬巴赫,德国)的 Reinhold Hess 提供的 COSMO-DE-EPS 预报数据。非常感谢 Marco Oesting(德国锡根大学)、一位匿名审稿人和编辑们对稿件的宝贵意见。

参考文献

Baldauf M, Seifert A, Förstner J, et al, 2011. Operational convective-scale numerical weather prediction with the COSMO model: Description and sensitivities. Monthly Weather Review, 139, 3887-3905.

Balkema A A, De Haan L, 1974. Residual life time at great age. The Annals of Probability, 2, 792-804.

Baran S, Nemoda D, 2016. Censored and shifted gamma distribution based EMOS model for probabilistic quantitative precipitation forecasting. Environmetrics, 27, 280-292.

Beirlant J, Goegebeur Y, Segers J, et al, 2004. Statistics of Extremes: Theory and Applications. Chichester: Wiley.

Bentzien S, Friederichs P, 2012. Probabilistic quantitative precipitation forecasting using the high-resolution convection-permitting NWP model COSMO-DE. Weather and Forecasting, 27, 988-1002.

Bentzien S, Friederichs P, 2014. Decomposition and graphical portrayal of the quantile score. Quarterly Journal of the Royal Meteorological Society, 140, 1924-1934.

Bougeault P, Toth Z, Bishop C, et al, 2010. The THORPEX interactive grand global ensemble. Bulletin of the American Meteorological Society, 91, 1059-1072.

Brier G W, 1950. Verification of forecasts expressed in terms of probability. Monthly Weather Review, 78, 1-3.

Brown B M, Resnick S I, 1977. Extreme values of independent stochastic processes. Journal of Applied Probability, 14, 732-739.

Chernozhukov V, Hong H, 2002. Three-step censored quantile regression, with an application to extramarital affairs. Journal of the American Statistical Association, 97, 872-882.

Coles S, 2001. An Introduction to Statistical Modeling of Extreme Values. Springer Series in Statistics. London: Springer-Verlag.

Coles S G, Dixon M J, 1999. Likelihood-based inference for extreme value models. Extremes, 2, 5-23.

Cooley D, Naveau P, Poncet P, 2006. Variograms for spatial max-stable random fields//Dependence in Probability and Statistics. New York: Springer, 373-390.

Davison A C, Huser R, 2015. Statistics of extremes. Annual Review of Statistics and Its Application, 2, 203-235.

Davison A C, Huser R, Thibaud E, 2013. Geostatistics of dependent and asymptotically independent extremes. Mathematical Geosciences, 45, 511-529.

de Haan L, 1984. A spectral representation for max-stable processes. Annals of Probability, 12, 1194-1204.

de Haan L, Ferreira A, 2006. Extreme Value Theory: An Introduction. New York: Springer Science & Business Media.

Dombry C, Engelke S, Oesting M, 2016. Exact simulation of max-stable processes. Biometrika, 103, 3 0 3-317.

Fahrmeir L, Tutz G, 1994. Multivariate Statistical Modelling Based on Generalized Linear Models. New York: Springer.

Fisher R A, Tippett L H, 1928. On the estimation of the frequency distributions of the largest or smallest member of a sample. Proceedings of the Cambridge Philosophical Society, 24, 180-190.

Friederichs P, 2010. Statistical downscaling of extreme precipitation using extreme value theory. Extremes, 13, 109-132.

Friederichs P, Hense A, 2007. Statistical downscaling of extreme precipitation events using censored quantile regression. Monthly Weather Review, 135, 2365-2378.

Frigessi A, Haug O, Rue H, 2002. A dynamic mixture model for unsupervised tail estimation without threshold selection. Extremes, 5, 219-235.

Fritsch J M, Carbone R, 2004. Improving quantitative precipitation forecasts in the warm season: A USWRP research and development strategy. Bulletin of the American Meteorological Society, 85, 955-965.

Gebhardt C, Theis S, Paulat M, et al, 2011. Uncertainties in COSMO-DE precipitation forecasts introduced by model perturbations and variation of lateral boundaries. Atmospheric Research, 100, 168-177.

Gnedenko B, 1943. Sur la distribution limite du terme maximum d'une serie al? eatoire. Annals of Mathematics, 44, 423-453.

Goodwin P, Wright G, 2010. The limits of forecasting methods in anticipating rare events. Technological Forecasting and Social Change, 77, 355-368.

Gumbel E J, 1958. Statistics of Extremes. New York: Columbia University Press.

Kabluchko Z, Schlather M, De Haan L, 2009. Stationary max-stable fields associated to negative definite functions. The Annals of Probability, 37, 2042-2065.

Katz R W, Parlange M B, Naveau P, 2002. Statistics of extremes in hydrology. Advances in Water Resources, 25, 1287-1304.

Koenker R, 2005. Quantile Regression. Cambridge: Cambridge University Press.

Kyung M, Gill J, Ghosh M, et al, 2010. Penalized regression, standard errors, and Bayesian lasso. Bayesian Analysis, 5, 369-411.

Lalaurette F, 2003. Early detection of abnormal weather conditions using a probabilistic extreme forecast index. Quarterly Journal of the Royal Meteorological Society, 129, 3037-3057.

Legg T P, Mylne K R, 2004. Early warnings of severe weather from ensemble forecast information. Weather and Forecasting, 19, 891-906.

Lerch S, Thorarinsdottir T, 2013. Comparison of non-homogeneous regression models for probabilistic wind speed forecasting. Tellus A, 65, 21206.

Lorenz E N, 1996. Predictability: A problem partly solved // Proc. Seminar on Predictability, Vol. 1. Berkshire, UK: ECMWF, Reading, 1-18.

Marsh P T, Kain J S, Lakshmanan V, et al, 2012. A method for calibrating deterministic forecasts of rare events. Weather and Forecasting, 27, 531-538.

Mylne K R, Woolcock C, Denholm-Price J C W, et al, 2002. Operational calibrated probability forecasts from the ECMWF ensemble prediction system: Implementation and verification. Joint Session of 16th Conf on Probability and Statistics in the Atmospheric Sciences and of Symposium on Observations, Data Assimilation, and Probabilistic Prediction (Orlando, Florida). American Meteorological Society, 113-118.

Naveau P, Huser R, Ribereau P, et al, 2016. Modeling jointly low, moderate, and heavy rainfall intensities without a threshold selection. Water Resources Research, 52, 2753-2769.

Oesting M, Schlather M, Friederichs P, 2017. Statistical post-processing of forecasts for extremes using bivariate Brown-Resnick processes with an application to wind gusts. Extremes, 20, 309-332.

Peralta C, Ben Bouallègue Z, Theis S E, et al, 2012. Accounting for initial condition uncertainties in COSMO-DE-EPS. Journal of Geophysical Research, 117, D7.

Perrin O, Rootzén H, Taesler R, 2006. A discussion of statistical methods used to estimate extreme wind speeds. Theoretical and Applied Climatology, 85, 203-215.

Pickands J, 1975. Statistical inference using extreme order statistics. The Annals of Statistics, 3, 119-131.

R Core Team, 2013. R: A Language and Environment for Statistical Computing. Vienna, Austria: R Foundation for Statistical Computing.

Ribatet M，2015. SpatialExtremes：modelling spatial extremes. R package version 2.02.

Scheuerer M，2014. Probabilistic quantitative precipitation forecasting using ensemble model output statistics. Quarterly Journal of the Royal Meteorological Society，140，1086-1096.

Schlather M，Malinowski A，Oesting M，et al，2016. RandomFields：simulation and analysis of random fields. R package version 3.1.8.

Schulz J P，2007. Revision of the turbulent gust diagnostics in the COSMO-model. COSMO Newsletter，8，17-22. http://www.cosmo-model.org.

Sharkey P，Tawn J A，2017. A Poisson process reparameterisation for Bayesian inference for extremes. Extremes，20，239-263.

Smith R L，1990. Max-stable processes and spatial extremes 205，Unpublished manuscript.

Sobash R A，Kain J S，Bright D R，et al，2011. Probabilistic forecast guidance for severe thunderstorms based on the identification of extreme phenomena in convection-allowing model forecasts. Weather and Forecasting，26，714-728.

Tibshirani R，1996. Regression shrinkage and selection via the lasso. Journal of the Royal Statistical Society：Series B (Methodological)，58，267-288.

Vrac M，Naveau P，2007. Stochastic downscaling of precipitation：from dry events to heavy rainfalls. Water Resources Research，43，W07402.

Wahl S，2015. Uncertainty in mesoscale numerical weather prediction：probabilistic forecasting of precipitation (Ph. D. dissertation)，Universitäts-und Landesbibliothek Bonn (available online http://hss. ulb. uni-bonn. de/ 2015/4190/4190. htm).

Wahl S，Bollmeyer C，Crewell S，et al，2017. A novel convective-scale regional reanalysis COSMO-REA2：improving the representation of precipitation. Meteorologische Zeitschrift，26，345-361.

Weijenborg C，Friederichs P，Hense A，2015. Organisation of potential vorticity during severe convection. Tellus A，67，25705.

Wilks D S，2018. Univariate ensemble postprocessing // Vannitsem S，Wilks D S，Messner J W. Statistical Postprocessing of Ensemble Forecasts. Elsevier.

Williams R，Ferro C，Kwasniok F，2014. A comparison of ensemble post-processing methods for extreme events. Quarterly Journal of the Royal Meteorological Society，140，1112-1120.

Yu K，Moyeed R A，2001. Bayesian quantile regression. Statistics & Probability Letters，54，437-447.

第6章
检验:校准和准确性的评估

Thordis L. Thorarinsdottir, Nina Schuhen

挪威奥斯陆,挪威计算中心

6.1 引言

在一篇讨论数学如何在气象学应用的文章中,Bigelow（1905）描述了一个普适建模的基本原理:

> 对于任何科学分支的完整发展,通常有 3 个过程是必不可少的,必须准确地应用这 3 个过程才能认为该分支得到了令人满意的解释。第 1 个是数学分析的发现;第 2 个是对大量观测结果的讨论;第 3 个是数学在观测中的正确应用,以及证明这两者是一致的。

本章是实现 Bigelow 所列最后一项内容的具体方法,即证明一个模式和一组观测数据一致性的方法。集合预报系统和经过统计后处理的集合预报提供了对未来天气的概率预报。因此,用于检验这些系统的方法应具备从集合中得出最佳预报及有关预报不确定性的检验结果。

Murphy（1993）认为,一般预报系统应努力做到以下 3 个方面的"优点":预报者的判断和预报保持一致;预报与观测是对应的;而且预报能为用户提供有用的信息。类似地,Gneiting 等（2007a）也指出,概率预报的目标应该是最大限度地提高受校准影响的预报分布的锐度。这里校准指的是预报和观测的统计一致性,而锐度指的是预报不确定性的集中程度;只要预报是完美校准的,预报锐度就高,它所提供的信息价值就越高。因此,Gneiting 等（2007a）所述预报目标等同于 Murphy 的第 2 个和第 3 个预报"优点"。

我们着重研究在 Murphy（1993）和 Gneiting 等（2007a）所述的一般框架下,一维或多维连续变量的概率预报检验方法。具体来说,用 $y = (y_1, \cdots, y_d) \in \Omega^d$ 来表示 d 维（$d = 1, 2, \cdots$）中的观测,其中 Ω 表示实轴 $\mathbb{R}$,即非负实轴 $\mathbb{R}_{\geqslant 0}$,正实轴 $\mathbb{R}_{>0}$,或 $\mathbb{R}$ 上的一个区间。对于适合某类概率密度为 f 的分布 $\mathcal{F}$,由支持度 Ω^d 的分布函数给出的 y 的概率预报用 $F \in \mathcal{F}$ 表示。用 $x = \{x_1, \cdots, x_K\}$ 来表示集合预报的 K 个成员,或用 $\hat{F}$ 表示其经验分布函数。确定性预报和其他类型变量的检验方法见 Wilks（2011,第 8 章）以及 Jolliffe 等（2012）有关文献。

本章构成如下:第 6.1 节讨论了用于检验校准的诊断工具。第 6.2 节、第 6.3 节描述了评估预报准确性的方法,其中每个预报都根据实际发生的事件给出一个数值形式的评分。评分规则适用于单个事件、而差异函数将一系列事件的经验分布与预报的分布进行比较。评分可能关注预报的特定方面,比如尾部,评估这些评分的不确定性也很重要,因此在一项模拟研究中比较了各种单变量评分的属性。虽然第 6.3 节为模式评估和模式排名提供了决策理论上一致的方法,但这些方法可能会隐藏有关模式性能的关键信息,如偏差方向。因此,可能需要进行其他评估以更好地了解单个模式的性能。第 6.4 节讨论了这方面的内容,第 6.5 节是本章总结。

6.2 校准

对于概率预报来说，校准或可靠性是预报技巧的基本方面，因为它是体现预报最优利用和预报价值的必要条件。校准指的是预报和观测的统计兼容性；如果观测结果不能与预报分布的随机抽样区分开来，则预报是完美校准的。

6.2.1 单变量校准

对于单个预报（Gneiting et al.，2007a；Tsyplakov，2013）和一组预报（Strähl et al.，2017），还有其他几个单变量校准的概念。我们主要讨论 Dawid（1984）提出的所谓概率校准（probabilistic calibration）的概念：即如果概率积分变换（Probability Integral Transform，PIT）$F(Y)$（即随机观测值 Y 的预报累积分布函数的值）均匀分布，则 F 就是概率完美校准的。如果 F 有一个离散分量，则可以使用 $V \sim \mathcal{U}([0,1])$ 给出的随机版本的 PIT 为（Gneiting et al.，2013）

$$\lim_{y \uparrow Y} F(y) + V(F(Y) - \lim_{y \uparrow Y} F(y))$$

这里，我们用 $y \uparrow Y$ 来表示当 y 从下面接近 Y 时的极限。

假设测试集由 n 个观测值 $y = y_1, \cdots, y_n$ 组成，对于连续单变量预报分布 $F = F_1, \cdots, F_n$，校准方法可以通过绘制 PIT 值（如下）的直方图来进行经验评估。

$$F_1(y_1), \cdots, F_n(y_n)$$

经过平均校准的预报将得到一个均匀的直方图。直方图呈反 U 型表示过度离散，U 型表示欠离散，而系统性的偏差则会导致直方图呈三角形分布。图 6.1 显示了错误校准的例子，其中包括有偏差预报（图 6.1a）、欠离散预报（图 6.1b）、过离散的预报（图 6.1c）以及多重错误预报（图 6.1d），图 6.1d 显示预报左尾太轻、右尾太重的情形（分布的主要部分没有值）。

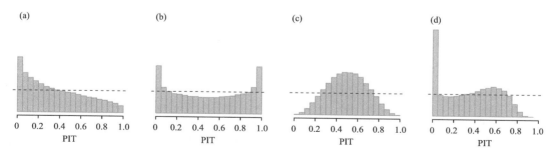

图 6.1　用 100000 个标准高斯分布 $\mathcal{N}(0,1)$ 的观测值和各种错误预报模拟的 PIT 图

(a)有偏差的 $\mathcal{N}(0.5,1)$ 预报；(b)欠离散的 $\mathcal{N}(0,0.75^2)$ 预报；(c)过离散的 $\mathcal{N}(0,2^2)$ 预报；

(d)多重错误的广义极值 GEV$(0,1,0.5)$ 预报（理论上的最优直方图用虚线表示）

适用于集合预报的、与 PIT 直方图等效的离散性直方图是检验排序直方图（Anderson，1996；Hamill et al.，1997）。它显示了对应集合预报中观测值的排序分布，其解释与 PIT 直方图相同。

由排序直方图提供的信息也可以归纳为可靠性指数（Reliability Index，RI），其定义为：

$$\mathrm{RI} = \sum_{i=1}^{I} \left| \zeta_i - \frac{1}{I} \right|$$

其中，I 是直方图中（同等大小）柱体的数量，ζ_i 是柱体 $i = 1, \cdots, I$ 中观测到的相对频率。因此，用 RI 衡量排序直方图与均匀性的偏离程度（Delle Monache et al.，2006）。

6.2.2 多变量校准

为了评估多变量预报的校准，Gneiting 等（2008）给出了一个通用的两步框架。令 $S = \{x_1, \cdots, x_K, y\}$ 表示 Ω^d 中的 $K+1$ 个点的集合，由 K 个成员的集合预报和相应的观测值 y 组成。y 在 S 中的排序为 $\mathrm{rank}_S(y)$，分以下两步计算：

（1）应用一个预排序函数 $\rho_S : \Omega^d \rightarrow \mathbb{R}_{\geqslant 0}$，对于每一个 u 值计算每个 $u \in S$ 的预排序值 $\rho_S(u)$。

（2）设定观测值 y 的排序等于 $\rho_S(y)$ 在 $\{\rho_S(x_1), \cdots, \rho_S(x_K), \rho_S(y)\}$ 上的排序。

$$\mathrm{rank}_S(y) = \sum_{v \in S} \mathbf{1}\{\rho_S(v) \leqslant \rho_S(y)\}$$

其中，$\mathbf{1}$ 为指示函数，且关系式是随机解析的。

本章我们重点讨论遵循这个通用两步框架的 4 种不同方法，该方法详细的讨论见（Gneiting et al.，2008；Ziegel et al.，2014；Wilks，2017）。这 4 种方法的区别在于上述两步框架中步骤（1）中的预排序函数 ρ_S 的定义。Gneiting 等（2008）的多变量排序是用预排序函数定义的：

$$\rho_s^m(u) = \sum_{v \in S} \mathbf{1}\{v \leqslant u\} \tag{6.1}$$

其中，$v \leqslant u$ 当且仅当在所有分量 $i = 1, \cdots, d$ 中 $v_i \leqslant u_i$。Gneiting 等（2008）进一步考虑了排序过程中的一个可选的初始步骤，即在排序前对每个分量的数据进行标准化处理。Thorarinsdottir 等（2016）为平均排序提出了类似的升序排序结构，由单变量排序的平均值给出，也就是令：

$$\mathrm{rank}_S(u, i) = \sum_{v \in S} \mathbf{1}\{v_i \leqslant u_i\}$$

上式表示 u 的第 i 个分量在 S 值中的标准单变量排序。然后使用预排序函数定义多变量平均排序：

$$\rho_S^a(u) = \frac{1}{d} \sum_{i=1}^{d} \mathrm{rank}_S(u, i) \tag{6.2}$$

另外两种方法评估了观测值在集合预报中的中心性。在最小生成树排序下，预排序函数 $\rho_S^{\mathrm{mst}}(u)$ 是由集合 $u \notin S$ 的最小生成树的长度给出，也就是不含 u 元素的集合 S（Smith et al.，2004；Wilks，2004）。在这里，集合 $u \notin S$ 的生成树是一个由 $K-1$ 条边组成的集合，使集合 $u \notin S$ 中的所有点都被使用，没有闭环。长度最小的生成树就是最小生成树（Kruskal，1956）；它可以用 R 软件包的 **vegan** 计算（Oksanen et al.，2017；R CoreTeam，2016）。

另外，Thorarinsdottir 等（2016）提出的带深排序使用了一个预排序函数，该函数由 S 中的成对点定义的波段内 $u \in S$ 分量计算。它可以写成：

$$\rho_S^{\text{bd}}(u) = \frac{1}{d} \sum_{i=1}^{d} \left[\text{rank}_S(u,i) \left[(K+1) - \text{rank}_S(u,i) \right] + \left[\text{rank}_S(u,i) - 1 \right] \sum_{v \in S} \mathbf{1}\{v_i = u_i\} \right]$$

(6.3)

如果 $u_i \neq v_i$，对于所有 u 概率为 1，$v \in S, u \neq v$，且 $i = 1, \cdots, d$，则式(6.3)可简化为：

$$\rho_S^{\text{bd}}(u) = \frac{1}{d} \sum_{i=1}^{d} \left[(K+1) - \text{rank}_S(u,i) \right] \left[\text{rank}_S(u,i) - 1 \right]$$

(6.4)

这意味着式(6.3)可用于具有离散分量的预报，例如降水预报。式(6.3)中的带深相当于 Liu (1990)提出的简化深度，因此也相当于 Mirzargar 等(2017)提出的简化深度排序，详见 López-Pintado 等(2009)和 Thorarinsdottir 等(2016)。

虽然所有这 4 种方法都为校准后的预报返回一个统一的排序直方图，但对错误预报的直方图形状的解释因以下示例所示方法而异。

6.2.3 示例：多变量排序方法的比较

图 6.2 对 4 种多变量排序方法进行了比较，在这些不同的设置中 $y \in \mathbb{R}^d$ 可以认为是在 $d = 10$ 个等距的时间点 $t = 1, \cdots, 10$ 上观测到的实值变量的时间轨迹。在前两个例子中(图 6.2 第 1 行和第 2 行)，y 是一个 0 均值的高斯自回归 AR(1)过程 Y 的回归结果，其协方差函数为：

$$\text{Cov}(Y_i, Y_j) = \exp(-|i - j|/\tau), \tau > 0$$

(6.5)

因此，过程 Y 具有标准的高斯边缘分布，而参数 τ 控制了相关随着时间滞后而衰减的速度。我们为 Y 设定 $\tau = 3$，同时考虑 50 个相同类型成员的集合预报，但有不同的参数值(τ)。也就是说，我们在第 1 行设置了 $\tau = 1.5$(相关太强)，第 2 行中 $\tau = 5$(相关太弱)。由此可知，在一个固定时间点进行的校准检验不会检测到预报中的任何校准错误。

虽然这 4 种方法都能检测到相关结构中的错误识别，但得到的直方图形状各异。平均排序直方图和带深排序直方图的形状提供了与图 6.1 中单变量排序直方图类似的解释，当相关太强时为"U"形(分量间欠离散)，当相关太弱时为反"U"形(分量间过离散)。在这些 10 维的例子中，多变量排序直方图的预排序(式(6.1))只能检测到与最高等级相关的校准错误(Pinson et al.，2012；Thorarinsdottir et al.，2016)。在最小生成树排序下，预报中的相关性太强时，太多观测值具有较高的排序，对于预报中相关性太弱的例子情况则相反。

在图 6.2 的后两个例子中(第 3 行和第 4 行)，观测和预报都是独立且均匀分布的 10 维变量。然而集合预报的边缘分布是错误的。观测值为标准高斯分布，第 3 行预报值的标准差为 1.25(过离散)，第 4 行预报值的标准差为 0.85(欠离散)。平均排序直方图形状与图 6.1 单变量对应的图完全相同，表明这种排序方法不能区分边缘的校准错误和高阶结构。对于两种基于中心性的排序方法，边缘过度离散导致了太多的高排序，而边缘欠离散则导致了太多的低排序。对于这种维度，多变量排序无法检测到校准错误。

Thorarinsdottir 等(2016)和 Wilks (2017)对 4 种排序方法进行了进一步比较。总的来说，用单个值表示和比较多方面的高阶结构是一项具有挑战性的任务。由于不同方法的优缺点不同，因此建议在评估多变量校准时应用其中几种方法。例如 Gneiting 等(2008)的多变量排序不满足仿射不变性(Mirzargar et al.，2017)，而低维的正、负偏差可能会在平均排序下互相抵消(Thorarinsdottir et al.，2016)。

此外，边缘校准的事先评估可能会增加多变量排序直方图中的信息值，并简化对结果形状的解释。由于多变量方法同时评估边缘和高阶校准，特定的非均匀形状可能代表多种类型的错误描述。例如，基于深度的方法(如带深排序和最小生成树排序)无法区分欠离散和有偏差的预报(Mirzargar et al.，2017)。

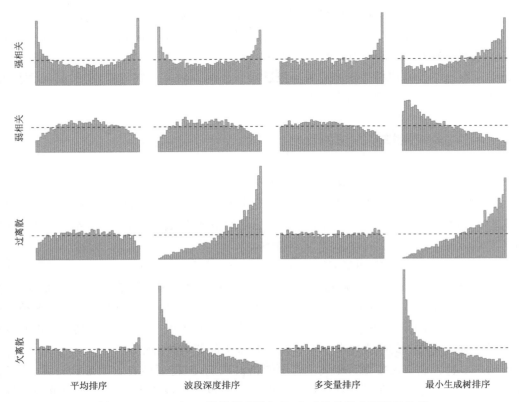

图 6.2　10000 个 10 维模拟观测与 50 个成员的集合预报的比较
(多变量数据的排序直方图显示了不同排序方法下的各种类型的校准错误。平均排序(第一列)、带深排序(第二列)、多变量排序(第三列)和最小生成树排序(第四列)。在上面的两行中，观测值是一个 0 均值高斯 AR(1)过程的实现，其协方差函数为式(6.5)，其中 $\tau = 3$。预报采用与 $\tau = 1.5$(第一行)和 $\tau = 5$(第二行)相同的模型。在下面的两行，观测结果是独立且均匀分布标准高斯变量，而预报的方差是 1.25^2(第三行)和 0.85^2(第四行)。理论上的最佳直方图用虚线表示。)

6.3　准确性的检验

本节我们讨论对竞争性预报方法进行排序和比较的预报准确性评估方法。第 6.4 节讨论其他评估技术，这些技术可能为理解单个预报模式的性能和误差提供更多的认识，但不适合对预报进行排序。

6.3.1　单变量检验

评分规则通过给每个预报-观测对分配一个数值惩罚来评估概率预报的准确性。具体来说，评分规则是一个映射：

$$S : \mathcal{F} \times \Omega^d \to \mathbb{R} \bigcup \{\infty\} \tag{6.6}$$

其中，对于每一个 $F \in \mathcal{F}$，y 映射到 $S(F, y)$ 是准整型的。我们的符号中惩罚越小表示预报越好。如果出现以下情况，则相对于 $\mathcal{F}$ 分类来说评分规则是合宜的。

$$\mathbb{E}_G S(G, Y) \leqslant \mathbb{E}_G S(F, Y) \tag{6.7}$$

也就是说，对于所有的概率分布 $F, G \in \mathcal{F}$，如果将 $Y(G)$ 的真实分布作为预报发布，那么随机观测 Y 的预期评分就会被优化。如果式(6.7)仅在 $F = G$ 的情况下成立，那么评分规则相对于 $\mathcal{F}$ 类来说就是严格合宜的。合宜性将鼓励预报诚实并防止预报模棱两可，这与 Murphy(1993)的第一种预报"优点"吻合。也就是说，为了提高感观上的预报效果，评分不能通过预报与真实分布的故意偏离所抵消，这一点可参考 Gneiting (2011)中第 1 节讨论的例子。

通过比较样本外测试集的平均评分，基于合宜的评分规则对竞争性的预报方法进行检验。首选平均分最小的方法，也可以采用预报表现相同的 0 假设进行正式检验(详见第 6.3.7 节)。虽然平均评分与同一组预报情况直接可比，但这可能不再适用于不同的预报情况，如由于天气可预报性在空间和时间上的可变性。为了便于解释和解决这个问题，检验结果有时表示为一个预报方法 A 的技巧评分，其形式如下：

$$S_n^{\text{skill}}(A) = \frac{\dfrac{1}{n}\sum_{i=1}^{n} S(F_i^A, y_i) - \dfrac{1}{n}\sum_{i=1}^{n} S(F_i^{\text{ref}}, y_i)}{\dfrac{1}{n}\sum_{i=1}^{n} S(F_i^{\text{perf}}, y_i) - \dfrac{1}{n}\sum_{i=1}^{n} S(F_i^{\text{ref}}, y_i)} \tag{6.8}$$

其中，F^{ref} 表示参考方法的预报，F^{perf} 表示完美预报，n 是测试集的大小。技巧评分是标准化的，即最优预报的评分值为 1，参考预报的评分值为 0。因此，负值表示预报方法 A 比参考预报的质量要低。不过谨慎选择参考预报是至关重要的(Murphy, 1974;1992)，因为即使基础评分规则 S 是合宜的，式(6.8)形式的技巧评分也可能是不合宜的(Gneiting et al. ，2007b; Murphy, 1973a)。

对于单变量的实数评分来说，最常用的评分规则是无知评分(ignorance score, IGN)和连续分级概率评分，更全面的列表见 Gneiting 等(2007b)。IGN 定义为：

$$\text{IGN}(F, y) = -\log f(y) \tag{6.9}$$

其中，f 表示 F 的概率密度（Good，1952）。因此，它只适用于绝对连续的分布，不能直接应用于集合预报。对于一个足够大的集合，集合预报的概率密度有可能使用例如核密度估计或通过拟合参数分布来近似。另外，IGN 也可以用道维德·塞巴斯蒂安（Dawid-Sebastiani，DS）评分来代替（Dawid et al.，1999）

$$\text{DS}(F, y) = \log \sigma_F^2 + \frac{(y - \mu_F)^2}{\sigma_F^2} \tag{6.10}$$

其中，μ_F 表示 F 的均值，σ_F^2 表示其方差。对高斯预报分布 F，合宜的 DS 评分等于 IGN，因为它只需要估计集合的均值和方差。

连续分级概率评分（Continuous Ranked Probability Score，CRPS）（Matheson et al.，1976）特别有意义，因为它同时评估了校准和锐度，因此也评估了 Murphy（1993）所述的预报所有的那 3 种"优点"。CRPS 适用于有限平均的概率分布，它有 3 个等价的定义（Gneiting et al.，2007b；Gneiting et al.，2011；Hersbach，2000；Laio et al.，2007）。

$$\text{CRPS}(F, y) = \mathbb{E}_F |X - y| - \frac{1}{2} \mathbb{E}_F \mathbb{E}_F |X - X'| \tag{6.11}$$

$$= \int_{-\infty}^{+\infty} (F(x) - \mathbf{1}\{y \leqslant x\})^2 \mathrm{d}x \tag{6.12}$$

$$= \int_0^1 (F^{-1}(\tau) - y)(\mathbf{1}\{y \leqslant F^{-1}(\tau)\} - \tau) \mathrm{d}\tau \tag{6.13}$$

这里，X 和 X' 表示两个具有分布 F 的独立随机变量，$\mathbf{1}\{y \leqslant x\}$ 表示指示函数，如果 $y \leqslant x$，函数等于 1，否则等于 0，$F^{-1}(\tau) = \inf\{x \in \mathbb{R} : \tau \leqslant F(x)\}$ 是 F 的分位数函数。

从式（6.12）和式（6.13）中可以直接看出，CRPS 与其他关注于预报分布的特定部分的合宜评分紧密相关。式（6.12）中的形式可以解释为 Brier 评分（Brier，1950）的积分，它估计了超过特定阈值的预报概率。Brier 评分通常写成以下形式：

$$\text{BS}(F, y \mid u) = (p_u - \mathbf{1}\{y \geqslant u\})^2 \tag{6.14}$$

对于一个阈值 u，$p_u = 1 - F(u)$。类似地，式（6.13）中的积分等于分位数评分（Friederichs et al.，2007；Gneiting et al.，2007b）：

$$\text{QS}(F, y \mid q) = (F^{-1}(q) - y)(\mathbf{1}\{y \leqslant F^{-1}(q)\} - q) \tag{6.15}$$

它估计了概率等级 $q \in (0,1)$ 预报的四分位数 $F^{-1}(q)$。

当预报分布 F 由有限集合 $\{x_1, \cdots, x_K\}$ 给出时，式（6.11）中的 CRPS 为：

$$\text{CRPS}(F, y) = \frac{1}{K} \sum_{k=1}^{K} |x_k - y| - \frac{1}{2K^2} \sum_{k=1}^{K} \sum_{l=1}^{K} |x_k - x_l| \tag{6.16}$$

详见 Grimit 等（2006）。对于小型集合，Ferro 等（2008）提出了一个公平的近似值，具体为：

$$\text{CRPS}(F, y) \approx \frac{1}{K} \sum_{k=1}^{K} |x_k - y| - \frac{1}{2K(K-1)} \sum_{k=1}^{K} \sum_{l=1}^{K} |x_k - x_l| \tag{6.17}$$

对于大的集合预报来说，一个计算效率更高的方法是基于广义分位数函数（Laio et al.，2007）。令 $x_{(1)} \leqslant \cdots \leqslant x_{(K)}$ 表示 $x_1, \cdots, x_K$ 的统计排序。那么：

$$\text{CRPS}(F, y) = \frac{2}{K^2} \sum_{i=1}^{K} (x_{(i)} - y) \left(K\mathbf{1}\{y < x_{(i)}\} - i + \frac{1}{2} \right) \tag{6.18}$$

该式细节也可参见 Murphy（1970）。式（6.18）中的公式已在 R 软件包 **scoringRules** 中实现，表 6.1 列出了这类分布参数族的详细公式（Jordan et al.，2017）。

当使用贝叶斯分析法估计预报模式时,预报分布 F 通常由模式下的后验预报分布给出。这里 F 很少以封闭形式出现,而是通过一个大的样本来近似,这个样本经常使用马尔科夫链蒙特卡洛技术获得。然而,这类技术可能会产生高度相关的样本,这使本节所示 CRPS 的近似公式的使用变复杂。Krüger 等(2016)讨论了当分布 F 是贝叶斯分析的后验预报分布时,IGN 和 CRPS 的最佳近似。

确定性预报 x 的质量通常是通过应用评分函数 $s(x,y)$ 来评估的,该函数根据 x 和相应的观测值 y 来分配一个数值评分。就像合宜的评分规则一样,参与竞争的预报方法是根据测试集中有个例的平均评分进行比较和排序的。常用的评分函数包括平方误差,$s(x,y) = (x-y)^2$ 和绝对误差 $s(x,y) = |x-y|$。

表 6.1   在 R 软件包 scoringRules 中实现 CRPS 分布的参数族(Jordan et al. , 2017)

$\mathbb{R}$ 上的分布	$\mathbb{R}_{>0}$ 上的分布	区间分布	离散分布
高斯分布	指数分布	广义极值分布	泊松分布
t 分布	Γ 分布	广义帕雷托分布	负二项式分布
Logistic 分布	对数高斯分布	截断高斯分布	
拉普拉斯分布	对数逻辑分布	截断 t 分布	
两段式高斯分布	对数拉普拉斯分布	截断 logistic 分布	
两段式指数分布		截断指数分布	
高斯混合分布		均匀分布	
		贝塔分布	

注:截断族可以定义为在支撑边界有或没有点状质量。

如果函数 T 在某种意义上与 $\mathcal{F}$ 类一致,则评分函数可以应用于概率预报 $F \in \mathcal{F}$,则对于所有的 $x \in \Omega$ 和 $F \in \mathcal{F}$,有:

$$\mathbb{E}_{Fs}(T(F),Y) \leqslant \mathbb{E}_{Fs}(x,Y) \tag{6.19}$$

如果将式(6.19)中的函数 T 用作基于 F 的导出确定性预报,则一致的评分函数成为合宜的评分规则,也就是如果 $S(F,y) = s(T(F),y)$。平方误差的合宜评分规则由下式给出:

$$\mathrm{SE}(F,y) = (\mathrm{mean}(F) - y)^2 \tag{6.20}$$

其中,$\mathrm{mean}(F)$ 表示 F 的均值,而绝对误差的合宜评分规则成为:

$$\mathrm{AE}(F,y) = |\mathrm{med}(F) - y| \tag{6.21}$$

其中,$\mathrm{med}(F)$ 表示 F 的中位数。

因此,从评分函数导出的评分规则有一个吸引人的属性是可以比较确定性预报和概率预报的可能性,关于使用评分函数来评估概率预报更多的讨论可以在 Gneiting(2011)中查到。

6.3.2   模拟研究:单变量评分规则的比较

本模拟研究的目的是证明在实践中使用合宜评分和排序或 PIT 直方图是一致的方法,同时强调在使用有限的数据集时可能出现的一些困难。特别是我们研究了不同的评分规则如何根据其技巧对预报进行排序,以及这些结果如何随着可用数据量的不同而不同。

我们首先从同一个固定的"真实"分布中随机抽取生成两组观测数据。第一组由 100 个值组成,将作为用于检验的观测值。第二组,即训练数据,由 100 个观测值中的每一个的 300 个值组成。我们的目标是根据训练数据中包含的信息,发布与观测值匹配的预报。对于模拟研究的第一部分,真实的分布是正态的,随机数的平均值是 $\mu \sim \mathcal{N}(25,1)$ 和固定标准差为 $\sigma = 3$。在第二部分中,真实情况是耿贝尔分布,均值服从 $\mathcal{N}(25,1)$ 分布,尺度参数固定为 3(见表 6.2)。

表 6.2　模拟研究中使用的生成观测值的分布

	分布函数 $F(Y)$	$\mathbb{E}(Y)$	$\mathrm{Var}(Y)$
第一部分	正态分布	$\mathcal{N}(\mu,\sigma^2)$	$\mu \sim \mathcal{N}(25,1)$	$\sigma^2 = 9$
第二部分	耿贝尔分布	$G(\mu,\sigma)$	$\mu + \sigma \cdot \gamma \sim \mathcal{N}(25,1)$	$\frac{\pi^2}{6}\sigma^2 = \frac{3\pi^2}{2}$

* 注:预期值是遵循正态分布的随机变量,而尺度参数是固定的。γ 表示欧拉—马歇罗尼(Euler-Mascheroni)常数。

利用矩法,我们估计了每个观测值的 4 个相互比较的预报分布,如表 6.3 所示。分布参数是通过将训练数据的样本均值和标准差插入到均值和方差方程中来计算的。对于非中心 t 分布,自由度是通过 Brent(1973)的求根算法进行数值计算,同时将其限制在 $v \geqslant 3$,确保均值和方差都存在。作为第 5 个预报,我们使用真实分布生成观测值。从每个预报分布中随机抽取 50 个成员的集合,然后与观测值配对。

使用绝对误差、误差平方、无知评分、CRPS 和 PIT 直方图来检验这 5 个预报的表现。我们还制作了排序直方图,但结果发现它们与 PIT 直方图几乎相同。

由于我们遇到了取决于初始随机种子的评分变化,整个过程用不同的初始种子重复了 10 次,因此预报—观测对的最终数量为 1000。

表 6.3　模拟研究的两部分中使用的预报及其作为分布参数函数的期望值和方差

分布函数 $F(Y)$		$\mathbb{E}(Y)$	$\mathrm{Var}(Y)$
正态分布	$\mathcal{N}(\mu,\sigma^2)$	μ	σ^2
非中心 t 分布	$t(\nu,\mu)$	$\mu\sqrt{\dfrac{\nu}{2}}\dfrac{\Gamma\left(\dfrac{\nu-1}{2}\right)}{\Gamma\left(\dfrac{\nu}{2}\right)}$,如果 $\nu>1$	$\dfrac{\nu(1+\mu^2)}{\nu-2}-\dfrac{\mu^2\nu}{2}\left(\dfrac{\Gamma\left(\dfrac{\nu-1}{2}\right)}{\Gamma\left(\dfrac{\nu}{2}\right)}\right)^2$,如果 $\nu>2$
对数正态分布	$\ln\mathcal{N}(\mu,\sigma^2)$	$\exp\left(\mu+\dfrac{\sigma^2}{2}\right)$	$(\exp(\sigma^2)-1)\exp(2\mu+\sigma^2)$
耿贝尔分布	$G(\mu,\sigma)$	$\mu+\sigma\cdot\gamma$	$\dfrac{\pi^2}{6}\sigma^2$

注:γ 表示欧拉—马歇罗尼(Euler-Mascheroni)常数。

为了了解 5 种预报方法在技巧方面的真实排序,我们重现了 10 次 100000 个预报的模拟研究。对于正态真实分布的情况,图 6.3 显示了平均绝对误差、平均 CRPS 和平均无知评分,以及从 1000 个自助样本中计算出的 95% 自助置信区间(见第 6.3.7 节)。我们在这幅图中略去了平方误差,因为它的数值在量级上比其他评分大得多。从图 6.3 最上面一行的小样本的结果,所有的评分都给真实参数的正态分布分配了最低的均值,因此其具有最高的技巧。然而,如果没有可用的关于真实分布的知识,如在真实的预报情况中,绝对误差和 CRPS 会倾向于选择对数正态分布,而无知评分则判断具有估计参数的正态分布是最好的。

图 6.3 下部的那排图显示了用较大样本量进行相同研究的结果,这改变了我们期望的预报的排序。从这里发现所有的评分都显示耿贝尔分布是最差的预报,其形状和尾部行为与事实完全不同,而基于正态分布的两个预报是最好的。这与图 6.3 中上排图的结果矛盾,上排图

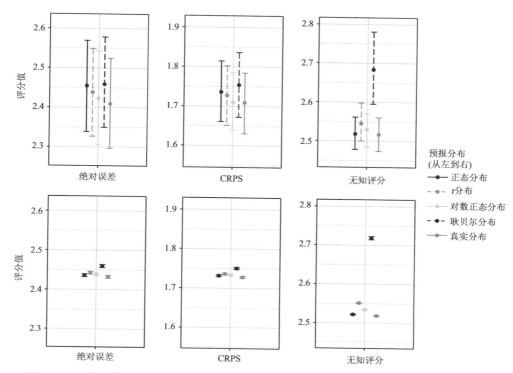

图 6.3　上：如果真实分布是正态分布，评分是基于 1000 个预报—观测对的平均绝对误差、
CRPS、无知评分以及 5 个预报分布的 95% 自助置信区间；下：其他同上，但评分是基于
100 万个预报—观测对

中，只有无知评分将预报排在与我们预期相同的顺序上。

　　由于对异常值进行了较大的惩罚，无知评分能够区分预报分布的形状，在 95% 置信区间
上显示出耿贝尔分布与正态分布、对数正态分布和真实分布的显著差异。非中心 t 分布的表
现相对较差，这可能是因为如果自由度较大，该分布接近于正态分布，但渐进分布的标准差为
1，这与本例中给定的标准差 3 不符。

　　从图 6.4 所示的具有正态真实分布的小样本研究的 PIT 直方图来看，除了耿贝尔分布的
预报显然是校准的之外，我们不能对其他预报的排序做出任何解释。只有在查看图 6.5 中的
大样本对应的量时，我们才会发现，正态的和真实预报是唯一没有受到校准错误的预报。

　　正式的 χ^2 检验（见第 6.3.7 节）在小样本情况下拒绝了耿贝尔分布、甚至 t 和对数正态分
布的均匀性假设（在 5% 的显著水平上），在大样本情况下拒绝了除真实分布以外的所有分布。

　　图 6.6 展示了一个预报的例子，评分被绘制成检验观测的函数，该例是来自 $\mathcal{N}(27.16, 9)$
分布的样本值。虽然评分最小值在很大程度上与真实分布和 t 分布一致，但从无知评分的形
状可以清楚地看出为什么它能更好地识别耿贝尔分布的劣势：由于缺乏对称性，如果观测值位
于分布模式的左边，耿贝尔预报将得到比右边更高的惩罚。

　　模拟研究的第二部分，我们用耿贝尔分布作为真值，其中均值分布遵从 $\mathcal{N}(25, 1)$，尺度参
数为 3。根据训练数据的样本均值和方差，再次产生相同类型的预报：正态、非中心 t、对数正
态和耿贝尔分布。图 6.7 显示了小样本（上排）和大样本量（下排）的研究结果。如前所述，当
样本大时，所有评分都与预报排序一致。虽然带有估计参数的耿贝尔分布和真实耿贝尔分布

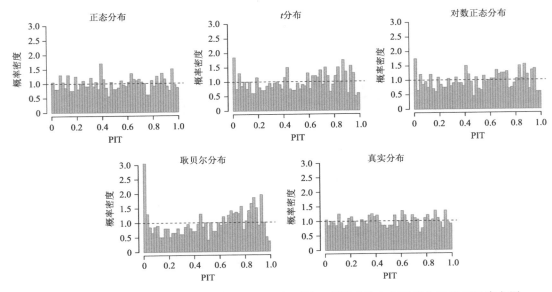

图 6.4 如果真实分布为正态分布,基于 1000 个预报—观测对的 5 个预报分布的 PIT 直方图

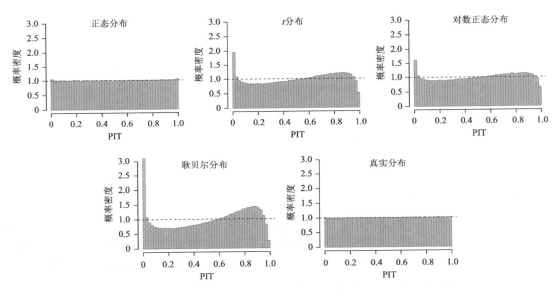

图 6.5 如果真实分布为正态分布,基于 100 万个预报—观测对的 5 个预报分布的 PIT 直方图

评分最低,但是普通预报的技巧最低。

然而,在图 6.7 上排图中的排序看起来有所不同,其中真实分布在绝对误差和 CRPS 仅排名第三,落在估计的耿贝尔分布和非中心 t 分布之后。无知评分也是唯一能够重现我们在下排图上所期望的预报排序的评分。这当然是令人担忧的,同时喻示了这样一个事实:即使对于一个明显具有足够规模的数据集,如这里使用的 1000 个 50 人的集合,这些评分也不一定能提供可靠和合适的结果。

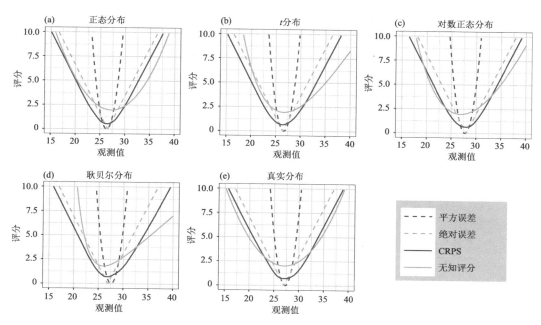

图 6.6　模拟研究中的一个预报案例，其中平方误差、绝对误差、CRPS 和无知评分是检验用观测的
函数：(a)正态分布预报，(b)非中心 t 分布预报，(c)对数正态分布预报，(d)耿贝尔分布预报，
以及(e)基于真实正态分布的预报

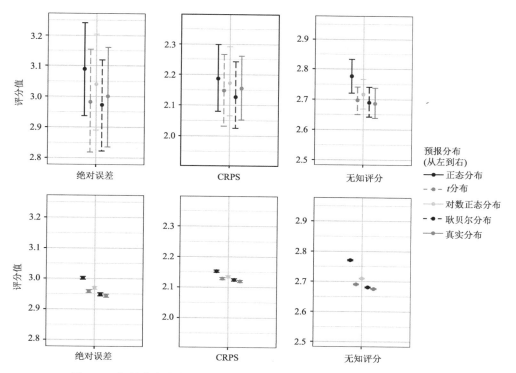

图 6.7　如果真实分布是耿贝尔分布，评分是基于 1000 个预报—观测对
上：平均绝对误差、CRPS 和无知评分，以及 5 个预报分布的 95% 自举置信区间。
下：同上，但评分是基于 100 万个预报—观测对同样,除了明显未校准的正态分布,我们不能仅通过查看图 6.8 中的小样本 PIT 直方图来判断预报校准的程度。可以说,真实分布的直方图看起来比其他分布略微平坦,但不是很确定。然而,从图 6.9 可以明显看出,基于非中心 t 和对数正态分布的预报也存在多种类型的误判。这些发现通过 χ^2 检验得到证实,除了图 6.8 中的耿贝尔分布和图 6.9 中的真实分布外,χ^2 检验拒绝了所有分布的一致性假设。

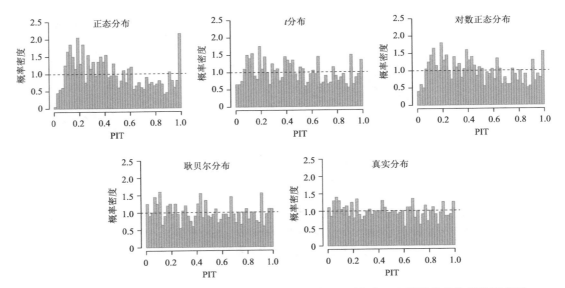

图 6.8　如果真实分布是耿贝尔分布,基于 1000 个预报—观测对,5 个预报分布的 PIT 直方图

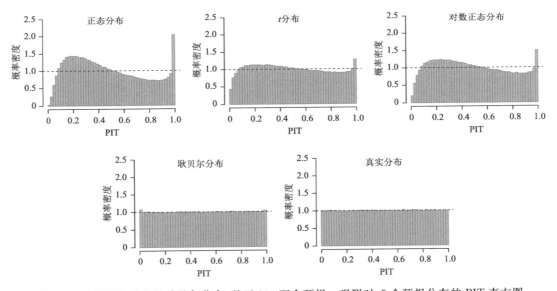

图 6.9　如果真实分布是耿贝尔分布,基于 100 万个预报—观测对,5 个预报分布的 PIT 直方图

图 6.10 是从数据集中选取一个预报例子,再次显示了两个耿贝尔分布预报的无知评分的不对称,因此与 CRPS 相比,在一个不同的值上达到最小化。一般来说,无知评分在分布模式处达到最小值,而 CRPS 在中值处达到最小值。

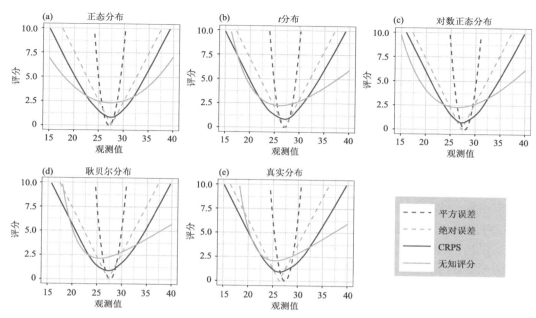

图 6.10　模拟研究中一个预报案例的平方误差、绝对误差、CRPS 和无知评分与检验观测的函数
（a）正态分布预报；（b）非中心 t 分布预报；（c）对数正态分布预报；（d）耿贝尔分布预报；
（e）基于真实耿贝尔分布的预报

　　我们可以从这项模拟研究中得出结论，即使是合宜评分也会有很大的不同，因为这取决于基础数据集的大小，而且不一定能够根据实际技巧对参与比较的预报进行排序。因此，我们建议总是使用评分规则的组合来获得关于特定模式或预报性能的最大信息量。无知评分对分布的形状更加敏感，因此适合于检查所选择的分布是否真正符合数据。当预报不是以标准概率分布的形式出现时，或者对于一个给定的数据集来说，无法完全指定这种分布时，CRPS 对于比较模式就非常有用了。

　　这些结果也对正在进行的关于是否使用最大似然法或是最小化 CRPS 来估计模型参数的讨论有影响（Gneiting et al.，2005），因为可能没有一个明确的答案。根据预报情况和模式选择，最好在这两种方法之间进行切换。在拟合任何分布之前，可以对手头的数据进行彻底的探索性分析，以找到一个与数据最匹配的分布。如果很难选择一种分布而非另一种，那么应该选择更简单的模型。

　　在任何情况下，预报的排序都不应仅基于平均分，即使样本量似乎足够大，但也应给出置信区间。例如，应用自助技术。我们发现即使是 100 万个数据点，往往预报评分之间的差异在 5％ 的水平上的情形并不显著。

6.3.3　极端事件评估

　　极端事件的预报可以用标准的方式进行评估，例如，使用第 6.3.1 节中讨论的评分规则（Friederichs et al.，2012）。

然而,通过事后选择极端观测值而舍弃非极端观测值,将常规预报评估限制在极端观测值的子集上,并以标准评估工具进行评估,将使其理论属性失效并鼓励模棱两可的预报策略(Lerch et al.,2017)。

具体来说,Gneiting 等(2011)研究表明,如果形成了与非恒定的权重函数 w 的乘积,其中 w 取决于观测值 y,则合宜评分规则 S 会变得不合宜。也就是说,考虑加权评分规则:

$$S_0(F,y) = w(y)S(F,y) \tag{6.22}$$

那么,如果 Y 的概率密度为 g,预期评分 $E_g S_0(F,Y)$ 是由概率密度为 F 的预报分布最小化得到。

$$f(y) = \frac{w(y)g(y)}{\int w(z)g(z)\mathrm{d}z} \tag{6.23}$$

它与权重函数 w 和真实密度 g 的乘积成正比。特别是,如果 $w(y) = 1\{y \geqslant u\}$ 为某个高阈值 u,则 S_0 对应于在评分规则 S 下只对超过 u 的观测值进行 F 的评估。

相反,我们可以应用合宜的加权评分规则,以强调特定的区域。Diks 等(2011)提出了两种加权的无知评分,以纠正式(6.23)中的结果。条件似然(conditional likelihood,CL)评分由以下公式给出:

$$\mathrm{CL}(F,y) = -w(y)\log\left[\frac{f(y)}{\int_\Omega w(z)f(z)\mathrm{d}z}\right]$$

并将删失似然性(censored likelihood,CSL)评分定义为:

$$\mathrm{CSL}(F,y) = -w(y)\log f(y) - (1-w(y))\log\left(1 - \int_\Omega w(z)f(z)\mathrm{d}z\right)$$

这里,w 是一个权重函数,使得 $0 \leqslant w(y) \leqslant 1$ 和 $\int w(y)f(y)\mathrm{d}y > 0$,适用于所有潜在的预报分布 $F \in \mathcal{F}$。当 $w(y) \equiv 1$ 时,CL 和 CSL 评分都简化为式(6.9)中的未加权无知评分的情形。

Gneiting 等(2011)提出了阈值加权连续分级概率评分(twCRPS),其定义为:

$$\mathrm{twCRPS}(F,y) = \int_\Omega w(z)(F(z) - 1\{y \leqslant z\})^2 \mathrm{d}z$$

其中,w 是一个非负的权重函数(Matheson et al.,1976)。当 $w(y) \equiv 1$ 时,twCRPS 简化为式(6.12)中的非加权 CRPS,而 $w(y) = 1\{y = u\}$ 则相当式(6.14)中的 Brier 评分。更一般地说,twCRPS 把重点放在由 w 指定的预报分布 F 的特定部分。为了关注 F 的上尾部,Gneiting 等(2011)考虑了 $w(y) = 1\{y \geqslant u\}$ 类型的指标权重函数和非消失权重函数,如 $w(y) = \Phi(y \mid u, \sigma^2)$,其中 Φ 表示均值为 u、方差为 σ^2 的高斯分布的累积分布函数。对应的 F 的下尾部的权重函数由 $w(y) = 1\{y \leqslant u\}$ 和 $w(y) = 1 - \Phi(y \mid u, \sigma^2)$ 给出了一些低阈值 u。

例如,由于空间异质性造成平均气候的非平稳性,可能使得在大量的预报案例中难以定义一个共同的阈值 u。这里,使用式(6.13)中的 CRPS 表示在分位数空间中定义权重函数可能更自然。

$$\mathrm{twCRPS}(F,y) = \int_0^1 w(\tau)(F^{-1}(\tau) - y)(1\{y \leqslant F^{-1}(\tau)\} - \tau)\mathrm{d}\tau$$

其中,w 是单位区间上的非负权重函数(Gneiting et al.,2011;Matheson et al.,1976)。设置 $w(\tau) \equiv 1$ 可以检索到式(6.13)中的未加权 CRPS,而这个定义的 twCRPS 与 $w(\tau) = 1\{\tau = q\}$ 等于式(6.15)中的分位数评分。在这种情况下,更一般的权重函数的例子包括用于上尾部

的 $w(\tau) = 1\{\tau \geqslant q\}$ 和 $w(\tau) = \tau^2$，用于下尾部的 $w(\tau) = 1\{\tau \leqslant q\}$ 和 $w(\tau) = (1-\tau)^2$，以及适当的阈值 q（Gneiting et al.，2011）。

Lerch 等（2017）发现，在检验同等预报性能时，与使用标准的、未加权的评分规则相比，使用加权的评分规则益处有限。然而，这里描述的权重函数的应用可能有助于解释预报技巧。

6.3.4   示例：极端事件的合宜和不合宜的检验

接下来我们将说明，使用不合宜的方法来检验和比较极值的竞争性预报会导致结果失真，并可能导致错误推断。与第 6.3.2 节中模拟研究的第一部分设置相同，我们从标准差为 3 且平均值为 $\mathcal{N}(25,1)$ 的正态分布的随机值中生成一组观测和训练数据。

对第 6.3.2 节中的 4 种预报方法进行比较：基于训练数据的估计参数的正态分布、估计参数的耿贝尔分布、真实参数的正态分布以及真实平均值作为位置参数和尺度参数 $\sigma = 3$ 的耿贝尔分布，我们认为极端值是指大于或等于观测值 u 的 97.5% 分位数的值，预报对极端值的表现将使用具有 3 种不同权重函数的阈值加权 CRPS 和未加权 CRPS 进行检验，并且仅限于高于阈值的观测值。所考虑的权重函数是指示函数的变体

$$w_1(y) = 1\{y \geqslant u\}$$
$$w_2(y) = 1 + 1\{y \geqslant u\}$$
$$w_3(y) = 1 + 1\{y \geqslant u\} \cdot u$$

基于第 6.3.2 节小样本数据集，通过数值积分计算的阈值加权 CRPS、受限观测的 CRPS 以及未加权 CRPS 的平均评分和 95% 置信区间如图 6.11 所示。省略了加权函数为 w_1 的 twCRPS 的结果，因为它们对于所有预报都等于 0。

然而，仅仅通过在指示函数上加 1 我们就得到了具有权重函数为 w_2 的有意义评分，这表明具有固定参数的耿贝尔分布是差的预报，而两个正态分布的预报质量明显更好。具有加权函数 w_3 的 twCRPS 和未加权的 CRPS 得出了相似的结论，尽管评分之间的差异有时并不显著，与其他评分相比，基于约束性数据集的 CRPS 清楚地表明，具有固定参数的耿贝尔分布的预报是首选。

虽然固定的耿贝尔参数和形状显然是错误的，但这并不奇怪，因为这个分布是特意选择的，它的尾部很重。图 6.12 显示了数据集中一个例子的预报概率密度。如果我们将评估限制在所选阈值以上的区域，即黑色竖线所代表的区域，那么具有固定参数的耿贝尔分布确实是看起来最好的预报，因为它为极端值分配了最高的概率。两个正态分布和具有估计参数的耿贝尔分布（试图接近真实的正态分布）具有非常相似的尾部行为，解释了它们在所有评分方面的相似表现。

我们得出了与 Lerch 等（2017）相同的结论，即以极端观测值为条件的数据集可能会导致选择一个用夸大的概率去预报极值的预报。在评估一定范围内的预报时，如考虑整个数据集阈值加权的 CRPS，应该使用合宜的方法。

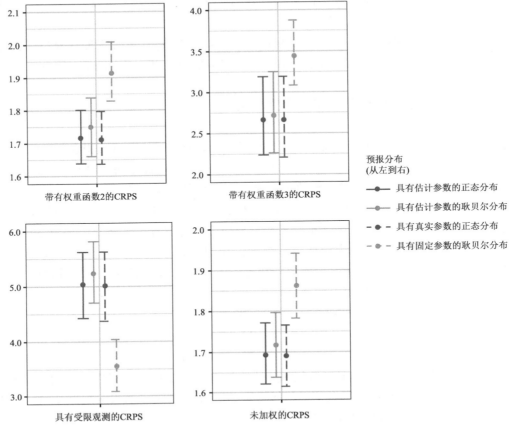

预报分布
(从左到右)

──●── 具有估计参数的正态分布

──●── 具有估计参数的耿贝尔分布

──●── 具有真实参数的正态分布

──●── 具有固定参数的耿贝尔分布

图 6.11　4 种方法预报的 CRPS 的平均评分和 95% 的自助置信区间
上:带有权重函数 w_2 和 w_3 的 twCRPS;下:限制在阈值 u 以上的观测值的
CRPS 和未加权的 CRPS

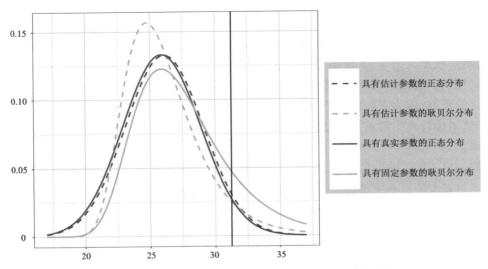

图 6.12　4 个相互竞争的预报给出的预报概率密度的例子
(黑色竖线表示阈值 u ,超过这个阈值的观测值则认为是极值)

6.3.5 多变量检验

使用评分规则评估多变量预报可以采用两种通用方法:使用专门的多变量评分,或将多变量预报简化为一个单变量,然后应用前面讨论的单变量评分。对于后一种方法,适当的单变量数量取决于具体情况。

单一天气因素的多变量预报通常以时间轨迹、空间场或时空场的形式出现。例如,评估诸如最大值、最小值和累计量等派生量的预报性能是很有用的,所有这些都取决于对边缘和高阶结构的准确建模。例如 Feldmann 等(2015)对温度的空间预报场的评估。

直接评估多变量预报的评分相当少,正如 Gneiting 等(2014)所指出的,有必要为多变量检验进一步开发决策理论上的原理方法。式(6.10)中的单变量 DS 评分可以应用于多变量环境中,具体如下:

$$\mathrm{DS}(F, y) = \mathrm{logdet} \sum_F + (y - \mu_F)^\intercal \sum_F^{-1} (y - \mu_F) \tag{6.24}$$

其中,μ_F 是平均向量,$\sum_F$ 是预报分布的协方差矩阵,$\det \sum_F$ 表示 $\sum_F$ 的行列式(Dawid et al.,1999)。但需要注意的是,除非样本量远大于多变量的维度,否则抽样误差会影响 $\det \sum_F$ 和 $\sum_F^{-1}$ 的计算(如 Feldmann 等(2015)的表 2 所示)。同样,如果多变量预报概率密度可用,可以采用式(6.9)中的无知评分(Roulston et al.,2002)。

Gneiting 等(2007b)提出了能量评分(Energy Score,ES)作为 CRPS 的多变量评分通用公式。它由以下公式给出:

$$\mathrm{ES}(F, y) = \mathbb{E}_F \| X - y \| - \frac{1}{2} \mathbb{E}_F \mathbb{E}_F \| X - X' \| \tag{6.25}$$

其中,X 和 X' 是根据 F 分布的两个独立的随机向量,$\| \cdot \|$ 是欧式范数。对于集合预报,式(6.16)、(6.17)适用于自然模拟。如果多变量观测空间 Ω^d 由不同尺度的天气变量组成,在计算这些变量的联合能量分值之前,应该对边缘进行标准化(Schefzik et al.,2013)。这可以用测试集中观测值的边缘平均值和标准差来完成。能量评分是在考虑到低维的情况下开发的,它在更高的维度上可能会失去判别能力(Pinson,2013)。

Scheuerer 等(2015)提出了一个多变量评分规则,该规则考虑了多变量组成部分的成对差异。在其一般形式下,p 阶变差函数评分(VS)由以下公式给出:

$$\mathrm{VS}_p(F, y) = \sum_{i=1}^d \sum_{j=1}^d \omega_{ij} (| y_i - y_j |^p - \mathbb{E}_F | X_i - X_j |^p)^2 \tag{6.26}$$

其中,y_i 和 y_j 是观测的第 i 和第 j 个分量,X_i 和 X_j 是根据 F 分布的随机向量 X 的第 i 和第 j 个分量,ω_{ij} 是非负权重。Scheuerer 等(2015)比较了阶数 p 的不同选择,发现 $p = 0.5$ 的判别能力最好。此外,他们建议使用与分量之间距离成反比例的权重,除非有关相关结构的先验知识可用。

Scheuerer 等(2015)提供了式(6.24)~(6.26)中三种多变量评分的比较。作者在最后结论中建议使用多个评分,因为它们的优点和缺点是相互补充的。变差函数评分一般能够区分正确的和错误的相关结构,但是它有一定的局限性,这是因为它是合宜的但并非严格合宜。其中一些局限性可以通过使用能量评分来解决,能量评分对预报平均数的错误描述更敏感,而且受预报分布的有限表示影响更小。虽然后者对 DS 评分来说是个问题，但它对连续预报分布尤其是多变量高斯模型表现良好(Wei et al.，2017)。

6.3.6 差异函数

在某些情况下，特别是在气候建模中，将预报分布 F 与观测值的真实分布进行比较是有意义的，真实分布通常由现有观测值 $y_1,\cdots,y_n$ 的经验分布函数(empirical distribution function)来近似。

$$\hat{G}_n(x) = \frac{1}{n}\sum_{i=1}^{n}\mathbf{1}\{y_i \leqslant x\} \tag{6.27}$$

F 和 $\hat{G}_n$ 这两个分布可以用差异(divergence)进行比较：

$$D:\mathcal{F}\times\mathcal{F}\to\mathbb{R}_{\geqslant 0} \tag{6.28}$$

其中，$D=(F,F)=0$。

假设构成经验分布函数 $\hat{G}_n$ 的观测值 $y_1,\cdots,y_n$ 独立且分布为 $G\in\mathcal{F}$。如果对于所有概率分布 $F,G\in\mathcal{F}$ 式(6.29)和式(6.30)成立(Thorarinsdottir et al.，2013)，差异的合宜条件对应于评分规则的差异条件(式(6.7))，说明差异 D 是正整数 n 除 1 之外的约数。

$$\mathbb{E}_G D(G,\hat{G}_n)\leqslant\mathbb{E}_G D(F,\hat{G}_n) \tag{6.29}$$

且当 n 趋向无穷大时，有

$$\lim_{n\to\infty}\mathbb{E}_G D(G,\hat{G}_n)\leqslant\lim_{n\to\infty}\mathbb{E}_G D(F,\hat{G}_n) \tag{6.30}$$

虽然式(6.30)中的条件被一大类差异所满足，但是式(6.29)只有评分差异在所有整数 n 下才能满足。如果存在合宜评分规则 S，例如 $D(F,G)=\mathbb{E}_G S(F,Y)-\mathbb{E}_G S(G,Y)$，则差异 D 是评分差异。

评估所有分布的一个评分差异是积分二次差异(Integrated Quadratic Divergence，IQD)。

$$\mathrm{IQD}(F,G)=\int_{-\infty}^{+\infty}(F(x)-G(x))^2\mathrm{d}x \tag{6.31}$$

这是连续分级概率评分(式(6.12))的评分差异。评估预报分布属性的另外评分差异包括均值差异(Mean Value Divergence，MVD)。

$$\mathrm{MVD}(F,G)=(\mathrm{mean}(F)-\mathrm{mean}(G))^2 \tag{6.32}$$

这是与平方误差评分规则相关的差异(式(6.20))，以及对于一定的阈值 u，与 Brier 评分(式(6.14))相关的 Brier 评分差异(Brier Divergence，BD)为

$$\mathrm{BD}(F,G\mid u)=(G(u)-F(u))^2 \tag{6.33}$$

图 6.13 提供了式(6.31)～式(6.33)中对两种简单设置的评分差异比较，其中观测分布由标准正态分布给出，所有预报分布也是正态分布，但参数不同。在图 6.13a 中，方差是正确指定的，而预报均值是变化的。在图 6.13b 中，预报均值等于观测分布的均值，而标准差是变化的。我们用阈值 $u=0.67$ 和 $u=1.64$ 来比较 IQD、MVD 和 BD，它们分别等于观测分布的 75% 和 95% 分位数。差异对均值的预报误差比发散更敏感。尤其是 MVD 自然无法检测到预报发散中的错误。此外，对所有可能阈值 u 的 BD 进行积分并获得 IQD，比研究单个分位数的差异有更好的区别。图 6.13b 还显示，在 BD 下得到的模式排序强烈地与阈值 u 相关。

虽然每个合宜评分规则都与一个评分差异相关，但并不是所有的评分差异在使用经验分

布函数 $\hat{G}_n$ 的设置下都是实用的。一个例子是库尔贝克—莱布勒差异（Kullback-Leiblerdivergence，KLD），它是式（6.9）中无知评分的评分差异。如果预报分布 F 在观测分布 G 质量为 0 的任何地方具有正质量，那么库尔贝克—莱布勒差异（KLD）就会变得不明确。当 G 被 $\hat{G}_n$ 取代时，特别是当样本量 n 相对较小时，可能会出现这种问题。规避这个问题的一个选择是将数据视为分类数据，并在评估前将其分到 b 档。也就是说，用一个概率向量 $(f_1, \cdots, f_b)$ 确定概率分布 F，类似地，用一个概率向量 $(g_1, \cdots, g_b)$ 确定 G。库尔贝克—莱布勒差异（KLD）由以下公式给出（Thorarinsdottir et al.，2013）：

$$\mathrm{KLD}(F,G) = \sum_{i=1}^{b} f_i \log \frac{f_i}{g_i}$$

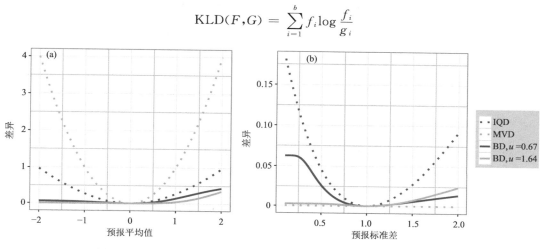

图 6.13　标准正态观测分布和具有不同平均值（a）或标准偏差（b）的
正态预报分布的预期评分差异值的比较

从以往研究上看，大部分预报评估文献都侧重于根据确定性观测值评估概率预报，缺乏对差异的最佳理论或实际性质的深入讨论。对所有的整数 n，应用研究通常采用 n 趋于无穷大时的差异，而不是所有 n 除 1 之外 n 约数的差异，相关例子见 Palmer（2012）和 Perkins 等（2007）。

6.3.7　同等预报性能的检验

正如第 6.3.2 节的模拟研究所示，对于一个检验数据集平均评分的估计可能和很大的不确定性有关。一个简单的单个评分的自助程序可以用来评估平均评分的不确定性，例子可见 Friederichs 等（2012）的研究。假设我们有 n 个评分值 $S(F_1, y_1), \cdots, S(F_n, y_n)$。通过反复对长度为 n 的向量进行重采样（替换），并计算每个样本的平均值，我们可以得到平均评分变化的估计值。需要注意的是，预报误差以及由此产生的评分是相关的。Lahiri（2003）对与数据相关的自助法进行了全面的概述。

在合宜的评分规则下，正式统计检验可用于检验两种竞争方法的同等预报性能。最常用的检验是迪博尔德—马里亚诺检验（Diebold-Mariano test）（Diebold et al.，1995），它适用于时间序列。对于向前 k 个时间步长的观测值 y_{t+k}，每个时间步长 $t = 1, \cdots, n$，考虑两个相互竞争的预报方法 F 和 G 的预报值 F_t 和 G_t，在评分规则 S 下的平均评分由以下公式给出：

$$\overline{S}_n^F = \frac{1}{n}\sum_{t=1}^n S(F_t, y_{t+k}) \quad 和 \quad \overline{S}_n^G = \frac{1}{n}\sum_{t=1}^n S(G_t, y_{t+k})$$

迪博尔德—马里亚诺检验使用统计量：

$$t_n = \sqrt{n}\,\frac{\overline{S}_n^F - \overline{S}_n^G}{\hat{\sigma}_n} \tag{6.34}$$

其中，$\hat{\sigma}_n^2$ 是评分差的渐进方差的估计值。在相同预报性能和标准正则性条件的 0 假设下，式 (6.34) 中的检验统计量 t_n 是渐进标准正态的(Diebold et al., 1995)。当 0 假设在双边检验中被拒绝时，如果 t_n 为负数，则首选 F，如果 t_n 为正数，则首选 G。

Diebold 等(1995)指出，对于理想的 k 步预报，预报误差最多与 $(k-1)$ 步相关。基于这一假设的渐进方差 $\hat{\sigma}_n^2$ 的估计值为：

$$\hat{\sigma}_n^2 = \begin{cases} \hat{\gamma}_0, & k = 1 \\ \hat{\gamma}_0 + 2\sum_{j=1}^{k-1}\hat{\gamma}_j, & k \geqslant 2 \end{cases} \tag{6.35}$$

其中，$\hat{\gamma}_j$ 表示序列 $\{S(F_i, y_{i+k}) - S(G_i, y_{i+k})\}_{i=1}^n$ 的滞后 j 样本自相关($j=0,1,2,\cdots$)(Gneiting et al., 2011)。另外的估计值见 Diks 等(2011)和 Lerch 等(2017)的研究。

空间检验上，Hering 等(2011)提出了空间预报比较检验，该检验考虑了评分值的空间相关，但没有对基础数据或由此所产生的评分差异场进行假设，且该检验已在 R 软件包 **SpatialVx** 中有所实现(Gilleland, 2017)。Holzmann 等(2017)讨论了加权评分规则及其与假设检验的联系。

χ^2 检验是一个对排序或 PIT 直方图均匀性的简单检验。它检验直方图的值是否可以被认为来自均匀分布的样本，因此检验均匀性的任何偏差是随机的或是系统的(Wilks, 2004, 2011)。基于 n 个事件和 K 个集合成员的 χ^2 统计量由下式提供。

$$\chi^2 = \sum_{i=1}^{K+1} \frac{(m_i - f)^2}{f} \tag{6.36}$$

其中，m_i 表示等级 i 的实际计数量，$f = \dfrac{n}{K+1}$ 表示均匀分布的预期计数数量。如果该统计量在选定的显著性水平下超过自由度为 K 的 χ^2 分布的四分位数，我们就可以否定直方图是均匀的这一 0 假设。

然而，在其一般形式下，χ^2 检验只适用于独立数据，而在许多预报环境中，由于预报数据点之间的时间或空间相关，情况并非如此。Wilks(2004)提出了一些解决这种影响的方法。如果目标不仅是检验均匀性，而是检验第 6.2.1 节所示的其他校准缺陷，Elmore(2005)、Jolliffe 等(2008)则提出了更加灵活和合适的其他方法。Wei 等(2017)提出了基于式(6.24)中 DS 评分的多变量高斯预报的校准检验方法。

6.4　模式性能的理解

当评估单个模式的性能时，例如，为了识别缺陷并检验潜在的改进，研究那些不一定遵循

第 6.3 节所述的合宜性原则的工具可能是有用的。例如，即使竞争预报模式不应该基于平均偏差进行排名，但调查预报偏差也有助于更好地了解预报误差的潜在来源可能也是有用的（Gneiting et al.，2007b），因为它不是一个合宜的评分。本节我们讨论了一些可以用来更好地了解单个预报模式性能的工具，即便竞争预报的排名并不应该基于这些工具。

美国国家气象部门最常用的衡量标准之一是距平相关系数（ACC），它是跟踪预报技巧随时间而增长的重要方法（Jolliffe et al.，2012）。距平相关系数量化了预报距平和观测距平的相关，是一种典型的分析。距平定义为预报或分析与特定时间和地点气候值的差异。通常，该气候值是以模式气候值为基础，根据长期动力预报模式预报的数值范围计算得出。

对于一个在时间 i 有效的确定性预报 f_i，以及相应的分析 a_i 和气候统计 c_i，ACC 有两个等效的定义（Miyakoda et al.，1972）：

$$\text{ACC} = \frac{\sum_{i=1}^{N}(f_i-c_i)\cdot(a_i-c_i)-\sum_{i=1}^{N}(f_i-c_i)\cdot\sum_{i=1}^{N}(a_i-c_i)}{\sqrt{\sum_{i=1}^{N}(f_i-c_i)^2-\left(\sum_{i=1}^{N}(f_i-c_i)\right)^2}\cdot\sqrt{\sum_{i=1}^{N}(a_i-c_i)^2-\left(\sum_{i=1}^{N}(a_i-c_i)\right)^2}}$$

$$= \frac{\sum_{i=1}^{N}(f_i'-\overline{f}')(a_i'-\overline{a}')}{\sqrt{\sum_{i=1}^{N}(f_i'-\overline{f}')^2\sum_{i=1}^{N}(a_i'-\overline{a}')^2}}$$

这里，$f_i'=f_i-c_i$ 是预报距平，$a_i'=a_i-c_i$ 是分析距平，分别求和 $\overline{f}'=\sum_{i=1}^{N}(f_i-c_i)$ 和 $\overline{a}'=\sum_{i=1}^{N}(a_i-c_i)$。ACC 是格点化预报和空间场的首选评价方法，因为这些预报和空间场通常要与分析或类似的格点化观测产品进行比较。

然而，在使用这一措施时，人们必须注意到某些局限性和陷阱。由于它是一个相关系数，ACC 没有提供任何关于预报偏差和误差尺度的信息，因此，它可能会高估预报技巧（Murphy et al.，1989）。它一般应该是与实际偏差的估计结合起来使用，或者用以前的偏差校正数据。

经验证明，对中期预报来说 0.6 的距平相关系数是其预报有效的极限。但 Murphy 等（1989）提醒到，ACC 是实际技巧的上限且应该被看作是潜在技巧的衡量标准。当然，ACC 在很大程度上与用于计算距平值的基本气候态相关。

在使用合宜的评分评估预报技巧时，计算校准程度和预报锐度的单独指标通常很有用。Murphy（1973b）将著名且广泛使用的 Brier 评分分解为三部分，量化为可靠性、分辨性和不确定性。

考虑一个大小为 N 的预报样本，其中 $p_u=1-F(u)$ 是超过阈值 u 的概率预报，而二元分类观测的形式是 $o=\mathbf{1}\{y\geqslant u\}$。如果预报采用 K 个唯一值，其中 n_k 表示 k 类的预报数量，p_{uk} 表示与 k 类相关的概率预报，那么 Brier 评分可以写成：

$$\text{BS}(F,y\mid u)=\frac{1}{N}\sum_{k=1}^{K}n_k(p_{u,k}-\overline{o}_k)^2-\frac{1}{N}\sum_{k=1}^{K}n_k(\overline{o}_k-\overline{o})^2+\overline{o}(1-\overline{o}) \tag{6.37}$$

其中，$\overline{o}_k$ 是每个事件的预报频率，$\overline{o}=\frac{1}{N}\sum_{i=1}^{N}o_i$ 是由样本计算的事件气候频率。式（6.37）中总和的第一部分与可靠性或校准有关，第二部分对 Brier 评分起负作用，与分辨性或锐度有关,最后一部分是事件的气候不确定性。

Brier 评分的这种表示方法与离散预报值 K 的数量相关性相对低一些。如果 p_u 采取连续值,那么在将预报值分类别时必须注意,以免引入偏差(Bröcker,2008；Stephenson et al.,2008)。对于其他评分,如 CRPS(Hersbach,2000)、分位数评分(Bentzien et al.,2014)和无知评分(Weijs et al.,2010),已经提出了一些模拟分解方法。Bröcker(2009)研究表明,任何合宜评分都可以进行类似于式(6.37)的分解。最近 Siegert(2017)提出了一个允许任意评分分解的一般框架。

虽然在特定天气情况下或特定时段内考察模式的性能是常见且可取的,但了解辛普森悖论很重要(Simpson,1951)：它描述了这样一种现象,即在这些样本的组合中可能找不到几个子样本中出现的某种效应,或者较大的样本甚至可能显示完全相反的效应。

例如,与另一个模式相比,一个预报模式在所有四个季节都具有较高的技巧,但在全年评估时仍然会很差。Hamill 等(2006)在两个岛屿的温度预报合成数据集中证明了这一点。在这种情况下,这两个岛屿的气候差异如此之大,以至于性能指标的数值被错误地提高了。Fricker 等(2013)发现,这种虚假技巧不会影响根据评分规则得出的合宜评分,在使用从列联表得出的不恰当的评分和一般技巧评分时应小心。

通常,建议使用统计显著性检验来评估潜在的模式改进。由于评分值差异通常很小,很难判断是真正的改进或是混沌的误差增长造成的。Geer(2016)研究了针对多个模式修改的学生 t 检验,并考虑了评分的自相关。他们还发现,为了检测到 0.5% 的改进,全球网格上至少需要 400 个预报场。这证实了我们从第 6.3.2 节得出的结论,即必须仔细考虑试验样本的大小,以便产生有意义和可靠的结果。

6.5 总结

本章提出并讨论了评估预报"优点"不同方面的各种方法。在单变量和多变量的情况下,都可以借助直方图诊断校准错误。建议使用多种类似的诊断方法,尤其是在多变量情况下,因为不同的工具会突出不同类型的校准错误。

评分规则提供了关于预报准确性的信息,是比较预报方法的宝贵工具。在这种情况下,只应使用合宜评分,因为它们确保基于最佳知识的预报将获得最佳评分。有许多这样的评分,其中 CRPS 和无知评分是最受欢迎的。然而,即使基本样本似乎足够大,仅查看其中一个评分的平均值也可能会产生误导。因此,如果可能的话,还必须提供关于平均分的误差信息,并根据多个评分规则的评估来决定模式好坏。如果我们不想比较模式,而是想了解一个模式的行为,则使用不一定适宜的衡量方法可能会有帮助,尤其是广泛使用的技巧评分和 ACC。

通过在 CRPS 和无知评分中加入适当的权重函数,就有可能以适当的方式评估极端事件预报。例如,这些权重函数可以用来强调气候分布的不同部分。多变量定量的评分不仅可以提供关于预报的校准和锐度的信息,而且可以评估位置、预报时间或变量之间协方差结构的正确表示。然而其中一些有局限性,如果维数很大效果就不好。

考虑到由于新的研究和应用而不断增长的众多可用评估工具和评分，有必要了解它们的属性以及如何选择合适的评分方法。为了确保预报性能的所有方面都得到解决，应计算一些评分，并将相关的不确定性进行量化。

参考文献

Anderson J, 1996. A method for producing and evaluating probabilistic forecasts from ensemble model integrations. Journal of Climate, 9, 1518-1530.

Bentzien S, Friederichs P, 2014. Decomposition and graphical portrayal of the quantile score. Quarterly Journal of the Royal Meteorological Society, 140, 1924-1934.

Bigelow F, 1905. Application of mathematics in meteorology. Monthly Weather Review, 33, 90-90.

Brent R, 1973. Algorithms for Minimization Without Derivatives. Englewood Cliffs: Prentice-Hall.

Brier G, 1950. Verification of forecasts expressed in terms of probability. Monthly Weather Review, 78, 1-3.

Bröcker J, 2008. Some remarks on the reliability of categorical probability forecasts. Monthly Weather Review, 136, 4488-4502.

Bröcker J, 2009. Reliability, sufficiency, and the decomposition of proper scores. Quarterly Journal of the Royal Meteorological Society, 135, 1512-1519.

Dawid A, 1984. Statistical theory: the prequential approach (with discussion and rejoinder). Journal of the Royal Statistical Society Ser. A, 147, 278-292.

Dawid A, Sebastiani P, 1999. Coherent dispersion criteria for optimal experimental design. Annals of Statistics, 27, 6 5-81.

Delle Monache L, Hacker J P, Zhou Y, et al, 2006. Probabilistic aspects of meteorological and ozone regional ensemble forecasts. Journal of Geophysical Research: Atmospheres, 111, D24307.

Diebold F, Mariano R, 1995. Comparing predictive accuracy. Journal of Business & Economic Statistics, 13, 253-263.

Diks C, Panchenko V, Van Dijk D, 2011. Likelihood-based scoring rules for comparing density forecasts in tails. Journal of Econometrics, 163, 215-230.

Elmore K, 2005. Alternatives to the chi-square test for evaluating rank histograms from ensemble forecasts. Weather and Forecasting, 20, 789-795.

Feldmann K, Scheuerer M, Thorarinsdottir T, 2015. Spatial postprocessing of ensemble forecasts for temperature using nonhomogeneous Gaussian regression. Monthly Weather Review, 143, 955-971.

Ferro C, Richardson D, Weigel A, 2008. On the effect of ensemble size on the discrete and continuous ranked probability scores. Meteorological Applications, 15, 1 9-24.

Fricker T, Ferro C, Stephenson D, 2013. Three recommendations for evaluating climate predictions. Meteorological Applications, 20, 246-255.

Friederichs P, Hense A, 2007. Statistical downscaling of extreme precipitation events using censored quantile regression. Monthly Weather Review, 135, 2365-2378.

Friederichs P, Thorarinsdottir T, 2012. Forecast verification for extreme value distributions with an application to probabilistic peak wind prediction. Environmetrics, 23, 579-594.

Geer A J, 2016. Significance of changes in medium-range forecast scores. Tellus Ser. A, 68, 30229.

Gilleland E, 2017. Spatialvx: spatial forecast verification. R package version 6-1.

Gneiting T, 2011. Making and evaluating point forecasts. Journal of the American Statistical Association,

106，746-762.

Gneiting T，Raftery A，Westveld A，et al，2005. Calibrated probabilistic forecasting using ensemble model output statistics and minimum CRPS estimation. Monthly Weather Review，133，1098-1118.

Gneiting T，Balabdaoui F，Raftery A，2007a. Probabilistic forecasts，calibration and sharpness. Journal of the Royal Statistical Society Ser. B，69，243-268.

Gneiting T，Raftery A，2007b. Strictly proper scoring rules，prediction，and estimation. Journal of the American Statistical Association，102，359-378.

Gneiting T，Stanberry L，Grimit E，et al，2008. Assessing probabilistic forecasts of multivariate quantities，with applications to ensemble predictions of surface winds（with discussion and rejoinder）. Test，17，211-264.

Gneiting T，Ranjan R，2011. Comparing density forecasts using threshold-and quantile-weighted scoring rules. Journal of Business & Economic Statistics，29，411-422.

Gneiting T，Ranjan R，2013. Combining predictive distributions. Electronic Journal of Statistics，7，1747-1782.

Gneiting T，Katzfuss M，2014. Probabilistic forecasting. Annual Review of Statistics and Its Application，1，125-151.

Good I，1952. Rational decisions. Journal of the Royal Statistical Society Ser. B，14，107-114.

Grimit E，Gneiting T，Berrocal V，et al，2006. The continuous ranked probability score for circular variables and its application to mesoscale forecast ensemble verification. Quarterly Journal of the Royal Meteorological Society，132，2925-2942.

Hamill T M，Colucci S，1997. Verification of Eta-RSM short-range ensemble forecasts. Monthly Weather Review，125，1312-1327.

Hamill T M，Juras J，2006. Measuring forecast skill：Is it real skill or is it the varying climatology?. Quarterly Journal of the Royal Meteorological Society，132，2905-2923.

Hering A，Genton M，2011. Comparing spatial predictions. Technometrics，53，414-425.

Hersbach H，2000. Decomposition of the continuous ranked probability score for ensemble prediction systems. Weather and Forecasting，15，559-570.

Holzmann H，Klar B，2017. Focusing on regions of interest in forecast evaluation. The Annals of Applied Statistics，11，2404-2431.

Jolliffe I，Primo C，2008. Evaluating rank histograms using decompositions of the chi-square test statistic. Monthly Weather Review，136，2133-2139.

Jolliffe I，Stephenson D，2012. Forecast Verification：A Practitioner's Guide in Atmospheric Science. Chichester，UK：John Wiley & Sons.

Jordan A，Krüger F，Lerch S，2017. Evaluating probabilistic forecasts with the R package scoring Rules. https：//arxiv. org/abs/1709. 04743.

Krüger F，Lerch S，Thorarinsdottir T L，et al，2016. Probabilistic forecasting and comparative model assessment based on Markov Chain Monte Carlo output. https：//arxiv. org/pdf/1608. 06802. pdf.

Kruskal J，1956. On the shortest spanning subtree of a graph and the traveling salesman problem. Proceedings of the American Mathematical Society，7，48-50.

Lahiri S，2003. Resampling Methods for Dependent Data. New York：Springer.

Laio F，Tamea S，2007. Verification tools for probabilistic forecasts of continuous hydrological variables. Hydrology and Earth System Sciences Discussions，11，1267-1277.

Lerch S，Thorarinsdottir T，Ravazzolo F，et al，2017. Forecaster's dilemma：Extreme events and forecast evaluation. Statistical Science, 32, 106-127.

Liu R, 1990. On a notion of data depth based on random simplices. The Annals of Statistics, 18, 405-414.

López-Pintado S, Romo J, 2009. On the concept of depth for functional data. Journal of the American Statistical Association, 104, 718-734.

Matheson J, Winkler R, 1976. Scoring rules for continuous probability distributions. Management Science, 22, 1087-1096.

Mirzargar M, Anderson J, 2017. On evaluation of ensemble forecast calibration using the concept of data depth. Monthly Weather Review, 145, 1679-1690.

Miyakoda K, Hembree G, Strickler R, et al, 1972. Cumulative results of extended forecast experiments I. Model performance for winter cases. Monthly Weather Review, 100, 836-855.

Murphy A, 1970. The ranked probability score and the probability score: A comparison. Monthly Weather Review, 98, 917-924.

Murphy A, 1973a. Hedging and skill scores for probability forecasts. Journal of Applied Meteorology, 12, 215-223.

Murphy A, 1973b. A new vector partition of the probability score. Journal of Applied Meteorology, 12, 595-600.

Murphy A, 1974. A sample skill score for probability forecasts. Monthly Weather Review, 102, 4 8-55.

Murphy A, 1992. Climatology, persistence, and their linear combination as standards of reference in skill scores. Weather and Forecasting, 7, 692-698.

Murphy A, 1993. What is a good forecast? An essay on the nature of goodness in weather forecasting. Weather and Forecasting, 8, 281-293.

Murphy A, Epstein E, 1989. Skill scores and correlation coefficients in model verification. Monthly Weather Review, 117, 572-582.

Oksanen J, Blanchet F, Friendly M, et al, 2017. Vegan: community ecology package.

Palmer T, 2012. Towards the probabilistic Earth-system simulator: A vision for the future of climate and weather prediction. Quarterly Journal of the Royal Meteorological Society, 138, 841-861.

Perkins S, Pitman A, Holbrook N, et al, 2007. Evaluation of the AR4 climate models' simulated daily maximum temperature, minimum temperature, and precipitation over Australia using probability density functions. Journal of Climate, 20, 4356-4376.

Pinson P, 2013. Wind energy: Forecasting challenges for its operational management. Statistical Science, 28, 564-585.

Pinson P, Girard R, 2012. Evaluating the quality of scenarios of short-term wind power generation. Applied Energy, 96, 1 2-20.

Core Team R, 2016. R: A language and environment for statistical computing. Vienna, Austria: R Foundation for Statistical Computing.

Roulston M, Smith L, 2002. Evaluating probabilistic forecasts using information theory. Monthly Weather Review, 130, 1653-1660.

Schefzik R, Thorarinsdottir T, Gneiting T, 2013. Uncertainty quantification in complex simulation models using ensemble copula coupling. Statistical Science, 28, 616-640.

Scheuerer M, Hamill T M, 2015. Variogram-based proper scoring rules for probabilistic forecasts of multivariate quantities. Monthly Weather Review, 143, 1321-1334.

Siegert S, 2017. Simplifying and generalising Murphy's Brier score decomposition. Quarterly Journal of the Royal Meteorological Society, 143, 1178-1183.

Simpson E, 1951. The interpretation of interaction in contingency tables. Journal of the Royal Statistical Society Ser B, 13, 238-241.

Smith L, Hansen J, 2004. Extending the limits of ensemble forecast verification with the minimum spanning tree. Monthly Weather Review, 132, 1522-1528.

Stephenson D, Coelho C A S, Jolliffe I, 2008. Two extra components in the Brier score decomposition. Weather and Forecasting, 23, 752-757.

Strähl C, Ziegel J, 2017. Cross-calibration of probabilistic forecasts. Electronic Journal of Statistics, 11, 608-639.

Thorarinsdottir T, Gneiting T, Gissibl N, 2013. Using proper divergence functions to evaluate climate models. SIAM/ASA Journal on Uncertainty Quantification, 1, 522-534.

Thorarinsdottir T, Scheuerer M, Heinz C, 2016. Assessing the calibration of high-dimensional ensemble forecasts using rank histograms. Journal of Computational and Graphical Statistics, 25, 105-122.

Tsyplakov A, 2013. Evaluation of probabilistic forecasts: Proper scoring rules and moments. http://ssrn.com/abstract=2236605 (Accessed 26 January 2018).

Wei W, Balabdaoui F, Held L, 2017. Calibration tests for multivariate Gaussian forecasts. Journal of Multivariate Analysis, 154, 216-233.

Weijs S, van Nooijen R, van de Giesen N, 2010. Kullback-Leibler divergence as a forecast skill score with classic reliability-resolution-uncertainty decomposition. Monthly Weather Review, 138, 3387-3399.

Wilks D, 2004. The minimum spanning tree histogram as verification tool for multidimensional ensemble forecasts. Monthly Weather Review, 132, 1329-1340.

Wilks D, 2011. Statistical Methods in the Atmospheric Sciences. Oxford: Elsevier Academic Press.

Wilks D, 2017. On assessing calibration of multivariate ensemble forecasts. Quarterly Journal of the Royal Meteorological Society, 143, 164-172.

Ziegel J, Gneiting T, 2014. Copula calibration. Electronic Journal of Statistics, 8, 2619-2638.

第 7 章
统计后处理的实际应用

Thomas M. Hamill

美国科罗拉多州博尔德市,物理科学部 NOAA 地球系统研究实验室

7.1 引言

从事统计模型开发的人通常会用大量时间来处理测试研究假设背后的实际问题。应当使用哪些数据？输入数据的质量是否一致，或者研究人员是否必须进行质量控制？训练数据是否如此有限，以至于现有的方法无法产生可接受质量的指导产品？数据量是否过于庞大，以至于在存储传输或快速训练模型方面面临考验？训练数据的统计特征是否会随时间的推移而变化？个人如何快速获取已有方法的代码作为标准进行方法比对？研究人员可能希望专注于问题的科学层面，却只有在尽力解决上述与科学无关的问题后，才能专心科研。这些问题不会消失，但无论是个人或是群体，我们都有可能预见并克服常见的障碍。

图 7.1 呈现了一个典型天气预报系统的组成模块和数据存储，可以看出统计后处理与先前生成数据的相关性。模块中通常包含一个数据同化系统（Daley，1991；Kalnay，2003），可以用最新获取的观测数据对先前的动力预报进行统计学上的调整，其目的是生成准确的、动态平衡的、适用于预报系统初始化的环境状态格点分析场。预报模式（或现在更常见的集合预报系统；见第 2 章）将支配环境状态发展的物理规律予以近似（Durran，2010；Warner，2011），并模拟从初始状态开始的演变。统计后处理算法通常使用模式结果、观测和/或分析数据进行训练。

图 7.1 是简化了的实际数据流程。例如，统计后处理通常分为两个不同的阶段进行：模型的训练和应用该模型来调整当日的实时预报。从图中可以看出，对于诸如降水之类的变量，统计训练中使用的分析场可能使用（Lespinas et al.，2015），也可能不使用（Zhang et al.，2016）先验模式的预报指导。此外，经过后处理的指导预报不一定是产品链的终点；它也可以作为输入量提供给其他预报系统。例如，一个旨在制作流量预报的水文预报系统可能会提取经过后

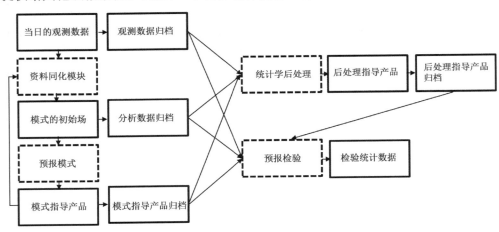

图 7.1 用户对用户天气预报系统大体的典型架构和数据存储，以及系统内数据传输示意
（实线框内是数据存储，虚线框内是预报系统的模块）

处理的气象指导产品,将其与陆地和积雪状况的观测结合,生成水文的集合预报,而这些集合又可能需要它们自己的统计后处理(Hemri,2018,第 8 章;Schaake et al.,2007)。

由于这些数据之间存在相关性,所以后处理指导产品的质量不仅仅取决于统计算法的复杂度。假如统计后处理算法是针对分析数据进行训练的,认为这些数据代表真实状态。那么,后处理指导产品的最终准确性取决于这些分析数据的准确性、偏差和时间一致性。此外,假如后处理算法对先验预报和验证数据的差异进行统计学建模。如果由于短期天气变率以外的原因导致预报偏差随时间变化,该怎么办?也许预报模式在暖季相对于冷季具有不同的偏差特征,或者厄尔尼诺(El Niño)和拉尼娜(La Niña)期间存在不同的偏差特征,又或许预报模式在训练期间升级到新版本,新、旧版本的误差特征不同。了解并处理这些问题,对于提供预报用户所期待的、高质量的后处理指导产品至关重要。

本章将更深入地探讨这些问题以及一些可能的改进方法。第 7.2 节通过一个例子说明经典而棘手的"偏差-方差权衡"在统计后处理中应如何理解;这种权衡是随后讨论的许多算法和数据选取的基础。第 7.3 节返回讨论训练数据,涵盖预报和观测/分析数据选取使用中的难点问题。第 7.4 节讨论了缓解这些问题的未来方向。第 7.5 节通过一个个例研究,讨论了在开发共同关注的产品时所做的权衡,即从多模式集合指导产品制作降水概率。最后,在第 7.6 节中,我们转向一个不同的问题:作为一个社群,我们如何加快统计后处理的发展?不同的研究人员通常会彼此独立地研发方法,这可能会使检验某个假设(所提出的方法是否比其他最近发展的方法更好?)变得相当困难。只要我们愿意参与基础设施和测试数据集的共同开发,就会开辟一条前进的道路。

7.2 偏差—方差权衡

读者可以参考 Hastie 等(1990,图 2.2)或 Hastie 等(2001,第 2.9 节)等编写的应用统计学著作,以了解关于这一专题的更多讨论。偏差—方差权衡与名为"过拟合"的统计概念密切相关。例如,Wilks(2011)及本书第 7.4 节中都探讨了这一问题。维基百科(2016)是这样描述偏差—方差权衡的:

"偏差—方差权衡是监督学习算法的核心问题[①]。理想情况下,人们希望选择一个既能准确捕捉训练数据中的规律,又能很好地泛化到未见过数据的模型。不幸的是,通常不可能同时做到这两点。高方差的学习方法能够很好地表征他们的训练集,但存在对有噪声的或无代表性的训练数据过拟合的风险。相反,基于高偏差的算法通常会生成更简单的模型,这些模型不会过拟合,但可能对训练数据拟合不足,无法捕捉到重要的规律。"

我们构建一个简单的综合观测和预报训练数据集,用来说明常用统计后处理算法"衰减平均偏差订正"(Cui et al.,2012)使用中出现的问题。这里的预报偏差被估计为最新预报减去

---

① 监督学习是从标记的训练数据中推断出函数的机器学习任务。

观测值和先前偏差估计的线性组合。这种简单的后处理方法因其极小的数据存储需求而受到青睐。我们的理论建构如下：寻求一个单变量系统在日期/时间 t 的真实状态 y_t^{true}。在这个合成结构中，真实状态（对于模型训练而言是未知的）总是正好为 0。可用的是一个时间序列的预报，预报时效全都一样（例如，也许 3 d 前起报），日期/时间都是从 $t0$ 到 tf，有 $\boldsymbol{x}=[x_{t0},\cdots,x_{tf}]$。可用的还有过去的观测值 $\boldsymbol{y}=[y_{t0},\cdots,y_{tf-1}]$。观测值由真值加上随机噪声组成：$y_t^o = y_t^{\text{true}}+e_t^o,e_t^o \sim N\left(0,\dfrac{1}{9}\right)$，也就是说，$t$ 时刻的观测值满足均值为 0（真实状态）的正态分布，随机误差方差为 1/9。预报误差对于数据分析者来说是未知的，但在这里我们已知是用随机的、季节性相关且序列相关的系统误差来构建。真实的季节相关性偏差是 $B_t = \cos(2\pi J(t)/365)$，其中 $J(t)$ 是一年中的儒略日减 1；也就是说，偏差在一年中以余弦函数从 1 到 -1 变化，在日历年的开始和结束期偏暖，而在中期偏冷。预报的日随机误差为 $e_t^f \sim N(0,1)$，即新息方差（Wilks，2011；第 9.3.1 节）比观测方差大 9 倍。最后，用一阶自回归模型（同前）模拟合成预报的时间序列：$x_t - B_t = k(x_{t-1}-B_{t-1})+e_t^f$，这里 $k = 0.5$。

衰减平均偏差订正假定，第 t 天的预报偏差估计 $\hat{B}_t$ 可以用前一天的偏差估计与最新的预报偏差的线性组合进行估计：

$$\hat{B}_t = (1-\alpha)\hat{B}_{t-1}+\alpha(x_{t-1}-y_{t-1}^o) \tag{7.1}$$

这里的 α 是用户定义的参数，表示用于最新预报偏差的权重大小，预报偏差为预报量减去观测量得到的差值。当 α 小时，偏差值趋近于预报量和观测量之差的长期平均值。当 α 大时，最新数据的权重大，相邻两天的估计偏差可能变化很大。

图 7.2 展示了从不同的初始随机数和使用不同的随机观测误差开始的估计偏差的 100 次独立蒙特卡洛模拟结果；其中只显示经过 60 d 调整适应后的数据。4 张子图分别对应 4 个不断增大 α 值的模拟结果。每个模拟的估计偏差用浅灰色的线表示。这些估计偏差的均值用黑色虚线表示；这个量在实际工作中是无法获取的，因为自然界只有一个真实情况。真正的偏差仍是数据分析者未知的，用加粗黑线表示。对于小的 α（图 7.2a），100 个蒙特卡洛偏差估计的方差较小。然而，由于该算法赋给过去数据更大的权重，且过去数据的真实偏差是随季节变化的，因而这些偏差估计存在系统误差；且偏差的最大振幅通常被低估，滞后于真实偏差。为这个 α 值所做的权衡导致了偏差估计值之间相对较低的方差，但相对于真正的潜在偏差来说，系统误差很高。这类似于预报因子过少的回归分析（欠拟合）。对于大的 α（图 7.2d），最新预报与观测值之差的权重很大。最新的几个观测值被潜在地赋予较高的权重，而长期平均值被赋予较低的权重。这类似于过多预报因子的回归分析。偏差估计值随着每日数据的更新而迅速变化，在 100 次独立的模拟中，偏差估计值的变化更大。为这个 α 所做的权衡导致了平均更低的偏差，但样本方差很高。

在实际的天气预报中，我们只有一组观测数据可用，做不到 100 组重复，所以图 7.2 中的虚线永远无法实现。如果一个数据分析者生搬硬套这个算法，她就会面临选择，不断调整 α 的取值，以在偏差和方差之间找到一个可接受的折衷方案，前提是只看到图 7.2 每幅小图 100 根细灰线中她仅能看到的单独一根。如果直觉告诉她偏差是随季节变化的，她可能会选择在更复杂的回归分析中检验加入其他预报因子的价值，如 $\cos(2\pi J(t)/365)$ 和 $\sin(2\pi J(t)/365)$。为什么不这样做呢？衰减平均偏差校正有一个非常受青睐的特点：需要归档的数据非常少。一旦当前的预报和观测数据已用于更新偏差，就可以出于训练的需要而迅速将它们丢弃。训

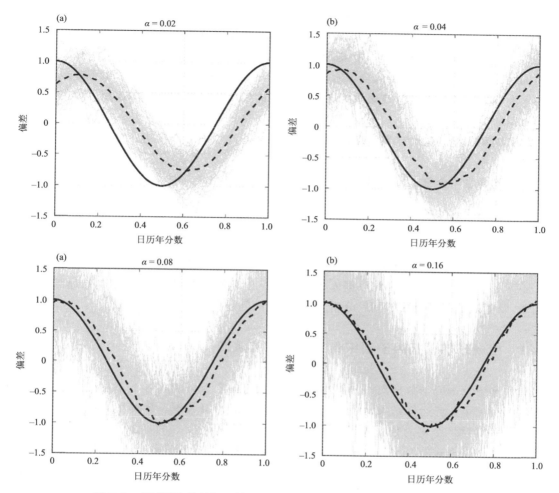

图 7.2　衰减平均偏差订正算法的统计后处理中偏差—方差权衡的示例

灰色细线表示使用衰减平均偏差校正算法的单个蒙特卡洛偏差估计。黑色虚线表示 100 次蒙特卡洛偏差估计的平均值。黑色粗实线表示真正的潜在偏差。子图（a）、（b）、（c）和（d）分别显示衰减的平均权重 $\alpha = 0.02, 0.04, 0.08, 0.16$

练需要储存更长时间序列的数据，以进行更准确的回归分析，从而改善偏差估计。虽然在这个简单的合成问题中，数据存储并不重要，但如果该方法被应用于大面积高分辨率网格上的多个变量，数据存储需求就可能需要引起重视。

7.3　统计后处理的训练数据问题

　　现在考虑一个理想的训练数据集应当具备的特点，这里的"理想"不是指提供完美的预报，而是指它几乎能满足统计学家的所有需求。

· **训练数据的时间跨度应当足够长，以包含未来所有可能的环境条件范围内的样本。** 这将提供足够的样本来定量估计每个地理位置发生相对异常事件的概率。预报误差可能至少与当地的包括地形高度、地形走向、植被、土地利用和土壤类型等在内的地理特征有关。有了大量的训练数据，就可以研发出结合了所有必要额外预报因子的模型，而不会出现过拟合。

· 训练期间的**训练数据应该与用于实时预报的集合预报系统相同。** 这使得预报的误差特征随时间的推移更加一致。

· **实时和回报的集合应有许多成员。** 从而可以通过适中的样本变异对大气不确定性进行定量估计。

· **误差特征不会随时间彻底改变。** 通过过去 10 a 或 20 a 模拟得到的预报误差应与今天的预报误差相似。

· **用作预报量的过去分析或观测数据应当与预报的时段一致。**

· **过去的分析或观测应当是无偏的且一致的高质量。**

· **观测或分析数据应当可用于所有需要后处理指导的位置。**

不幸的是，不太理想的训练数据才是常态。现在考虑一下预报因子数据（通常集合预报）的问题，及随后的与预报量（观测、分析）数据相关的问题。

7.3.1 生成理想预报因子训练数据所面临的挑战

制作理想预报因子数据集并归档的计算代价很高，甚至可能实际上不可能完美实现。假设每年都有一个业务运行结果，并且需要过去很多年的预报数据。计算成本将与集合成员的数量和过去"回报"个例的数量成线性关系；20 a 的回报会比 2 a 的贵 10 倍。理想情况下，模式预报数据将以模式的原始分辨率归档，但如果预报的水平分辨率提升 2 倍、时间分辨率也提升 2 次，回报数据的存储量需要增加 8 倍，随着模式改动和系统的升级，数据存储的负担越来越重。如果统计模型的研发是在另一台计算系统上进行，就会出现新的问题，即怎样将数据传输和存储到进行研发的计算机系统上。如果统计建模人员正在研发的是单个区域内一两个变量的后处理系统，这可能还未形成过重的负担；如果该系统打算在一个大的地理区域内对大量变量进行统计调整，这就将成为一个愈发重要的、需要处理的问题。

与生成实时预报的初始场相同，理想的预报数据集也会使用一致的资料同化系统生成回报的初始场。大多数业务中心使用计算代价高的四维变分资料同化技术（4DVar）（Courtier et al.，1994；Kalnay，2003）、集合卡尔曼滤波（Ensemble Kalman Filter，EnKF）（Evensen，2014；Hamill，2006）或两者的混合（Buehner et al.，2013；Kleist et al.，2015）。生成多年甚至几十年的再分析数据作为回报的初始场，可能会占用计算资源，否则这些资源可以用于提高实时预报系统的分辨率或集合规模。通过采用额外的训练数据提升的后处理技巧，必须相对于使用更高分辨率、更复杂的实时预报系统提升的额外预报技巧进行评估。

也许为了节省重新制作再分析数据的计算费用，预报系统的研发人员可以选择使用以前基于旧版预报模式和同化系统制作的再分析数据作为回报的初始场。这就是最近 NCEP 全球集合预报系统（Global Ensemble Forecast System，GEFS）选取的方案（Hamill et al.，2013）。在 2011 年之前，初始场是由 NCEP 气候预测系统（Climate Forecast System，CFS）产生的再分析数据（Saha et al.，2010）。此后，预报的初始场由实时资料同化系统生成，该系统经历了各种变化从而影响了初始条件特征。图 7.3（取自 Hamill（2017））表明在那段时期，短期温度和露点分析场的特征发生了变化，而与之相比的欧洲中期天气预报中心（ECMWF）（Dee et al.，2011）开发的再分析场未发生变化。预报场在某种程度上承续了这种初始条件的偏差，所以 2011 年前后回报的统计特征是不一致的。如果用 2011 年以前的预报数据进行训练，产生的实际影响是 2011 年以后的统计后处理产品出现质量下降。

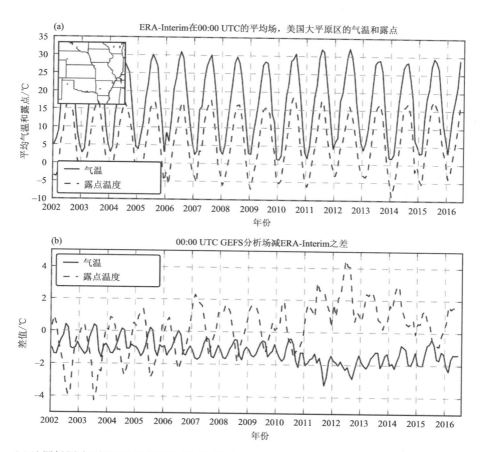

图 7.3　（a）地图插图中覆盖区域（美国中部）的 ERA-Interim 再分析在 00：00 UTC 的平均温度时间序列；（b）GEFS 初始分析和 ERA-Interim 分析的温度（实线）和露点（虚线）在 00：00 UTC 的平均差异的时间序列

即使为制作几十年再分析数据预留了足够的计算和存储资源，即便回报系统与业务预报系统保持一致，但作为再分析系统输入场的观测系统也可能在这期间发生巨大变化。在过去的几十年里，同化系统已经开始同化越来越多的卫星数据，包括微波辐射（McNally et al.，2006）、红外辐射计数据（Collard et al.，2009）、由高分辨率卫星图像时间序列估算的云导风（Velden et al.，2005）、飞机观测的温度（Benjamin et al.，2010）、海表风的散射仪估计（Bi et al.，2011）和无线电掩星（Anthes et al.，2008）。这些都提升了近年来分析场和再分析场的准确度。由于这些变化，即使采用目前最先进的同化方法，也不可能使遥远过去某一天回报的预期误差与现今预报一样小（Dee et al.，2011）。

7.3.2　收集/开发理想预报量训练数据所面临的挑战

由于许多用户需要格点化的后处理指导产品,因而经常需要对格点分析场进行训练,从而直接满足这一需求。不幸的是,在此概述的理想分析场的部分特征很难实现。首先,如果采用当今诸如 4DVar、EnKF 或二者混合的资料同化方法,则生成一个长时间序列分析场的计算成本可能很高。它还需要综合所有可用的大量存储观测数据。这可能使再分析数据的制作对于一些预报中心而言不切实际。如果统计学家使用实时产生的业务分析场,这些分析场的质量和偏差参差不齐,既反映了观测系统不断变化的性质,也反映了资料同化和预报系统的变化。

为什么要假定分析偏差会随时间变化呢?想必是由于分析场或再分析场是通过将初估预报场(背景场)向最新获取的观测场调整产生的。那么观测场和背景场都应该是无偏差的,才能使同化过程制作出后处理所需的无偏差分析场。如今,虽然通过调整观测场以减少偏差的技术已非常普遍(Auligné et al.,2007),而且还提出了可能暂未广泛应用的、通过调整背景场以实现无偏的方法(Dee,2005),但是完全消除资料同化信息源中的偏差仍然是个难题。因此,应当认为许多分析场是存在偏差的。

分析偏差的说明如图 7.4 和图 7.5 所示。图 7.4 中可以看到 4 个不同预报中心的 2 m 地表气温的时间平均发散度(多分析均值的标准差)。发散度先逐日计算再进行年平均。分析场取自 TIGGE 存档资料(Bougeault et al.,2009;Swinbank et al.,2016),并在显示前插值到分辨率为 1°的网格上。许多地区的平均分析场发散度都超过 1℃,特别在山区和极地区域的

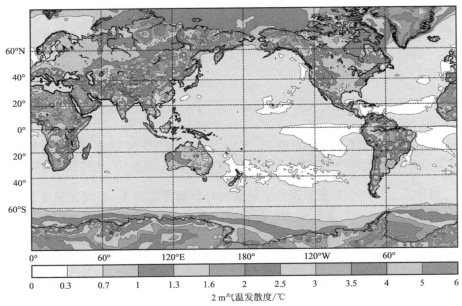

图 7.4　2015 年 00:00 UTC 2 m 气温分析场的年平均发散度
(每个分析系统的数据都通过欧洲中期天气预报中心的 TIGGE 数据平台(Bougeault et al.,2009)
提取至同样的 1°网格。此处使用的分析系统有美国国家环境预报中心、加拿大气象中心、
英国气象局书馆和欧洲中期天气预报中心)(见彩图)

发散度要大得多。如果我们检查某个特定地点分析场的时间序列(图 7.5),本章用亚马孙河流域中部,我们看到差异不是随机的;一些分析系统比平均值系统性地偏低,而另一些系统性地偏高。如果只选择一个系统(以 NCEP 为例)并对其分析场进行训练,可能会导致在该地点产生具有正偏差的后处理指导产品(假定多中心均值更现实)。需要注意的是,高空分析场之间的差异可能没那么明显(Park et al. ,2008),而近地层的变量尤其难以预报,因为许多相关过程(边界层、近地层、陆面、云微物理)都是通过参数化进行处理的,也就是说,次网格尺度的近似对网格尺度产生影响(Stensrud,2007)。

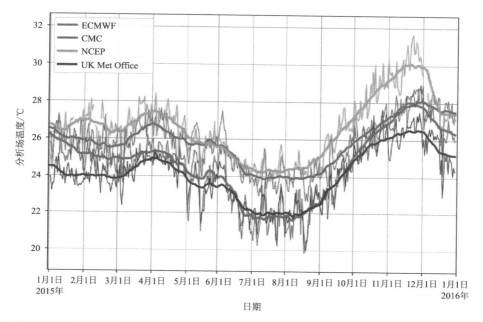

图 7.5　亚马孙流域某地的原始(细线)和＋/－15 d 平滑后(粗线)2 m 地表温度分析场的
时间序列,分析量分别来源于 4 个不同的全球资料同化系统(见彩图)

　　考虑到对分析场数据进行训练的挑战,即使格点产品是首选,是否直接使用站点数据可能会更好?对观测场进行训练可以获得更多针对观测区域周边的定点降尺度信息(Vannitsem et al. ,2011)。然而,如果还需要附近其他点的信息,就需要进行空间建模。目前已经开发了几种这样的技术。其中包括 Glahn 等(2009)的方法,即先对站点进行后处理,然后插值到格点。Scheuerer 等(2014)提出了一种策略,Dabernig 等(2017)以及 Stauffer 等(2017)进一步发展了该策略。其中,气候特征被插值到格点上,并被分别从预报场和观测场中去除,因而区域内的所有点都可以同时进行后处理。

　　虽然这些方法可以避免对包含偏差的分析数据进行训练,但仍存在缺陷。例如,在水体、山区和人口较少的地区,观测站通常比较稀疏。由于如温度、风速和降水量等常用变量可能随海拔或海陆下垫面发生变化,从观测站向输出网格的统计插值可能会在类似区域生成比期望质量更差的格点产品。通过资料同化过程生成的分析场,尽管有偏差的污染,但在没有现场观测的地区往往会生成有用的数据。这是因为它们使用了其他的数据来源,如卫星和雷达资料,并且模式的初估场(背景场)实际上是一个通过同化更早期观测而积累了大量信息的场。

7.4 统计后处理中实践问题的补救措施

7.4.1 改进生成回报的方法

现在假设预报中心的主任已经决定,后处理是制作预报产品的一个重要步骤,而且训练样本量具有足够的重要性,必须为回报预留部分计算资源。我们还可以假设,已生成与实时分析质量相当的再分析场。预报中心主任可能已经表示,在不过度影响其他模式改进实施的情况下,可以生成的回报数量并不多,可能仅限于用 5 个成员的集合系统回溯运行 4 a 的训练数据。基于以上限制,就可以进行其他配置。在相同的计算成本下,扩大至 10 个成员的回报可运行跨度 2 a 的数据。这将缩减所涵盖天气情况的范围,但每种情况的集合发散度估计将得以改善。此外,还可以通过每隔 5 d 进行 5 个成员的回报,以此生成 20 a 的回报数据(Hamill et al.,2004)。对某些变量,定期的、每隔 n 天的二次抽样过程来说可能几乎是最优的,但对其他变量则不是。假设回报数据集最重要的预期应用是对强降水进行统计后处理。在这种情况下,根据天气确定回算日期的程序可能会改善强降水的后处理结果。例如,是否应当对过去某日进行回报的可能性取决于,上一代再预报特定关注区域降水量远高于平均降水量的可能性[①]。在确定回报的个例清单时,20%强降水概率的例子被选中的可能性是 10%概率例子的2 倍。如果根据一个大范围内(如毗邻的美国)某处发生强降水的概率来选择回报个例,人们会期待在任意特定点仍然会有许多更常规天气的样本,而且后处理的准确性也不会因为更常见的事件而降低。是否有可以指导回报配置的一般原则呢?类似决定应根据预期的应用进行判断。如果主要应用于次季节尺度预报,其中海表温度和土壤湿度等边界条件对预报的影响比初始大气状态的影响更大,那么就需要一个涵盖更广泛的气候状态的回报数据集;5 d 一次跨越 20 a 比每天一次只回报最近 4 a 的方案更合适。如果更关注短期概率降水后处理,那么更应选取与天气相关的采样策略,在更有可能出现强降水的日子里进行回报。

是否有原则来确定回报长度与集合规模之间的权衡?同样,这可以根据预期的应用进行判断。对于类似极端预报指数这样的产品(Lalaurette,2003;Petroliagis et al.,2014),使用回报场来确定当前预报相对于集合回报气候态的异常程度,欧洲中期天气预报中心(ECM-WF)的经验表明(Vitart et al.,2014),产品性能会随着集合成员的增加而提高。另外,对于许多统计后处理应用来说,拥有更多数量的单个天气事件比拥有更大的集合规模更有帮助。后处理的主要技巧改进通常是订正平均状态的误差而不是调整发散度,以及更广泛的天气情况使得更适宜的状态相关订正成为可能。

如何解决由于观测网变化而导致回报后处理质量随时间变化的问题?过去的经验表明

---

① 不应当根据观测或分析场的强降水来选择案例。在这种情况下,训练数据会偏向于发生强降水事件,那么当这个后处理方法应用于实时预报时就可能会高估降水。

(Uppala et al.，2005；Hamill et al.，2013；Dee et al.，2014)，数据同化和预报系统越先进，整体质量就越高，过去与现在的预报统计特征就越一致。因此，使用最新系统定期生成再分析数据是解决这个问题的最直接方法，尽管它在计算上不可行。假设我们没有定期生成一致高质量的再分析资料，其他方法可能包括对训练样本进行加权，使其与期望的误差方差成反比，例如在加权最小二乘回归中就是如此。如果没有再分析数据，但已为回报预留了一些计算资源，也许适时地使用其他再分析场进行初始化会切实有效。目前，没有自行制作再分析的预报中心已经探索出通过修正其他中心的再分析场作为初始场来进行回报，他们还对地表附近进行了调整，从而体现出此中心陆面方案的气候特征(Boisserie et al.，2016；Lin et al.，2016)。

如果一个预报中心没有现成的再分析，但认为再分析是必要的，那么它们的制作可能是回报过程中代价最高且耗时最多的部分。假设我们希望每隔 3 d 进行 5 个成员 30 d 时效的回报。那么每隔 3 d 我们就会生成 150 个成员日的回报。假设现在使用 80 个成员的集合资料同化方法，将 80 个成员每积分 6 h 对分析场进行更新，循环往复。在同样的 3 d 内，仅仅为资料同化生成背景预报集合的计算量是 $80 \times 3 = 240$ 个成员日。更新分析场的计算量大致为同一数量级。由于制作再分析场所涉及的大量计算成本和劳动力，因此在一些预报中心(如 ECMWF、美国 NWS 和日本气象厅)再分析数据通常每 10 a 生成一至两次，而其他许多预报中心则根本不生成再分析数据。

最后一个问题，计算回报或再分析场是进行有效统计后处理的必要前提吗？这可能取决于预期的应用。以往经验表明(Hamill et al.，2006；Scheuerer et al.，2015)，对于如强降水之类的罕见事件，由许多回报提供、扩大的样本量明显改善了后处理的技巧。另一个通过回报得到明显改善的应用是次季节预报的后处理。在这些预报时效内，由于混沌和模式误差造成的噪声很大，可检测信号很弱；大样本有助于在噪声中提取到少量信号(Ou et al.，2016)。回报也提供了大的样本量，这对验证罕见的极端事件很重要，例如导致洪水的强降水事件。对于其他应用，如短期温度校准(Hagedorn et al.，2012)或非 0 降水的基本概率预报(Hamill et al.，2017)，有可能解决一些与短训练数据集有关的问题，这将在下一小节中讨论。

7.4.2 应对短训练数据集的常用方法

假设长时间的回报无法实现，我们必须用更短时间序列的预报来进行训练。在这种情况下，什么程序可能是切实可行的？对于一些变量，如地表温度，过去的经验表明，用简单的方法，如 7.2 节中讨论的衰减平均偏差校正可以起到正面作用。这是因为偏差通常有很大的系统性成分，特别是在短时效内，因此前一天的预报偏差给今天的偏差提供了有用的预报信息。对于关注的其他变量，如降水，过去几天或几周甚至几个月可能无法提供足够多的降水事件，特别是如果后处理方法从一个地方任意照搬到另一个地方，都会导致改进不明显。对于有限的样本量，需要思考其他方法。

一个公认的备选方案是利用周围区域的信息来补充训练数据(Allen et al.，2001；Mass et al.，2008)。图 7.6 说明了为什么应当适时使用这种方法。这里，选取 GEFS 回报数据(Hamill et al.，2013)和气候校准的降水分析场(Climatology-Calibrated Precipitation Analyses，CCPA)(Hou et al.，2014)，对 2002—2015 年 12 月、1 月和 2 月期间美国西北部俄勒冈—加利福尼亚边界沿线两个邻近地点的 24 h 累计降水量的累积分布函数(CDFs)进行补充。假设其中一个位置使用一个分位数映射程序来解决预报的条件偏差(Hopson et al.，2010；Maraun，2013；Voisin et al.，2010)。例如，也许沿海位置的训练数据是由内陆位置的训练数据补充的。这两个位置雨的条件预报偏差符号相反。沿海的降水出现低估，而内陆的降水则略微高估。使用内陆位置的补充训练数据对沿海位置进行分位数映射，可能会生成比不补充的情况更差的调整预报。

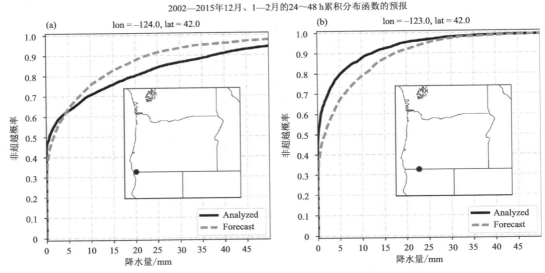

2002—2015年12月、1—2月的24~48 h累积分布函数的预报

图7.6 预报和分析降水之间的区域相关差异的说明，选取美国西部的两个地点：

(a)美国西海岸沿线和(b)内陆地区

(黑色粗实线为 CCPA 分析场的累积分布函数(CDF)，灰色虚线为 GEFS 成员预报场累积

分布函数(CDF)。两个地点由插图地图中的两个黑点表示。)

也许使用补充训练数据这一设想在概念上是合理的，前提是要注意使用了哪些补充数据。Hamill 等(2015,2017)近来展示了一种更高级的补充数据选取程序，Lerch 等(2017)也讨论了类似的方法。对于每个需要进行降水预报后处理的格点，基于气候和诸如地形高度、山坡走向的地理特征的相似确定了若干补充位置，这里假定许多降水偏差与数值模式中对地形特征的简化表征相关。原有位置的训练数据由这些额外位置的数据进行补充，并在之后的后处理指导产品中产生改进。

在处理短训练数据集时，应该考虑的另一个问题是出现季节相关偏差的可能，如图7.2所示。假设出于实际考虑，必须只使用最近一两个月的预报和观测/分析数据进行训练。着眼于降水的统计后处理，从为期4个月的回报数据集再次考虑预报并分析累积分布函数(CDF)(图7.7)。在美国艾奥瓦州(Iowa)西南部的这个位置，中雨的预报和观测差异随时间变化，从2月较多降水量的相对中性偏差到4月预报略微不足，至6月明显预报不足。如果模式在一年多的时间里没有变化，处理这个问题最直接的方法是使用前一年相同季节的增补训练数据。

假设后处理应用需要多年的回报。无法获取到一致的回报数据，但有业务模式以前的预报结果归档。乐观地说，也许只有平均偏差会随模式版本变化。在这种情况下，如果后处理使用回归型的方法，一个指示(或"虚拟")变量足以允许使用多个模式版本的训练数据(Neter et al.，1990，第10章)。如果回归关系以其他方式发生改变，导致需要为每个模式版本提供更

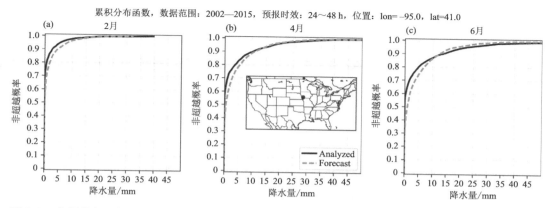

图 7.7 美国艾奥瓦州西南部一个位置在 3 个不同月份,CCPA 分析场(黑色实线)和 GEFS 成员回报场
(灰色虚线)的 24 h 累计雨量的累积分布函数(a)2 月;(b)4 月和(c)6 月
(曲线使用 2002—2015 年的数据生成)

多的预报因子和交互,就必须注意过拟合的可能性。

7.4.3　不合格的分析数据补救措施

　　针对分析场的训练是后处理的当务之急,并且如果分析场存在如前所述的系统性误差,那么一个可行但耗时的补救方法是改进生成分析场的数据同化系统。美国国家气象局(NWS)的气象统计学家已经要求 NWS 数据同化系统的研发人员进行这样的改进。NWS 希望对高分辨率的格点分析场进行后处理。目前 NWS 的高分辨率分析系统(De Pondeca et al.,2011)产生的分析结果存在偏差和高于理想的误差,尤其在美国西部山区。因此,NWS 正在调配资源来改进这个分析系统。遗憾的是,高度关注的分析变量(地表温度、风、降水等)往往是最难改进的。这些变量估计的准确性取决于对陆面过程的准确刻画,包括其中所有的非均匀性、物理复杂性和观测不足的土壤状态。此外,在预报系统云的描述中普遍存在的重大错误可能会对向下短波辐射估计造成影响,而向下短波辐射在很大程度上决定了返回大气的地表感热通量和潜热通量。

　　难以生成适于后处理的高质量分析场的另一个原因是,对分析数据的后处理需求可能与对预报初始化的需求存在一定差别。对后处理而言,准确度、无偏和相关的空间细节至关重要。而对于预报初始化,能够进行准确且稳定预报的分析场是至关重要的。例如,在系统中引入实际地形高度,而不是平滑后的地形,可能会产生某种程度上更真实的分析场,但预报效果会大大降低。

　　虽然对格点分析场的直接改进是值得做的,但主要的改进需要时间来实现,而且可能急需一些有用的分析数据。以下是使用分析数据的一些建议:①如果有多个分析场可用(图 7.5),那么可以考虑针对可用分析场的某些线性组合进行训练和验证。其基本假设是,不同的系统可能有一些独立的偏差,而(也许加权)平均场将产生比任何一个单独估计更准确的结果。②可以考虑利用站点数据但隐式生成格点产品的方法(Glahn et al.,2009;Kleiber et al.,2011a,2011b;Scheuerer et al.,2014;Scheuerer et al.,2015;Stauffer et al.,2017)。

7.5 个例研究:用全球多模式集合制作高分辨率降水概率的后处理

现在介绍统计后处理中一个具有挑战性问题的实际例子,以此说明本章所讨论的一些权衡,以及美国在开发准业务化后处理产品时所做的选择。

几年前,美国国家气象局(NWS)启动了一项统计后处理计划,即"全美混合模型"或简称"全美混合"。NWS制作的许多天气预报都是由温度、风、降水等要素格点场自动生成的。几十个NWS办公室的预报员通常会对中央制作的模式指导格点产品进行人工修订。当人们在全美范围内观察合成的产品时,两个天气预报办公室责任范围之间的边界有时会出现明显的不连续。"全美混合"计划为预报员提供多模式集合预报的统计后处理指导,其质量和可靠性应使人工修订的必要性大大降低。其目的是提高预报的一致性和质量。

以下个例研究说明了"全美混合"计划目前研发中的12 h累计降水概率(12 h probability of accumulated precipitation,POP12)的统计后处理方法。在美国,非0降水被定义为12 h累计雨量≥0.254 mm的事件。最终期望得到的指导产品是在美国本土和邻近沿海水域的2.5 km网格上的POP12,以及未来很可能扩展到的全概率定量降水预报。本节所述的初始化技术开发,POP12生成和检验的网格分辨率是0.125°,相当于40°N处约10.6 km格距。输入的数据包括全球确定性预报和集合预报指导以及0.125°CCPA(Hou et al.,2014)。CCPA自2002年起使用至今,对确定降水的气候特征、模式后处理训练以及验证都非常有用。遗憾的是,CCPA数据未覆盖邻近沿海水域,这是本例权衡的因素之一。

在这个项目初期发展阶段,只有两个集合系统被用于中期POP12预报,即美国国家环境预报中心(NCEP)的全球集合预报系统(Zhou et al.,2017)和加拿大气象中心(CMC)的全球集合预报系统(Gagnon et al.,2014,2015)。下文中,这些都简称为"NCEP"和"CMC"集合。每个集合系统提供分辨率比0.125°更低的20个集合成员的预报。每个中心还使用单一的确定性控制预报。在未来,美国海军的全球集合系统也将纳入使用,但这些数据不是本研究的内容。关于美国和加拿大多中心集合的更多信息,请参见Candille(2009)。

这里展示的后处理方法是Hamill等(2017)描述的方法,其文献中提供了方法的更多细节和使用原理。该方法结合了各种既有算法,从中选取了更适用于较短训练数据集和多模式集合的方法。该方法也可以扩展到未来的全概率定量降水预报。该算法使用包括5个主要步骤:

①使用最近60 d的数据对预报和分析场的降水累积分布函数(CDF)进行填充。为了增加训练样本量,不仅用某一网格点上的训练数据填充该网格点的CDF,而且还用该网格点预定义的补充位置的数据填充(同上)。

②使用预报场和分析场的CDF对每个集合成员进行分位数映射。这改善了条件偏差,并应用隐式统计降尺度。

③对每个分位数映射的集合成员用随机扰动进行修正,以纠正仍然存在的欠离散问题。

④通过加权处理的、修整后的集合成员生成概率。

(5)对生成的 POP 场进行平滑。

实时数据处理的第一步是用最近 60 d 的数据填充预报场和分析场的 CDF。如前所述,在训练样本量较小的情况下,降水的后处理可能非常困难,但通过用具有相似地形和降水特征的其他地点的数据对训练数据进行填充,从而改善了这一情况(Hamill et al.,2008)。具体来说,对于每个输出的 1°/8 格点,都要确定一组其他格点或"补充地点",然后用原始格点和补充地点的数据填充该格点的预报和分析场的 CDF。这种方法通常优于通过组合来自完全不同季节的训练数据来扩大样本量的方法,因为不同季节的数据通常具有不同的条件偏差(图7.7)。此外,如果预报系统版本变更,且不同版本的系统偏差不同,旧的模式数据也将在 60 d 结束时过时,从而限制了产品质量下降的潜在持续时间。

图 7.8 显示了 4 月美国几个选定格点的预定义 POP12 的补充地点。尽管图中只显示了 6 个格点的补充地点,但在美国本土和加拿大哥伦比亚河流域的每一个 1°/8 的格点都定义了补充地点。补充地点是基于与 2002—2015 年 CCPA 降水气候的相似性、地形高度和坡向以及格点间的物理间隔进行选取。其基本原理是,模式降水的位置相关的系统误差部分与降水的气候有关,也与较低分辨率数值模式对地形起伏的平滑表征有关(图 7.6)。补充地点彼此间不能太近,以保证这些样本具有更独立的误差特征。关于补充地点算法的更多信息,见 Hamill 等(2017)。

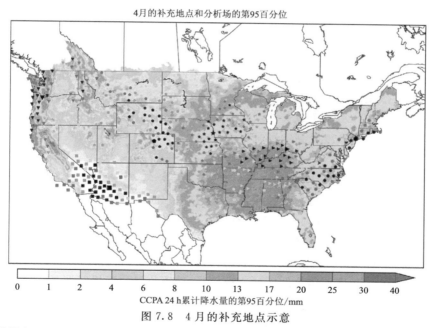

4月的补充地点和分析场的第95百分位

CCPA 24 h累计降水量的第95百分位/mm

图 7.8　4 月的补充地点示意

(较大的符号表示采用补充地点(大致为俄勒冈州波特兰市、亚利桑那州凤凰城、科罗拉多州博尔德市、内布拉斯加州奥马哈市、俄亥俄州辛辛那提市和纽约州纽约市)。较小的符号表示补充地点。色彩较深的符号表示匹配较好;较浅的符号匹配较差。地图上的颜色表示该月 24 h 累计降水量的第95 百分位数,由 2002—2015 年 CCPA 数据的气候态确定)(见彩图)(引自 Hamill et al.,2017)

实时处理的下一步是利用上一步产生的 CDF 对每个集合成员进行分位数映射。映射情况如图 7.9 所示。假设已经为一个格点和集合成员生成了 CDF,我们确定预报降水量(此处为 3 mm)及其非超越概率(此处为 0.895)。分析场降水量按相同的非超越概率确定(4 mm),

并将预报的降水量调整为该值。对每个输出格点和每个集合成员重复这一过程。这个过程能降低条件性偏差。如果在更精细的、细节更多的空间网格上进行分析,那么该算法也隐含着进行了统计降尺度的作用。

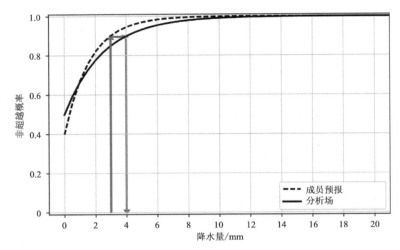

图 7.9　应用于集合成员的确定性分位数映射过程的说明。预报和分析场分布将原始预报调整为与相同累积概率相关的分析值(灰色箭头表示映射过程)

其他方法,如贝叶斯模型平均法通过回归方法调整预报偏差(Raftery et al.,2005;Sloughter et al.,2007)。正如 Wilks(2006)和 Hodyss 等(2016)所指出的,在预报场与分析场几乎不存在预报关系的情况下,将回归方程应用于集合成员时,集合成员将回归到平均分析值,导致集合的离散度降低。生成集合的首要原因是为了提供预报不确定性的情景估计,且原始集合通常是欠离散的;对每个成员的回归会使欠离散的问题更严重。正是由于这一点,分位数映射优于回归;集合离散度受到的影响更小,同时下文讨论的后续敷料法步骤要做的“工作”更少。

下面简要介绍一下 POP12 分位数映射程序的另一个特点。如果现在从 42 个集合成员中确定概率,人们会想到一些不可靠和技巧损失,部分原因是集合的规模相对较小(Richardson,2001)。为改善这一情况,并处理集合系统对降水落区特征的欠发散性,分位数映射不仅使用了所关注格点的预报,还使用了周围格点的分位数映射预报。特别是该格点和相邻的 8 个格点被用作分位数映射的输入。对于每个相邻点,所用的预报 CDF 与其周围相邻点相关,而分析 CDF 是与关注的中心格点相关。通过这种方式,周边位置的预报即使是在气候特征不同的山区,也会被映射成与内部点的分析分布一致。这个过程就提供了一个大 9 倍的集合,并减少了由有限的集合规模引起的误差。具体可参阅 Hamill 等(2017)了解更多原理和说明该过程的插图,还可通过查阅 Scheuerer 等(2015)了解文中另一个类似后处理过程的应用。

在后处理的这个阶段,每个输出格点都生成了一个大 9 倍的分位数映射集合,减少了位置相关的条件偏差。可能仍存在其他误差,如集合欠离散,但假设这些误差都与位置无关(尽管可能与降水量有关)。在这一点上,分位数映射成员的误差在此时也被假定为可交换的(假定预报成员 1 的分位数映射误差统计量与预报成员 42 的相同)。受 Fortin 等(2006)的启发,以下在采用最优成员敷料方法做上述个例的后处理。每个分位数映射成员的值都受到随机正态分布且均值为 0、标准差为 0.2＋0.3×分位数映射值的噪声扰动。降水量低于 0 的敷料值重置为 0。虽然这一设定是临时的,但它是由其他试验(未显示)的 Γ 敫料分布客观地拟合的。

该程序的下一步相对简单明了。POP12 是根据集合相对频率来估计的,也就是说,如果 30% 的成员的降水超过 0.254 mm 的 POP12 阈值,则概率设定为 30%。

最后一步是改善预报的显示效果。由于有限的样本大小和随机敫料噪声的应用,在 POP12 场存在小尺度变化。然而,并非所有的小尺度变化都是噪声。在山区,小尺度变化可能反映了因地形而增强的降水。因此,我们对 POP12 最后做了 Savitzky-Golay 平滑处理 (Press et al.,1992),即在相对平坦的区域进行强的平滑,在海拔变化较大的区域做弱的平滑 处理。还有一些处理方法可以将概率从校准值渐变为美国国界以外的原始多模式集合值,具体内容见 Hamill 等(2017)。

图 7.10 和图 7.11 通过个例研究了 60~72 h 预报的 POP 在后处理的每个阶段是如何变化的。图 7.10a 是美国中部从得克萨斯州向北到堪萨斯州强降水检验的降水分析。图中在密西西比向北到威斯康星州和密歇根州还有一个较小的南北向雨带。在科罗拉多州和怀俄明州的落基山附近也出现了零星的弱降水。图 7.10b 中的 NCEP 原始集合预报对许多没有发生降水的地区降水概率预报过高,在阿肯色州、北卡罗来纳州和南卡罗来纳州以及美国西北部做

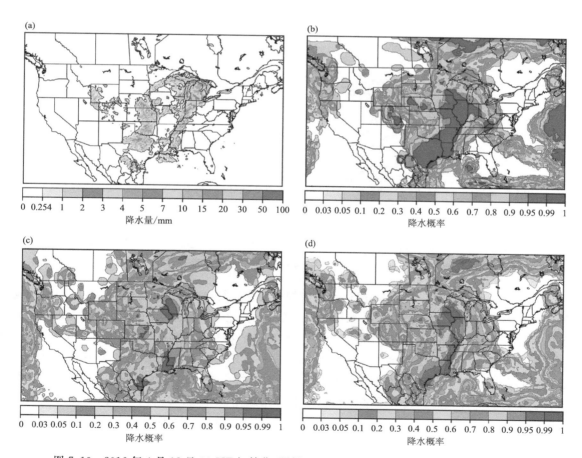

图 7.10 2016 年 4 月 18 日 00 UT 初始化、预报 60~72 h 的 POP12 后处理步骤的个例研究
(a)CCPA 降水分析场;(b)原始 NCEP POP12 预报场;(c)原始 CMC POP12 预报场;
(d)原始 CMC+NCEP POP12 预报场(见彩图)

出了空报。图 7.10c 中的 CMC 原始集合概率预报美国西北部的 POP12 升高,美国中部大片地区的降水概率高于 80%。正如所料,图 7.10d 所示的两个原始集合预报合并后显示为这两个模式预报概率的中间值。

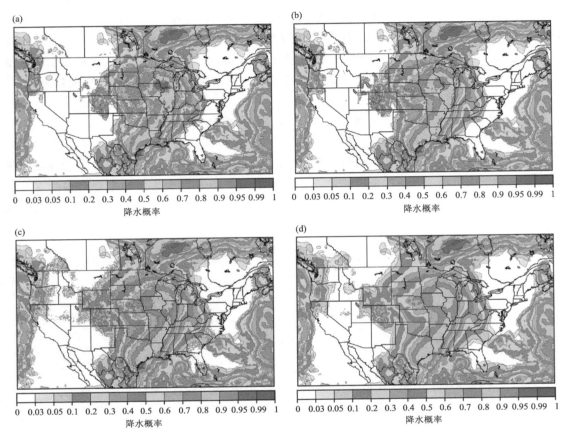

图 7.11　2016 年 4 月 18 日 00 UT 初始化、预报 60~72 h 的 POP12 后处理步骤的个例研究
(a)仅使用相关格点进行分位数映射后处理;(b)以每个关注点为中心的 3×3 网格的分位数映射;
(c)分位数映射和修正的 POP12 预报;(d) 使用 3×3 网格分位数映射、修正和平滑后的最终产品(见彩图)

图 7.11a 显示了只使用 3×3 网格点数组的中心点进行分位数映射的结果,既不使用周围的数据也不会因此增加 9 倍的集合规模。分位数映射减少了美国西部非 0 POP12 低值区的范围,调整了模式对弱降水过度预报的趋势。美国中部 POP12 高值区的范围也有所减少,许多原先概率为 95% 或以上的区域都降低到 80% 左右。统计降尺度的影响在美国西部也很明显,例如,在俄勒冈州东部的 POP12 减少了,但喀斯喀特山峰沿线的减幅就少得多,因此它们现在表现为局部最大值。北卡罗来纳州和南卡罗来纳州的非 0 POP12 范围在许多区域减少到接近 0。当分位数映射包括周围 3×3 阵列格点时(图 7.11b),许多格点的概率进一步降低,落基山脉东部的概率变得更平滑。敷料算法(图 7.11c)也使预报在总体上不那么有分辨力但它们增加了一些不想要的小尺度噪声。在图 7.11d 所示的最终产品中,这一点被明显削弱了。这个最终产品仍有不足之处;例如,最终的 POP12 在美国中南部有一条南北向的高概率雨带,而观测到的降水有两条雨带。理想的情况是,后处理可以把将美国西部大部分地区的概率降

低到 0,因为该地区分析为无降水。尽管如此,整个产品充分利用了两个集合系统的降水落区多样性,在许多原始概率高但没有发生降水的地区,POP12 都得以降低。

该算法的各个步骤都有助于提高可靠性(即校准)和技巧。图 7.12 显示了 2016 年 4 月 1 日至 7 月 6 日的 60～72 h 预报时效的可靠性。只使用中心点的分位数映射大幅度提升了可靠性和技巧,而 3×3 网格的使用则产生了进一步提升。敷料法的应用对可靠性和技巧的提升更多一点。尽管对预报的视觉显示有所改善,但平滑处理对技巧提高几乎没有作用(图 7.11c 和 d)。

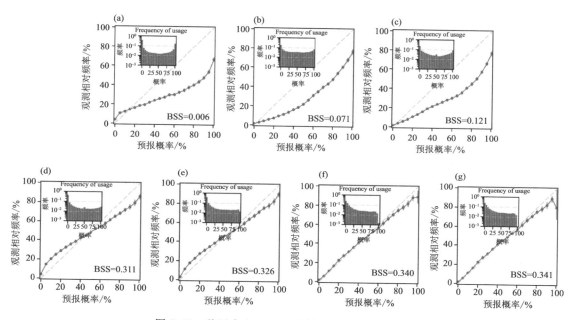

图 7.12　美国本土 60～72 h 的 POP12 预报可靠性

(a)原始 NCEP 集合预报;(b)原始 CMC 集合预报;(c)原始多模式集合预报;(d)仅使用中心点进行分位
数映射后的后处理;(e)使用 3×3 网格进行分位数映射;(f)经过敷料法修正后;(g)经过平滑后
(每幅小图中插入的直方图为发布预报的总体频率,小图右下角标注了 Brier 技巧评分。误差线代表由
可替换的抽样案例日生成的 1000 个样本自助分布的第 5 和第 95 百分位)

7.6　软件和测试数据协作以加速后处理改进

最后,让我们来看看统计后处理社群协作比单独工作可能是更有效的方式。由于认识到开发天气预报组件的复杂性,数据同化系统和预报模式越来越多地以群体协作的方式进行维护和支撑(Skamarock et al.,2005)。用户可以免费地下载代码,在他们选择的计算机系统上进行编译,生成同化和预报场,并开发和测试算法的改进。对于这类系统,通常有一个用于提交算法更改以备合并纳入社群软件中的协议。如果这些改进的程序符合事先规定的标准编

码,并证明可以改进预报,那么变更审查委员会可以接受这些软件修改,然后将其纳入未来的版本中。

为后处理设想一个类似的社群基础设施,包括软件和测试数据库,可以提供读取这些数据和编写后处理输出的程序代码。各种后处理算法、检验程序和数据可视化工具将成为软件库的一部分,以 netCDF 等可移植格式提供常见问题数据集(Unidata, 2012)。

有了这些组件,回答研究问题就会变得更加简单。一个大学的研究人员如果想研发一种新的后处理方法,并测试该方法对现存方法的改进,他需要从数据集和适宜的基础代码开始。他们的时间和精力可以专注于手头的科学问题,而不是与数据及支撑代码打交道。

与现有基准进行比较将是直截了当的,并且假定确认了改进方法的假设,由此产生的科技论文将更有价值。读者将有信心相信,新方法已被充分证明可以提供比现有标准更好的改进。

我们怎样去组建这样一个社群呢?2016 年由美国国家气象局主办的后处理研讨会上讨论了这一话题;研讨会的建议见下文的方框。他们需要适量的资源和几个关键人物的承诺,希望得到一个或多个天气预报组织的全力支持。随着开源软件的快速发展,有许多既有的最佳实践可以遵循,以确保我们的新社群可以得到更大可能的蓬勃发展。将使用如"git"等标准的软件版本控制系统,这可以让新用户在他们的本地计算机系统上复制社群软件(创建一个分支),进行修改,但不会丢失原始版本。可以建立一个管理程序,使不同的团队能够一起工作,并对软件和数据更新做出决定。按照既有的最佳做法,将建立一个标签跟踪系统,以监测建议的产品改进及其处理情况。可以建立一个更新控制委员会以管理代码贡献。这些代码贡献应当遵循预定义的测试、文档和元数据标准。文件将集中起来,并合并成一些核心文件。理想情况下,将对合作者提供协助。

如何维护一套多样化的软件,使其既能够满足更自由学术团体的共同需求,又能满足更受控制的气象服务的需求?我们怎么构建一个社群,在促进知识多样性的同时抑制软件熵(代码大小和多样性的无节制增长)?根据 Tom Auligné 的建议,一个软件存储库可能有多个层级。用户可以将他们修改过的软件分支贡献回存到软件库的外层,这将是各种软件分支的家园,这些分支可以在研究某个共同问题的研究人员之间共享。这个层级的软件不会受到严格审查。如果社群用户希望看到该软件被纳入社群"主干"中,那么该软件将由更新控制委员会进行审查,该委员会将评估该软件的编码清晰度、文档和测试标准的遵守情况以及结果。假设被接受,该软件将成为更有限的一套广泛支持的社群算法的一部分,最后一层是面向诸如美国 NWS 这样的特定机构。根据该机构制定的标准,软件需要进行进一步的优化和质量控制,才能在业务超级计算机上运行。可以想象,人们可能会设想多个机构具有相似或略有不同的内部层级,但可以共享从中间层级迁移过来的社群贡献。

统计后处理研讨会的建议

以下是 2016 年 2 月统计后处理研讨会的主要建议(http://www.dtcenter.org/events/workshops16/NWPprocessing/)。许多人关注政府天气预报中心应该采取哪些行动来支持后处理社群。建议侧重于科学、社群基础设施和数据三个方面。

科学方面

①培训专业的统计人员,协助气象学家开发改进的统计后处理方法。

②对现有算法进行更多的相互比较,以确定哪些算法是最具技巧和最可靠的。

③算法程序的编写应当遵循标准设置,以实现高效且易于被更广泛的社群使用。

④鉴于开发和存储高质量训练数据集的困难,特别需要进一步研发能以最少的训练数据得到高质量结果的方法。

⑤未来开发的算法应根据相关的比较标准进行验证,如第 3 条中开发的标准。

社群基础设施

后处理社群中每一个人都应致力于合作构建高质量的共享代码和数据库,并对其进行维护。理想情况下,社群的资源库应具备如下特征:

①使用社群标准版本控制系统(如 git)跟踪软件变更。

②支持资源库中的层级,从严格控制(业务预报代码)到相对松散的控制(社群科学家)。

③管理将代码贡献纳入资源库内部层级的既定流程,即更新控制委员会。

④标签跟踪系统,以监测代码更新请求及其处理情况。

⑤建立元数据、测试和文档的标准。

⑥使用公认的常用词汇。

⑦文档和数据访问的集中位置,侧重于少数几个核心文件。

⑧使用两到三种现代通用数据格式(如 netCDF、HDF、geoJSON),以满足运行、研究、协作和归档需要。

数据方面

①如果可能的话,预报中心应定期生成高质量的再分析和回报数据。

②预报中心应确保未来的高性能计算和磁盘采购可以反映回报和再分析的计算和存储需求。

③预报中心还应该产生高质量、高分辨率的分析数据用于训练和检验。

④预报中心应当对常用的"基础数据"(如温度、降水)进行后处理并随时提供给该中心内部和相关企事业单位使用。

⑤预报中心应使训练数据易于访问。

⑥鉴于传输海量训练数据的问题,可以鼓励预报中心为进行后处理的外部合作者或预留出计算资源,或允许其对训练数据的存储系统进行访问。

⑦对后处理产品开发人员做民意调查,确保预报中心正在保存相关的预报因子信息。

7.7 建议和结论

本章讨论了许多与统计后处理有关的实际应用问题。为了获得最高质量的结果,除了后处理软件的算法设计之外,统计学家还必须关注待使用数据的实际情况。以下是一些关于我们如何能够取得更快速进展的建议:

①后处理科学家应该与预报系统开发人员就数据需求进行交流。我们的模式开发同事希望尽快改进预报系统,而统计学家则希望获得具有同质误差且高质量的数据,这两者之间可能

存在着矛盾,找到平衡是一项挑战。越早与预报系统开发人员沟通数据需求,他们就越容易在计划中适应后处理需求。例如,预报系统开发人员在两种可能的升级路径中进行选择,一种是以牺牲一些偏差为代价使 RMS 误差最小化,另一种是以稍高的 RMS 误差为代价使预报偏差最小化。从一个模式版本到下一个版本的偏差变化,通常在后处理中更具有挑战性。因此,如果我们同意最终目标是高质量的后处理指导产品,而不是最低误差的原始指导产品,那么后一种升级路径(最小化预报偏差)可能是更明智的前进方向。

②挑战更有效地使用现有的训练数据。鉴于生成长期的回算数据所需的代价和工作量,我们的算法应该从手头有限的数据中提取尽可能多的信息。

③共同建立后处理社群,分享数据和软件。通过单独构建算法,我们不确定我们的设计是否代表了对现有方法的改进。如果研究人员可以使用标准数据集,如果我们共享数据输入、输出和验证的代码,那么用其他参考标准来测试我们的方法就会变得更加简单。罗马不是一天建成的;这是一个雄心勃勃的目标,但我们可以从简单而富有成效的步骤开始。我们在完成一个项目后,可以免费提供我们的数据,并在 github 等公共门户网站上分享我们的算法。这是我个人的例子,一个回报的降水数据集和相关的方法软件(https://github.com/Thomas-MoreHamill/analog)。

④更为普遍的是,预报中心应该共享他们的数据。TIGGE(Bougeault et al.,2009;Swinbank et al.,2016)是一个出于研究目的的归档全球集合数据的国际研究项目。许多科学家利用 TIGGE 数据来证明多中心集合数据后处理可能带来的改进。通过实时共享更多数据,利用彼此在研究和计算方面的投入,我们就会有很多收获,也不会有什么损失。特别是,这些数据对于还没有能力开发自己的预报系统的发展中国家而言尤为重要。

⑤与专业统计学家合作。作为读者,你很有可能被培养为大气科学家或水文学家。你对数据特征和潜在预报因子的了解是统计学家望尘莫及的。然而,统计学家可能在贝叶斯方法、空间统计和机器学习等领域有更全面深入的基础。与你单独工作相比,你们可以一起生产更高质量的产品。

参考文献

Allen R L, Erickson M C, 2001. AVN-based MOS precipitation type guidance for the United States. NWS technical procedures bulletin no. NOAA, U. S. Dept. of Commerce, 9pp.

Anthes R, Ector D, Hunt D, et al, 2008. The COSMIC/FORMOSAT-3 mission: Early results. Bulletin of the American Meteorological Society, 89, 313-333.

Auligné T, McNally A P, Dee D P, 2007. Adaptive bias correction for satellite data in a numerical weather prediction system. Quarterly Journal of the Royal Meteorological Society, 133, 631-642.

Benjamin S G, Jamison B D, Moninger W R, et al, 2010. Relative short-range forecast impact from aircraft, profiler, radiosonde, VAD, GPS-PW, METAR, and mesonet observations via the RUC hourly assimilation cycle. Monthly Weather Review, 138, 1319-1343.

Bi L, Jung J A, Morgan M C, et al, 2011. Assessment of assimilating ASCAT surface wind retrievals in the NCEP global data assimilation system. Monthly Weather Review, 139, 3405-3421.

Boisserie M, Decharme B, Descamps L, et al, 2016. Land surface initialization strategy for a global reforecast dataset. Quarterly Journal of the Royal Meteorological Society, 142, 880-888.

Bougeault P, et al, 2009. TheTHORPEX Interactive Grand Global Ensemble (TIGGE). Bulletin of the American Meteorological Society, 91, 1059-1072.

Buehner M, Morneau J, Charette C, 2013. Four-dimensional ensemble-variational data assimilation for global deterministic weather prediction. Nonlinear Processes in Geophysics, 20, 669-682.

Candille G, 2009. The multiensemble approach: The NAEFS example. Monthly Weather Review, 137, 1655-1665.

Collard A D, McNally A P, 2009. The assimilation of infrared atmospheric sounding interferometer radiances at ECMWF. Quarterly Journal of the Royal Meteorological Society, 135, 1044-1058.

Courtier P, Thépaut J N, Hollingsworth A, 1994. A strategy for operational implementation of 4DVar, using an incremental approach. Quarterly Journal of the Royal Meteorological Society, 120, 1367-1387.

Cui B, Toth Z, Zhu Y, et al, 2012. Bias correction for global ensemble forecast. Weather and Forecasting, 27, 396-410.

Dabernig M, Mayr G J, Messner J W, et al, 2017. Spatial ensemble post-processing with standardized anomalies. Quarterly Journal of the Royal Meteorological Society, 143, 909-916.

Daley R, 1991. Atmospheric Data Analysis (pp. 457). Cambridge: Cambridge University Press.

Dee D P, 2005. Bias and data assimilation. Quarterly Journal of the Royal Meteorological Society, 131, 3323-3343.

Dee D P, et al, 2011. The ERA-Interim reanalysis: configuration and performance of the data assimilation system. Quarterly Journal of the Royal Meteorological Society, 137, 553-597.

Dee D P, Balmaseda M, Balsamo G, et al, 2014. Towards a consistent reanalysis of the climate system. Bulletin of the American Meteorological Society, 95, 1236-1248.

De Pondeca M, Manikin G, DiMego G, et al, 2011. The real-time mesoscale analysis at NOAA's National Centers for Environmental Prediction: Current status and development. Weather and Forecasting, 26, 593-612.

Durran D R, 2010. Numerical Methods for Fluid Dynamics. 2nd ed. New York: Springer, 516pp.

Evensen G, 2014. Data Assimilation, the Ensemble Kalman Filter. 2nd ed. Dordrecht: Springer, 307pp.

Fortin V, Favre A -c, Sar'd M, 2006. Probabilistic forecasting from ensemble prediction systems: Improving upon the best-member method by using a different weight and dressing kernel for each member. Quarterly Journal of the Royal Meteorological Society, 132, 1349-1369.

Gagnon N, Deng X, Houtekamer P L, et al, 2014. Improvements to the Global Ensemble Prediction System (GEPS) from version 3. 1. 0 to version 4. 0. 0. Environment Canada Tech Note. http://collaboration. cmc. ec. gc. ca/cmc/cmoi/product_guide/docs/lib/technote_geps400_20141118_e. pdf.

Gagnon N, Deng X, Houtekamer P L, et al, 2015. Improvements to the Global Ensemble Prediction System from version 4. 0. 1 to version 4. 1. 1. Environment Canada Tech Note. http://collaboration. cmc. ec. gc. ca/cmc/cmoi/product_guide/docs/lib/technote_geps-411_ 20151215_e. pdf.

Glahn B, Gilbert K, Cosgrove R, et al, 2009. The Gridding of MOS. Weather and Forecasting, 24, 520-529.

Hagedorn R, Buizza R, Hamill T M, et al, 2012. Comparing TIGGE multi-model forecasts with reforecast-calibrated ECMWF ensemble forecasts. Quarterly Journal of the Royal Meteorological Society, 138, 1814-1827.

Hamill T M, 2006. Ensemble-based atmospheric data assimilation//Chapter 6 of Predictability of Weather and Climate. Cambridge: Cambridge Press, 124-156.

Hamill T M, 2017. Changes in the systematic errors of global reforecasts due to an evolving data assimilation system. Monthly Weather Review, 145, 2479-2485.

Hamill T M, Bates G T, Whitaker J S, et al, 2013. NOAA's second-generation global medium-range ensemble reforecast data set. Bulletin of the American Meteorological Society, 94, 1553-1565.

Hamill T M, Engle E, Myrick D, et al, 2017. The US National Blend of Models statistical post-processing of probability of precipitation and deterministic precipitation amount. Monthly Weather Review, 145, 3441-3463. [Also: online Appendix A and online Appendix B.]

Hamill T M, Hagedorn R, Whitaker J S, 2008. Probabilistic forecast calibration using ECMWF and GFS ensemble reforecasts. Part II: precipitation. Monthly Weather Review, 136, 2620-2632.

Hamill T M, Scheuerer M, Bates G T, 2015. Analog probabilistic precipitation forecasts using GEFS Reforecasts and Climatology-Calibrated Precipitation Analyses. Monthly Weather Review, 143, 3300-3309 [also: online Appendix A and Appendix B].

Hamill T M, Whitaker J S, Mullen S L, 2006. Reforecasts, an important dataset for improving weather predictions. Bulletin of the American Meteorological Society, 87, 3 3-46.

Hamill T M, Whitaker J S, Wei X, 2004. Ensemble re-forecasting: Improving medium-range forecast skill using retrospective forecasts. Monthly Weather Review, 132, 1434-1447.

Hastie T J, Tibshirani R J, 1990. Generalized Additive Models. London: Chapman and Hall, 335pp.

Hastie T, Tibshirani R, Friedman J, 2001. The Elements of Statistical Learning. New York: Springer, 533pp.

Hemri S, 2018. Applications of postprocessing for hydrological forecasts // Vannitsem S, Wilks D S, Messner J W. Statistical Postprocessing of Ensemble Forecasts. Elsevier.

Hodyss D, Satterfield E, McLay J, et al, 2016. Inaccuracies with multimodel postprocessing methods involving, regression-corrected forecasts. Monthly Weather Review, 144, 1649-1668.

Hopson T M, Webster P J, 2010. A 1-10-day ensemble forecasting scheme for the major river basins of Bangladesh: Forecasting severe floods of 2003-07. Journal of Hydrometeorology, 11, 618-641.

Hou D, Charles M, Luo Y, et al, 2014. Climatology-calibrated precipitation analysis at fine scales: Statistical adjustment of stage IV toward CPC gauge-based analysis. Journal of Hydrometeorology, 15, 2542-2557.

Kalnay E, 2003. Atmospheric Modeling, Data Assimilation, and Predictability. Cambridge: Cambridge University Press, 341pp.

Kleiber W, Raftery A E, Baars J, et al, 2011a. Locally calibrated probabilistic temperature forecasting using geostatistical model averaging and local Bayesian model averaging. Monthly Weather Review, 139, 2630-2649.

Kleiber W, Raftery A. E, Gneiting T, 2011b. Geostatistical model averaging for locally calibrated probabilistic quantitative precipitation forecasting. Journal of the American Statistical Association, 106, 1291-1303.

Kleist D T, Ide K, 2015. An OSSE-based evaluation of hybrid variational-ensemble data assimilation for the NCEP GFS. Part I. System description and 3D-hybrid results. Monthly Weather Review, 143, 433-451.

Lalaurette F, 2003. Early detection of abnormal weather conditions using a probabilistic extreme forecast index. Quarterly Journal of the Royal Meteorological Society, 129, 3037-3057.

Lerch S, Baran S, 2017. Similarity-based semilocal estimation of post-processing models. Journal of the Royal Statistical Society: Series C, 66, 2 9-51.

Lespinas F, Fortin V, Roy G, et al, 2015. Performance evaluation of the Canadian precipitation analysis (CaPA). Journal of Hydrometeorology, 16, 2045-2064.

Lin H, Gagnon N, Beauregard S, et al, 2016. GEPS based monthly prediction at the Canadian Meteorological Centre. Monthly Weather Review, 144, 4867-4883.

Maraun D, 2013. Bias correction, quantile mapping, and downscaling: Revisiting the inflation issue. Journal of Climate, 26, 2137-2143.

Mass C F, Baars J, Wedam G, et al, 2008. Removal of systematic model bias on a model grid. Weather and Forecasting, 23, 438-459.

McNally A P, Watts P D, Smith J A, et al, 2006. The assimilation of AIRS radiance data at ECMWF. Quarterly Journal of the Royal Meteorological Society, 132, 935-957.

Neter J, Wasserman W, Kutner M H, 1990. Applied Linear Statistical Models. 3rd ed. Homewood, IL: Irwin Press, 1181pp.

Ou M, Charles M, Collins D, 2016. Sensitivity of calibrated week-2 probabilistic forecast skill to reforecast sampling of the NCEP global ensemble forecast system. Weather and Forecasting, 31, 1093-1107.

Park Y Y, Buizza R, Leutbecher M, 2008. TIGGE: Preliminary results on comparing and combining ensembles. Quarterly Journal of the Royal Meteorological Society, 134, 2029-2050.

Petroliagis T I, Pinson P, 2014. Early warnings of extreme winds using the ECMWF extreme forecast index. Meteorological Applications, 21, 171-185.

Press W H, Teukolsky S A, Vetterling W T, et al, 1992. Numerical Recipes in Fortran. 2nd ed. Cambridge: Cambridge Press, 963pp.

Raftery A E, Gneiting T, Balabdaoui F, et al, 2005. Using Bayesian model averaging to calibrate forecast ensembles. Monthly Weather Review, 133, 1155-1174.

Richardson D S, 2001. Measures of skill and value of ensemble prediction systems, their interrelationship and the effect of ensemble size. Quarterly Journal of the Royal Meteorological Society, 127, 2473-2489.

Saha S, et al, 2010. The NCEP climate forecast system reanalysis. Bulletin of the American Meteorological Society, 91, 1015-1057.

Schaake J C, Hamill T M, Buizza R, et al, 2007. HEPEX, the hydrological ensemble prediction experiment. Bulletin of the American Meteorological Society, 88, 1541-1547.

Scheuerer M, Büermann L, 2014. Spatially adaptive post-processing of ensemble forecasts for temperature. Journal of the Royal Statistical Society: Series C, 63, 405-422.

Scheuerer M, Hamill T M, 2015. Statistical post-processing of ensemble precipitation forecasts by fitting censored, shifted gamma distributions. Monthly Weather Review, 143, 4578-4596.

Scheuerer M, König G, 2014. Gridded, locally calibrated, probabilistic temperature forecasts based on ensemble model output statistics. Quarterly Journal of the Royal Meteorological Society, 140, 2582-2590.

Scheuerer M, Möller D, 2015. Probabilistic wind speed forecasting on a grid based on ensemble model output statistics. The Annals of Applied Statistics, 9, 1328-1349.

Skamarock W C, Klemp J B, Dudhia J, et al, 2005. A description of the advanced research WRF version 2. NCAR Technical Note, NCAR/TN-468+ STR (88 pp). http://www2. mmm. ucar. edu/wrf/users/pub-doc. html.

Sloughter J M, Raftery A E, Gneiting T, et al, 2007. Probabilistic quantitative precipitation forecasting using Bayesian model averaging. Monthly Weather Review, 135, 3209-3220.

Stauffer R, Umlauf N, Messner J W, et al, 2017. Ensemble postprocessing of daily precipitation sums over complex terrain using censored high-resolution standardized anomalies. Monthly Weather Review, 145, 955-969.

Stensrud D J, 2007. Parameterization Schemes. Keys to Understanding Numerical Weather Prediction Models. Cambridge: Cambridge Press, 459pp.

Swinbank R, et al, 2016. The TIGGE project and its achievements. Bulletin of the American Meteorological Society, 97, 4 9-67.

Unidata，2012. Integrated Data Viewer (IDV) version 3.1 [software]. Boulder，CO：UCAR/Unidata. https:// www. unidata. ucar. edu/software/netcdf/.

Uppala S M，Ka°llberg P W，Simmons A J，et al，2005. The ERA-40 re-analysis. Quarterly Journal of the Royal Meteorological Society，131，2961-3012.

Vannitsem S，Hagedorn R，2011. Ensemble forecast post-processing over Belgium：Comparison of deterministic-like and ensemble regression methods. Meteorological Applications，18，9 4-104.

Velden C S，Daniels J，Stettner D，et al，2005. Recent nnovations in deriving tropospheric winds from meteorological satellites. Bulletin of the American Meteorological Society，86，205-223.

Vitart F，Balsamo G，Buizza R，et al，2014. Subseasonal predictions. ECMWF Tech Memo 738. https:// www. ecmwf. int/sites/default/files/ elibrary/2014/12943-sub-seasonal-predictions. pdf

Voisin N，Schaake J C，Lettenmaier D P，2010. Calibration and downscaling methods for quantitative ensemble precipitation forecasts. Weather and Forecasting，25，1603-1627.

Warner T T，2011. Numerical Weather and Climate Prediction. Cambridge：Cambridge University Press，526pp.

Wikipedia，2016. https://en. wikipedia. org/wiki/Bias％E2％80％93variance_tradeoff.

Wilks D S，2006. Comparison of ensemble-MOS methods in the Lorenz '96 setting. Meteorological Applications，13，246-256.

Wilks D S，2011. Statistical Methods in the Atmospheric Sciences. 3rd ed. Academic Press，676pp.

Zhang J，et al，2016. Multi-radar sensor (MRMS) quantitative precipitation estimation：Initial operating capabilities. Bulletin of the American Meteorological Society，97，621-638.

Zhou X，Zhu Y，Hou D，et al，2017. Performance of the new NCEP global ensemble forecast system in a parallel experiment. Weather and Forecasting，32，1989-2004.

延伸阅读

NCAR/MMM，2017. ARW version 3 modeling system user's guide，434pp. 可以从以下网址获得：http://www2. mmm. ucar. edu/wrf/users/pub-doc. html.

Schättler U，Doms G，Schraff C，2016. A description of the nonhydrostatic regional COSMO-model. Part VII. Users guide，221pp. 可以从以下网址获得：http://www2. cosmo-model. org/content/model/documentation/core/.

第8章
后处理在水文预报中的应用

Stephan Hemri

德国海德堡理论研究所

8.1 引言

水文预报,即河流径流或水位的预报。对于防洪、供水管理、航运、水电站的运行以及其他与地表水相关的活动都至关重要。对于 2～15 d 的中期预报来说,水文模型是由动力天气预报模式驱动的(Cloke et al. ,2009)。正如 Ajami 等(2007)所指出的那样,水文预报的不确定性,即以预报发布时可用的信息和知识为条件的不确定性(Krzysztofowicz,1999;Todini,2008)。这些不确定性来自不同的来源,这与水文模型的参数、模型结构和气象输入(模型)的不足、输入数据的不可靠测量以及水文模型的初始和边界条件的错误确定有关。通常,气象输入是造成水文预报不确定性的最大原因。因此,可以通过多次并行运行一个水文模型,每次运行由气象输入集合中的一个成员驱动来计算大量的水文模型。这种方法产生了水文输出集合预报。

水文集合预报的重要性日益凸显。水文集合预报试验(HEPEX,https://hepex.irstea.fr/about-hepex/)就体现了这一点(Schaake et al. ,2007)。HEPEX 成立于 2004 年,是一个由水文学家、气象学家和用户自下而上共同设计的一个开放试验过程,它的目的是促进水文集合后处理的发展,以及将其用于基于风险的合理决策。其主要活动是组织国际科学交流,促进研究人员、预报员和用户的交流,以及规划和协调试验和试验平台(Wood et al. ,2015)。试验平台有利于共享试验和不同集合预报方法的比较。Van Andel 等(2013)描述了 HEPEX 比较试验的一个示例,其目标是为了在不同的环境中对不同的后处理技术进行系统评估。更具体地说,该试验旨在测试对大气输入集合的后处理是否增强了气象输入对水文集合预报的影响。

水文集合预报系统的突出例子是水文集合预报服务(Hydrologic Ensemble Forecast Service,HEFS;见 http://www.nws.noaa.gov/oh/hrl/general/indexdoc.htm#hefs)(Demargne et al. ,2014)、欧洲洪水预警系统(European Flood Awareness System,EFAS;见 https://www.efas.eu/about-efas.html)(Bartholmes et al. ,2009;Thielen et al. ,2009)和全球洪水预警系统(Global Flood Awareness System,GloFAS;见 http://globalfloods.jrc.ec.europa.eu/)(Alfieri et al. ,2013)。HEFS 是由美国国家海洋和大气管理局(NOAA)的美国国家气象局(NWS)实施的一个用户到用户的水文集合预报平台。由于是为许多不同的终端用户设计的,HEFS 提供了从山洪预报到超过 1 a 预见期的大面积供水预报等广泛的预报服务。基于 HEFS 的水文集合预报的生成可以分为 3 个部分。首先,使用气象集合预报处理器(meteorological ensemble forecast processor,MEFP)(Schaake et al. ,2007;Schaake et al. ,2007;Wu et al. ,2011)对输入的温度和降水集合预报进行后处理。其次,经过后处理的气象集合用于驱动水文模型的多个并行运行。再次,使用 EnsPost 方法(Seo et al. ,2006)对水文预报集合进行后处理,以评估水文的不确定性并进行偏差校正。EFAS 是欧盟委员会提出的一项倡议,旨在减少欧洲跨国洪水的影响。自 2005 年以来,EFAS 基于水文模型 LISFLOOD 的集合运行(De Roo,1999;Van der Knijff et al. ,2010),在洪水事件发生前的 10 d 内,每天提供两次河流流量预报和洪水预警(Pappenberger et al. ,2015),它的气象输入模式包括两个确定性模式和两个集合预报模式。前者是欧洲中期天气预报中心的高分辨率模式（ECMWF-HRES；Molteni et al.，1996）和德国气象局（DWD）的二十面体非静力学模式（ICON）（Wan et al.，2013；Dipankar et al.，2015；Zängl et al.，2015），后者是由 51 个成员的 ECMWF 集合预报（ECMWF-ENS）（Molteni et al.，1996；Persson，2015）和小尺度有限区域集合预报系统联盟（Small-scale MOdelling Limited-area Ensemble Prediction System，COSMO-LEPS）16 个成员的集合预报组成（Montani et al.，2011）。如果洪水持续超过特定的警戒阈值，EFAS 会向相应的国家水文机构发出警告。除了早期的洪水预报，EFAS 还用于监测水文条件，分析气候趋势和交流洪水预报经验（Thielen et al.，2009）。自 2010 年以来，EFAS 框架中将小波变换和时间序列组合建模应用到业务化的后处理流程中，减少了预报偏差（Bogner et al.，2008，2011，2012）。

鉴于 EFAS 良好经验的激励，欧盟委员会联合研究中心（JRC）和 ECMWF 共同建立了 GloFAS。GloFAS 自 2011 年起开始业务运行，在 0.1°（中纬度约 10 km）分辨率的网格上，每天提供多达 45 d 的全球径流预报。其前 15 d 的预报是由水文—气象模型驱动的，超过 15 d 的预报则是基于流域耗损过程和河道汇流过程计算的。流域耗损过程是指流域特定蓄水量（如雪盖、土壤水分和地下水排水）产生的径流。河道汇流过程是指沿水系从较小的支流流向干流，再沿干流流向河口的过程中，按照水流的流向来预报径流和水位。水文模型 LIS-FLOOD 是在全球网格上运行的，由 51 个 ECMWF-ENS 成员作为气象输入。由于是为世界主要流域设计的，GloFAS 在上游面积大于 10000 km² 的地方表现良好。它通过使用基于 ERA-Interim 分析的 LISFLOOD 运行来构建初始条件和洪水预警阈值，克服了数据稀缺问题（Alfieri et al.，2013）。

尽管在概率水文预报方面是最先进的，但气象集合预报的偏差和离散性误差会逐级传导至水文模型（Buizza，2018，第 2 章）。此外，这种方法还忽略了水文误差。换言之，与气象集合预报一样，水文集合预报也需要进行后处理。图 8.1 描述了 2008 年 11 月至 2011 年 1 月，西欧莱茵河流域 3 个测站的 19 个成员的径流预报集合的强低发散。该集合预报由 19 个成员并行运行组成的水文模型 HBV-96 组成（Bergström，1995；Lindström et al.，1997），气象输入来自 16 个成员的 COSMO-LEPS 集合和 3 个确定性模式。这 3 个确定性模式包括 ICON、ECMWF-HRES 的前身 DWDGME 模式（Majewski et al.，2002；Majewski et al.，2012），以及 ICON、ECMWF-HRES 两个模式的混合模式，本节记为 DWD-MER，这 3 个模式组成 COS-

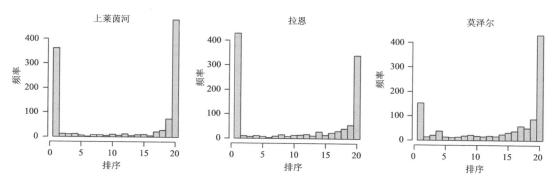

图 8.1　马索（上莱茵河）、卡尔科芬（拉恩）和特里尔（莫泽尔）3 个站点的观测及其
48 h 集合预报排序直方图

MO-EU,其预报时效为 78 h(Schulz et al.，2011；Steppeler et al.，2002),其后为 DWD-GME。3 个子流域的位置和面积如图 8.2 所示。更多细节请读者参考 Hemri 等(2015)。还要注意的是,Reggiani 等(2009)将荷德边境的洛比特(Lobith)测量站作为开发贝叶斯后处理方法的测试水文站(见第 8.2.2 节)。

径流和水位等水文变量具有一些影响后处理的特点。首先,它们通常服从偏态分布。径流(和/或水位)大多数时候为低到中等数值,但在偶尔的洪水事件中,它可能会大幅上升。其次,水文预报和观测时间序列也就是所谓的水文图,具有很强的自相关。再次,同一水系内不同站点的水文过程是相互关联的。图 8.3 显示了 COSMO-LEPS 驱动的水文集合平均对文中提到的 3 个个例的预报误差的自相关和互相关。在所有 3 个站点中,自相关性都非常强,而测站之间的相关较弱,但在较长的预见期中相关仍然相当可观。值得注意的是,交叉相关通常不是对角线上的最大,正如莫泽尔(Moselle)和拉恩(Lahn)之间的交叉相关所示。

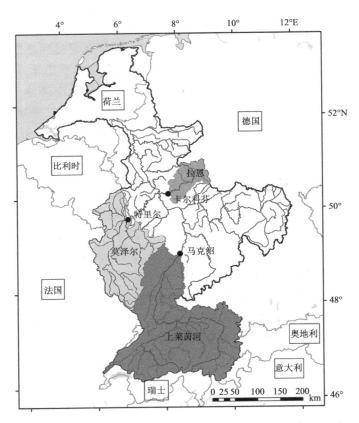

图 8.2 莱茵河流域内子流域的选择(引自 Hemri et al.，2015)

在介绍不同的水文集合预报后处理方法之前,先举例说明水文预报中单变量和多变量后处理方法的组合。图 8.4 所示的例子来自 Hemri 等(2015)。这里的目标是校准特里尔(Trier)站点的集合径流预报,以便在整个预报范围内产生真实的预报情景。首先,将预报和观测数据进行博克斯—考克斯(Box-Cox)变换(Box et al.，1964；Wilks,2018,第 3 章),以达到近似高斯性。如果采用非参数化方法或可以适当地表示偏度的参数化方法,则可以省略该步。其次,我们使用如非齐次高斯回归(NGR)方法(Gneiting, et al.，2005；Thorarinsdottir et al.，

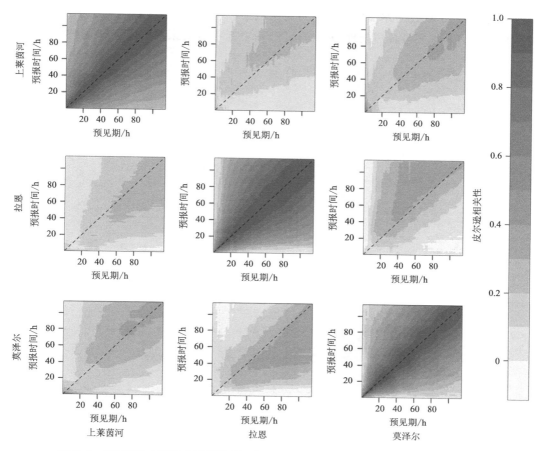

图 8.3　COSMO-LEPS 在不同的预见期和子流域之间的平均预报误差的相关矩阵
（位于对角线上的部分表示自相关性，非对角线上的部分表示莱茵河不同子流域
之间的互相关。图中，对角线由虚线表示。）

2010；Wilks，2018，第 3 章）对每个预见期（和观测）的预报分别进行后处理，得到单变量预报分布（图 8.4a 和 b）。图 8.4c 和 d 分别显示了整个预报范围内原始集合和后处理单变量预报分布的分位数曲线。为了获得符合实际的预报场景，需要使用适当的多变量方法从 NGR 分布中提取合适的分位数。本例中，图 8.4e 和 f 分别显示了用集合 copula 耦合（ECC）（Schefzik et al.，2013，2018，第 4 章）和高斯 copula 方法（GCA）（Pinson et al.，2012）预报的曲线。由于产生预报情景的方法不同（将在 8.3.1 节中介绍），GCA 曲线看起来不如 ECC 真实。

Wilks（2018，第 3 章）介绍的单变量后处理方法和 Schefzik 等（2018，第 4 章）介绍的多变量后处理方法通常可用于水文集合预报。如贝叶斯模型平均法（BMA）（Raftery et al.，2005；Wilks，2018，第 3 章）在水文方面应用例子可以在 Ajami 等（2007）、Duan 等（2007）、Parrish 等（2012）、Rings 等（2012）和 Vrugt 等（2007）等文献中找到。NGR 的水文应用参见 Hemri 等（2014，2015）和 Skøien 等（2016）的文献。第 8.2 节我们首先讨论水文数据的变换方法，以便可以假设近似高斯性。然后，我们介绍了对水文预报进行单变量后处理的方法，这些方法是专门为水文集合预报开发的，因此没有包含在第 3 章对后处理方法的更一般性说明中。第 8.2

节的最后部分,我们给出了一些在运行水文模型之前是否应该对输入的气象集合预报进行后处理的见解,而不是仅仅对水文输出集合进行后处理。第 8.3 节中,我们总结了将时间、空间和时空相关性纳入水文集合后处理的方法。随后,第 8.4 节对未来的研究课题进行了简要的展望。

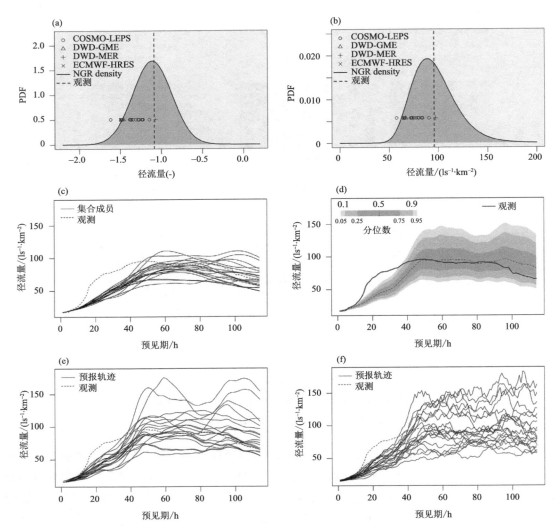

图 8.4 2011 年 1 月 6 日格林尼治标准时间 06 时发布的特里尔莫泽尔河的原始集合径流预报和相应的 NGR 后处理预报

((a)和(b)分别描述了 48 h 单变量原始集合预报和 NGR 后处理的概率密度函数,在博克斯—考克斯(Box-Cox)变换和原始空间上的分布,每个符号代表一个集合成员。虚线和垂直线表示观测;(c)为原始集合预报结果和整个预报范围内的观测曲线;(d)显示了多变量 NGR 预报分布的分位数;(e)和(f)则分别描述了通过 ECC-T 或 GCA-exp 得到的具有相关结构的多变量 NGR 预报情况。类似的图可以在 Hemri 等(2015)找到。)

8.2 单变量水文集合预报后处理

8.2.1 偏度和高斯假设

通常情况下,径流和水位服从强偏态分布。相比之下,应用于水文预报的大多数集合后处理方法都是基于高斯分布假设。解决这个问题的通常方法是对预报和验证数据进行变换,使它们近似正态分布或者至少预报误差近似于正态分布。这意味着条件误差分布的偏度被消除,其方差被稳定下来。实现高斯近似最安全的方法是正态分位数变换(NQT)。例如,Seo 等(2006)、Reggiani 等(2009)、Yuan 等(2012)、Bogner 等(2016)以及 Zhao 等(2011)等的应用,它可以表示为:

$$z = \Phi^{-1}[F(y)] \tag{8.1}$$

其中,y 表示原始观测(或预报)值,该观测(或预报)变量的经验累积分布函数(CDF)用 F 表示,Φ^{-1} 代表标准正态分布的分位数函数,也就是 CDF 的反函数。虽然这种方法会得到变换后的值在定义上是高斯分布的,但当数值超出过去观测数据收集范围(即气候学)时,就会暴露出其主要缺点,就应将其反向转换到原始空间。在实践中,超出该范围的值需要用参数近似值来覆盖。

Wilks(2018,第 3 章)中已经介绍了博克斯—考克斯(Box-Cox)变换(Box et al.,1964),它也被用于水文后处理领域(Duan et al.,2007;Engeland et al.,2014;Hemri et al.,2015)。对数变换是博克斯—考克斯变换的一个特例,也被应用于水文后处理研究(Van den Bergh et al.,2016;Wood et al.,2008;Zalachori et al.,2012)。Wang 等(2012)提出了 log-sinh 变换作为博克斯—考克斯变换的替代方法,log-sinh 变换是专门为水文应用而开发的,其公式为:

$$z = \frac{1}{b}\log[\sinh(a + by)] \tag{8.2}$$

其中,y 和 z 分别表示原始空间和变换后空间的相关变量。参数 a 和 b 需要根据手头的数据进行估计。根据 Wang 等(2012)的研究,它特别适合于具有误差发散的变量,它首先随着其值的增大而迅速增大,但对于较大的值,误差发散的增加会减慢,而对于非常高的值,它最终会成为常数。图 8.5 描述了在水文预报中经常遇到的未变换预报误差的典型非高斯性。更重要的是,它还揭示了博克斯—考克斯和 log-sinh 变换都不能实现正态分布。同样地,在方差稳定方面变换的质量也取决于手头的数据集。虽然这种变换在水文实践中经常使用,但人们可能会从技术角度认为,对于 NGR 这样的方法,正态性和方差稳定性都不是必要的,因为 NGR 可以捕捉到离散性变化,且根据使用的分布系列,也可以对非正态变量进行建模。因此,对于任何水文后处理研究,都需要单独评估数据变换的好处。

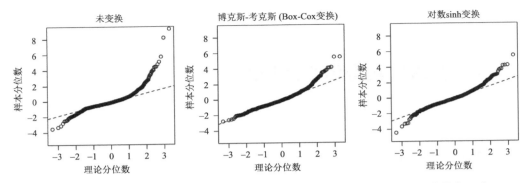

图 8.5　2008 年 11 月—2011 年 10 月莱茵河 Maxau 站与标准正态分布比较的归一化
HBV COSMO-LEPS 预报平均值的 QQ 图

8.2.2　单变量水文集合预报后处理

应用于水文领域的大多数后处理方法都是参数化的。然而,径流和水位预报是大气和水文许多不同过程的结果,很可能导致结果不服从参数化分布。正如前面所讨论的,像 NQT、博克斯—考克斯或 log-sinh 变换等方法通常允许使用标准的参数化后处理方法,这些方法在 Wilks(2018,第 3 章)的文献中有所总结。但这种变换通常是不完美的,在变换后的空间上进行参数估计是次优的(Brown et al.,2010),并且容易受到预报(逆)变换所造成假象的影响。在下文中,我们将介绍专门为水文应用开发的后处理方法。它们都允许对诸如径流或水位等严重偏态分布变量的集合预报进行灵活的后处理。

Krzysztofowicz(1999)开发了贝叶斯预报系统(Bayesian Forecasting System,BFS),作为一个通用框架来量化水文预报中不同的不确定性来源。BFS 最初是为评估确定性预报的不确定性而开发的,它包含一个贝叶斯不确定性处理器(Bayesian Uncertainty Processor,BUP),提供径流或水位的后验概率密度预报。在 BUP 的基础上,Reggiani 等(2009)开发了贝叶斯集合不确定性处理器(Bayesian Ensemble Uncertainty Processor,BEUP),该处理器基于先验概率和水文集合预报构建后验预报密度。在第一步中,Reggiani 等(2009)使用 NQT 对预报和观测进行变换,以确保高斯分布,从而确保线性相关。与 BMA 一样(Raftery et al.,2005;Wilks,2018,第 3 章),BEUP 预报密度由各部分混合密度给出:

$$f_{\text{BEUP}}(y_{t,1:L}) = \sum_{k=1}^{m} w_k f_k(y_{t,1:L}) \tag{8.3}$$

其中,t 表示预报时间,w_k 是分配给成员 $x_{t,k,1:L}$ 的核密度 f_k 的权重,$k=1,\cdots,m$ 以及 $1:L$ 是预报覆盖的预见期的时间向量。密度 f_k 是用贝叶斯方法得到的。它们与给定一系列历史观测值 $y_{t,1:L}$ 的先验密度与给定历史观测值和待预报值的集合成员向量 $x_{t,k,1:L}$ 似然性的乘积成正比。通过除以第 k 个预报成员的密度来归一化该产品,因为在发布预报时提供的所有信息都会产生实际的核密度 f_k。注意,观测值的先验密度和集合成员的似然性都是通过线性回归估计的。如 Reggiani 等(2009)所述,如果集合只由可交换成员组成,则权重 w_k 是均匀的。

如前所述,径流服从强偏态分布。为了避免数据变换问题,Madadgar 等(2014)提出了一种基于 copula 函数的 BMA 方法(Cop-BMA),该方法是为水文预报量身定制的,不需要任何变换，并且可以直接实现。Cop-BMA 的各部分混合预报密度为：

$$f_{\text{Cop-BMA}}(y_t) = \sum_{k=1}^{m} w_k c[F(y_t), F(x_{t,k})] f(y) \tag{8.4}$$

其中，$c[F(y_t), F(x_{t,k})]$ 表示观测值和预报成员 $x_{t,k}$ 之间的 copula 密度函数，$f(y)$ 是观测的先验密度。在 $F(y_t)$ 中的下标 t 表示时间相关性。相比之下，先验密度 $f(y)$ 不随时间变化。参考本书第 4 章（Schefzik et al.，2018）Sklar 定理介绍的 copula 概念，对于水文应用而言，使用季节性气候作为先验是有意义的。与 Raftery 等（2005）的标准 BMA 方法不同，Cop-BMA 的核直接从 copula 密度和气候先验函数中获得。期望最大化算法（EM）（Dempster et al.，1977；McLachlan et al.，1997）只需要估计 w_k 权重。关于 EM 算法实现的细节可以在 Madadgar 等（2014）文献中找到。此外，这种 copula 方法隐含地消除了系统性偏差。因此，在标准 BMA 中应用的附加偏差校正步骤在 Cop-BMA 中是不必要的。在 Madadgar 等（2014）的研究中，耿贝尔 copula 被证明在 5 个测试的 copula 模型中表现最好（椭圆类 copula 有：高斯和 T copula；阿基米德类 copula 有：耿贝尔 copula、克莱顿和富兰克 copula（Madadgar et al.，2014）。

条件偏差惩罚指标协克里金法（CBP-ICK）（Brown et al.，2010，2013）是一种非参数化的后处理方法，非常适合于河流径流等强非高斯分布的变量。CBP-ICK 将观测阈值超越概率与集合成员的阈值超越概率联系起来。为此，我们考虑了观测阈值超越概率与气候超越概率的偏差，以及某个预报成员 $x_{t,k}$ 气候态的类似超越阈值偏差。单个成员 $x_{t,k}$ 的阈值超越概率只能为 0 或 1，而气候超越概率可以取[0,1]区间内的任何值。对于每个感兴趣的观测阈值，现在可以通过对不同预报成员 $x_{t,k}$ 在许多不同预报阈值下的相应偏差进行相关偏差回归来获得阈值超出概率的估计。回归系数是通过最小化目标函数来获得的，该目标函数既考虑了给定预报的观测的条件偏差，也考虑了给定观测的预报的条件偏差。

Klein 等（2016）开发了一种基于对 copula 的方法来估计水文集合预报的不确定性，这也是一种隐含的集合预报后处理方法。使用适当的 copula 函数，集合预报成员和观测数据的第 $m+1$ 维的联合分布可以用边缘分布和 $m+1$ 维的 copula 的函数组合来表示。虽然有许多不同的 copula 函数，尤其是二维以上的 copula 函数非常灵活；但只有少数 copula 函数可用于更高维度。正如 Aas 等（2009）所提出的，复杂的多变量相关结构可以通过组合配对多个 copula 函数来建模。即在维度大于 2 的情况下都可以进行非常灵活的 copula 建模。Klein 等（2016）使用 C（匿名的）-Vine copula（Aas et al.，2009）的概念构建了一个仅使用成对 copula 函数的四维 copula 模型（3 个预报和 1 个观测变量）。一个 $m+1$ 的变量 copula 可用一个由 m 个树组成的图来表示，其中每条边代表一对 copula 密度函数。C-Vine copula 表现出良好的性质，它具有一个可以放置在图根部的关键维度。在典型的水文环境中，使用观测径流作为根变量是很有意义的。图 8.6 显示了 1 个四维 C-Vine copula 函数的例子。Klein 等（2016）使用 Brech-mann 等（2013）的 R 软件包 **CDVine**，通过在 C-Vine copula 设置中选择适当的配对 copula，并估计它们的参数。

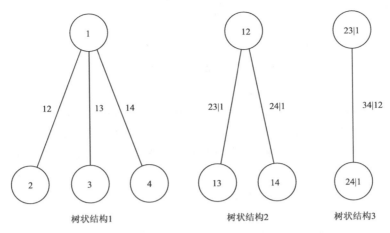

图 8.6　以维度 1 为根节点的四维 C-Vine copula 的三棵树状结构
（每条边代表一对 copula）（Aas et al.，2009；Klein et al.，2016）

8.2.3　水文预报后处理与气象输入后处理

如前所述，水文预报受到建模误差、不正确的初始条件以及对降水和温度等气象强迫错误预报的影响。这就提出了最好通过统计后处理来解决哪个误差源的问题。尽管已经有许多研究将统计后处理方法应用到气象输入集合预报或水文输出集合预报，但只有少数研究对这两种方法进行了比较。

Zalachori 等（2012）使用 ECMWF-ENS 集合作为气象输入来生成水文预报集合，评估了法国 11 个测试流域（面积从 220 km² 到 3600 km² 不等）日径流预报的 4 种不同方案。第 1 种情况为原始集合，第 2 种情况与使用后处理的降水和温度输入生成的水文集合，第 3 种情况是主要基于原始降水和温度输出生成的后处理的水文集合预报，第 4 种情况是情况二和情况三的结合，即气象输入和水文输出都经过后处理。在评估不同情况的相对预报性能时，Zalachori 等（2012）得出结论，仅对气象输入进行后处理并不足以获得良好的校准水文预报结果。一方面，对气象输入进行的修正并不完全通过水文模型传播，另一方面，还需要考虑水文模型的不确定性。

Roulin 等（2015）基于比利时一个 317 km² 的中型试验盆地进行了全面的比较。使用一个由 5 个成员组成的 ECMWF 回报气象强迫，他们比较了一种后处理气象输入的方法与两种后处理水文模型输出集合的方法。对于气象强迫集合的后处理，他们采用扩展逻辑回归方法（Wilks，2009，2018，第 3 章）。对水文集合预报后处理的第一种方法是改进的方差膨胀法（INFL）（Wood et al.，2008；Johnson et al.，2009）。这种方法是 Van Schaeybroeck 等（2015）和 Wilks（2018，1 第 3 章）提出的逐个成员后处理方法的一个特例。由于 Roulin 等（2015）的方法是对水文预报的一种改编适应版，我们在此简单地讨论一下。在不考虑任何空间指标的情况下，第 k 次 INFL 修正集合成员预报由下式给出：

$$\hat{y}_{t,k} = \mu_y + \alpha(\overline{x_t} - \mu_x) + \beta e_{t,k} \tag{8.5}$$

其中，μ_y 和 μ_x 表示训练集上的观测和预报平均，$\overline{x_t}$ 为当前预报均值，e_k 为 $\overline{x_t}$ 与第 k 个预报值

的差,即 $x_{t,k} = \bar{x}_t + e_{t,k}$ 。基于适当的训练集,可以直接得到参数 α 和 β 。水文集合预报后处理的另一种方法是误差变量模式输出统计(Error-in-Variable Model Output Statistics,EV-MOS)(Vannitsem,2009)。它是一种既适用于确定性预报又适用于集合预报的简洁方法。INFL 和 EVMOS 都依赖于预报误差服从正态分布的假设。因此,Roulin 等(2015)对 INFL 和 EVMOS 之前的径流数据进行了对数变换,以确保近似高斯分布。在他们的设定中,仅对降水输入进行后处理并不能像对水文输出集合进行后处理那样提高预报技巧。因此,他们得出结论认为有必要进行水文回报。

Kang 等(2010)在韩国大型水坝入流量月预报的情景下,评估了气象输入进行统计后处理和水文输出进行后处理在技巧上的差异。根据 Zalachori 等(2012)和 Roulin 等(2015)的研究结果,他们的结论是,后一种方法在减少预报不确定性方面比前一种方法更成功,特别是在旱季。

8.3　多变量水文集合预报后处理

尽管时空相关关系的充分建模对于获得未来径流值和水位在空间和时间上的发展至关重要,但在水文集合预报的时空后处理方面所做的工作非常少,而且专门针对这一专题的论文也非常少。Hemri 等(2013,2015)只考虑了时间的相关性,Skøien 等(2016)只考虑了空间的相关关系,而 Engeland 等(2014)仅对时空一致性后处理进行了研究。

8.3.1　时间相关性

时间相关结构可以重新引入到水文集合预报后处理中,基本上与气象预报的方式相同。Berrocal 等(2007)在空间气象条件下做了类似分析后,Hemri 等(2013)将地统计输出扰动方法(GOP)用于 BMA 后处理的水文集合预报(Gel et al.,2004),引入相关结构的相关参数方法是高斯 copula 方法(GCA)(Pinson et al.,2012),而集合 copula 方法(ECC)则包括一个非参数方法(Schefzik et al.,2013,2018,第 4 章)。在 Hemri 等(2015)的研究中,GCA 和 ECC 都被用在 NGR 后处理的水文集合预报重新引入相关结构。

BMA-GOP 模型得到 m 个多变量正态分布的混合。假设在成员 k 表现最好的条件下,BMA 多变量正态核服从:

$$y_{t,1:L} \mid x_{t,k,1:L} \sim \mathcal{N}(\mu_{t,k,1:L}, \sum_{t,k}) \tag{8.6}$$

其中,$x_{t,k,1:L}$ 可能是博克斯—考克斯(Box-Cox)变换后覆盖预见期 $1,\cdots,L$ 的预报向量。向量 $u_{t,k,1:L}$ 表示预报均值,这通常是经过变换的原始集合成员 k 的偏差校正。协方差矩阵 $\sum_{t,k}$ 需要从对 t 的不同实例、不同的训练数据中估计。首先,通过计算预报误差的均方差得到经验变差函数 $\hat{\gamma}_{t,k}(d)$:

$$\hat{\gamma}_{t,k}(d) = \frac{1}{2T(L-d)} \sum_{z \in TR} \sum_{\ell=1}^{L-d} \left[(x_{z,k,\ell} - y_{z,\ell}) - (x_{z,k,\ell+d} - y_{z,\ell+d}) \right]^2 \tag{8.7}$$

其中，ℓ 和 d 分别为预见期和滞后时间。训练期用 TR 表示，训练期的长度用 T 表示。下标 z 表示训练期内不同的预报初始化日期。然后，将理论变差函数拟合到经验变差函数 $\hat{\gamma}_{t,k}(d)$。继 Gel 等（2004）和 Berrocal 等（2007）之后，Hemri 等（2013）使用指数变差函数：

$$\gamma_{t,k}(d) = \rho_{t,k}^2 + \tau_{t,k}^2 \left(1 - e^{\frac{-d}{r_{t,k}}}\right) \tag{8.8}$$

其中，系数 $\rho_{t,k}^2$、$\tau_{t,k}^2$ 和 $r_{t,k}$ 在统计学中可以解释为核块（nugget）、尺度和范围参数（Chilès et al.，1999；Cressie，1993）。由此可得协方差矩阵 $\sum_{t,k}^0$ 的变量 $\delta_{t,k,i,j}$，由下式得出：

$$\delta_{t,k,i,j} = \rho_{t,k}^2 I_{[i=j]} + \tau_{t,k}^2 e^{\frac{|i-j|}{r_{t,k}}}) \tag{8.9}$$

其中，I 为指示函数，i、j 为不同的预见期时间。对于每个集合预报成员，最优变差函数参数可以通过最小化来估计：

$$U(\rho_{t,k}^2, \tau_{t,k}^2, r_{t,k}) = \sum_{d=1}^{L-1}(L-d)\left\{\frac{\hat{\gamma}_{t,k}(d) - \left[\rho_{t,k}^2 + \tau_{t,k}^2\left(1-e^{\frac{d}{r_{t,k}}}\right)\right]}{\rho_{t,k}^2 + \tau_{t,k}^2\left(1-e^{\frac{d}{r_{t,k}}}\right)}\right\}^2 \tag{8.10}$$

虽然单变量 BMA 方差的估计值 $\hat{\sigma}_{t,k}^2$ 是以成员 k 最佳为条件的，但 $\sum_{t,k}^0$ 是无条件的。因此，协方差矩阵 $\sum_{t,k}^0$ 应通过以下因子缩小：

$$a_{t,k} = \frac{\hat{\sigma}_{t,k}^2}{\rho_{t,k}^2 + \tau_{t,k}^2}, \qquad 即： \qquad \sum_{t,k} = a_{t,k}\sum_{t,k}^0$$

在整个预见期内，条件边缘方差 $\hat{\sigma}_{t,k}^2$ 相等的假设可能无法满足。在这种情况下，可以将预报时间范围划分为几个预见期段可能是有意义的，因为任何多变量分布 $f(y_1, y_2, \cdots, y_L)$ 可以使用任意大小的部分，如下式表示：

$$f(y_1, y_2, \cdots, y_L) = f(y_1)f(y_2 \mid y_1)f(y_3 \mid y_1, y_2)\cdots f(y_L \mid y_1, \cdots, y_{L-1}) \tag{8.11}$$

对于多变量正态模型，这些条件分布可以直接得到。因此，预报场景的曲线是首先通过对预见期 1 的预报值进行采样，然后对预见期 1 条件下预见期 2 的值进行采样，依此类推，Hemri 等（2013）给出了有关此过程的详细介绍。

如前所述，Hemri 等（2015）采用 ECC 和 GCA 对径流预报的时间相关结构进行建模。对于这些方法，首先要对集合预报和观测数据变换，如博克斯—考克斯变换法，以达到近似的正态性。然后，估计单变量左截断正态 NGR 模型（Thorarinsdottir et al.，2010），以获得每个预见期 $\ell = 1, \cdots, L$ 的后处理单变量预报分布 $F_{t,\ell}$。为了避免从预见期 ℓ 到预见期 $\ell+1$ 的边缘分布不连续，对不同预见期的预报分布 $F_{t,\ell}$ 的参数进行平滑。最后，使用 ECC 和 GCA 重新建立时间上的相关结构。

由于 Schefzik 等（2018，第 4 章）已经介绍了 ECC，因此这里仅对 ECC 在水文预报中的应用进行简要说明。鉴于原始集合方差远大于 0，事实证明，在 Schefzik 等（2013）描述的不同 ECC 变量中，ECC-T（ECC Transformations）达到了最现实的预报情况。其应用可以概括如下：

①对原始集合预报中可能进行博克斯—考克斯变换的成员赋予唯一的序号：$k = 1, \cdots, m$。这样，原始集合预报在各预报预见期 ℓ 重记为 $(x_1^\ell, \cdots, x_m^\ell)$。分配给特定集合成员的序号 k 也不随预报预见期的变化而变化。

②在每一个预报预见期 ℓ 内，对可能经过博克斯—考克斯变换的原始数据进行参数分布的拟合。其 CDF 用 $\hat{S}_{t,\ell}$ 来表示。通常情况下，使用与 NGR 模型相同的分布系列是有意义的。

在 Hemri 等(2015)中，$\hat{S}_{t,\ell}$ 使用了左截断正态分布。通常 $\hat{S}_{t,\ell}$ 的最大似然估计会得到较好的结果，但在原始集合方差非常低的情况下，为避免不切实际的高分位数预报必须小心。为了避免这种情况，必须应用针对当前问题制定另外的方法。

③据此，ECC-T 重新排序的 NGR 预报情景成员 $\hat{y}_{t,k}^{\ell}$ 可表示为：

$$\hat{y}_{t,k}^{\ell} = F_{t,\ell}^{-1}[\hat{S}_{t,\ell}(x_{t,k}^{\ell})] \tag{8.12}$$

其中，$F_{t,\ell}^{-1}$ 表示边缘 NGR 的 CDF 在预见期 ℓ 的反函数。

GCA 是 ECC 的一个替代方案，其相关结构的建模独立于原始集合预报。GCA 的实现包括以下步骤：

①将训练期间的观测结果用于获得预见期 1 到 L 的经验相关函数。

②由于经验相关函数可以理解为方差为 1 的过程的经验变差函数，因此，我们可以将理论变差函数拟合到经验相关函数。有很多不同的变差函数模型，尽管其他模型也可能表现良好，但 Hemri 等(2015)针对博克斯—考克斯变换后的水文数据测试了指数模型、Matérn 模型和柯西(Cauchy)模型。值得注意的是，图 8.4f 所示的预报曲线是使用指数相关模型(GCA-exp)得到的。有关相关函数全面的总结请见 Schlather(1999)的综述。

③从对角元素为 $\sum_{\ell,\ell} = 1$ 且具有相关结构的标准 L 变量高斯分布 $\mathcal{N}(\mathbf{0}, \Sigma)$ 中，和从拟合的变差函数模型中采样 n 次，即在自由参数为 r 的指数模型 $\sum_{\ell,\ell} = e^{\frac{-|\ell-\ell|}{r}}$ 中采样 n 次。n 个重采样为 $(x_i^1, x_i^2, \cdots, x_i^L)$，$i=1,\cdots,n$，$n$ 定义了标准正态空间中的 n 条预报曲线。

④与 ECC-T 类似，GCA NGR 预报情况中成员 $\hat{y}_{t,i}^{\ell}$ 可表示为：

$$\hat{y}_{t,i}^{\ell} = F_{t,\ell}^{-1}[\Phi(x_i^{\ell})] \tag{8.13}$$

其中，Φ 表示标准正态分布的 CDF，n 可以任意大。如果需要与原始集成或 ECC 进行比较，则设 $n = m$。

8.3.2 空间相关性

Skøien 等(2016)提出了一种对水文集合预报进行空间一致性的后处理方法。基于 NGR 和顶克里金(Top-kriging)方法(Skøien et al.，2006，2014)，他们以合理的方式考虑空间相关，并允许在无观测资料的站上进行插值，进而生成概率预报。顶克里格与普通克里格非常相似，区别仅在于对变差函数模型的估计。由于它既考虑流域面积，也考虑子流域的嵌套，顶克里金法非常适用于径流相关变量。正如 Skøien 等(2016)所说，它可用于以简单的方式将空间相关结构添加到单变量 NGR 拟合中。它允许通过模拟获得大型、高度相互连接的河流系统的径流空间情景。假设高斯条件预报误差单变量 NGR 模型可写成：

$$\hat{y}_{t,i} \sim \mathcal{N}(\mu_{t,i}, \sigma_{t,i}^2) \tag{8.14}$$

系数 i 表示现在的位置，$\mu_{t,i} = a_{t,i,0} + a_{t,i,1}x_{t,i,1} + a_{t,i,2}x_{t,i,2} + \cdots + a_{t,i,m}x_{t,i,m}$ 且 $\sigma_{t,i}^2 = c_{t,i} + d_{t,i}S_{t,i}^2$。偏差修正系数由 $a_{t,i,o}, a_{t,i,1}, \cdots, a_{t,i,m}$ 表示，发散度修正系数由 $c_{t,j}$ 和 $d_{t,j}$ 表示，i 处的原始集合预报大小 m 由 $x_{t,i,1}, \cdots x_{t,i,m}$ 表示，$S_{t,i}^2$ 表示方差。然后使用顶克里金插值偏差和发散度系数。紧跟 Skøien 等(2016)的研究思路，我们可以总结如下：

①从不同仪器的观测值估计一个样本的变差函数。对于像径流这样在整个流域的空间总量的变量，必须采取空间平均数。变差函数距离的计算不是基于观测点的位置，而是基于流域的中心。对变差函数值的分档不仅要基于距离，还要根据流域的大小。

②根据第 1 步得到的经验变差函数拟合理论变差函数。

③考虑汇水面积和位置,由期望的半方差构造协方差矩阵。得到测量位置之间的协方差矩阵以及测量位置与未测量位置之间的协方差矩阵。

④有了这些协方差矩阵,没有观测站的径流也可以像标准克里格法那样进行插值。

这种方法很有吸引力,因为它除了考虑距离之外,还考虑了河网的拓扑结构。因此,通过河网连接的位置之间的模型相关性强于水文上互不相连但相同距离的位置之间的相关性。

在高度相关的预报因子 $x_{t,i,1},\cdots,x_{t,i,m}$ 的情况下,最优的偏差修正系数集不是唯一的。也就是说,可能有几种不同的系数组合得到几乎相等的后处理预报结果。显然,在这种情况下,对测站之间的权重进行简单的插值可能会导致有问题的产品。更具体地说,即使在相邻且强相关的站之间,权重也可能不相关。因此,需要强制权重表现出合理的关联性。在位置 $i=0$ 处的惩罚函数如下所示:

$$S_{pen,t} = P_c \sum_{i=1}^{n} \frac{1}{\gamma_{t,0i}} \sum_{k=0}^{m} \frac{2\,|a_{t,0,k} - a_{t,i,k}|}{|a_{t,0,k}| + |a_{t,i,k}|} \tag{8.15}$$

其中,$i=1,\cdots,n$ 指的是与感兴趣的站在径流相关最强的 n 个地点,n 是人工设置的。从已经估计的变差函数来看,可以轻易获得平均径流的期望半方差 $\gamma_{t,0,i}$。这里,联合下标 $0,i$ 表示在感兴趣的位置 $i=0$ 和另一个位置 $i\neq0$ 之间计算期望半方差。在估计过程中,尺度参数 P_c 用于设定与 CRPS 相比的空间惩罚相对权重。因此,某个位置上模型估计的目标函数为:

$$U_t = \text{CRPS}_t + S_{pen,t} \tag{8.16}$$

其中,CRPS_t 是指单变量 NGR 模型在感兴趣位置训练期间的 CRPS 平均值。然后按以下步骤重复做参数估计:

①在第一次迭代中省略空间惩罚。也就是说,对于每个测站,单变量 NGR 模型通过最小化训练期间的 CRPS 来估计,$S_{pen,t}=\text{const}$。

②然后,在第二次迭代中,通过分别最小化每个测站在训练期间的 U_t 来更新单变量 NGR 模型。尺度参数 P_c 设置为 1。

③对于第三次迭代,我们将 P_c 设置为 U_t 的 CRPS 分量与上一次迭代的空间惩罚比值的两倍。据此,在每个测站上重新估计单变量 NGR 模型。

注意,在每个迭代步骤中,以随机顺序访问测站。一旦某个位置的系数被更新,更新后的值就被用于估计尚未更新的相邻测站的系数。

8.3.3 时空相关性

Engeland 等(2014)提出了博克斯—考克斯变换后的时空高斯模型:

$$\hat{y}_{t,1:L,1:n} \sim \mathcal{N}(\mu_{t,1:L,1:n}, \textstyle\sum_t) \tag{8.17}$$

其中,t 表示发布时间,向量 $1:L$ 表示预见期,$1:n$ 表示不同的测站点 $i=1,\cdots,n$。均值 $\mu_{t,\ell,i}$ 以类似 NGR 的方式给出为:

$$\mu_{t,\ell,i} = a^0_{t,\ell,i} + a^1_{t,\ell,i} x^1_{t+\ell,i} + \cdots + a^m_{t,\ell,i} x^m_{t+\ell,i} \tag{8.18}$$

其中,$x^1_{t+\ell,i},\cdots,x^m_{t+\ell,i}$ 是在 t 时刻发布的测站 i 上预见期 ℓ 的原始集合预报的成员,从现在起,为简洁起见,后面的表述将省略发布时间 t。如第 8.3.1 节所述,任何多变量分布 $f(y_1,y_2,\cdots,y_L)$ 都可以重写为:

$$f(y_1, y_2, \cdots, y_L) = f(y_1)f(y_2 \mid y_1)f(y_3 \mid y_1, y_2) \cdots f(y_L \mid y_1, \cdots, y_{L-1}) \qquad (8.19)$$

如果 Engeland 等(2014)所说的马尔可夫性质是适合的,即在给定的 y_ℓ 是已知的,$y_{(\ell+1)}$ 有条件地独立于 $y_{1:(\ell-1)}$,则式(8.19)简化为:

$$f(y_1, y_2, \cdots, y_L) = f(y_1)f(y_2 \mid y_1)f(y_3 \mid y_2) \cdots f(y_L \mid y_{L-1}) \qquad (8.20)$$

假设 $\hat{y}_{\ell, 1:L, 1:n}$ 服从多变量正态分布,其仅在预见期 1 处的联合分布,即时间上的边缘分布为:

$$\hat{y}_{1,1:n} \sim \mathcal{N}(\mu_{1,1:n}, \textstyle\sum_{1,1}) \qquad (8.21)$$

其中,$\sum_{1,1}$ 表示预见期 1 时不同地点间 $n \times n$ 的协方差矩阵。在 Engeland 等(2014)的方法中,马尔可夫简化不仅适用于相同测站下的连续预见期,也适用于不同测站下的连续预见期。如果测站 i 预见期 $\ell-1$ 上的径流是已知的,预见期 $\ell-1$ 的其他测站的径流并不能为预见期 ℓ 的测站 i 的径流提供任何额外信息。

这些简化一方面减少了估计相关模型所需的参数数量,另一方面,它们允许使用级联回归估计参数。这个级联从预见期 1 开始,并迭代所有后续预见期。由于这些回归方程不共用参数,它们可以依次估计。不同的测站通过残差的相关联系在一起。这种方法也被称为近似不相关回归(Seemingly Unrelated Regression,SUR)(Zellner,1962)。回归系数和协方差矩阵可以使用 R 语言编程软件包中 **systemfit** 估计(Henningsen et al.,2007)。有关实际模型估计过程的进一步细节,请参阅 Engeland 等(2014)。

8.4　展望

在总结了水文集合预报后处理的技术现状之后,现在让我们简要地看看未来可能的发展和尚待完成的工作。目前,人们正致力于发展改进的气象输入和水文输出集合的时、空后处理方法。例如,Scheuerer 等(2017)发表的一篇论文提出了 Schaake 洗牌法的一种新变体(Clark et al.,2004;Schefzik et al.,2018,第 4 章),它选择了基于相似预报选择时空和变量间(降水和温度)相关结构的历史模板(有关相似预报概念的详细信息,见 Hamill 等,2006)。在另一种情况下,Skøien 等(2016)提到对如何在时空水文后处理中考虑非高斯性需要进行更详细的分析。此外,如在类似 HEPEX 框架内对不同时、空后处理方法进行相互比较试验,可能有助于进一步了解不同多变量方法的优缺点。

正如 Demargne 等(2014)所言,对极端事件的不确定性建模以及生成从短期山洪预报到长期甚至季节预报生成时、空一致的无缝隙预报,仍然是水文气象预报界面临的一项挑战。尽管本章总结的方法提供了强有力的方法,但对整个预报范围内的综合仍然是不完整的。最后但并非最不重要的是,Roulin 等(2015)以及 Van den Bergh 等(2016)关于使用水文再预报的益处进行了更多的研究,可能有助于进一步提高水文预报后处理的技巧。

致谢

这项工作受到欧洲联盟（European Union）第七框架计划的资助，资助协议号为 290976。

Stephan Hemri 感谢 Klaus Tschira 基金会的支持，并感谢 Tilmann Gneiting 提出的宝贵意见和建议。同样，作者也感谢外部审稿人和编辑的有益意见。用于说明本章所述方法的数据集以及图 8.2 是由德国联邦水文研究所（German Federal Institute of Hydrology，BfG）提供。

参考文献

Aas K, Czado C, Frigessi A, et al, 2009. Pair-copula constructions of multiple dependence. Insurance：Mathematics and Economics，44，182-198.

Ajami N K, Duan Q, Sorooshian S, 2007. An integrated hydrologic Bayesian multimodel combination framework：Confronting input, parameter, and model structural uncertainty in hydrologic prediction. Water Resources Research，43，1-19.

Alfieri L, Burek P, Dutra E, et al, 2013. GloFAS—Global ensemble streamflow forecasting and flood early warning. Hydrology and Earth System Sciences，17，1161-1175.

Bartholmes J C, Thielen J, Ramos M H, et al, 2009. The European flood alert system EFAS. Part 2. Statistical skill assessment of probabilistic and deterministic operational forecasts. Hydrology and Earth System Sciences，13，141-153.

Bergström S, 1995. The HBV model // Singh V. Computer Models of Watershed Hydrology. Highlands Ranch, CO：Water Resources Publications，443- 476.

Berrocal V J, Raftery A E, Gneiting T, 2007. Combining spatial statistical and ensemble information in probabilistic weather forecasts. Monthly Weather Review，135，1386-1402.

Bogner K, Kalas M, 2008. Error-correction methods and evaluation of an ensemble based hydrological forecasting system for the upper Danube catchment. Atmospheric Science Letters，9，9 5-102.

Bogner K, Liechti K, Zappa M, 2016. Post-processing of stream flows in Switzerland with an emphasis on low flows and floods. Water，8，20.

Bogner K, Pappenberger F, 2011. Multiscale error analysis, correction, and predictive uncertainty estimation in a flood forecasting system. Water Resources Research，47，W07524.

Bogner K, Pappenberger F, Cloke H L, 2012. Technical note：The normal quantile transformation and its application in a flood forecasting system. Hydrology and Earth System Sciences，16，1085-1094.

Box G, Cox D, 1964. An analysis of transformations. Journal of the Royal Statistical Society, Series B, 26，211-252.

Brechmann E C, Schepsmeier U, 2013. Modeling dependence with C- and D-vine copulas：The R-package CDvine. Journal of Statistical Software，52，1-27.

Brown J D, Seo D J, 2010. A non-parametric post-processor for bias-correction of hydrometeorological and hydrologic ensemble forecasts. Journal of Hydrometeorology，11，642-665.

Brown J D, Seo D J, 2013. Evaluation of a nonparametric post-processor for bias correction and uncertainty estimation of hydrologic predictions. Hydrological Processes，27，8 3-105.

Buizza R, 2018. Ensemble forecasting and the need for calibration // Vannitsem S, Wilks D S, Messner J W. Statistical Postprocessing of Ensemble Forecasts. Elsevier.

Chilès J P, Delfiner P, 1999. Geostatistics：Modeling Spatial Uncertainty. New York：Wiley.

Clark M, Gangopadhyay S, Rajagalopalan L, e tal, 2004. The Schaake shuffle: A method for reconstructing space-time variability in forecasted precipitation and temperature fields. Journal of Hydrometeorology, 5, 243-262.

Cloke H L, Pappenberger F, 2009. Ensemble flood forecasting: A review. Journal of Hydrology, 375, 613-626.

Cressie N A C, 1993. Statistics for Spatial Data. New York: Wiley.

De Roo A P J, 1999. LISFLOOD: A rainfall-runoff model for large river basins to assess the influence of land use changes on flood risk // Balabanis P. Ribamod: River Basin Modelling, Management and Flood Mitigation: Concerted Action. European Commission. EUR 18287 EN, 349-357.

Demargne J, Wu L, Regonda S K, et al, 2014. The science of NOAA's operational hydrologic ensemble forecast system. Bulletin of the American Meteorological Society, 95, 79-98.

Dempster A P, Laird N M, Rubin D B, 1977. Maximum likelihood from incomplete data via the EM algorithm. Journal of the Royal Statistical Society, Series B, 39, 1-39.

Dipankar A, Stevens B, Heinze R, et al, 2015. Large eddy simulation using the general circulation model I-CON. Journal of Advances in Modeling Earth Systems, 7, 963-986.

Duan Q, Ajami N K, Gao X, Sorooshian S, 2007. Multi-model ensemble hydrologic prediction using Bayesian model averaging. Advances in Water Resources, 30, 1371-1386.

Engeland K, Steinsland I, 2014. Probabilistic postprocessing models for flow forecasts for a system of catchments and several lead times. Water Resources Research, 50, 182-197.

Gel Y, Raftery A E, Gneiting T, 2004. Calibrated probabilistic mesoscale weather field forecasting: The geostatistical output perturbation method. Journal of the American Statistical Association, 99, 575-583.

Gneiting T, Raftery A E, Westveld A H, et al, 2005. Calibrated probabilistic forecasting using ensemble model output statistics and minimum CRPS estimation. Monthly Weather Review, 133, 1098-1118.

Hamill T M, Whitaker J S, Mullen S L, 2006. Reforecasts: An important dataset for improving weather predictions. Bulletin of the American Meteorological Society, 87, 3 3-46.

Hemri S, Fundel F, Zappa M, 2013. Simultaneous calibration of ensemble river flow predictions over an entire range of lead-times. Water Resources Research, 49, 6744-6755.

Hemri S, Lisniak D, Klein B, 2014. Ascertainment of probabilistic runoff forecasts considering censored data (in German). Hydrologie und Wasserbewirtschaftung, 58, 8 4-94.

Hemri S, Lisniak D, Klein B, 2015. Multivariate post-processing techniques for probabilistic hydrological forecasting. Water Resources Research, 51, 7436-7451.

Henningsen A, Hamann J D, 2007. Systemfit: A package for estimating systems of simultaneous equations in R. Journal of Statistical Software, 23, 1-40.

Johnson C, Bowler N, 2009. On the reliability and calibration of ensemble forecasts. Monthly Weather Review, 137, 1717-1720.

Kang T H, Kim Y O, Hong I P, 2010. Comparison of pre- and post-processors for ensemble streamflow prediction. Atmospheric Science Letters, 11, 153-159.

Klein B, Meißner D, 2016. Vulnerability of inland waterway transport and waterway management on hydrometeorological extremes. IMPREX Project Report.

Klein B, Meißner D, Kobialka H U, et al, 2016. Predictive uncertainty estimation of hydrological multi-model ensembles using pair-copula construction. Water, 8, 125.

Krzysztofowicz R, 1999. Bayesian theory of probabilistic forecasting via deterministic hydrologic model. Water Resources Research, 35, 2739-2750.

Lindström G, Johansson B, Persson M, et al, 1997. Development and test of the distributed HBV-96 hydrological model. Journal of Hydrology, 201, 272-288.

Madadgar S, Moradkhani H, 2014. Improved Bayesian multimodeling: Integration of copulas and Bayesian model averaging. Water Resources Research, 50, 9586-9603.

Madadgar S, Moradkhani H, Garen D, 2014. Towards improved post-processing of hydrologic forecast ensembles. Hydrological Processes, 28, 104-122.

Majewski D, Liermann D, Prohl P, et al, 2002. The operational global icosahedral-hexagonal gridpoint model GME: Description and high-resolution tests. Monthly Weather Review, 130, 319-338.

Majewski D, Liermann D, Ritter B, 2012. Kurze Beschreibung des Globalmodells GME (20 km/L60) und seiner Datenbanken auf dem Datenserver des DWD (in German). Technical report Offenbach, Germany: Deutscher Wetterdienst (DWD).

McLachlan G J, Krishnan T, 1997. The EM Algorithm and Extensions. New York: Wiley.

Molteni F, Buizza R, Palmer T, et al, 1996. The ECMWF ensemble prediction system: Methodology and validation. Quarterly Journal of the Royal Meteorological Society, 122, 73-119.

Montani A, Cesari D, Marsigli C, et al, 2011. Seven years of activity in the field of mesoscale ensemble forecasting by the COSMO-LEPS system: Main achievements and open challenges. Tellus A, 63, 605-624.

Pappenberger F, Coke H L, Parker D J, et al, 2015. The monetary benefit of early flood warnings in Europe. Environmental Science & Policy, 51, 278-291.

Parrish M A, Moradkhani H, DeChant C M, 2012. Toward reduction of model uncertainty: Integration of Bayesian model averaging and data assimilation. Water Resources Research, 48, 1-18.

Persson A, 2015. User guide to ECMWF forecast products. Version 1.2. Reading, UK: ECMWF. http://www.ecmwf.int/files/user-guide-ecmwf-forecast-products.

Pinson P, Girard R, 2012. Evaluating the quality of scenarios of short-term wind power generation. Applied Energy, 96, 1 2-20.

Raftery A E, Gneiting T, Balabdaoui F, et al, 2005. Using Bayesian model averaging to calibrate forecast ensembles. Monthly Weather Review, 133, 1155-1174.

Reggiani P, Renner M, Weerts A H, et al, 2009. Uncertainty assessment via Bayesian revision of ensemble streamflow predictions in the operational river Rhine forecasting system. Water Resources Research, 45, W02428.

Rings J, Vrugt J A, Schoups G, et al, 2012. Bayesian model averaging using particle filtering and Gaussian mixture modeling: Theory, concepts, and simulation experiment. Water Resources Research, 48, 1-12.

Roulin E, Vannitsem S, 2015. Post-processing of medium-range probabilistic hydrological forecasting: Impact of forcing, initial conditions and model errors. Hydrological Processes, 29, 1434-1449.

Schaake J C, Demargne J, Hartman R, et al, 2007. Precipitation and temperature ensemble forecasts from single-value forecasts. Hydrology and Earth System Sciences Discussions, 4, 655-717.

Schaake J C, Hamill T M, Buizza R, et al, 2007. HEPEX: The hydrological ensemble prediction experiment. Bulletin of the American Meteorological Society, 88, 1541-1547.

Schefzik R, Möller A, 2018. Multivariate ensemble postprocessing // Vannitsem S, Wilks D S, Messner J W. Statistical Postprocessing of Ensemble Forecasts. Elsevier.

Schefzik R, Thorarinsdottir T L, Gneiting T, 2013. Uncertainty quantification in complex simulation models using ensemble copula coupling. Statistical Science, 28, 616-640.

Scheuerer M, Hamill T M, Whitin B, et al, 2017. A method for preferential selection of dates in the Schaake shuffle approach to constructing spatiotemporal forecast fields of temperature and precipitation. Water Resources Research，53，3029-3046.

Schlather M，1999. An introduction to positive definite functions and to unconditional simulation of random fields. Technical report ST 99-10 Lancaster，UK：Dept. of Mathematics and Statistics，Lancaster University.

Schulz J-P，Schättler U，2011. Kurze Beschreibung des Lokal-Modells Europa COSMO-EU (LME) und seiner Datenbanken auf dem Datenserver des DWD (in German). Technical report Offenbach，Germany：Deutscher Wetterdienst (DWD).

Seo D J，Herr H D，Schaake J C，2006. A statistical post-processor for accounting of hydrologic uncertainty in short-range ensemble streamflow prediction. Hydrology and Earth System Sciences Discussions，3，1987-2035.

Skøien J O，Blöschl G，Laaha G，et al，2014. rtop：An R package for interpolation of data with a variable spatial support，with an example from river networks. Computational Geosciences，67，180-190.

Skøien J O，Bogner K，Salamon P，et al，2016. Regionalization of post-processed ensemble runoff forecasts. Proceedings of the International Association of Hydrological Sciences，373，109-114.

Skøien J O，Merz R，Blöschl G，2006. Top-kriging-geostatistics on stream networks. Hydrological Earth System Sciences，10，277-287.

Steppeler J，Doms G，Adrian G，2002. Das Lokal-Modell LM (in German). Prometheus，27，123-128.

Thielen J，Bartholmes J C，Ramos M H，et al，2009. The European flood alert system. Part 1. Concept and development. Hydrology and Earth System Sciences，13，125-140.

Thorarinsdottir T L，Gneiting T，2010. Probabilistic forecasts of wind speed：Ensemble model output statistics by using heteroscedastic censored regression. Journal of the Royal Statistical Society，Series A，173，371-388.

Todini E，2008. A model conditional processor to assess predictive uncertainty in flood forecasting. International Journal of River Basin Management，6，123-137.

Van Andel S J，Weerts A，Schaake J，et al，2013. Post-processing hydrological ensemble predictions intercomparison experiment. Hydrological Processes，27，158-161.

Van den Bergh J，Roulin E，2016. Postprocessing of medium range hydrological ensemble forecasts making use of reforecasts. Hydrology，3，21.

Van der Knijff J M，Younis J，De Roo A P J，2010. LISFLOOD：A GIS-based distributed model for river basin scale water balance and flood simulation. International Journal of Geographical Information Science，24，189-212.

Van Schaeybroeck B，Vannitsem S，2015. Ensemble post-processing using member-by-member approaches：Theoretical aspects. Quarterly Journal of the Royal Meteorological Society，141，807-818.

Vannitsem S，2009. A unified linear model output statistics scheme for both deterministic and ensemble forecasts. Quarterly Journal of the Royal Meteorological Society，135，1801-1815.

Vrugt J A，Robinson B A，2007. Treatment of uncertainty using ensemble methods：Comparison of sequential data assimilation and Bayesian model averaging. Water Resources Research，43，1-18.

Wan H，Giorgetta M A，Zängl G，et al，2013. The ICON-1. 2 hydrostatic atmospheric dynamical core on triangular grids. Part I. Formulation and performance of the baseline version. Geoscientific Model Development，6，735-763.

Wang Q J，Shrestha D L，Robertson D E，et al，2012. A log-sinh transformation for data normalization and variance stabilization. Water Resources Research，48，WR010973.

Wilks D S，2009. Extending logistic regression to provide full-probability-distribution MOS forecasts. Meteorological Applications，16，361-368.

Wilks D S，2018. Univariate ensemble postprocessing // Vannitsem S，Wilks D S，Messner J W. Statistical Postprocessing of Ensemble Forecasts. Elsevier.

Wood A W，Lettenmaier D P，2008. An ensemble approach for attribution of hydrologic prediction uncertainty. Geophysical Research Letters，35，L14401.

Wood A W，Schaake J C，2008. Correcting errors in streamflow forecast ensemble mean and spread. Journal of Hydrometeolorogy，9，132-148.

Wood A W，Wetterhall F，Ramos M-H，2015. In The hydrologic ensemble prediction experiment (HEPEX). EGU general assembly conference abstracts 17.

Wu L，Seo D-J，Demargne J，et al，2011. Generation of ensemble precipitation forecast from single-valued quantitative precipitation forecast for hydrologic ensemble prediction. Journal of Hydrology，399，281-298.

Yuan X，Wood E F，2012. Downscaling precipitation or bias-correcting streamflow? Some implications for coupled general circulation model (CGCM)-based ensemble seasonal hydrologic forecast. Water Resources Research，48，W12519.

Zalachori I，Ramos M H，Garcon R，et al，2012. Statistical processing of forecasts for hydrological ensemble prediction：A comparative study of different bias correction strategies. Advances in Science and Research，8，135-141.

Zängl G，Reinert D，Rípodas P，et al，2015. The ICON (icosahedral non-hydrostatic) modelling framework of DWD and MPI-M：Description of the non-hydrostatic dynamical core. Quarterly Journal of the Royal Meteorological Society，141，563-579.

Zellner A，1962. An efficient method of estimating seemingly unrelated regressions and tests for aggregation bias. Journal of the American Statistical Association，57，348-368.

Zhao L，Duan Q，Schaake J，et al，2011. A hydrologic post-processor for ensemble streamflow predictions. Advances in Geosciences，29，5 1-59.

第 9 章
后处理技术在可再生能源预测中的应用

Pierre Pinson，Jakob W. Messner

丹麦孔根斯林格比，丹麦技术大学

9.1 引言

能源系统正面临着向更多的可再生能源发电能力和新的电能交换及消费方式快速过渡阶段。除了水力发电这种已经使用了很久的可再生能源之外,最近主要考虑的新型可再生能源发电方式包括风能、太阳能、潮汐能和波浪能。关于截至 2016 年的状况概述,请读者参考《21世纪可再生能源政策网络(2017)》(Renewable Energy Policy Network for the 21st Century, 2017)和《国际可再生能源机构(2017)》(International Renewable Energy Agency, 2017)。截至 2017 年年中,全球风力发电总装机容量约为 500 GW,而太阳能发电约为 300 GW,波浪能发电尚未发展到大规模运营部署的阶段。

可再生能源发电与相关的气象变量直接相关,也就是说,起风时风力发电,有阳光照射时太阳能发电。从气象变量到发电的转换是非线性和有界的,而且由于转换过程中的物理性质(如,风力涡轮机叶片上的污垢,太阳能电池板性能的热效应等),这种转换也可能是非稳态的。

能够提前几分钟到几天预测风力、波浪能和太阳能发电厂的发电量是至关重要的。此类预测与能源系统管理的运营决策相关联。例如,开关常规发电机组是根据电力市场是否提供了过剩的电力能源等情况。如今,预测被视为是与电力系统运行和维护有关的绝大多数决策问题的必要投入,而可再生能源发电比例不容忽视。有关可再生能源预测模型和应用的概述,请参见 Kariniotakis(2017)。

可再生能源发电预测是一个非常活跃的研究领域,具有广阔的工业和商业应用。虽然目前发布和使用的大多数预测都是单值预测,并被解释为确定性的预测,但概率预测的发展势头强劲。最近综述的例子见 Bessa 等(2017)和 Zhang 等(2014)。这种概率方法的动机是,可再生能源预测中不可忽视的动力预报不确定性使其难以用不确定性估计做出最优决策。这种不确定性及其复杂特征源于天气动力学及其可预报性。除此之外,预测可再生能源发电量的核心气象变量,例如风速和太阳辐照度,是天气预报员通常不太关注的变量。关于天气和能源是如何联系在一起的,特别是对于可再生能源发电的情况,可以在 Troccoli 等(2014)中找到全面概述。

人们提出了许多方法来进行可再生能源发电的概率预测。这些方法的基本原理对于所有类型的可再生能源发电(例如,风能、太阳能、波浪能)都是类似的。由于风能是应用最广泛的可再生能源类型,而风电功率预测是这些应用预测问题中最成熟的,因此我们选择以风力发电为重点来进行概念的介绍和说明。众所周知,对于超过 6 h 的预报时效,动力天气预报为风力发电模型提供了必要的输入场。概率预测是可以基于确定性预测的,其预测的不确定性是基于统计估计的。但这种方法通常忽略了流依赖预测不确定性。因此,提供这类信息的集合预报作为可再生能源发电(尤其是风电)概率预测的输入,得到了广泛的应用。本书的目标是"几乎"涵盖所有相关气象变量的后处理集合预报,以获得风力发电的各种类型的概率预测。之所以说"几乎"是因为相关的通用方法(如验证)在本书的其他部分中已有所涵盖。

本章旨在通过对相关气象变量的集合预报进行后处理,介绍与可再生能源发电预测相关的一些基础但关键的问题。值得注意的是,尽管有大量关于可再生能源预测的文献,但关于为此目的对集合预报进行后处理的文献相当有限。值得注意的例子包括 Messner 等（2013）、Pinson 和 Madsen（2009）及 Taylor 等（2009）的工作，本章将详细地讨论。我们将首先介绍相关的预测产品和符号，基于目前可再生能源预测的业务实践，考虑预测用户的需求，集合预报后处理以产生可再生能源预测，通常基于两项同样重要的任务，这也构成了本章的两个核心部分：①如何将气象变量预报转换为发电功率，②校准集合或相关预测密度。在本章的最后，我们将归纳一些结论和当前面临的困难与问题，并讨论进一步发展连接气象集合预报和可再生能源预测方法的若干前景。

9.2 预备知识：预测产品和符号

首先介绍我们将要涉及的主要预报产品和符号。以风速为例，u 表示风速，它与时间指数（t）一起表示 t 时刻的风速 u_t。我们之所以用风速举例说明，是因为风速是与风力发电最相关的变量。但是影响发电水平的其他变量也需要考虑，例如风向或温度，以及压力和湿度（因为空气密度影响风力涡轮机的功率曲线）。最相关的气象变量显然取决于所考虑的可再生能源发电类型：对于太阳能发电这些变量是太阳辐照度和温度，而对于波浪能，人们会关心波浪高度和周期。同时，y_t 表示 t 时刻测得的风力发电量。为简单起见，下面只考虑单一地点的情况，这既可以指单一风电场，也可以指一个地区。因此，没有使用指定空间位置的指数。如今，人们尽管对气象集合预报的后处理不感兴趣，但对可再生能源预测的时空建模却越来越关注（Dowell et al.，2016；Tastu et al.，2011）。

当目标是未来几小时内的风力发电预测时，人们普遍认为应使用天气预报作为输入。我们一般用 $\hat{u}_{t+k|t}$ 和 $\hat{y}_{t+k|t}$ 分别表示风速和发电量的单值预测。如第 9.3 节所述后者是由风力预测的转换得到。在实际操作中，这种单值预测对应的是 y_{t+k} 的条件期望，即以 t 时刻的可用信息为条件的 $t+k$ 时刻的预期发电量。这与最小化二次损失函数的目标一致，服从最小化均方根误差验证准则。请注意，假设 $t+k$ 时刻的发电量仅由该预测时效内的天气预报决定，当然一般情况下不必如此，可以采用之前的预测时效（$t+k-1,\cdots$）和下一步的预测时效（$t+k+1,\cdots$）的预报。类似地对于位置，可以使用天气预报模式的邻近网格点信息来表示，例如 Andrade 等（2017）、Cutler 等（2009）的做法。在此，可以在更广泛的背景下类似地考虑其他气象变量的可再生能源预测。

与这种单值预报相反，风速的集合预报 $\hat{u}_{t+k|t}^{(j)},j=1,\cdots,J$，其中 J 为集合成员的数量，包括未来风力条件的其他情况，这些情况可以经过后处理以获得未来风力发电的情况 $\hat{y}_{t+k|t}^{(j)},j=1,\cdots,J$。因此，预报用户很有可能仍然要求提供基于这些集合预报的单值预测。根据其作为最小化二次损失函数条件期望的定义，这种单值预测可以很容易地得到集合均值：

$$\hat{y}_{t+k|t} = \frac{1}{J}\sum_{j=1}^{J}\hat{y}_{t+k|t}^{(j)}, \qquad \forall t,k \tag{9.1}$$

在这里，我们对从集合中得到的单值预测，使用了与其他不基于集合预报的单值预测相同的符号，这可能与文献中其他地方的情况不同。

虽然众所周知,集合平均预测通常比单一确定性预测具备更高的技巧,但集合预报的真正价值在于其离散度提供了关于预报不确定性的信息。这种离散度可以通过(例如)集合方差来衡量:

$$s^2_{t+k \mid t} = \frac{1}{J} \sum_{j=1}^{J} (\hat{u}^{(j)}_{t+k \mid t} - \hat{u}_{t+k \mid t})^2, \qquad \forall\, t, k \tag{9.2}$$

或者

$$r^2_{t+k \mid t} = \frac{1}{J} \sum_{j=1}^{J} (\hat{y}^{(j)}_{t+k \mid t} - \hat{y}_{t+k \mid t})^2, \qquad \forall\, t, k \tag{9.3}$$

但要在不确定条件下做出最优决策,需要在 t 时刻给定相关信息、模型和参数的情况下,才能做出关于 y_{t+k} 分布的更完整信息的概率预测。

预报密度函数和预测累积分布函数分别用 $\hat{f}_{t+k \mid t}(y)$ 和 $\hat{F}_{t+k \mid t}(y)$ 表示。如果对预测密度的形状进行假设,例如,采用高斯、删失高斯、贝塔或对数正态分布这类假设,那么这些可能是参数化的。或者,如果不依赖于这些假设,也可以是非参数化的。典型的非参数方法包括核敷料法和分位数回归。这些概率预报之间的转换可能只涉及特定的预测区间、分位数或完整密度。概率预测的最佳转换,不仅对可再生能源预测应用而言,其本身也是一个具有挑战性的问题,例如 Hyndman(1996)在 20 多年前就已经讨论过这个问题。

有关各种类型可再生能源预测产品更多的概述、详细信息以及相关验证工具箱,请读者参考 Morales 等(2014)的研究。

9.3　气象变量与功率的转化

风电预测气象集合预报后处理的第一个方面是寻找将其转化为可再生能源发电预测的方法。对于所有类型的可再生能源,这种转换将是非线性的、有界的和非平稳的,如同风力发电的情况。这种转换可以在局部多项式回归的基础上以一种灵活的方式建模。然而,这种模型的拟合可能要比经典的最小二乘法更进一步,下面将对此进行描述和讨论。

在本节中,我们只考虑单值风速预测的转换。然后,将这种转换作为下一节所述集合预测的转换和校准方法的基础,示例转换模型可以扩展到包含风向或空气密度等变量,但为了简单起见此处省略。

9.3.1　数据和经验特征

为了介绍和讨论风电功率转换的具体特征,我们使用了第 9.6 节中描述的玩具模型例子,这样可以说明该转换模型的各种特征,同时也可以研究真正的转换模型,从而我们可以比较下面描述的各种回归方法。

对于风能、波浪能和太阳能等可再生能源发电来说,从气象变量到功率的转换具有相似的基本特征:非线性、有界性和时变性。虽然前两个可能看起来很直观,因为发电量需要大于 0

并且必须有一个上限,但时变性方面可能不太容易掌握。转换函数的非平稳性可能是由于发电装置附近的变化(例如,树木改变风特性和产生不同的遮蔽效果)、硬件老化、灰尘和污垢等情况造成。这些影响促使可再生能源的预测人员接受电力转换模型应被看作是时变的,同时采用在线学习法,以通过时间来追踪它们的变化。

我们将在第 9.6 节中详细描述试验模型考虑了哪些实际功率曲线的特征。此外,它还代表了风速预测和功率转换的误差,这取决于风速大小。因此,风速和发电量的真实关系作为已知条件的情况下,它提供了合理的现实风力发电数据。假设的功率曲线模型随时间变化情况如图 9.1 所示,图 9.2 给出了完整的 10000 点模拟风速和功率数据集的散点图。

值得注意的是,我们的试验模型忽略了一个事实,即风力涡轮机必须在超过一定的切断风速时关闭,以避免风机结构受损。

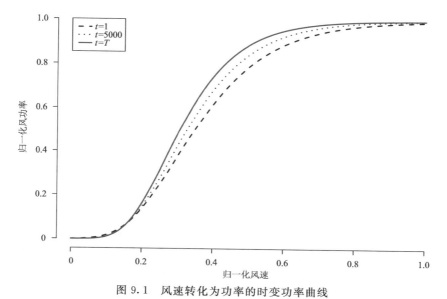

图 9.1　风速转化为功率的时变功率曲线

(它为一个双指数函数,其参数从 $\tau_1^T = [8,7]$ 到 $\tau_T^T = [11,9]$。通过双指数模型参数的线性插值得到 $t = 5000$ 时刻的功率曲线)

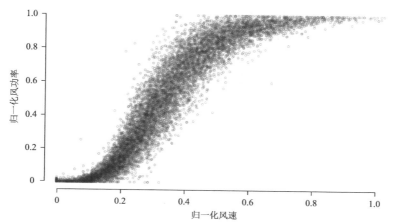

图 9.2　基于前面的风速功率转换时变功率曲线和添加噪声序列的
风速预报和功率观测散点图

9.3.2 以局部多项式回归为基础的风电转换

风电功率转换建模是一个非线性回归问题,可能存在时变参数。因此,许多人专注于提出解决此类非线性回归问题替代方法。要么使用现代统计方法,如下面描述的局部多项式回归,要么使用机器学习方法。如果考虑到局部多项式回归,Nielsen 等(2000)关于风电功率应用相关的描述可能是最有趣和最广泛的,这也被用作太阳能发电预测的基础(Bacher et al.,2009)。它引入了局部多项式回归,同时也描述了一种带有指数遗忘的递归加权最小二乘估计方法,允许自适应估计非线性回归模型的参数,同时,假设这些参数变化缓慢。

由于从预测的气象变量(即风速预测 $\hat{u}_{t+k\mid t}$)到发电量(y_{t+k})的真正转换模型是未知的(例如,在我们的试验模型中所做的双指数选择),一种灵活的方法是避免为该转换模型假设任何特定的函数,如:

$$y_{t+k} = \theta(\hat{u}_{t+k\mid t}) + \epsilon_{t+k}, \qquad t = 1,\cdots,T \qquad (9.4)$$

其中,ϵ_t 是独立且均匀分布的未知分布,但假设其为 0 均值和有限方差。在实际应用中,最好对涉及的变量(例如风速和发电量)的所有变量归一化处理。然后,我们将这个一般的非线性模型重新表述为一组线性模型(多项式变换),在多个拟合点($u_i, i = 1,\cdots,I$)处进行局部估计。例如,我们可以为每 1 m·s^{-1} 的风速拟合一个模型,如果将风速归一化的最大值为 20 m·s^{-1},则 u_1 将位于 0,u_2 位于 0.05(对于 1 m·s^{-1}),等等,直到达到 $u_{21} = 1$(实际风速值为 20 m·s^{-1})。我们这里只考虑一维情况下,这些线性模型由多项式组成,也就是说:

$$y_{t+k} = \sum_{l=1}^{L} \alpha_{i,l}(\hat{u}_{t+k\mid t} - u_i)^l + \epsilon_{t+k}, \qquad t = 1,\cdots,T \qquad (9.5)$$

在每一个拟合点 u_i 的邻域进行局部估计,来验证 α 系数的 i 指数是合理的。L 是多项式的阶数,通常用 $L = 1$ 或 $L = 2$ 就足够了。如果要考虑更高的维度(例如,风向),并将其推广到条件参数模型,读者可参考 Cleveland 等(1988)、Härdle(1990)以及 Hastie 等(1993)。在更紧凑的形式中,可以重写为:

$$y_{t+k} = \alpha_i^T x_{t+k} + \epsilon_{t+k}, \qquad t = 1,\cdots,T \qquad (9.6)$$

其中 $x_{t+k} = [1, \hat{u}_{t+k\mid t} - u_i, \cdots, (\hat{u}_{t+k\mid t} - u_i)^L]^T$ 为解释变量的向量,$\boldsymbol{\alpha}_i = [\alpha_{i,0}, \alpha_{i,1}, \cdots, \alpha_{i,L}]^T$ 为模型系数的向量。因为我们已经清楚地知道应该为所有预报期建立模型并估计系数,我们将在下面放弃 k 指数,除了解释和响应变量的情况,其中时间指数都需要考虑到预报时效。现在让我们只关注一个拟合点 u_i 对于上式中表述的局部多项式做近似,模型拟合转化为估计系数集 $\boldsymbol{\alpha}_i$ 的线性模型可以基于加权最小二乘进行局部拟合:

$$\hat{\boldsymbol{\alpha}}_i = \underset{\alpha_i}{\arg\min} \sum_{t=1}^{T} w_{t,i} \rho(y_{t+k} - \boldsymbol{\alpha}_i^T x_{t+k}) \qquad (9.7)$$

其中,ρ 是一个二次损失函数,$\rho(\epsilon) = \epsilon^2/2$,权重 $w_{t,i}$ 由核函数赋值,例如:

$$w_{t,i} = K_T\left(\frac{|\hat{u}_{t+k\mid t} - u_i|}{h_i}\right) \qquad (9.8)$$

其中,$h_i(h_i > 0)$ 是一个局地带宽参数,控制局地模型拟合的邻域大小。K_T 的一个典型例子是三角立方函数,如 Cleveland 等(1988)所述,表达式为:

$$K_T(v) = \begin{cases} (1-v^3)^3, & v \in [0,1] \\ 0, & v > 1 \end{cases} \qquad (9.9)$$

局部线性回归拟合示意图如图 9.3 所示。

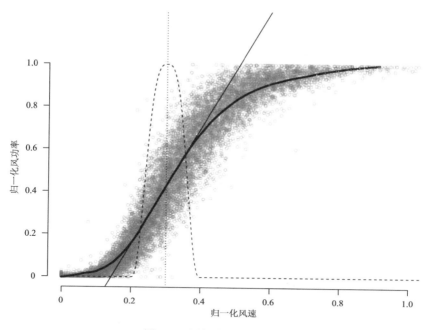

图 9.3　局部线性回归示意

（虚线为一个三角立方核函数，其带宽为 0.2，以 0.3 的归一化风速为中心。黑色细线表示相应的加权
线性回归拟合，黑色粗曲线表示局部线性回归拟合，在归一化风速范围内，虚线和细线的交点构造相似）

对于任何加权最小二乘估计问题，通过组合适当的向量和矩阵，估计的模型系数很容易
给出：

$$\hat{\boldsymbol{\alpha}}_i = (\boldsymbol{X}^\mathsf{T} \boldsymbol{W}_i \boldsymbol{X})^{-1} \boldsymbol{X}^\mathsf{T} \boldsymbol{W}_i \boldsymbol{y} \tag{9.10}$$

其中，$\boldsymbol{X}$ 是一个包含所有解释变量值的设计矩阵：

$$\boldsymbol{X} = \begin{bmatrix} \boldsymbol{x}_{1+k}^\mathsf{T} \\ \boldsymbol{x}_{2+k}^\mathsf{T} \\ \vdots \end{bmatrix} \tag{9.11}$$

$\boldsymbol{W}_i$ 是一个对角矩阵，集合了每个拟合点的权重：

$$\boldsymbol{W}_i = \begin{bmatrix} w_{1+k,i} & 0 & 0 \\ 0 & w_{2+k,i} & 0 \\ 0 & 0 & \ddots \end{bmatrix} \tag{9.12}$$

最后，$\boldsymbol{y}$ 是观测到的功率值向量：

$$\boldsymbol{y} = \begin{bmatrix} y_{1+k} \\ y_{2+k} \\ \vdots \end{bmatrix} \tag{9.13}$$

在所有 I 训练数据点拟合这些局部多项式模型后，通过这些拟合点的值进行插值得到原
始非线性回归模型的值。这种插值可以是线性的，例如基于样条差值等。

局部多项式回归是一种非常常见的非线性关系建模的技术，如风速和风功率。因此，可以
在各种软件包中找到该模型的实现方法，例如 R 编程语言中的 loess（ ）函数。为了说明风向

发电转换的局部多项式回归模型的拟合结果,我们在这里给出一个数据示例。我们使用 41 个均匀分布在归一化风速区间 $[0,1]$ 上的拟合点,带宽为 0.1。这些估计值是通过使用数据集中的所有 $T = 10000$ 个实例获得的。模型拟合结果如图 9.4 所示。尽管得到的回归曲线在性质上与数据集末尾的真实功率曲线相似,但由于所有的数据都是在没有区分的情况下使用的,因此这个模型拟合代表了整个数据集的平均功率曲线,而不是 $t = T$ 时刻的最新功率曲线。这可能促进一种允许时间自适应方法的使用,如下文所述。

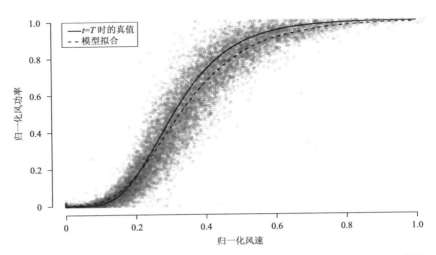

图 9.4　在最小二乘估计框架下,局部多项式回归拟合风电转换过程的经验数据

9.3.3　适应非平稳性的时变估计

虽然式(9.7)中的估计值允许给定的拟合点获得局部系数,但这是对整个时段而言的。对于如图 9.1 所示的时变功率曲线,在 T 时间步长的批量估计将得到类似于 $t = T/2 = 5000$ 的功率曲线。然而在实践中,人们希望在给定的时间内能够估计出最新的功率曲线模型。这实际上可以很容易地通过推广前面的加权最小二乘法到递归和自适应估计中来实现。考虑到这个目标,式(9.7)在给定时间 t 的情况下,重新表述为:

$$\hat{\boldsymbol{\alpha}}_{t,i} = \underset{\boldsymbol{\alpha}_i}{\operatorname{argmin}} \sum_{t'=1}^{t} \beta_{t,i}(t') w_{t',i} \rho(y_{t'+k} - \boldsymbol{\alpha}_i^{\mathsf{T}} \boldsymbol{x}_{t'+k}) \tag{9.14}$$

与式(9.13)的唯一区别在于使用附加的权重函数 β,以丢弃基于指数遗忘方案的旧信息,即:

$$\beta_{t,i}(t') = \begin{cases} \lambda_{t',i}^{\text{eff}} \beta_{t-1,i}(t'-1), & 1 \leqslant t' \leqslant t-1 \\ 1, & t = t' \end{cases} \tag{9.15}$$

其中,$\lambda_{t',i}^{\text{eff}}$ 表示关注的拟合点 u_i 的有效遗忘因子(Nielsen et al.,2000),是局部权重 $w_{t',i}$ 的函数,即:

$$\lambda_{t',i}^{\text{eff}} = 1 - (1-\lambda) w_{t',i} \tag{9.16}$$

这种有效遗忘因子确保了只有当新信息可用时,旧的观测值才会被降低权重。λ 是用于传统的自适应估计的遗忘因子,λ 略小于 1。

这种从气象变量到发电转换的时变模型的自适应估计公式,已广泛用于风能和太阳能发

电,大数用于单值预测的情况。基于这个公式,经过一些代数运算,我们可以推导出以下 3 步更新过程:

$$\epsilon_{t,i} = y_{t+k} - \hat{\boldsymbol{\alpha}}_{t,i}^\mathsf{T} \boldsymbol{x}_{t+k} \tag{9.17}$$

$$\hat{\boldsymbol{\alpha}}_{t,i} = \hat{\boldsymbol{\alpha}}_{t-1,i} + \epsilon_{t,i} w_{t,i} (\boldsymbol{R}_{t,i})^{-1} \boldsymbol{x}_{t+k} \tag{9.18}$$

$$\boldsymbol{R}_{t,i} = \lambda_{t,i}^{\text{eff}} \boldsymbol{R}_{t-1,i} + w_{t,i} \boldsymbol{x}_{t+k} \boldsymbol{x}_{t+k}^\mathsf{T} \tag{9.19}$$

其中, $\boldsymbol{R}_{t,i}$ 是 $\boldsymbol{x}_{t+k}$ 的时间和距离加权协方差矩阵,初始化为对角线上有任意小值的对角线矩阵。模型系数 $\hat{\boldsymbol{\alpha}}_{t,i}$ 用任意值初始化,例如一个 0 向量。在前面的例子中, $w_{t,i} = 0$ 的情况,这意味着当时相关的解释变量不在感兴趣拟合点的邻域内,因此这种情况不应该用于更新模型系数。在实践中,这将产生 $\hat{\boldsymbol{\alpha}}_{t,i} = \hat{\boldsymbol{\alpha}}_{t-1,i}$ 和 $\boldsymbol{R}_{t,i} = \boldsymbol{R}_{t-1,i}$ 。

从图 9.5 可以看出,这种时间自适应模型总体上能够更好地跟随功率曲线的变化。然而,拟合曲线仍然略微过于平坦,这可能是由于时间适应的延迟造成的,但也可能是由于沿风速轴方向上的噪声造成的,而这一点没有考虑在内。下面将给出一个考虑这种噪声的拓展方法。

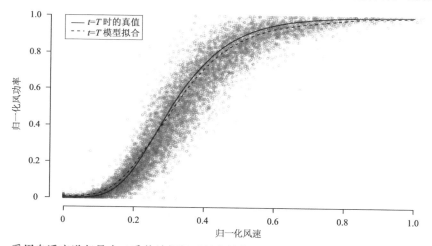

图 9.5　采用自适应递归最小二乘估计框架对风电转换过程的经验数据进行局部多项式回归拟合

9.3.4　从最小二乘法估计到主曲线拟合

以前的模型是在最小二乘法框架下拟合的,因此只考虑沿功率轴的噪声。然而,正如第 9.3.1 节和第 9.6 节所述,解释变量由预测值组成,这些预测必然存在误差成分,为了近似真实的风电功率转换模型,解释变量必须考虑在内。理想情况下,这可以在误差变量建模框架内完成,需要在所有拟合点上估计和跟踪解释变量与响应变量误差的局部协方差。在一个由更多数据驱动的框架中,正如 Hastie 等(1989)和 Tibshirani(1992)最初介绍和讨论的那样,前面提出的方法可以推广到估计所谓的主曲线。在估计方面,这可以通过使用总体最小二乘法准则替代更常规的最小二乘法完成。关于总体最小二乘法的完整介绍,我们参考了 Golub 等(1980)以及 de Groen(1996)的模型拟合情况。这里描述的总体最小二乘法的推广在很大程度上是基于 Pinson 等(2008)风电应用的情况。

主曲线和总体最小二乘模型拟合的目的是得到成对的解释—响应变量值,与回归线之间的距离最小但垂直于回归线的曲线。因此,不考虑残差的形式 $y_{t+k} - \boldsymbol{\alpha}_{t,i}^\mathsf{T} \boldsymbol{x}_{t+k}$,因此仅沿 y 轴,这些被替换为垂直于回归直线的距离。图 9.6 给出了一个示意图,显示了最小二乘法和正交拟合之间的差异。

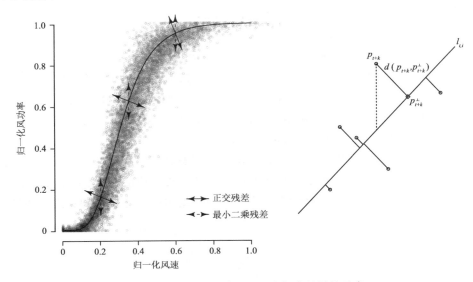

图 9.6　经典最小二乘法和正交拟合差异的示意

(左图显示了残差的不同方向,右图显示了特定线性线段 $l_{t,i}$ 的正交残差(细实线)和普通最小二乘残差(虚线))

让我们仅考虑使用一阶多项式来进行转换的局部逼近,即 $\boldsymbol{\alpha}_{t,i} = [\alpha_{t,i,1}, \alpha_{t,i,2}]^{\mathsf{T}}$ 和 $\boldsymbol{x}_{t+k} = [1, \hat{u}_{t+k \mid t}]^{\mathsf{T}}$。我们将时间 $t+k$ 的一对解释—响应变量值 $\boldsymbol{\alpha}_{t,i}, p_{t+k}$ 参数化的直线记为 $l_{t,i}$,将 p_{t+k} 在 $l_{t,i}$ 上的投影记为 $p_{t+k}^{\perp}$。这可以根据几何学很容易地得到这个结论。然后,定义模型残差为:

$$\epsilon_{t+k}^{\perp} = d(p_{t+k}, p_{t+k}^{\perp}) \tag{9.20}$$

其中,d 是欧氏距离。

随后,根据我们前面的推导,在给定拟合点 u_i 处的总体最小二乘估计为:

$$\hat{\boldsymbol{\alpha}}_{t,i}^{\perp} = \underset{\boldsymbol{\alpha}}{\operatorname{argmin}} \sum_{t'=1}^{t} \beta_{t,i}(t') w_{t',i}^{\perp} \rho(\epsilon_{t+k}^{\perp}) \tag{9.21}$$

当残差定义为垂直于回归线的距离时,权重 $w_{t',i}^{\perp}$ 定义为沿该回归线距离的函数。需要注意的是,式(9.21)中的估计问题很难直接求解,尽管它在递归估计框架中更容易实现。

为此,我们假设现为时间 t,因此可以在拟合点 u_i 处得到之前的估计值 $\hat{\boldsymbol{\alpha}}_{t-1,i}$,然后也可以获得回归线 $l_{t-1,i}$,模型残差 $\epsilon_{t+k}^{\perp}$ 可以很容易地用 p_{t+k} 与其在回归线上的投影之间的距离计算得出。与此同时,如果将拟合点处的回归线 $l_{t-1,i}$ 的值写成:

$$\tilde{p}_i = [u_i \quad \hat{\boldsymbol{\alpha}}_{t-1,i}^{\mathsf{T}} \boldsymbol{x}_{t+k}] \tag{9.22}$$

那么沿回归线的距离表示为 $d_l(\tilde{p}_i, p_{t+k})$,这也可以用几何来计算。最终,分配给该观测值的权重由下式给出:

$$w_{t,i}^{\perp} = K_T\left(\frac{d_l(\tilde{p}_i, p_{t+k})}{h_i}\right) \tag{9.23}$$

作为式(9.11)中引入的设计矩阵 $\boldsymbol{X}$ 的推广,增广设计矩阵为:

$$\boldsymbol{X}^+ = \boldsymbol{W}_i^{1/2} [\boldsymbol{X} \quad \boldsymbol{y}] \tag{9.24}$$

其中，W_i 和 y 已经在式(9.12)和式(9.13)中定义。也就是说，X^+ 是原始设计矩阵，其中添加了一个增加了一列，该列为观测功率值的向量，然后用给定观测值的权重的平方根进行加权，作为其与关注的拟合点的距离的函数。

Pinson 等(2008)对式(9.21)中的总体最小二乘估计值 $\hat{\boldsymbol{\alpha}}_{t,i}^{\perp}$ 进行递归估计的思路是跟踪与 X^+ 的最小奇异值相关的奇异向量(关于奇异值分解的介绍，见 Golub et al.，1996)。这最终导致跟踪与 P^+ 最大特征值相关的特征向量，即设计矩阵 X^+ 的增广协方差矩阵。这个特征向量通常被称为最左边的特征向量。我们把 $\mathbf{x}_{t+k}^+$ 写成 $t+k$ 时刻的增广向量：

$$\boldsymbol{x}_{t+k}^+ = \begin{bmatrix} \boldsymbol{x}_{t+k} & y_{t+k} \end{bmatrix} \tag{9.25}$$

因此，如果有基于截止时间 $t-1$ 之前可用数据的 $\boldsymbol{P}_{t-1}^+$ 的增广协方差矩阵，通过求逆矩阵可以得到该矩阵在 t 时刻的更新：

$$\boldsymbol{P}_t^+ = \frac{1}{\lambda_t^{\mathrm{eff}}}\Big[\boldsymbol{P}_{t-1}^+ - \gamma_t \frac{\boldsymbol{P}_{t-1}^+ \, \boldsymbol{x}_{t+k}^+ \, \boldsymbol{x}_{t+k}^{+\top} \, \boldsymbol{P}_{t-1}^+}{1 + \gamma_t \, \boldsymbol{x}_{t+k}^{+\top} \, \boldsymbol{P}_{t-1}^+ \, \boldsymbol{x}_{t+k}^+}\Big] \tag{9.26}$$

其中，$\gamma_t = w_t^{\perp}/\lambda_t^{\mathrm{eff}}$ 。

在 t 时刻更新增宽协方差矩阵 $\boldsymbol{P}_t^+$ 后，Golub 等(1996)描述的幂方法可以很容易地得到最大的特征值和对应的最左特征向量。首先将 $\boldsymbol{v}_t^{(0)}$ 初始化为 3 维的单位向量，然后进行迭代计算：

$$\boldsymbol{v}_t^{(j)} = \frac{\boldsymbol{P}_t^+ \, \boldsymbol{v}_t^{(j-1)}}{\parallel \boldsymbol{P}_t^+ \, \boldsymbol{v}_t^{(j-1)} \parallel_2} \tag{9.27}$$

其中，$\boldsymbol{v}_t^{(j)}$ 最终收敛到 $\boldsymbol{P}_t^+$ 的最左特征向量 $\boldsymbol{v}_t$ 。此外，因为递归估计的系数是随时间平滑变化的，可以用 $\boldsymbol{v}_t^{(0)} = \boldsymbol{v}_{t-1}$ 初始化该迭代序列，以加快收敛速度。$\boldsymbol{P}_t^+$ 的最左特征向量的维数为 3，其 $\boldsymbol{v}_t = \begin{bmatrix} v_{t,1}, v_{t,2}, v_{t,3} \end{bmatrix}$ 。

最后，模型系数 $\hat{\boldsymbol{\alpha}}_{t,i}^{\perp}$ 的估计值为：

$$\hat{\boldsymbol{\alpha}}_{t,i}^{\perp} = \frac{1}{v_{t,3}}\begin{bmatrix} v_{t,1} & v_{t,2} \end{bmatrix} \tag{9.28}$$

对于初始化这个递归过程，可以采用类似于最小二乘法的原则。因为我们用的是协方差矩阵而不是逆协方差矩阵，所以增广协方差矩阵 $\boldsymbol{P}_t^+$ 的初始化包括将其定义为对角线上的值非常大的对角矩阵(比如 10^5)，每个拟合点的模型系数都可以设为 0 向量。

从图 9.7 可以看出，用正交最小二乘拟合的时间自适应功率曲线可以很好地估计出真实功率曲线。

9.4 风功率预测密度的校准

上一节介绍了将风速转换为风电功率或将风速预测转换为风电功率预测的方法。这些方法集中于给定风速下的单值预期发电量上，因此没有考虑风功率预测的任何不确定性。原则上，可以通过使用功率曲线模型对动力集合预测的成员进行单独转换得到概率预测。然而，由此产生的发电集合预测显然会像气象集合本身一样缺乏校准，因此需要应用统计后处理。除

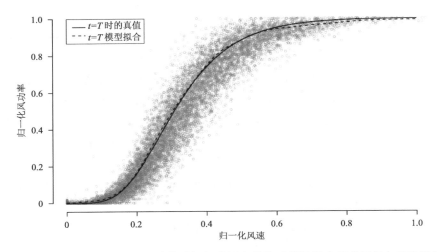

图 9.7　具有自适应递归总体最小二乘估计框架的风电转换过程局部多项式回归与经验数据的拟合

了校准外,统计后处理还用于导出完整的预测分布或特定预测的分位数,这通常是解决决策问题所必需的。

本节将讨论推导风电功率预测分布或分位数的各种方法。这些方法包括在转换前校准风速集合预测的方法、在集合预测转换为风功率后校准集合的方法以及一步完成校准和转换的方法。

9.4.1　转换前校准

生成校准的发电量预测分布的直接方法是首先校准气象集合,然后使用功率曲线模型将预测风分布的样本或分位数转换为发电量。

这种方法的功率曲线函数通常是在一个具有实测气象变量和相应功率输出的数据集上估计的,该数据集不必与统计后处理模型的训练数据集相同。例如,对于单台涡轮机,可以使用涡轮机制造商的功率曲线。

尽管几乎任何适用于各种变量(风速、风向、风矢量等)的后处理方法都可以使用,但我们只介绍两个明确提出用于风电预测的后处理方法示例。在 Wilks(2018,第 3 章)、Schefzik 等(2018,第 4 章)中有更多潜在的单变量或多变量模型的综述。

风速的核敷料法

Taylor 等(2009)提出了逐个成员校准和集合敷料法(Wilks,2018,第 3.3 节和第 3.5 节)相结合的方法对风速集合进行后处理和校准。首先,类似于 Eckel 等(2012)的逐个成员方法,对集合的水平和离散度重新调整,即:

$$\hat{u}_{t+k|t}^{(j)*} = \hat{u}_{t+k|t} - a + b(\hat{u}_{t+k|t}^{(j)} - \hat{u}_{t+k|t}) \tag{9.29}$$

其中,$\hat{u}_{t+k|t}^{(j)*}$,$j = 1, \cdots, J$ 为校正后的集合成员,$\hat{u}_{t+k|t}$ 为集合平均值,$\hat{u}_{t+k|t}^{(j)}$ 为原始的集合成员预测,a 和 b 为校正参数。然后,通过核密度平滑构造一个连续的预测密度 $\hat{f}_{t+k|t}(u)$:

$$\hat{f}_{t+k|t}(u) = \frac{1}{J} \sum_{i=1}^{J} K(u, \hat{u}_{t+k|t}^{(j)*}, \sigma) \tag{9.30}$$

其中,$K(u, \hat{u}_{j,t+k|t}^{*}, \sigma)$ 表示核函数,它是一个 0 截断高斯核,其均值为 $\hat{u}_{t+k|t}^{(j)*}$,带宽为 σ。0 截断

正态分布是一种负值具有密度为 0 的正态分布,因此非常适合模拟非负风速(Baran,2014; Thorarinsdottir et al.,2010),它定义成如下形式:

$$K(u,\hat{u}_{t+k|t}^{(j)*},\sigma) = \frac{\phi\left(\frac{u-\hat{u}_{t+k|t}^{(j)*}}{\sigma}\right)}{\sigma\Phi\left(\frac{\hat{u}_{t+k|t}^{(j)*}}{\sigma}\right)} \tag{9.31}$$

其中,$\phi()$ 和 $\Phi()$ 分别为标准正态分布的概率密度函数和累积分布函数。

参数 $\boldsymbol{\tau} = (a,b,\sigma)^{\mathsf{T}}$ 可用极大似然法估计:

$$\hat{\tau} = \underset{\tau}{\mathrm{argmax}} \sum_{t=1}^{T} \hat{f}_{t|t-k}(u_t) \tag{9.32}$$

这可以用非线性优化算法推导(Nelder et al.,1965)。功率曲线模型可用于转换风速预测分布中的大型随机样本,以估计发电量的全部预测分布。

逆功率曲线变换方法

在转换前需要校准风速的一个问题是,必须有风速测量数据集来训练统计后处理模型。虽然大多数涡轮机机舱都有风速测量,但这些测量结果往往不可靠,因为它们是在涡轮叶片的下风处测量的。为了避免这个问题,Messner 等(2013)提出了一种逆功率曲线变换,从风力数据 y_t 中生成代理风速测量值 $\tilde{u}_t$,换句话说,风速直接由涡轮机测量,涡轮机可以视为一个巨大的风速计。

$$\tilde{u}_t = \theta^{-1}(y_t) \tag{9.33}$$

其中,θ 是一个功率曲线模型,它可以从数据中推导出来(如前一节),或从涡轮机制造商处取得。由于低于一定的切入风速 c_1 时不产生风功率,而高于某一标称风速 c_2 时产生的风功率是恒定的,所以功率曲线反函数并非对所有值是唯一的。更具体地说 $\tilde{u}_t$ 是真实风速 u_t 的删失版本(Wilks,2018,第 3 章):

$$\tilde{u}_t = \begin{cases} c_1 & u_t \leqslant c_1 \\ u_t & c_1 < u_t < c_2 \\ c_2 & u_t \geqslant c_2 \end{cases} \tag{9.34}$$

为了考虑校准步骤中的这种删失,Messner 等(2013)应用了一个删失非齐次回归模型,他们假设正态分布 $N(u_{t+k|t},\sigma_{t+k|t}^2)$,对于 u_{t+k}、平均值 $u_{t+k|t}$、方差 $\sigma_{t+k|t}^2$ 条件为回归变量 $\boldsymbol{x}_{t+k|t}$ 和 $\boldsymbol{z}_{t+k|t}$。

$$u_{t+k} \sim N(\mu_{t+k|t},\sigma_{t+k|t}^2) \tag{9.35}$$

$$\mu_{t+k|t} = \beta^{\mathsf{T}}\boldsymbol{x}_{t+k|t} \tag{9.36}$$

$$\log(\sigma_{t+k|t}) = \gamma^{\mathsf{T}}\boldsymbol{z}_{t+k|t} \tag{9.37}$$

回归变量的自然选择是 $\boldsymbol{x}_{t+k|t} = [1,\hat{u}_{t+k|t}]^{\mathsf{T}}$ 和 $\boldsymbol{z}_{t+k|t} = [1,s_{t+k|t}]^{\mathsf{T}}$ 与风速集合均值 $\hat{u}_{t+k|t}$,标准差 $s_{t+k|t}$,但也可能包括其他变量,如集合均值的转换。系数 $\boldsymbol{\beta} = [\beta_0,\beta_1]^{\mathsf{T}}$ 和 $\boldsymbol{\gamma} = [\gamma_0,\gamma_1]^{\mathsf{T}}$ 是通过极大似然估计法估计的,并且考虑了删失:

$$[\hat{\beta}^{\mathsf{T}},\hat{\gamma}^{\mathsf{T}}]^{\mathsf{T}} = \underset{[\beta^{\mathsf{T}},\gamma^{\mathsf{T}}]^{\mathsf{T}}}{\mathrm{argmax}} \sum_{t=1}^{T} \{I(c_1 < \tilde{u}_t < c_2)\log[\frac{1}{\sigma_{t|t-k}}\phi(\frac{\tilde{u}_t - \mu_{t|t-k}}{\sigma_t})] +$$
$$I(\tilde{u}_t = c_1)\log[\Phi(\frac{c_1 - \mu_{t|t-k}}{\sigma_{t|t-k}})] + I(\tilde{u}_t = c_2)\log[1 - \Phi(\frac{c_1 - \mu_{t|t-k}}{\sigma_{t|t-k}})]\} \tag{9.38}$$

其中,$I()$ 是指示函数,如果括号中的条件为真,则为 1,否则为 0。有了这个模型,u_t 的预测正

态分布可以很容易地推导为:

$$\hat{f}_{t+k|t}(u) = \frac{1}{\sigma_{t+k|t}}\phi\left(\frac{u - \mu_{t+k|t}}{\sigma_{t+k|t}}\right) \tag{9.39}$$

从中可以很容易地导出随机样本或分位数,并将其转换回功率输出。由于使用相同的功率曲线进行来回变换,这种反向功率曲线方法的主要优点之一是它对功率曲线的精确形式不太敏感。

9.4.2 转换后校准

除了在转换前校准气象集合外,还可以在原始集合转换为发电后进行校准。因此,可以使用如第9.3节介绍的那些功率曲线模型来分别转换成集合的每个成员。尽管在转换步骤中通常会消除原始集合中的潜在偏差(如果功率曲线是作为实测发电和动力集合预报的关系推导出来的),但是发电集合预报和输入气象集合预报一样是未经校准的,它们通常是欠离散的。上一节或 Wilks(2018,第3章)中提出的类似方法,可用于校准这些功率输出集合预测,下面我们介绍考虑风电特定属性潜在的参数化和非参数化的后处理方法。

风电功率的非齐次回归方法

虽然类似于式(9.35)~式(9.37)的非齐次回归尚未明确用于发电,但此类参数方法很容易使用。唯一的困难是找到一个适当的响应分布,该分布应考虑到风电的有界范围、0发电量的高次数以及风力发电的异方差性(即低功率和高功率值的低方差和中间值的高方差)。在时间序列模型方面,Pinson(2012)提出使用广义对数正态分布来对发电量进行归一化处理:

$$\hat{f}_{t+k|t}(y) = \frac{1}{\sigma\sqrt{2\pi}}\frac{\nu}{y(1-y^\nu)}\exp\left[-\frac{1}{2}\left\{\frac{\gamma(y,\nu) - \mu_{t+k|t}}{\sigma_{t+k|t}}\right\}^2\right], \qquad y \in (0,1) \tag{9.40}$$

分布参数为 $\mu_{t+k|t}, \sigma_{t+k|t}$,且 $\nu > 0$ 并有:

$$\gamma(y,\nu) = \log\left(\frac{y^\nu}{1-y^\nu}\right) \tag{9.41}$$

图9.8显示了对于不同 $u_{t+k|t}$ 值,具有 $\nu = 1$ 和 $\sigma_{t+k|t} = 0.65$ 的广义对数正态概率密度函数。广义对数正态分布在 $0 \sim 1$ 之间,虽然尺度参数 $\sigma_{t+k|t}$ 相等,但中间功率值的方差比低、高功率值的方差大,这很好地反映了风电数据的异方差性。

遗憾的是,广义对数正态分布仅定义在 $(0,1)$ 上,尽管通常有一些观测值正好为 0 或 1。为了解释这些功率值,Pinson(2012)提出使用删失广义对数正态分布:

$$y_t = \begin{cases} \xi & y_t \leqslant \xi \\ y_t & \xi < y_t < 1-\xi \\ 1-\xi & y_t \geqslant 1-\xi \end{cases} \tag{9.42}$$

其中,ξ 是测量精度的量级,即 $\xi \leqslant 10^{-2}$。

采用删失广义对数正态分布对风电集合进行后处理时,其分布参数可以与集合均值 $\hat{y}_{t+k|t}$ 和集合标准差 $r_{t+k|t}$ 相关,类似于式(9.35)和(9.36)中的定义:

$$\mu_{t+k|t} = \boldsymbol{\beta}^{\mathsf{T}}\boldsymbol{x}_{t+k|t} \tag{9.43}$$

$$\log(\sigma_{t+k|t}) = \boldsymbol{\gamma}^{\mathsf{T}}\boldsymbol{z}_{t+k|t} \tag{9.44}$$

$\boldsymbol{x}_{t+k|t} = [1, \hat{y}_{t+k|t}]^{\mathsf{T}}$,和 $\boldsymbol{z}_{t+k|t} = [1, r_{r+k|t}]^{\mathsf{T}}$,$\hat{y}_{t+k|t}$ 和 $r_{t+k|t}$ 分别为发电集合均值和标准差。$\boldsymbol{\beta} =$

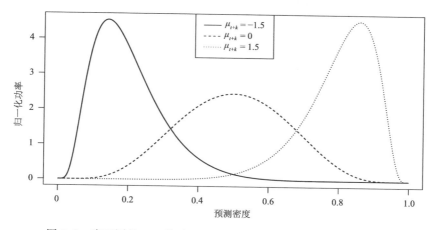

图 9.8　当不同的 u_{t+k} 值时，$\nu=1$ 和 $\sigma_{t+k}=0.65$ 的对数正态分布

$[\beta_0,\beta_1]^\top$ 和 $\boldsymbol{\gamma}=[\gamma_0,\gamma_1]^\top$ 和 ν 的系数可以用极大似然估计：

$$
\begin{aligned}
[\hat{\boldsymbol{\beta}}^\top,\hat{\boldsymbol{\gamma}}^\top,\nu]^\top = &\operatorname*{argmax}_{[\boldsymbol{\beta}^\top,\boldsymbol{\gamma}^\top,\nu]^\top}\sum_{t=1}^{T}\{I(\xi<y_t<1-\xi)\log[f_{t|t-k}(y_t,)]\\
&+I(y_t\leqslant\xi)\log[F_{t|t-k}(\xi)]+I(y_t\geqslant1-\xi)\log[1-F_{t|t-k}(1-\xi)]\}
\end{aligned}
\tag{9.45}
$$

其中，$F_{t+k|t}(\xi)$ 是对数正态分布的累积分布函数，分布参数为 $\mu_{t+k|t}$、$\sigma_{t+k|k}$ 和 ν。

自适应核敷料法

Pinson 等（2009）提出用核平滑方法从风电预测集合中推导预测分布，该方法类似于第 3.3 节中 Wilks（2018）描述的方法，预测分布 $f_{t+k|t}(y)$ 为：

$$
f_{t+k|t}(y)=\sum_{j=1}^{J}w_j\phi\left(\frac{y-\hat{y}_{t+k|t}^{(j)}}{\sigma_{t,k}^{(j)}}\right)
\tag{9.46}
$$

其中，w_j 为集合成员的权重，$\phi()$ 表示标准正态分布，用作核函数，$\sigma_{t,k}^{(j)}$ 为核带宽，每个集合成员 j 和时间 t 的预测结果可能不同。风力发电的一个重要特点是，它的预测不确定性在低值和高值时较低，而在功率曲线的中间区间则较高。为了考虑这一特征，用（归一化）集合预测 $\hat{y}_{t+k|t}^{(j)}$ 的逻辑函数模拟带宽：

$$
\sigma_{t,k}^{(j)}=a_{t,k}+b_{t,k}(1-\hat{y}_{t+k|t}^{(j)})\hat{y}_{t+k|t}^{(j)}
\tag{9.47}
$$

如图 9.9（底部图）所示，中间值具有宽核，较低和较高的集合预报具有更尖锐的核的预报分布。此外，图 9.9 中上面的一行是对一个 48 h 50 个成员集合预报个例的核敷料法。

为了充分说明这个模型，必须估计参数 $a_{t,k}$、$b_{t,k}$ 和 w_j。为简单起见，并且由于输入的气象集合预报可能无论如何也无法区分，因此通常应给予所有成员以同等的权重。因此，将 w_j 设定为 $w_j=1/J$。正如指数已经表明的那样，假设参数 $a_{t,k}$ 和 $b_{t,k}$ 在时间上也是（缓慢）变化的，例如由于季节变化。与第 9.3.3 节类似，尽管是在最大似然估计的框架内，指数加权可以用来赋予最近数据以更多的权重。函数表示为：

$$
[\hat{a}_{t,k},\hat{b}_{t,k}]^\top=\operatorname*{argmin}_{[a_{t,k},b_{t,k}]^\top}-\frac{1}{n_\lambda}\sum_{t=1}^{T}\lambda^{T-t}\log[f_{t+k|t}(y_t;a_{t,k},b_{t,k})]
\tag{9.48}
$$

其中，$\lambda<1$ 为遗忘因子，通常接近于 1，n_λ 为等效窗口大小，即 $n_\lambda=(1-\lambda)^{-1}$。

然后可用类似于第 9.3.3 节的方式进行递归估计。这里给出了获得递归更新公式的主要

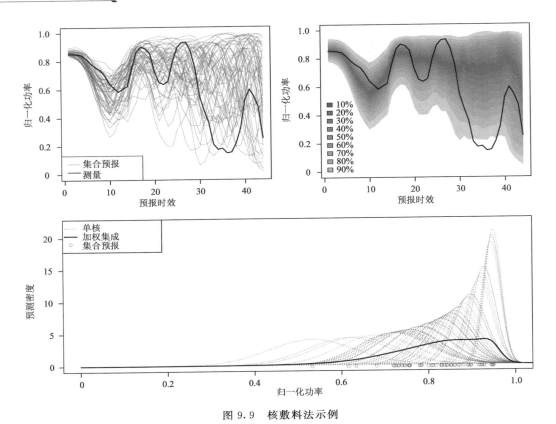

图 9.9　核敷料法示例

（左上：48 h 50 个成员集合预测（灰色线）和相应的测量（黑色线）。右上：从核敷料法得到的预测分布。
底图：预报时效 $k=18$ 的高斯核敷料法和加权集成预报）

步骤，关于实现的完整细节可在 Pinson 等（2009）的研究中找到。在此之前，进行变量变换是
有益的，因为均值—方差模型的参数 $a_{t,k}$ 和 $b_{t,k}$ 需要严格为正，而使它们分别低于最大值 $\overline{a_{t,k}}$ 和
$\overline{b_{t,k}}$ 可能是有利的。逻辑转换产生了可以自由优化的变量，而不是需要限定在一定范围内的原
始变量。这将导出：

$$a_{t,k}^{*} = \log\left(\frac{a_{t,k}}{\overline{a_{t,k}} - a_{t,k}}\right), \qquad b_{t,k}^{*} = \log\left(\frac{b_{t,k}}{\overline{b_{t,k}} - b_{t,k}}\right) \tag{9.49}$$

原始参数可以通过应用逆变换来获得。

最后，通过定义信息向量

$$\boldsymbol{h}_{t,k} = \frac{\nabla f_{t+k\,|\,t}(y_t; a_{t,k}, b_{t,k})}{f_{t+k\,|\,t}(y_t; a_{t,k}, b_{t,k})} \tag{9.50}$$

和 $\boldsymbol{R}_{t,k}$ 求得其协方差矩阵的估计，得到 t 时刻更新估计的最终两步方案：

$$[\hat{a}_{t,k}^{*}, \hat{b}_{t,k}^{*}]^{\mathsf{T}} = [\hat{a}_{t-1,k}^{*}, \hat{b}_{t-1,k}^{*}]^{\mathsf{T}} + \frac{1}{n_{\lambda}} \boldsymbol{R}_{t,k}^{-1} \boldsymbol{h}_{t,k} \tag{9.51}$$

$$\boldsymbol{R}_{t,k} = \lambda \boldsymbol{R}_{t-1,k} + \frac{1}{n_{\lambda}} \boldsymbol{h}_{t,k} \boldsymbol{h}_{t,k}^{\mathsf{T}} \tag{9.52}$$

此递归学习方案的初始化与前面描述的递归最小二乘类型方法实现方法是一样的。

9.4.3 风功率的直接校准

与将预测模型分解为校准和转换步骤不同,还可以将这两个步骤结合起来,使用一个气象预测模型作为输入,并将校准后的发电预测分布作为输出。因此,这些模型必须对集合进行校准,并考虑到风和发电量的非线性关系。

据我们所知,目前还没有明确将直接校准方法应用于集合预测的文献。然而,特别是基于确定性预测的分位数回归在产生概率性风力发电预测方面非常受欢迎,并且很容易扩展到集合预测。

分位数回归(Koenker et al. , 1978)是由 Bremnes(2004a)引入风力发电预测的,而且一直是产生风力发电概率预测的常用模型。它可以被看作是第 9.3 节功率曲线模型的非参数化概率扩展,其中导出的不是发电量的期望值,而是预测的分位数。因此,Bremnes(2004a)模型与式(9.4)~式(9.9)类似,将具有超越概率 q_j 的预测分位数 $y_{t,k}^{(q_j)}$ 用局部多项式函数模拟:

$$y_{t,k}^{(q_j)} = \boldsymbol{\alpha}_{i,k}^{\mathsf{T}} \boldsymbol{x}_{t+k}, \qquad t = 1, \cdots, T \tag{9.53}$$

其中模型系数的向量 $\boldsymbol{\alpha}_{i,j} = \begin{bmatrix} \alpha_{i,j,0} & \alpha_{i,j,1} & \cdots & \alpha_{i,j,L} \end{bmatrix}^{\mathsf{T}}$ 和解释变量的向量 $\boldsymbol{x}_{t+k} = \begin{bmatrix} 1 & (\hat{u}_{t+k|t} - u_i) & \cdots & (\hat{u}_{t+k|t} - u_i)^L \end{bmatrix}^{\mathsf{T}}$ 形成 L 次多项式。

类似于第 9.3.2 节的局部多项式回归模型,用式(9.54)估计每个所需分位数 $y_{t,k}^{(q_j)}$ 的模型系数,但对每个所需四分位数概率(q_j)使用损失函数式(9.55)而不是二次损失函数。

$$\hat{\boldsymbol{\alpha}}_{i,j} = \underset{\alpha_{i,j}}{\operatorname{argmin}} \sum_{t=1}^{T} w_{t,i} \rho_{qj}(y_{t+k} - \boldsymbol{\alpha}_{i,j}^{\mathsf{T}} \boldsymbol{x}_{t+k}) \tag{9.54}$$

$$\rho_{qj}(\epsilon) = \begin{cases} \epsilon q_j & \epsilon \geqslant 0 \\ \epsilon(1 - q_j) & \epsilon < 0 \end{cases} \tag{9.55}$$

为了求解式(9.54),通常将其重新表述为线性规划问题。关于估计过程的细节可以在 Koenker 等(1994)中找到,R 编程语言软件包 **quantreg** 中有各种实现细节(Koenker,2017)。图 9.10 显示了第 9.3 节试验模型数据集的中位数和四分位数。

Möller 等(2008)利用与第 9.3.3 节模型类似的考虑,提出了一种递归和时间自适应的估计方法,使模型能够适应风力预测和发电量关系的缓慢变化。作为一种替代局部多项式回归的方法,Nielsen 等(2006)提出了使用带有样条基函数的加性分位数回归模型,来模拟输入风力预测与输出发电量分位数的非线性关系。

虽然大多数风电预测研究只使用确定性预测作为输入,但分位数回归模型可以很容易地扩展到集合预测。一种直接的方法是用集合预测的各自经验四分位数 $\hat{u}_{t+k|t}^{(q_j)}$ 替换 $\boldsymbol{x}_{t+k}$ 中的 $\hat{u}_{t+k|t}$:

$$\boldsymbol{x}_{t+k} = \begin{bmatrix} 1 & (\hat{u}_{t+k|t}^{(q_j)} - u_i) & \cdots & (\hat{u}_{t+k|t}^{(q_j)} - u_i)^L \end{bmatrix}^{\mathsf{T}} \tag{9.56}$$

或者,可以在 $\boldsymbol{x}_{t+k}$ 中组合多个集合分位数(如十分位数),类似于 Bremnes(2004b)或 Bentzien 等(2012)的研究。然而,由于这些分位数通常高度相关,过拟合可能成为一个问题,因此,应考虑诸如 LASSO 法(Ben Bouallègue,2017;Tibshirani,1996)等正则化方法。

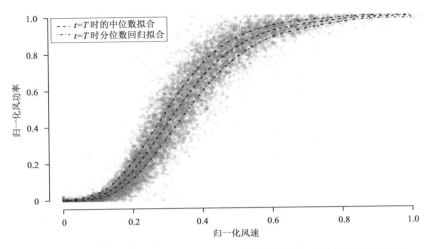

图 9.10　风力发电转换过程的局部多项式分位数回归拟合经验数据示例

9.5　结论与展望

　　本章的目的是概述可再生能源应用的气象集合预测后处理,因为从气象变量到电力生产的转换具有非线性、有界性和非平稳性特征。即使集中讨论了风力发电的应用,其他类型的可再生能源发电(主要是太阳能和波浪能)的应用和方法在本质上是类似的。尤其是,我们强调了气象变量到电力转换的模型不应该在普通的最小二乘估计框架中获得,因为这种方法忽略了预测气象预报的固有误差,从而影响模型拟合过程。在本例中,我们在总体最小二乘法框架中描述了一种实用方法,使我们能获得这些转换模型的主曲线。

　　同时,根据用户需要的预测产品的类型,其他预测校准方法可能被认为是最合适的。即使全参数化的方法或分位数回归可能表现出一些优势,但核敷料法仍被广泛使用。当预测用户需要未来发电的替代轨迹,而不是每个预报时效的(相关)预测密度时,逐个集合成员校准也是一个很好的选择。事实上,产生预测密度的校准方法的一个缺点是,它们可能无法代表原始集合预测所描述的时间相关结构。集合 copula 耦合(Schefzik et al.,2013)、Schaake 洗牌法(Clark et al.,2004)以及 Schefzik 等(2018)中描述的其他方法都是保留这种相关结构的可能途径。未来的工作重点应该是更好地利用这些气象集合预测中的完整信息,不仅在时间相关性方面,而且有可能通过使用更广泛的气象变量输入及其相互相关关系以及空间相关关系方面进行研究。此外,极端事件会导致发电机组或电力系统的成本非常高甚至发生故障,像 Friederichs 等(2018)那样关注这些极端事件也是有价值的。

9.6　附录：风功率转换模拟数据

我们的试验模型示例采用了半人工数据集的形式，尽管我们随后添加了噪声，并通过模拟功率曲线将风转换为电能，但从某种意义上说，它依赖于风电场气象桅杆的实际风速测量。我们假设了风速测量是无噪声的，这些真实的风力数据来自于北日德兰半岛一个名为 Klim 的 21 MW 风力发电场，位于北欧最著名的风帆冲浪和风筝冲浪场地 Klitmøller 附近。在任何时刻，都存在一个非线性的有界功率曲线函数，它将风力转化为风电功率。对于给定的时刻 t，风功率曲线是：

$$y_t = g_t(u_t), \qquad \forall t \tag{9.57}$$

为此，我们只考虑风速的影响。空气密度的差异也会轻微影响风电功率的转换，但不考虑这些差异。它也是非平稳的，因此证明了功率曲线模型 g 使用时间指数 t 的合理性。这种非稳态行为转化为一种假设，即由于季节性影响和风电场环境的变化，功率曲线在时间上是缓慢变化的。风力涡轮机或风电场的功率曲线用双指数函数建模为：

$$g_t(u_t) = \exp(-\tau_{t,1}\exp(-\tau_{t,2}u_t)), \qquad \forall t \tag{9.58}$$

在任意时刻 t 其形状完全由两个参数 $\boldsymbol{\tau}_t^{\mathsf{T}} = [\tau_{t,1}, \tau_{t,2}]$ 控制。让我们假设在 $T = 10000$ 个时间步长的时间段内，参数从 $\boldsymbol{\tau}_1^{\mathsf{T}} = [8, 7]$ 到 $\boldsymbol{\tau}_T^{\mathsf{T}} = [11, 9]$，在这段时间开始和结束得到的功率曲线如图 9.1 所示。可以很容易地看到，这种转换是非线性和有界的，而且是非平稳的。说明了这样一个事实：在理想情况下，所有这些方面都应该在风电功率转换模型中和在集合预测的后处理中共同考虑。

在实践中，正确的风电功率转换模型是未知的，必须根据现有数据进行估计。这些数据通常包括风力预测和功率观测。因此，它是对每个预报时效 k 的风速预测和观测到的风力发电量的关系建模的，而不是风速测量和发电量的实际关系。因此，与其直接使用式(9.57)中的模型，不如将需要估计的功率曲线模型改为：

$$y_{t+k} = g_{t,k}(\hat{u}_{t+k\,|\,t}), \qquad \forall t, k \tag{9.59}$$

首先，为了表示功率曲线模型是用于将风力预测转换为功率，而不是风力测量，我们在 Klim 风电场的风速数据中添加噪声，以表示预测和观测的差异：

$$\hat{u}_{t+k|t} = u_{t+k}(1 + \eta\epsilon_{t+k}), \qquad t+k \in [1, T] \tag{9.60}$$

其中，ϵ_{t+k} 是标准高斯噪声，$\epsilon_{t+k} \sim \mathcal{N}(0,1)$，在上式中，噪声与风速大小成线性比例关系（系数为 η），这表示预测低风速可能比预测高风速更容易。尽管对我们的目标来说已经足够了，但这可能过于简单。如果要考虑更复杂的关系，可以考虑时变噪声以及若干噪声成分等。同时，为了得到风电场产生的功率值，我们将两种不同类型的噪声分量加入到风转功率的直接转换中 $y_{t+k} = g_{t,k}(u_{t+k})$。我们在这里使用时间指数 $t+k$ 来与前面的风预报的预报时效 k 保持一致。噪声观测功率 $\tilde{y}_{t+k}$ 由下式给出：

$$\tilde{y}_{t+k} = g_{t,k}(u_{t+k}) + \zeta_{t+k} + \xi_{t+k}\mathcal{I}_{t+k}, \qquad t+k \in [1, T] \tag{9.61}$$

第一噪声分量 ζ_{t+k} 是均值为 0 的加性高斯噪声,其标准差 σ_{t+k}^{ζ} 是功率大小的函数,即:

$$\zeta_{t+k} \sim \mathcal{N}(0, \sigma_{t+k}^{\zeta 2}), \quad \sigma_{t+k}^{\zeta} = \nu_0^{\zeta} + 4 y_{t+k}(1 - y_{t+k}) \nu_1^{\zeta}, \quad t + k \in [1, T] \quad (9.62)$$

这是测量过程中的永久性噪声,我们假设它直接受功率曲线的局部斜率的影响,因此证明了所选择的反 U-型函数的合理性。第二分量 ξ_{t+k} 是基于类似类型的高斯噪声的一个脉冲噪声,即:

$$\xi_{t+k} \sim \mathcal{N}(0, \sigma_{t+k}^{\xi 2}), \quad \sigma_{t+k}^{\xi} = \nu_0^{\xi} + 4 y_{t+k}(1 - y_{t+k}) \nu_1^{\xi}, \quad t + k \in [1, T] \quad (9.63)$$

除了它只在随机时间加入,取决于二进制序列 $\{\mathcal{I}_{t+k}\}$,该序列是由一个成功概率 π_{ξ} 的伯努利过程的连续得到的。这个变量可以被重新解释为被脉冲噪声损坏的数据的比例,它模拟了功率观测中异常值的存在。不在[0,1]范围内的模拟功率数据四舍五入到最接近的边界。

图 9.2 显示了一个给定噪声参数集的功率曲线示例。对于风速噪声,我们有 $\eta = 0.07$,而对于应用于功率变量的噪声,参数为 $\nu_0^{\zeta} = 0.01$, $\nu_1^{\zeta} = 0.09$, $\nu_0^{\xi} = 0.07$, $\nu_1^{\xi} = 0.15$,同时 $\pi_{\xi} = 0.02$ 。

参考文献

Andrade J R, Bessa R J, 2017. Improving renewable energy forecasting with a grid of numerical weather predictions. IEEE Transactions on Sustainable Energy, 8, 1571-1580.

Bacher P, Madsen H, Nielsen H A, 2009. Online short-term solar power forecasting. Solar Energy, 83, 1772-1783.

Baran S, 2014. Probabilistic wind speed forecasting using Bayesian model averaging with truncated normal components. Computational Statistics and Data Analysis, 75, 227-238.

Ben Bouallègue Z, 2017. Statistical postprocessing of ensemble global radiation forecasts with penalized quantile regression. Meteorologische Zeitschrift, 26, 253-264.

Bentzien S, Friederichs P, 2012. Generating and calibrating probabilistic quantitative precipitation forecasts from the high-resolution NWP model COSMO-DE. Weather and Forecasting, 27, 988-1002.

Bessa R, Möhrlen C, Fundel V, et al, 2017. Towards improved understanding of the applicability of uncertainty forecasts in the electric power industry. Energies, 10, Article No. 1402.

Bremnes J B, 2004a. Probabilistic wind power forecasts using local quantile regression. Wind Energy, 7, 4 7-54.

Bremnes J B, 2004b. Probabilistic forecasts of precipitation in terms of quantiles using NWP model output. Monthly Weather Review, 132, 338-347.

Clark M, Gangopadhyay S, Hay L, et al, 2004. The Schaake shuffle: A method for reconstructing space-time variability in forecasted precipitation and temperature fields. Journal of Hydrometeorology, 5, 243-262.

Cleveland W, Develin S, 1988. Locally weighted regression: an approach to regression analysis by local fitting. Journal of the American Statistical Association, 83, 596-610.

Cutler N, Outhred H, MacGill I, et al, 2009. Characterizing future large, rapid changes in aggregated wind power using numerical weather prediction spatial fields. Wind Energy, 12, 542-555.

de Groen P, 1996. An introduction to total least squares. Nieuw Archief voor Wiskunde Vierde Series, 14, 237-253.

Dowell J, Pinson P, 2016. Very-short-term probabilistic wind power forecasts by sparse vector autoregression. IEEE Transactions on Smart Grid, 7, 480-489.

Eckel F A，Allen M S，Sittel M S，2012. Estimation of ambiguity in ensemble forecasts. Weather and Forecasting，27，50-69.

Friederichs P，Wahl S，Buschow S，2018. Postprocessing for extreme events // Vannitsem S，Wilks D S，Messner J W. Statistical Postprocessing of Ensemble Forecasts. Elsevier Chapt. 4.

Golub G H，Van Loan C F，1980. An analysis of the total least squares problem. SIAM Journal of Numerical Analysis，17，883-893.

Golub G H，Van Loan C F，1996. Matrix Computations. Baltimore：John Hopkins University Press.

Härdle W，1990. Applied Nonparametric Regression. New York：Cambridge University Press.

Hastie T，Stuetzle W，1989. Principal curves. Journal of the American Statistical Association，84，502-516.

Hastie T，Tibshirani R，1993. Varying-coefficient models. Journal of the Royal Statistical Society B，55，757-796.

Hyndman R，1996. Computing and graphing highest density regions. The American Statistician，50，120-126.

International Renewable Energy Agency，2017. Rethinking energy 2017. http://www. irena. org/ DocumentDownloads/Publications/IRENA_REthinking_Energy_2017. pdf

Kariniotakis G，2017. Renewable Energy Forecasting：From Models to Applications. Duxford，United Kingdom：Elsevier.

Koenker R W，2017. quantreg：Quantile regression. R package version 5. 33. https://CRAN. R-project. org/ package＝quantreg（Accessed 10 October 2017）.

Koenker R，Bassett B，1978. Regression quantiles. Econometrica，46，3 3-49.

Koenker R，d'Orey，1994. Computing regression quantiles. Applied Statistics，43，410-414.

Messner J W，Zeileis A，Bröcker J，et al，2013. Probabilistic wind power forecasts with an inverse power curve transformation and censored regression. Wind Energy，17，1753-1766.

Møller J，Nielsen H，Madsen H，2008. Time-adaptive quantile regression. Computational Statistics and Data Analysis，52，1292-1303.

Morales J，Conejo A，Madsen H，et al，2014. Integrating Renewables in Electricity Markets：Operational Problems. New York：Springer Verlag.

Nelder J，Mead R，1965. A simplex method for function minimization. Computer Journal，7，308-313.

Nielsen H A，Madsen H，Nielsen T S，2006. Using quantile regression to extend an existing wind power forecasting system with probabilistic forecasts. Wind Energy，9，9 5-108.

Nielsen H A，Nielsen T S，Joensen A，et al，2000. Tracking time-varying-coefficient functions. International Journal of Adaptive Control and Signal Processing，14，813-828.

Pinson P，2012. Very-short-term probabilistic forecasting of wind power with generalized logit-normal distributions. Journal of the Royal Statistical Society C，61，555-576.

Pinson P，Nielsen H A，Madsen H，et al，2008. Local linear regression with adaptive orthogonal fitting for the wind power application. Statistics and Computing，18，59-71.

Pinson P，Madsen H，2009. Ensemble-based probabilistic forecasting at Horns Rev. Wind Energy，12，137-155.

Renewable Energy Policy Network for the 21st Century. Renewables 2017-Global status report. http://www. ren21. net/wp-content/uploads/2017/06/GSR2017_Full-Report. pdf（Accessed 10 October 2017）.

Schefzik R，Möller A，2018. Multivariate ensemble postprocessing // Vannitsem S，Wilks D，Messner J. Statistical Postprocessing of Ensemble Forecasts. Elsevier. Chapt. 4.

Schefzik R，Thorarinsdottir T，Gneiting T，2013. Uncertainty quantification in complex simulation models using ensemble copula coupling. Statistical Science，28，616-640.

Tastu J，Pinson P，Trombe P J，et al，2011. Probabilistic forecasts of wind power generation accounting for geographically dispersed information. IEEE Transactions on Smart Grid，5，480-489.

Taylor J，McSharry P，Buizza R，2009. Wind power density forecasting using ensemble predictions and time series models. IEEE Transactions on Energy Conversion，24，775-782.

Thorarinsdottir T，Gneiting T，2010. Probabilistic forecasts of wind speed：Ensemble model output statistics by using heteroscedastic censored regression. Journal of the Royal Statistical Society A，173，371-388.

Tibshirani R，1992. Principal curves revisited. Statistics and Computing，2，183-190.

Tibshirani R，1996. Regression shrinkage and selection via the lasso. Journal of the Royal Statistical Society B，58，267-288.

Troccoli A，Dubus L，Haupt S，2014. Weather Matters for Energy. Springer Verlag：New York.

Wilks D S，2018. Univariate ensemble postprocessing // Vannitsem S，Wilks D S，Messner J W. Statistical Postprocessing of Ensemble Forecasts. Elsevier. Chapt. 3.

Zhang Y，Wang J，Wang X，2014. Review on probabilistic forecasting of wind power generation. Renewable and Sustainable Energy Reviews，32，255-270.

第 10 章
长期预报的后处理

Bert Van Schaeybroeck, Stéphane Vannitsem
比利时布鲁塞尔,比利时皇家气象研究所

10.1　引言

　　几十年来,由于能源、健康预防、农业或洪水和干旱管理等社会部门对长期预报的大量需求(Ogallo et al.,2008),超过 2 周的中期预报已经引起了气候和天气学界的注意(Royer,1993;Shukla,1981)。许多天气和气候中心已经实施了业务运行的长期集合预报系统,根据世界气象组织(WMO)的标准,长期预报可长达 2 a。在本章中,所考虑的预报时效包括月、季、年际和年代际的时间尺度,所有这些都被称为“长期”。

　　超过中期预报范围,由于初始不确定性的增长而产生的不可预报成分或天气噪声就会变得很大(Royer,1993)。因此预报本质上必须是概率性的,这可以通过使用集合预报来实现。然而,预报技巧有不同的来源。对月和季节预报来说,模式良好的初始化(尽可能接近观测值)所带来的附加值已经得到了证实(Doblas-Reyes et al.,2013a,2013b)。对于年代际尺度,初始化的好处就不那么明显了,因为当内部产生的变率得到适当的采样时(Deser et al.,2014),初始化预报显示出与预报信号来自外强迫的气候预估存在着重要的相似性 (Branstator et al.,2012;Meehl et al.,2014)。

　　大气长期可预报性的来源通常与低频变化(Low-Frequency Variability,LFV)的不同模态有关。人们期望,如果模式能够再现这些现象,那么就有可能预报它们。众所周知的内部变率的低频模态包括厄尔尼诺—南方涛动(El Niño Southern Oscillation,ENSO)、季风雨、平流层爆发性增温、马登—朱利安振荡(Madden Julian Oscillation,MJO)、印度洋偶极子、北大西洋涛动(North Atlantic Oscillation,NAO)和太平洋/北美型(Pacific/North American,PNA)遥相关,其时间尺度跨越几个月到几十年不等(Hoskins,2013)。大气中 LFV 的物理起源是深入研究的主题,通常源于与气候系统的其他组成部分,特别是与海洋的相互作用。ENSO 是热带太平洋海洋和大气相互作用的最重要例子,它导致热带大气的预报技巧延长到 1 a (Hoskins,2013)。在副热带地区,不同气候模式的分析揭示了(潜在)可预报性的时间范围要短得多,通常认为与 ENSO 等热带变率模态的遥相关密切相关。

　　尽管在气候模式的发展上投入了相当大的努力,但与观测数据相比仍然存在许多的偏差(Randall et al.,2007)。这些偏差主要与动力学地球系统模式(Earth System Models,ESM)中气候动力学的粗糙表达导致的重要模式误差有关。使用后处理技术可以部分消除模式误差对预报的影响(Vannitsem et al.,2008),因此,这是气候模式预报体系中的一个关键步骤。

　　本章将重点讨论长期预报范围内气候模式输出后处理所面临的困难,以及在此背景下为订正模式场而采取的具体技术。虽然气候模式的统计降尺度的具体问题与统计后处理密切相关,但是鉴于 Benestad 等(2008)、Maraun 等(2010,2018)提供的全面总结,我们在此将不讨论气候模式的统计降尺度问题。

　　第 10.2 节将专门讨论后处理方法用于订正长期预报时的一系列困难和问题,第 10.3 节将介绍通常所说的后处理的经典统计框架。第 10.4 节中将介绍多模式组合,也称为集成(consolidation),并在第 10.5 节中将其直接扩展到概率预报。第 10.6 节将讨论漂移和趋势的订正方法,第 10.7 节讨论了通常用于长期预报的集合膨胀(ensemble inflation)方法,以及最近讨论的用于短期预报的替代方法(Van Schaeybroeck et al.,2015),然后第 10.8 节在一个理想低阶模式的背景下对这两种方法进行了比较。第 10.9 节介绍了在实际的长期预报环境中的应用,第 10.10 节是结论。

10.2　长期预报面临的困难和问题

正如本书中详细讨论的那样,集合预报的后处理技术依赖于足够多的过去预报和高质量的观测,以便进行统计推断。长期预报的后处理面临着与该约束条件相关的一系列困难。具体而言:

样本量小:随着卫星时代的到来,可靠的观测数据集在 1980 年左右才开始。季节预报的检验通常是针对每个季节单独进行的,因此检验数据集很少超过 30 个样本,导致检验评分存在高度不确定性(Kumar,2009)。订正更进一步将随机误差与系统误差分开以订正后者。除非应用的后处理方法非常简单,否则小的样本量可能会引起过拟合(Kharin et al.,2003;Mason,2012)。

模式集成不足:原则上说,必须有一整套独立的长期预报的再预报或大集合的回报,以便:①对自然内部变率进行适当地采样,②减少预报检验评分的不确定性,③确定可以进行校准的系统预报误差。请注意这些系统性误差一般取决于初始季节和预报时效。然而这样的大型训练数据集大多是缺乏的,原因如下:首先,如前所述,只有少数的观测实况可以用于与实时预报相同的设置和质量来初始化动力学模式;其次,由于使用耦合的 ESMs,它包括了大气、海洋、海冰、雪盖和陆地表面(土壤水分)动力学模式,其中,每一个模式都有不同的特征时间尺度,因此长期预报模式的集合在计算上非常昂贵;最后,应该对模式的这些不同组成部分实施初始化方案。众所周知,实施初始化可能会给可预报性带来益处(Carrassiet al.,2016;Doblas-Reyes et al.,2013a,2013b;Prodhomme et al.,2016a,2016b),因此需要另一个级别的计算机能力。

大的自然内部可变性:长期预报要么是基于单模式,要么基于每个集合成员从一个不同初始条件开始的多模式集合。其目的是对自然内部可变性和模式的不确定性进行采样。在这种情况下,通常将信息内容总结为简单的预报输出,如集合平均或加权的多模式集合平均。分类概率预报也常由气候中位数或百分位点值的集合超越频率来发布(Kharin et al.,2003;Ogallo et al.,2008),这些方法没有充分利用集合预报,而且目前还不清楚集合离散度是否是不确定性的一个很好的度量指标。全集合后处理技术最近才被引入到长期预报中(Eadeet al.,2014;Johnson et al.,2009;Krikken et al.,2016),并且到目前为止只应用于单一模式的集合。

滤波的必要性:由于小尺度过程(包括深对流发展等)的快速演变,大气场的瞬时值和空间局部值迅速失去可预报性。为了减少它们的影响,除了采用集合平均外还需要进行空间和/或时间滤波(Buizza et al.,2015;Nicolis,2016;Smith et al.,2015;Weisheimer et al.,2014)。

滤波可以通过简单的平均或通过一定的统计技术来完成,如典型相关分析(CCA)或经验正交函数(EOF)(Benestadet al.,2008;Van den Dool,2007)。滤波量的一个常见例子是 Niño 3.4 指数,它是热带太平洋一个地区月时间尺度上的海温平均值。

模式漂移和强迫敏感性:预报通常被初始化使之尽可能地接近观测值。ESMs 通常在与这些模式的慢变分量相关的时间尺度上漂移到它们自己的吸引子(Kharin et al.,2012),这种漂移会大幅度影响预报的质量。假定每个预报时效的预报误差具有平稳性,该假设在短期到年度的预报范围内可接受。然而在年代际尺度上,模式和观测对人为强迫因子和自然强迫因子的敏感性可能不同,这种趋势上的不匹配使漂移订正变得很复杂(见第10.6节)。

模式强迫:天气预报的技巧主要来自初始条件。而长期预报的(潜在的)技巧主要来自气候系统组成部分的边界强迫,其中最重要的是海洋和冰冻圈强迫、温室气体和气溶胶浓度的变率、太阳变率和火山爆发。这些强迫的不确定性也大幅度影响预报结果。

距平的使用:由于模式存在较大的偏差,距平值能够传递重要的信息。在选择定义距平的参考标准(时段)时必须谨慎,结果和可再现性可能在很大程度上取决于此。一般来说,较短的参考时段会导致人为地高估技巧(Murphy,1990)。非0趋势也可能出现在参考时段,并可能导致虚假的相关(Mason,2012)。是否以及如何去除变量中的趋势增加了额外的复杂性。最后,不同参考时段的使用也使模式间的比较变得更复杂。

缺乏离散度—误差关系:在季节预报中,集合用于提供对预报均值的更好估计,而集合离散度通常不会提供除气候变率之外更多有用的不确定性信息(Kumar et al.,2000;Tippett et al,2004)。

观测的不确定性:与全球尺度观测数据集相关的不确定性很大。更具体地说,尽管存在覆盖整个20世纪的全球尺度观测或再分析数据集,但由于观测可用性的可变性,其不确定性取决于所考虑的年代。此外,观测数据集的质量取决于所考虑的位置和变量(Massonnet et al.,2016)。例如,来自全球数据集的局地降水估计量彼此之间差异很大,特别是对于早期历史时期或地面测量稀疏的区域。在预报检验中纳入观测的不确定性及其时空相关性(Bowler et al.,2015;Ebertet al.,2013)和后处理共同构成了一个重要挑战。

10.3 后处理的统计学框架

10.3.1 统计学假设

如前所述,长期预报旨在预报低频信号,假设所考虑的变量在信号和噪声之间有明显的分离。如 Murphy(1990)、Kharin 等(2002)、Siegert 等(2016)以及其引用参考文献中介绍了这种线性的"信号加噪声"模型。更具体地说,在每个 t 时刻,变量 y_t 可以写为:

$$y_t = m_y + s_t + \varepsilon_t \tag{10.1}$$

其中,m_y 是观测值 y_t 的平均值,s_t 是预报信号,ε_t 是噪声,至少在所考虑的时间尺度上,ε_t 被

认为与预报信号 (s_t) 独立且在时间上不相关。式(10.1)代表低频信号和随机背景天气噪声存在明显时间尺度分离的强统计假设,这一假设虽然有用但相当严格,因为气候波动作为所考虑的时间尺度的函数显示出非常复杂的统计特性(Lovejoy,2015),具体为,它表明系统是稳定的、不会经历突然的变化。如果预计有多个稳定的平稳状态或分岔,就必须放宽后一个假设,例如萨赫勒地区的降水机制(Demarée et al.,1990)、温盐环流或黑潮(Dijkstra et al.,2005)。另一个重要的假设是,噪声与预报信号无关,事实是这一假设经常被否定,例如,已知的热带降水的变率随 ENSO 的相位变化。

在式(10.1)的简单框架内,由于噪声项被平均,对 y_t 的多次预报结果进行平均可以非常有效地提取信号,这种平均可以用模式预报的平均值来近似。如 Doblas-Reyes 等(2005)的文章及其引用文献所示,尽管这个方案非常简单,但事实证明当来自不同模式的多个模式集合可用时,它是非常有效的。多模式集合在减少模式的系统误差和提供可靠的热带地区季节预报方面极具竞争力。这些研究人员还指出,线性后处理为副热带地区提供了良好的结果。

后处理的目的是提高预报的质量。从这个意义上说,它与预报检验密切相关。Mason(2012)针对长期预报详细讨论了什么是好的预报这一问题,一个有技巧的预报意味着它比其他预报更好。然而,很难提供气候预报的实际可预报性技巧的证据。为此,人们引入了潜在可预报性概念,它衡量了完美 ESM 中存在的可预报性极限(Boer,2000)。该方法包括用同一模式进行多次试验,并对一些技巧的指标进行估计。集合均值的变率与集合离散度的比值有时被认为是信噪比的估计值。

然而,即使最初对观测的不确定性进行了可靠的抽样,由于模式误差的存在,观测不能视为集合中的随机成员,因此,集合预报通常也是不可靠的。这意味着在不同情况下信噪比不存在上限,也不能代表真正的可预报性,如 Kumar 等(2014)所示,信噪比可能会因模式而异。例如,对于欠离散的集合,信噪比可能导致模式可预报性低于实际可预报性(Kumar et al.,2014;Siegert et al.,2016)。

Eade 等(2014)引入了可预报分量比率(Ratio of Predictable Components,RPC),将实际的可预报分量与预报分量进行比较。实际的可预报分量是未知的,因此用观测值和集合均值的相关来近似,而预报的可预报分量是集合成员与集合均值的相关。这两者的比率为:

$$RPC = \frac{r_{y,\bar{x}}}{s_{\bar{x}}/s_x} \tag{10.2}$$

其中,$r_{y,\bar{x}}$ 是观测值和集合均值的皮尔逊相关系数,而 s_x 和 $s_{\bar{x}}$ 分别是所有汇总的预报(包括所有集合成员)的标准差和集合均值的标准差。对于完美的模式和可靠的初始集合分布,除了由于有限的集合成员数而进行的订正之外,RPC 应该等于 1(Siegert et al.,2016)。

式(10.2)也被 Eade 等(2014)用作订正长期集合预报的代价函数,但这种方法等同于 Doblas-Reyes 等(2005)、Weigel 等(2009)以及 Johnson 等(2009)中介绍的保留观测值和集合均值相关的方法,这将在第 10.6 节中讨论。除了上述涉及实际可预报分量的近似外,还有一些众所周知的与皮尔逊相关系数 $(r_{y,\bar{x}})$ 作为检验指标有关的问题(Déqué,2012;Mason,2012),包括对少数极值的强敏感性。在使用预报和观测的小数据集时,这些问题甚至更为重要。因此,必须注意在最优化 RPC 作为校准方法时,不能考虑与评分本身相关的不确定性。

10.3.2 长期预报的可靠性

如前所述,长期预报是基于集合预报的,因此可靠性成为长期预报的一个核心特征。可以区分不同类型的可靠性,这些可靠性对长期预报很重要。首先,当所有集合预报(包括所有集合成员)的变率(s_x^2)与观测变率(s_y^2)相匹配时,就满足了气候可靠性(climatological reliability),即:

$$s_x^2 = s_y^2 \tag{10.3}$$

请注意,一般来说,这些气候量可能取决于气候强迫,这种影响对年代际预报可能很重要。其次,可以定义两种类型的集合可靠性。其中一种定义为集合均值的误差平方的平均和集合方差的平均相等(Johnson et al.,2009;Van Schaeybroeck et al.,2013,2015):

$$\langle (\overline{x}_t - y_t)^2 \rangle_t = \langle s_t^2 \rangle_t \tag{10.4}$$

这里 $\langle \cdot \rangle_t$ 表示所有数据点(结果)的平均值,$\overline{x}_t$ 为集合均值,y_t 是相应的观测值,s_t^2 是时刻 t 预报的集合方差。然而集合离散度和误差可能具有很强的区域相关性,我们必须避免过分强调最大误差或离散度。因此,应该引入一个更通用的集合可靠性或集合校准的概念,称为强集合可靠性(Strong Ensemble Reliability,SER)。当 χ^2/N 值(即集合均值的标准化均方误差(MSE))等于 1 时,该条件得到满足。利用相应预报的集合方差(s_t^2)来进行标准化。因此,SER 的条件为:

$$\chi^2/N = \left\langle \left[\frac{\overline{x}_t - y_t}{s_t} \right]^2 \right\rangle_t = 1 \tag{10.5}$$

如 Candille 等(2007)所述,χ^2/N 值也被称为简化的中心随机变量(Reduced Centered Random Variable,RCRV)。集合可靠性的这些概念为集合预报的基本评估提供了一个有用的框架,然而它们并没有涵盖集合可靠性的所有方面。例如,可靠性图已被用于从不同的角度评估季节(Weisheimer et al.,2014)和年代际预报(Corti et al.,2012)。

然而,中短期预报系统通常会通过产生成员过度一致(离散度较小)的集合预报从而低估了实际的不确定性,而长期预报的集合成员则经常产生不够一致或过于离散的集合预报(Eade et al.,2014;Kumar et al.,2014;Siegert et al.,2016)。Ho 等(2013)基于初始化预报和历史气候模拟(前工业化时期未初始化)的集合,研究了不同时间范围海面温度集合可靠性的满足情况。在 2 a 的预报时效内,初始化的集合成员预报总体上过于一致,因此不可靠,而预报时效超过 2 a 后,集合主要是过度离散的。在这种情况下,集合可靠性的缺乏是由于气候模式的潜在可变性不足而导致的气候可靠性的缺乏。由于预报时效较长时气候可靠性和集合可靠性缺乏相关,因此二者成为等价条件。

第 10.7 节讨论了上述可靠性条件在长期预报校准中的应用。

10.4 多模式的组合或集成

多模式组合或集成已被设计用来改进季节、年际和年代际的预报。为此目的开发的方法有着悠久的历史(Doblas-Reyes et al.，2005；Feddersen et al.，1999；Kharin et al.，2002；Krishnamurti et al.，1999；Van den Dool et al.，1994)。主要方法包括通过组合多个模式构建一个新的"确定性"预报。一般是利用不同模式解决方案之间的线性关系来完成的，或者使用单个模式的集合平均值，或者使用所有成员。考虑 M 个模式，其中模式 i 的预报为 x_i，这样集合后的预报是：

$$x_C = a_0 + \sum_{i=1}^{M} a_i x_i \tag{10.6}$$

其中，x_C 是订正后的预报，x_i 是单个模式的解，a_0 和 a_i 是一组 $M+1$ 个参数等，可以通过最小化代价函数来确定，通常是订正后的预报和观测之间的均方差。为了简化订正方案，可以对权重附加额外的约束，如 Kharin 等(2002)所述，他们的研究表明，一个非常有竞争力的、减少误差方差的方法包括在校正所有联合模式的偏差后对每个模式进行相同的加权。更具体地说，取 $a_i = 1/M$ 和 $a_0 = \overline{y} - (1/M)\sum_{i=1}^{M} \overline{x_i}$，其中 $\overline{y}$ 是观测值的气候平均，得到偏差订正后的多模式集合平均值：

$$x_{C,EM} = \overline{y} + \frac{1}{M}\sum_{i=1}^{M}(x_i - \overline{x_i}) \tag{10.7}$$

他们还发现，除了热带地区的大规模集合外，通常最好的方法是将 $x_{C,EM}$ 与观测进行回归，例如 $a_i = a = \mathrm{Cov}(x_{C,EM}, y)/[M\mathrm{Var}(x_{C,EM})]$ 和 $a_0 = \overline{y} - a\sum_{i=1}^{M}\overline{x_i}$ 使得：

$$x_{C,A} = \overline{y} + \frac{\mathrm{Cov}(x_{C,EM}, y)}{[M\mathrm{Var}(x_{C,EM})]}\sum_{i=1}^{M}(x_i - \overline{x_i}) \tag{10.8}$$

其中，Cov 和 Var 是通常的协方差和方差。

Casanova 等(2009)研究表明，基于每个成员的技巧表现对不同成员进行加权，与 Raftery 等(2005)提出的贝叶斯模型平均法(BMA)一样好甚至更好，Wilks(2018，第 3 章)对此进行了详细讨论。当然，这意味着可以使用一组过去的预报来构建每个集合成员的技巧评分。

Pena 等(2008)也将技巧加权方法与 Van den Dool 等(1994)使用的岭回归技术进行了比较，DelSole(2007)在贝叶斯框架下很好地推广了这种方法。在这种情况下，参数 $\boldsymbol{a} = (a_1, \cdots, a_M)$ 是通过最小化代价函数 $\mathfrak{J}$ 得到的，该代价函数还包括拉格朗日乘子乘以一些约束，这些约束典型的形式为：

$$\mathfrak{J} = (\boldsymbol{y} - \boldsymbol{Ba})^{\mathrm{T}}(\boldsymbol{y} - \boldsymbol{Ba}) + \lambda f(\boldsymbol{a}) \tag{10.9}$$

其中，$\boldsymbol{y}$ 是一个包含观测值时间序列的向量，$\boldsymbol{B}$ 是一个大小为 $N \times P$ 的矩阵，列出了 P 个预报因子的时间序列；λ 是拉格朗日乘子，$f(\boldsymbol{a})$ 是当参数设为 0 时对参数附加的约束。DelSole (2007)讨论了几个具体的函数 $f(\boldsymbol{a})$，特别是 $f(\boldsymbol{a}) = (\boldsymbol{a} - 1/M)^{\mathrm{T}}(\boldsymbol{a} - 1/M)$，这意味着只要 λ 足够大，估计值应该接近简单的多模式平均值。

Pena 等(2008)比较了构建多模式集成的主要方法，以及在只有少量训练数据集的情况下稳定权重的不同策略。所提出的策略包括：①删除差的或冗余的模式版本；②通过使用几个接近的网格点来增加训练规模；③对每个模式版本的所有集合成员拟合相同的权重(而不是只使用每个模式版本的集合均值)。他们研究的一个重要发现是，当回报训练数据集较小时(在他们的例子中为 21 a)，等权重法(式(10.7))或基于技巧评分的方法(式(10.8))是最佳方法。他们进一步主张增加回报和集合成员的数量，以提高权重估计的稳定性。

在文献中可以找到的对多模式集合成员进行加权的不同建议中,简单的多模式平均法提供了一种稳健的方法,特别是在训练样本较少的情况下。

10.5 使用多模式进行概率预报

第 10.4 节中讨论的集合方法产生了一个单一的一致预报。这种操作虽然在平均掉部分模式的不确定性方面非常有用,但未充分利用集合中存在的所有潜在信息,特别是在评估这种一致预报的不确定性方面,还开发了从多模式集合中构建概率预报的方法,并提供了额外的信息(Doblas-Reyes et al.,2005;Hagedorn et al.,2005;Kharin et al.,2003;Rajagopalan et al.,2002;Smith et al.,2015;Weigel et al.,2008)。

基于多个模式构建概率预报的最简单方法是将来自不同模式的所有集合成员汇集在一起(Hagedorn et al.,2005)。考虑具有不同集合大小的 M 个(成员数为 $m_1,\cdots,m_M$)不同的预报模式,概率预报离散化为 K 个类别(或级别),对于模式 $j=1,\cdots,M$ 和类别 $k=1,\cdots,K$ 来说,这些类别发生的频率可以定义为 $f_{j,k}=W_{k,j}/m_j$,其中 $W_{k,j}$ 是模式 j 在类别 k 的集合成员的数量。该方法估计 k 类别事件的发生概率为:

$$f_k^p = \frac{\sum_{j=1}^M W_{k,j}}{\sum_{j=1}^M m_j} \tag{10.10}$$

作为替代方案,Rajagopalan 等(2002)提出了一个贝叶斯框架用于评估季节时间尺度上的分类预报信息内容。它包括建立一个加权和的形式(Weigel et al.,2008):

$$f_k^w = a_0 p_k + \sum_{j=1}^M \frac{a_j W_{k,j}}{m_j} \tag{10.11}$$

其中,p_k 被认为是附加潜在模式的气候预报,而 a_j($j=1,\cdots,M$)是为每个模式分别确定的权重。a_j($j=0,1,\cdots,M$)通过最大化下面的似然函数得到:

$$\mathcal{L}(a_0,\cdots,a_M) = \prod_{t=1}^n f_{k(y_t)}^w \tag{10.12}$$

其中,n 为预报结果的数量,$k(y_t)$ 为时刻 t 观测类别。Rajagopalan 等(2002)、Robertson 等(2004)以及 Weigel 等(2008)对这两种方法进行了比较,结果表明加权和(式(10.11))的方法通常比简单的平均频率更好。此外,Weigel 等(2008)指出在他们的理想框架中,当概率预报欠离散时,多模式方法比只选择最佳模式的预报要好。

DelSole 等(2014)提出了一种确定预报集成是否明显优于单个预测的方法。该方法区分了集合平均与模式集成带来的技巧提高,在他们的例子中揭示了模式集成是迄今为止最突出的技巧来源。

10.6   漂移和趋势订正技术

最常见的预报初始化是通过全场初始化完成的,即接近实际观测状态。然而一般来说,这种状态与模式的吸引子相去甚远。因此,预报将松弛或向这个吸引子漂移。对于长期预报,松弛的时间尺度延伸到模式最长的时间尺度(即与海洋动力学相对应的时间尺度)。因此,通常进行简单的与预报时效相关的漂移订正。对于预报时效为 ℓ 的原始预报 $x_\tau(\ell)$,在时刻 τ 处进行初始化。那么最简单的漂移订正为:

$$x_{C,\tau}(\ell) = \alpha_d(\ell) + x_\tau(\ell) \tag{10.13}$$

其中,$\alpha_d(\ell) = \overline{y} - m_x(\ell)$,$\overline{y}$ 和 $m_x(\ell)$ 分别是观测和模式的气候均值。需要说明的是,该订正既适用于单个集合成员,也适用于集合平均。这种方法已经用于季节(Boer,2009)和年代际(Fyfe et al.,2011;Kharin et al.,2012)全球平均温度预报订正。不仅如此,这些参考文献中还将其方法扩展到漂移订正之外,并且还应用了趋势订正,这是必要的,因为应在对人为强迫和自然强迫的响应中,模式与现实之间并不匹配。

为了引入趋势订正,必须对模式和观测对这些强迫的敏感性做出假设。下面列出的方法是(大致)基于 Kharin 等(2012)的工作,他们视线性行为是时间 t 的函数:

$$x_t = \mu_x + tL_x + \varepsilon_{x,t} \tag{10.14}$$

$$y_t = \mu_y + tL_y + \varepsilon_{y,t} \tag{10.15}$$

其中,L_x 和 L_y 是气候趋势,ε 代表内部变率,气候趋势可以通过最小二乘回归得到。然而,只有在没有模式漂移的情况下,即在足够长的预报时效之后才能获得模式趋势。因此,通常从工业化前时期初始化的历史气候模拟中得出。那么应用于预报时效 ℓ 的预报 $x_\tau(\ell)$ 并在时刻 τ 初始化的最简单趋势修正定义为:

$$x_{C,\tau}(\ell) = G[\ell + \tau] + x_\tau(\ell) \tag{10.16}$$

其中,函数 $G[\ell + \tau]$ 量化了模式的气候平均值和观测平均值在时刻 $\ell + \tau$ 的距离:

$$G[\ell + \tau] = \mu_y - \mu_x + (\ell + \tau)(L_y - L_x) \tag{10.17}$$

这种订正方法在用于所谓的"距平初始化"进行长期预报是有用的,其中初始状态是叠加在模式平均气候上的观测距平值。以这种方式,模式状态保持接近它自身的吸引子,从而防止在较短预报时效内发生冲击。

另外,当使用全场初始化时,式(10.16)的订正方法没有考虑漂移订正。简单地加上式(10.13)的漂移订正会导致订正不足,因为漂移和趋势订正存在重要的相互作用。更具体地说,长期趋势的不匹配意味着初始化状态(通常接近观测的吸引子)与模式吸引子之间的"距离"取决于初始化日期。正是这个距离通常决定了漂移,也就是收敛到模式吸引子的时间和轨迹。在实际应用中,这意味着同时订正漂移和趋势取决于预报时效和初始化时间的拟合参数,因此增加了过拟合的风险。Kharin 等(2012)通过假设模式漂移呈指数衰减来减少拟合参数的数量。提出的订正公式为:

$$x_{C,\tau}(\ell) = G[\ell + \tau] - G[\tau]\mathrm{e}^{-\ell/\lambda} + x_\tau \tag{10.18}$$

请注意,在初始化时,订正预报和原始预报是一致的,而在较长的预报时效($\ell \gg \lambda$),该订正等价于式(10.16)的趋势订正。

在实际应用中,趋势和漂移的联合订正方法(式(10.18))需要在长观测数据集中拟合 μ_y 和 L_y,在历史("未初始化的")气候模拟中拟合 μ_x 和 L_x,最后在初始化的预报中拟合 λ。Kharin 等(2012)将该方法应用于集合平均,并得出结论,他们的趋势调整方法大幅度减少了初始化和未初始化预报的预报误差并提高了预报技巧,特别是对于第一个预报年。

10.7　集合后处理技术

与天气预报相反,只有少量的方法可以订正长期集合预报,包括集合均值及其离散度。20 世纪 90 年代末,人们提出了一种订正长期预报的流行方法,称为方差膨胀法(Doblas-Reyes et al.,2005;Kharin et al.,2003;von Storch,1999;Weigel et al.,2009),这里记为"INFL"方法。假设构建了一个具有 m 个成员的集合来预报真值 y。集合成员 k 的校准如下:

$$x_{C,k} = \overline{y} + \alpha(\overline{x} - m_x) + \beta\,\epsilon_k \tag{10.19}$$

其中,$\overline{y}$ 和 m_x 分别为观测和模式的气候平均值;$\overline{x}$ 为集合均值,$\epsilon_k = x_k - \overline{x}$ 是模式预报的距平;α 和 β 是需要根据观测和模式预报的性质确定的系数。如果要求集合成员和观测的气候方差相同(即 $s_{x_C}^2 = s_y^2$),则使订正的集合均值和观测值的 MSE 最小化,得到

$$\alpha = \frac{r_{y,\overline{x}}\,s_y}{s_{\overline{x}}}$$

$$\beta = \sqrt{1 - r_{y,\overline{x}}}\left(\frac{s_{\overline{x}}}{\overline{s}}\right) \tag{10.20}$$

其中,$r_{y,\overline{x}}$ 是观测值 y 与未订正的集合均值 $\overline{x}$ 的皮尔逊相关系数,$\overline{s}^2$ 是平均的集合方差。正如 Johnson 等(2009)所指出的那样,订正的集合均值与观测值的 MSE 最小化,等于要求新的集合均值与观测值的皮尔逊相关系数,也等于原始集合均值与观测值的相关系数。该方法也等效于 Eade 等(2014)中使用的方法,通过要求式(10.2)中引入的可预报分量分比 RPC $= s_x r_{y,\overline{x}}/s_{\overline{x}}$ 等于 1。正如我们将在下一节中看到的,当"天气噪声"取决于式(10.1)的信号时此方法可能会失败。该方法属于 Wilks(2018,第 3 章)中讨论的逐个成员(MBM)的方法,在本章中将其称为膨胀法(INFL)。

最初为天气预报开发的最先进的集合后处理技术最近在 Krikken 等(2016)的季节预报中得到了应用。在这项工作中,比较了简单的校准方法与基于 5 个成员的单模式北极海冰预报的集合校准方法。所采用的后处理方法为异方差扩展逻辑回归(Messner et al.,2014 第 3.2.4 节;Wilks,2009)。由于模式偏差较大,需要进行额外的订正。这与平均季节循环和向模式吸引子的强漂移有关。由于后处理而增加的预报价值表现在前 3 个月,主要与集合均值订正以及在较小程度上的集合离散度的订正上有关。

同样,在本章后面,为天气预报开发的集合后处理技术将应用于长期预报。正如 Wilks(2018,第 3 章)简述的那样,Best$_{rel}$ 方法通过最大化约束似然函数来订正单个成员(Van

Schaeybroeck et al.，2015）。INFL 和 Best$_{rel}$方法都施加了气候可靠性的约束（见式（10.3）），但是 INFL 使用（简单）集合可靠性（见式（10.4）），而 Best$_{rel}$则采用了 SER（见式（10.5））。另一个本质区别是，对于 INFL 和 Best$_{rel}$方法，订正后的集合离散度分别是原始集合离散度的标量乘法和线性函数。Best$_{rel}$方法产生的概率评分可以与非齐次回归（见第 3 章 3.1 节）相当。此外，研究表明这种简单的回归方法保留了多变量相关性（Schefzik，2017；Van Schaeybroeck et al.，2015）。

正如第 10.2 节所述，由于多种原因，长期预报的校准工作十分复杂，最突出的原因是观测和预报数量较少。因此，在进行超出简单漂移订正的集合后处理时，过拟合是一个关键问题。识别包括与校准的参数估计有关的所有不确定性因素是很有用的。这是在 Siegert 等（2016）基于式（10.1）的线性"信号+噪声"模型中使用全概率贝叶斯方法完成的。

10.8　后处理在理想模式中的应用

为了说明本章概述的方法，我们将使用为理解海洋—大气耦合动力学而开发的降维模式（De Cruz et al.，2016；Vannitsem，2015；Vannitsem et al.，2015），附录（第 10.11 节）对此模式进行了简要描述。大气模式基于定义在两个层上的涡度方程，而海洋模式则由一个均匀层中的简化重力涡度方程来描述，水平场用傅里叶级数展开，并在低波数处截断。该耦合模式由一组（36 个）常微分方程（Ordinary Differential Equations，ODEs）组成，这些方程使用二阶显式数值方案进行时间积分。

对于某些参数范围，模式表现出低频变化（LFV）。用不同的参数对该模式进行了两次90000 d 的积分，这些参数代表了参考或真实的气候轨迹。当海洋和大气的耦合较强时，第一次积分在长时间尺度上（20 a）表现出低频变化（LFV）。对于第二次积分，这种耦合很弱，因此LFV 不存在。其中一个主要变量是大气流函数的最低波数傅里叶模态的系数 $\Psi_{a,1}$，该系数在两种配置中的演变如图 10.1 所示。在图 10.1a 中动力模式在时间上高度不稳定，没有明显的LFV，而在图 10.1b 中存在明显的 LFV。回到式（10.1），图 10.1a 的时间序列似乎符合这个简单的线性方案。图 10.1b 中的序列则显示出"天气"（或噪声）随 LFV 信号变化而明显的改变，这与式（10.1）不一致。正如我们稍后将看到的，这种差异对后处理参数有相当大的影响。这两种配置将分别称为弱（W）耦合解和强（S）耦合解。

10.8.1　试验设置

为了确定后处理对系统的可预报性的影响，我们沿着上述轨迹进行了理想化试验。假设一个模式在有或没有模式误差的情况下由我们控制，并且执行了一组集合预报。参考模式不包括模式误差，其输出表示为 X 并用作"真值"。为了模拟观测误差，沿该轨迹 δX 引入一个小的随机扰动。从这个新的初始条件 $Y = X + \delta X$ 开始，可以进行新的预报。为了进行集合预报，在解 Y 上叠加一个新的随机初始扰动。集合的新初始条件成为 $Z(\ell = 0) = Y + \delta Y$，其中

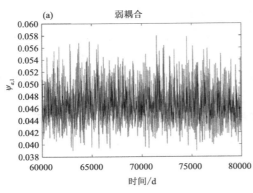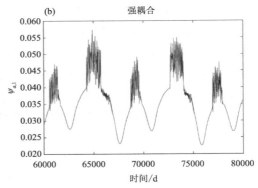

图 10.1　在耦合参数为 $d=10^{-8}$ s^{-1}（弱耦合）(a)和 $d=6\times10^{-8}$ s^{-1}（强耦合）
(b)的耦合海洋—大气模式的两种配置下 $\Psi_{a,1}$ 的时间演变

δY 来自与观测误差相同的分布，这将产生一个完全可靠的初始集合。对于模式的所有变量，扰动都是从 $[-5\times10^{-5},5\times10^{-5}]$ 的均匀分布中采样的。

在这些初始条件误差的基础上，在两个关键参数中引入一部分模式误差：海洋和大气的耦合参数 d ，以及大气中的一个摩擦系数 k（有关模式参数化的更多信息，请参见 Vannitsem 等(2015)）。这两个参数的模式误差分别记为 δd 和 δk 。

生成的集合成员的数量固定为 25，起始日期的数量固定为 1000。将前 500 个集合作为训练数据以求解后处理的参数，后 500 个集合作为测试集以评估预报的质量。为了得到可以用于月、季节和年际预报后处理的月值，在目前的分析中使用的观测值经过了 30.4 d 的平均。

为了对预报进行评估，使用参考模式生成的集合平均值和观测值的 MSE 与集合预报的方差（离散度）一起计算。这些是测试集的 500 个试验的平均值。当系统完全可靠时，MSE 将等于平均集合方差或离散度。这将在不同的模式配置中进行测试。

10.8.2　单模式集合的后处理

下面我们分别使用不同版本的模式进行预报。图 10.2 给出了模式不同配置的 MSE 和平均集合方差：①弱耦合情形（$d=10^{-8}$ s^{-1}）且无模式误差；②具有 $\delta k=0.005$ s^{-1} 的弱耦合情形；③$\delta k=0.005$ s^{-1} 和 $\delta d=2\times10^{-8}$ s^{-1} 的弱耦合情形；④强耦合情形（$d=6\times10^{-8}$ s^{-1}）且无模式误差。图 10.2 不同子图显示的订正方法有膨胀法（INFL）和 Best$_{rel}$ 法，RAW 是指原始预报。

当弱耦合情形不引入模式误差时，基于膨胀法的后处理略微降低了较短预报时效的平均集合方差。当在图 10.2b 和图 10.2c 中引入模式误差时，MSE 和平均集合方差得到了相当大的订正，从而提供了更可靠的预报。

在强海洋—大气耦合的情况下（$d=6\times10^{-8}$ s^{-1}），结果与弱耦合时非常不同，INFL 方法订正导致平均集合方差大幅度减小而 Bestrel 方法则没有。这意味着 INFL 成员的预报现在非常一致（欠发散），也就是说真值大多落在集合之外。这一特点在对于弱耦合（图 10.3a）和强耦合（图 10.3b）的两种具体实现的 INFL 订正预报的对比中得到进一步证实。在后一种情

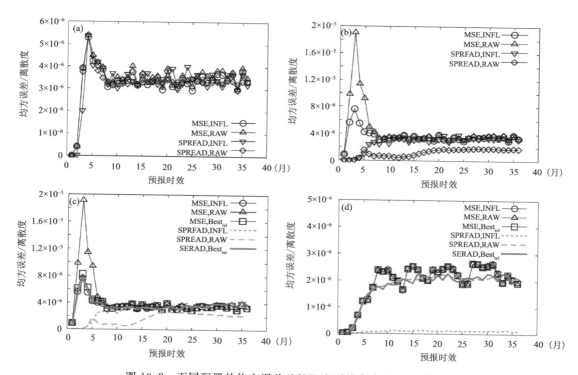

图 10.2　不同配置的均方误差(MSE)和平均集合方差(离散度)

(a)无模式误差的弱耦合情形($d=10^{-8}\,\mathrm{s}^{-1}$);(b)具有 $\delta k=0.005\,\mathrm{s}^{-1}$ 的弱耦合情形;(c)$\delta k=0.005\,\mathrm{s}^{-1}$

和 $\delta d=2\times10^{-8}\,\mathrm{s}^{-1}$ 的弱耦合情形;(d)无模式误差的强耦合情形($d=6\times10^{-8}\,\mathrm{s}^{-1}$)

(在不同的子图中,膨胀法被称为 INFL, RAW 为原始预报,Best$_{\mathrm{rel}}$是 Van Schaeybroeck 等(2015)

检验的最佳 MBM)

况下,真值往往在 INFL 订正的集合成员的集合之外,这意味着集合欠离散。

要理解这一特征,需要回顾在强海洋—大气耦合的情况下,参考或"观测"的变化在时间上是高度不均匀的,具有高混沌期和高稳定期(图 10.1)。在这种情况下,使用 INFL 后处理方法是有害的,这表明后处理方法的参数取决于 LFV 本身。换句话说,式(10.1)中的"天气"分

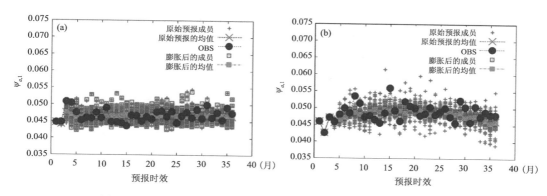

图 10.3　25 个成员的集合预报(a)弱耦合和(b)无模式误差的强耦合

(蓝色圆圈表示观测值,RAW 和 INFL 分别为原始预报和使用膨胀法的订正预报)(见彩图)

量 ε_t 确实取决于信号 s_t,当引入模式误差时(未显示),该特征也会持续存在。

10.8.3　多模式集合的后处理

本节将讨论多模式集合预报后处理。我们将考虑不同版本的模式仅使用的模式参数集而不同。然后建立一个由 4 个不同版本的模式、每个模式具有 25 个成员组成的 100 个成员的大集合。

图 10.4 给出了弱海-气耦合和强海-气耦合的集合预报实例。图 10.4a 显示了弱耦合和 4 个具有 25 个成员的集合预报的结果,这些预报附加了以下模式误差:①$\delta k = 0.005$ s^{-1} 且 $\delta d = 2 \times 10^{-8}$ s^{-1};②$\delta k = 0.001$ s^{-1} 且 $\delta d = 2 \times 10^{-8}$ s^{-1};③$\delta k = 0.005$ s^{-1};和 ④$\delta d = 10^{-8}$ s^{-1}。图 10.4b 是强海-气耦合系统的预报,预报模式具有以下模式误差:①$\delta k = 0.005$ s^{-1} 且 $\delta d = -5 \times 10^{-8}$ s^{-1};②$\delta d = 2 \times 10^{-8}$ s^{-1};③$\delta d = -2 \times 10^{-8}$ s^{-1};和 ④$\delta d = -5 \times 10^{-8}$ s^{-1}。在这两种情况下,原始预报的平均集合方差都很大,而使用 INFL 方法进行后处理时,平均集合方差会显著减小。对于强耦合的情况,平均的集合方差往往太小,以至于集合无法包含真值。这再一次表明,当噪声项的统计特性取决于信号本身时,应该谨慎使用后处理。

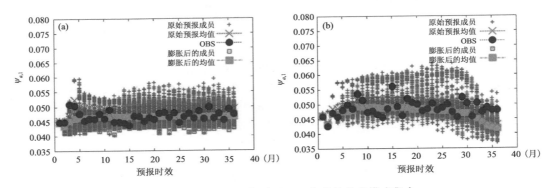

图 10.4　同图 10.3,但对于 100 个成员的多模式集合
(a)为弱耦合和(b)为强耦合(见彩图)

这些结果通过 MSE 和平均集合方差的分析得到了证实。图 10.5a 显示了弱耦合情形下的 MSE 和集合离散度,其中的平均值是对 500 个试验取平均得到。在这里,多模式原始集合的平均集合方差非常大,但通过基于膨胀法的后处理得到了很好的校准。这一结果与图 10.5b 所示的强耦合情形下的结果形成对比,相对于原始集合预报,平均集合方差远大于 MSE,表明集合预报过度离散。膨胀法可以对 MSE 进行订正,但同时也大幅度降低了平均集合方差,集合预报变得欠离散了。

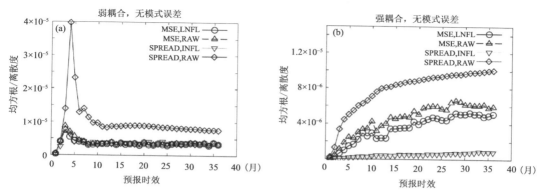

图 10.5　同图 10.4,但对于多模式集合,均方差(MSE)和平均集合方差(或离散度)
(a)为弱耦合($d=10^{-8}$ s^{-1})和(b)为强耦合($d=6\times10^{-8}$ s^{-1})

10.9　一个业务长期预报系统的应用

本节介绍了基于业务预报系统的后处理在 Nino 3.4 指数预报中的应用。该指数是最常用的 ENSO 指数,该指数是热带太平洋($5°$N$-5°$S, $170°-120°$W)区域的平均海表温度。预报时效为 7 个月的月预报来自欧洲中期天气预报中心(ECMWF),更具体地说,是 IFS 系统 4 (Molteni et al., 2011)。1981—2010 年每个月启动的回报数据集补充了 2010—2017 年的业务预报。虽然所有业务运行中集合成员都有 51 个,但对于回报来说,这只是每隔 3 个开始月才会出现一次,而其他月份起始的预报只有 15 个成员。

图 10.6a 显示了原始集合预报的平均误差与 4 个气象季节初始提前月的函数关系。提前 1 个月起报的偏差范围为-0.5 ℃~0.5 ℃,提前 7 个月起报的偏差为负值,范围为-1 ℃~-2 ℃。另外,对于中间提前期,模式漂移与提前期的相关性很大程度取决于初始化的时段,因此,去除偏差的最佳方式可能与季节相关。然而这种方法将可用的训练集减少了 75%,这可能会影响检验评分。图 10.6b 和图 10.6c 显示了两种后处理方法:简单漂移订正(绿线)和集合后处理方法 Best$_{rel}$(红线)的评分。所有的结果都是通过交叉验证获得的,当使用剩余的数据进行训练时,通过迭代分离同一年的所有月份进行评估,不确定区间描述了 95% 的置信区间。

图 10.6b 显示了 CRPS 的概率预报技巧,实线为每个季节分别拟合的校准模式(绿色和红色),而虚线显示了所有季节合并后的结果。与季节相关的校准明显优于与季节无关的校准。即使是提前 7 个月起报,由于对集合离散度的订正,集合订正方法系统地改进了漂移校正。

在图 10.6c 中,通过比较集合平均值(圆圈)和集合标准差(三角形)的 RMSE 来研究集合的可靠性,校准是每个季节分别进行的。与图 10.6b 的结果一致,趋势订正显著地降低了均方根误差(RMSE),这是通过引入集合订正获得的额外改进。从 RMSE 与集合标准差的近似匹配可以看出,经集合订正的集合预报可靠性得到了提高。

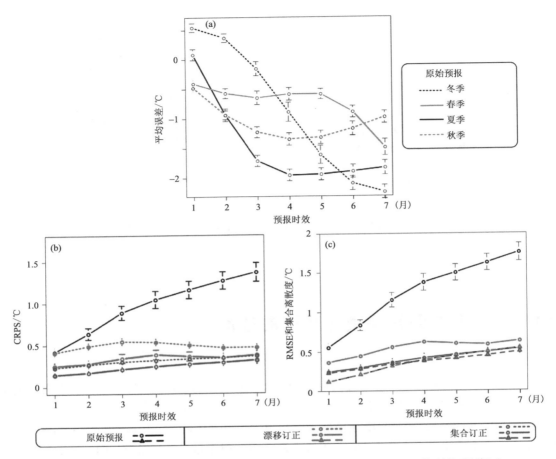

图 10.6　利用 Best$_{rel}$方法分析的 ECMWF IFS 原预报（黑线）、漂移订正的预报（绿线）和
集合订正预报（红线）的预报特征

（a）原始预报相对于不同气象季节预报时效的平均误差或偏差；（b）各预报时效的连续分级概率评分
（CRPS）（绿实线和红实线是使用四个校准获得的，每个季节一个，而虚线是使用一个校准的，使用所有可
用的数据）；（c）各预报时效的 RMSE（圆圈）和集合标准差（三角形）（不确定区间描述了假定误差统计量遵
从正态分布的 95 ％置信区间）（见彩图）

10.10　结论

一方面，有许多因素使长期预报的检验很复杂，其中最突出的是观测和预报的数量很少，
这些因素也会对后处理产生影响。另一方面，由于模式的偏差较大，长期预报的增加值往往只
能在预报校准后才能看到。虽然漂移订正的性能到目前为止是标准的，但直到最近才表明集
合订正技术能够改进这些预报。尽管如此，我们仍然需要一种完全概率的后处理方法，并且应
该进一步加以细化（Siegertet al.，2016）。

为了评估在季、年际和年代际预报背景下开发的 MBM 方法的能力,已经在一个低阶耦合海洋—大气系统背景下进行了理想化的试验。进行了两组试验,一组进行单模式集合预报,另一组进行多模式集合预报。分析了两种技术,第 1 种是 von Storch(1999)最初提出,后经Kharin 等(2002)、Doblas-Reyes 等(2005)、Johnson 等(2009)、Weigel 等(2009)、Eade 等(2014)和 Siegert 等(2016)进一步阐述的膨胀法;第 2 种是由 Van Schaeybroeck 等(2015)提出的 MBM 方法。这两种方法的一个区别在于最小化的代价函数:前者基于对观测值和订正预报值的 MSE 进行最小化(Johnson et al.,2009),后者采用 SER 约束的最小化,其中考虑了原始集合预报的单个离散度。这种方法称为 Best$_{rel}$。结果表明,当式(10.1)中的"天气噪声"ε_t 的性质与信号 s_t 本身相关时,第 2 种方法在订正集合方面表现得更好。

由于单模式和多模式的长期预报中集合成员的数量有限,像本书不同章节中讨论的概率方法很少适用(对于一些例外请参阅 Krikken 等(2016)和 Siegert 等(2016))。如今越来越多的长期预报得到实施,为应用基于分布的方法开辟了可能性,这种方法也可以与本章讨论的MBM 方法相提并论。

10.11　附录:理想模式

为了说明问题,我们将使用一个为理解海洋-大气耦合动力学而开发的模式(De Cruz et al.,2016;Vannitsem,2015;Vannitsem et al.,2015)。

基于涡度方程的大气模式为:

$$\frac{\partial q}{\partial t} + (\boldsymbol{v} \cdot \nabla)q = F \tag{10.21}$$

其中,

$$q = \nabla^2 \boldsymbol{\Psi} + f + f_0^2 \frac{\partial}{\partial p} \sigma^{-1} \frac{\partial \boldsymbol{\Psi}}{\partial p} \tag{10.22}$$

其中,$\boldsymbol{\Psi}$ 是流函数,f_0 是在中纬度估计的科里奥利力的主要贡献,比如 φ_0、σ、静力稳定参数,$v = (-\frac{\partial \boldsymbol{\Psi}}{\partial y}, \frac{\partial \boldsymbol{\Psi}}{\partial x})$ 是无辐散水平速度场,F 包含所有耗散项和强迫项。这个涡度方程是在两个叠加的大气层(比如说 1 层和 2 层)中定义的,这构成了所谓的斜压不稳定发展的最小代表,而斜压不稳定是中纬度天气变化的主要来源。

局限于单一均匀层的海洋动力学方程是以涡度方程(10.21)为基础的,其位涡量由下式给出:

$$q = \nabla^2 \boldsymbol{\Psi} + \beta y + \frac{1}{L_d^2} \boldsymbol{\Psi} \tag{10.23}$$

其中,在纬度为 φ_0 处的 $\beta = \mathrm{d}f/\mathrm{d}y$,$L_d$ 是一个涉及水层深度、科里奥利参数和重力加速度的典型空间尺度。

最后,将海洋中温度的平流方程作为一个被动标量纳入模式:

$$\frac{\partial T_o}{\partial t} + (\boldsymbol{v}_o \cdot \nabla)T_o = -\lambda(T_o - T_a) + E_R(t) \tag{10.24}$$

其中，v_0 是（非辐散的）海洋速度，$E_R(t)$ 是海洋中的辐射输入，$-\lambda(T_0 - T_a)$ 是海洋和大气的热交换。有关模式方程和参数的更多细节请参见 Vannitsem 等（2015）和 Vannitsem（2015）。

在围绕参考空间的平均温度对温度方程进行线性化之后，所有的方程都投影到一组与边界条件一致的傅里叶模态上。对于无量纲方程，投影采用通常的标量积来完成。

$$\langle f, g \rangle = \frac{n}{2\pi^2} \int_0^\pi \int_0^{2\pi/n} fg \, \mathrm{d}x' \mathrm{d}y' \tag{10.25}$$

该海洋模式由 8 个海洋内部动力学常微分方程（ODE）、1 个空间平均海洋温度方程和 6 个海洋温度距平场方程组成。此外，还得到了大气的 20 个常微分方程（ODE）：10 个正压流函数场 $(\Psi_1 + \Psi_2)/2$ 和 10 个斜压流函数场 $(\Psi_1 - \Psi_2)/2$。还推导了空间平均温度的一个附加方程。这些构成了一组 36 个常微分方程（ODE），这在 Vannitsem（2015）的附录中有完整的描述。

致谢

这项工作得到了 ERA4CS 项目 MEDSCOPE 的部分支持。MEDSCOPE 项目是由 JPI Climate 发起、欧盟共同资助的 ERA-NET 项目 ERA4CS 的一部分（批准号为 690462）。非常感谢审稿人 Emmanuel Roulin 和编辑们的有益评论。

参考文献

Benestad R E，Hanssen-Bauer I，Chen D，2008. Empirical-Statistical Downscaling. World Scientific Publishing Co Inc.

Boer G，2000. A study of atmosphere-ocean predictability on long time scales. Climate Dynamics，16，469-477.

Boer G，2009. Climate trends in a seasonal forecasting system. Atmosphere-Ocean，47，123-138.

Bowler N，Cullen M，Piccolo C，2015. Verification against perturbed analyses and observations. Nonlinear Processes in Geophysics，22，403-411.

Branstator G，Teng H，2012. Potential impact of initialization on decadal predictions as assessed for CMIP5 models. Geophysical Research Letters，39，GL051974.

Buizza R，Leutbecher M，2015. The forecast skill horizon. Quarterly Journal of the Royal Meteorological Society，141，3366-3382.

Candille G，Côté C，Houtekamer P L，et al，2007. Verification of an ensemble prediction system against observations. Monthly Weather Review，135，2688-2699.

Carrassi A，Guemas V，Doblas-Reyes F，et al，2016. Sources of skill in near-term climate prediction：Generating initial conditions. Climate Dynamics，47，3693-3712.

Casanova S，Ahrens B，2009. On the weighting of multi-model ensembles in seasonal and short-range weather forecasting. Monthly Weather Review，137，3811-3822.

Corti S，Weisheimer A，Palmer T，et al，2012. Reliability of decadal predictions. Geophysical Research Letters，39，GL053354.

De Cruz L，Demaeyer J，Vannitsem S，2016. The modular arbitrary-order ocean-atmosphere model：MAOOAM V1.0. Geoscientific Model Development，9，2793-2808.

DelSole T，2007. A Bayesian framework for multi-model regression. Journal of Climate，20，2810-2826.

DelSole T, Nattala J, Tippett M K, 2014. Skill improvement from increased ensemble size and model diversity. Geophysical Research Letters, 41, 7331-7342.

Demarée G, Nicolis C, 1990. Onset of Sahelian drought viewed as a fluctuation-induced transition. Quarterly Journal of the Royal Meteorological Society, 116, 221-238.

Déqué M, 2012. Deterministic forecasts of continuous variables//Jolliffe I T, Stephenson D S. Forecast Verification: A Practitioner's Guide in Atmospheric Science. 2nd ed. Chichester, UK: John Wiley & Sons, Ltd, 77-94.

Deser C, Phillips A S, Alexander M A, et al, 2014. Projecting North American climate over the next 50 years: Uncertainty due to internal variability. Journal of Climate, 27, 2271-2296.

Dijkstra H A, Ghil M, 2005. Low-frequency variability of the large-scale ocean circulation: A dynamical systems approach. Reviews of Geophysics, 43, RG000122.

Doblas-Reyes F, Andreu-Burillo I, Chikamoto Y, et al, 2013a. Initialized near-term regional climate change prediction. Nature Communications, 4, 1715.

Doblas-Reyes F, Garc ia-Serrano J, Lienert F, et al, 2013b. Seasonal climate predictability and forecasting: Status and prospects. Wiley Interdisciplinary Reviews: Climate Change, 4, 245-268.

Doblas-Reyes F, Hagedorn R, Palmer T, 2005. The rationale behind the success of multi-model ensembles in seasonal forecasting. II. Calibration and combination. Tellus A, 57, 234-252.

Eade R, Smith D, Scaife A, et al, 2014. Do seasonal-to-decadal climate predictions underestimate the predictability of the real world? Geophysical Research Letters, 41, 5620-5628.

Ebert E, Wilson L, Weigel A, et al, 2013. Progress and challenges in forecast verification. Meteorological Applications, 20, 130-139.

Feddersen H, Navarra A, Ward M N, 1999. Reduction of model systematic error by statistical correction for dynamical seasonal predictions. Journal of Climate, 12, 1974-1989.

Fyfe J, Merryfield W, Kharin V, et al, 2011. Skillful predictions of decadal trends in global mean surface temperature. Geophysical Research Letters, 38, GL049508.

Hagedorn R, Doblas-Reyes F, Palmer T, 2005. The rationale behind the success of multi-model ensembles in seasonal forecasting. I. Basic concept. Tellus A, 57, 219-233.

Ho C K, Hawkins E, Shaffrey L, et al, 2013. Examining reliability of seasonal to decadal sea surface temperature forecasts: The role of ensemble dispersion. Geophysical Research Letters, 40, 5770-5775.

Hoskins B, 2013. The potential for skill across the range of the seamless weather-climate prediction problem: A stimulus for our science. Quarterly Journal of the Royal Meteorological Society, 139, 573-584.

Johnson C, Bowler N, 2009. On the reliability and calibration of ensemble forecasts. Monthly Weather Review, 137, 1717-1720.

Kharin V, Boer G, Merryfield W, et al, 2012. Statistical adjustment of decadal predictions in a changing climate. Geophysical Research Letters, 39, GL052647.

Kharin V V, Zwiers F W, 2002. Climate predictions with multi-model ensembles. Journal of Climate, 15, 793-799.

Kharin V V, Zwiers F W, 2003. Improved seasonal probability forecasts. Journal of Climate, 16, 1684-1701.

Krikken F, Schmeits M, Vlot W, et al, 2016. Skill improvement of dynamical seasonal arctic sea ice forecasts. Geophysical Research Letters, 43, 5124-5132.

Krishnamurti T, Kishtawal C, LaRow T E, et al, 1999. Improved weather and seasonal climate forecasts from multi-model superensemble. Science, 285, 1548-1550.

Kumar A, 2009. Finite samples and uncertainty estimates for skill measures for seasonal prediction. Monthly

Weather Review，137，2622-2631.

Kumar A，Barnston A G，Peng P，et al，2000. Changes in the spread of the variability of the seasonal mean atmospheric states associated with ENSO. Journal of Climate，13，3139-3151.

Kumar A，Peng P，Chen M，2014. Is there a relationship between potential and actual skill? Monthly Weather Review，142，2220-2227.

Lovejoy S，2015. A voyage through scales，a missing quadrillion and why the climate is not what you expect. Climate Dynamics，44，3187-3210.

Maraun D，Wetterhall F，Ireson A M，et al，2010. Precipitation downscaling under climate change：Recent developments to bridge the gap between dynamical models and the end user. Reviews of Geophysics，48.

Maraun D，Widmann M，2018. Statistical Downscaling and Bias Correction for Climate Research. Cambridge：Cambridge University Press.

Mason S J，2012. Seasonal and longer-range forecasts//Jolliffe I T，Stephenson D S. Forecast Verification：A Practitioner's Guide in Atmospheric Science. 2nd ed. Chichester，UK：John Wiley & Sons，Ltd，203-220.

Massonnet F，Bellprat O，Guemas V，et al，2016. Using climate models to estimate the quality of global observational data sets. Science，354，452-455.

Meehl G A，Goddard L，Boer G，et al，2014. Decadal climate prediction：An update from the trenches. Bulletin of the American Meteorological Society，95，243-267.

Messner J W，Mayr G J，Zeileis A，et al，2014. Heteroscedastic extended logistic regression for postprocessing of ensemble guidance. Monthly Weather Review，142，448-456.

Molteni F，Stockdale T，Balmaseda M，et al，2011. The new ECMWF seasonal forecast system (System 4). European Centre for Medium-range Weather Forecasts.

Murphy J，1990. Assessment of the practical utility of extended range ensemble forecasts. Quarterly Journal of the Royal Meteorological Society，116，8 9-125.

Nicolis C，2016. Error dynamics in extended-range forecasts. Quarterly Journal of the Royal Meteorological Society，142，1222-1231.

Ogallo L，Bessemoulin P，Ceron J P，et al，2008. Adapting to climate variability and change：The climate outlook forum process. Bulletin of the World Meteorological Organization，57，93-102.

Pena M，van den Dool H，2008. Consolidation of multi-model forecasts by ridge regression：Application to Pacific sea surface temperature. Journal of Climate，21，6521-6538.

Prodhomme C，Batté L，Massonnet F，et al，2016a. Benefits of increasing the model resolution for the seasonal forecast quality in EC-earth. Journal of Climate，29，9141-9162.

Prodhomme C，Doblas-Reyes F，Bellprat O，et al，2016b. Impact of land surface initialization on sub-seasonal to seasonal forecasts over Europe. Climate Dynamics，47，919-935.

Raftery A E，Gneiting T，Balabdaoui F，et al，2005. Using Bayesian model averaging to calibrate forecast ensembles. Monthly Weather Review，133，1155-1174.

Rajagopalan B，Lall U，Zebiak S E，2002. Categorical climate forecasts through regularization and optimal combination of multiple GCM ensembles. Monthly Weather Review，130，1792-1811.

Randall D A，Wood R A，Bony S，et al，2007. Climate Models and Their Evaluation//Climate Change 2007：The Physical Science Basis. Contribution of Working Group I to the Fourth Assessment Report of the IPCC (FAR)，Cambridge University Press，589-662.

Robertson A W，Lall U，Zebiak S E，et al，2004. Improved combination of multiple atmospheric GCM ensembles for seasonal prediction. Monthly Weather Review，132，2732-2744.

Royer J F，1993. Review of recent advances in dynamical extended range forecasting for the extratropics//

Shukla J. Prediction of Interannual Climate Variations. Berlin, Heidelberg: Springer, 49-69.

Schefzik R, 2017. Ensemble calibration with preserved correlations: Unifying and comparing ensemble copula coupling and member-by-member postprocessing. Quarterly Journal of the Royal Meteorological Society, 143, 999-1008 17 pp.

Shukla J, 1981. Dynamical predictability of monthly means. Journal of the Atmospheric Sciences, 38, 2547-2572.

Siegert S, Stephenson D B, Sansom P G, et al, 2016. A Bayesian framework for verification and recalibration of ensemble forecasts: How uncertain is NAO predictability?. Journal of Climate, 29, 995-1012.

Smith L A, Du H, Suckling E B, et al, 2015. Probabilistic skill in ensemble seasonal forecasts. Quarterly Journal of the Royal Meteorological Society, 141, 1085-1100.

Tippett M K, Kleeman R, Tang Y, 2004. Measuring the potential utility of seasonal climate predictions. Geophysical Research Letters, 31, L22201.

Van den Dool H, 2007. Empirical Methods in Short-Term Climate Prediction. Oxford: Oxford University Press.

Van den Dool H, Rukhovets L, 1994. On the weights for an ensemble-averaged 6－10-day forecast. Weather and Forecasting, 9, 457-465.

Van Schaeybroeck B, Vannitsem S, 2013. Reliable Probabilities Through Statistical Post-Processing of Ensemble Forecasts // Gilbert T, Kirkilionis M, Nicolis G. Proceedings of the European conference on complex systems 2012, Springer proceedings on complexity, XVI, 347-352.

Van Schaeybroeck B, Vannitsem S, 2015. Ensemble post-processing using member-by-member approaches: Theoretical aspects. Quarterly Journal of the Royal Meteorological Society, 141, 807-818.

Vannitsem S, 2015. The role of the ocean mixed layer on the development of the North Atlantic oscillation: A dynamical systems perspective. Geophysical Research Letters, 42, 8615-8623.

Vannitsem S, Nicolis C, 2008. Dynamical properties of Model Output Statistics forecasts. Monthly Weather Review, 136, 405-419.

Vannitsem S, Demaeyer J, De Cruz L, et al, 2015. Low-frequency variability and heat transport in a low-order nonlinear coupled ocean-atmosphere model. Physica D: Nonlinear Phenomena, 309, 71-85.

Von Storch H, 1999. On the use of inflation in statistical downscaling. Journal of Climate, 12, 3505-3506.

Weigel A P, Liniger M, Appenzeller C, 2008. Can multi-model combination really enhance the prediction skill of probabilistic ensemble forecasts?. Quarterly Journal of the Royal Meteorological Society, 134, 241-260.

Weigel A P, Liniger M A, Appenzeller C, 2009. Seasonal ensemble forecasts: Are recalibrated single models better than multimodels? Monthly Weather Review, 137, 1460-1479.

Weisheimer A, Palmer T, 2014. On the reliability of seasonal climate forecasts. Journal of the Royal Society Interface, 11, 20131162.

Wilks D S, 2009. Extending logistic regression to provide full-probability-distribution MOS forecasts. Meteorological Applications, 16, 361-368.

Wilks D S, 2018. Univariate ensemble postprocessing // Vannitsem S, Wilks D, Messner J. Statistical Post-processing of Ensemble Forecasts. Elsevier,.

第 11 章
用 R 语言进行集合预报后处理

Jakob W. Messner

丹麦孔根斯林格比，丹麦技术大学

11.1　引言

正如本书第 7 章 Hamill(2018)所指出的,计算机软件在集合预报统计后处理的实际应用中发挥着不可或缺的作用。该类计算机软件需要完成的典型任务有数据处理分析、模型拟合、预报生成和可视化及预报效果检验。

R 语言作为一款免费、开源的统计软件和编程语言,它在数据处理、图形绘制、统计建模等方面的方便快捷使得它十分适合在集合后处理中应用。R 语言不依赖于平台且可从 R 语言综合归档网(CRAN[①]上免费下载。此外,R 语言的代码完全开源,这使得修改及扩展其功能变得十分方便。并且有一个庞大且活跃的社群通过大量的附加软件包稳定地扩展其功能,这些包也通过 CRAN 免费共享。

易访问性、开源理念和共享工具也使 R 语言成为可重复研究的理想环境。R 软件最新提供的后处理软件包也明显有助于这些方法的实际应用。此外,大量其他最新统计方法的实现可以鼓励研究人员研究这些后处理方法。

本章对集合后处理中一些重要而有用的 R 语言函数进行简要介绍,给出了 4 个典型后处理实例的代码及结果,包括温度的确定性预报、温度的单变量概率预报、降水的单变量集合后处理以及温度和降水的双变量概率预报。每一个实例都涉及到数据处理、不同后处理模型的拟合、预报以及预报验证和比较。这些代码大部分都有尽量简洁有效的注释,但是仍然需要读者有一些 R 语言的基本知识。关于 R 语言的全面介绍可参见 R Development Core Team(2017),该文献对于 R 语言特定功能的函数有更加详尽的介绍,例如在 R 中可以使用?或者 help( )(如?lm 或 help(lm)都可以查到 lm 函数的帮助部分)。本章仅简要介绍不同的后处理和验证方法。关于这些方法的更多信息,请参阅第 4 章(Schefzik et al.,2018)、第 6 章(Thorarinsdottir et al.,2018)及第 3 章(Wilks,2018)。

本章中的所有示例都是完全可重复的,并在 64 位 Ubuntu Linux 上使用 R 3.4.0 版和所有使用过的 CRAN 软件包的最新版本(2018-01-23)计算的。下面的代码可用于安装这些软件包:

```
R> - install. packages(c("ensemblepp", "ensembleBMA", "crch", "gamlss",
+ "ensembleMOS", "SpecsVerification", "scoringRules", "glmx", "ordinal",
+ "pROC", "mvtnorm"))
```

本章中代码都用打字机字体书写,函数名后面有括号(如:function( )),以及 CRAN 包的链接用 Times New Roman **加粗字体**表示(如:**ensemblepp**)。请注意,软件包的参考文献可以在第 11.7.2 节中查到。所使用的数据集和整个代码的副本可以在 **ensemblepp** 包中查到。

本章内容安排如下:第 11.2 节为温度确定性后处理的简单示例,介绍了 R 语言中统计后处理的典型工作流程。第 11.3 节和第 11.4 节分别给出了温度和降水单变量后处理(Wilks,

---

[①]　http://CRAN. R-project. org/.

2018,第 3 章)和检验(Thorarinsdottir et al.,2018,第 6 章)方法。最后,第 11.5 节将这些例子推广到温度和降水双变量后处理(Schefzik et al.,2018,第 4 章)。

11.2 确定性预报的后处理

Glahn 等(1972)提出了利用模式输出统计(MOS)进行确定性天气预报的后处理,这也是几十年来天气预报中的普遍做法。原则上,在前面章节所述的不同统计集合后处理方法都可以看作是这种基本 MOS 方法的扩展。本节虽然不是严格意义上的集合后处理技术,但采用简单的 MOS 介绍 R 语言后处理的典型工作流程,包括数据准备及统计处理、模型拟合、预报和验证。

11.2.1 数据处理

本节和下一节使用 **ensemblepp** 包中包含的 temp 数据集,该数据集包含集合预报的 18:00 ～30:00 h 最低气温预报及对应的 18:00—06:00 UTC 时次奥地利因斯布鲁克的观测温度数据。该集合预报为 2000 年到 2015 年第二代 GEFS 回报数据集(Hamill et al.,2013)。

该数据集可以利用以下代码加载到 R 语言环境中:

```
R>data("temp", package = "ensemblepp")
```

然后输入命令

```
R>dim(temp)
```

[1] 2749 12

```
R>names(temp)
```

| [1] "temp"   "tempfc. 1" "tempfc. 2" "tempfc. 3" "tempfc. 4" "tempfc. 5"
| [7] "tempfc. 6" "tempfc. 7" "tempfc. 8" "tempfc. 9" "tempfc. 10" "tempfc. 11"

由上述命令可以看出,temp 由 2749 个日期的数据组成,其中包括温度观测数据 temp 及 11 个成员的温度集合预报(tempfc. 1:…,tempfc. 11)。

观测日期存储在行名中,可以用 rownames( )提取。as. Date( )可将字符串数据向量转化为日期型,可以更加方便地进行日期的多种操作。以下代码将日期向量作为额外的一列添加到 temp 数据中,并进行开始日期及结束日期的检索:

```
R>temp$date < - as. Date(rownames(temp))
```

```
R>range(temp$date)
```

[1] "2000-01-02" "2016-01-01"

接下来,仅考虑冬天的数据。使用 format( )可以从 temp$date 中提取 12 月、1 月和 2 月子数据集。

```
R>temp<-temp[format(temp$date, "%m") %in% c("12", "01", "02"),]
```

本节将使用集合均值作为确定性预报,下一节将增加使用集合标准差。逐日集合均值和标准差可以通过 apply( )函数计算：

```
R>temp$ensmean<-apply(temp[,2:12], 1, mean)
R>temp$enssd<-apply(temp[,2:12], 1, sd)
```

最后将数据拆分为训练集（2010 年 3 月 1 日之前）和测试集（2010 年 3 月 1 日以后）：

```
R>temptrain<-temp[temp$date<"2010-03-01",]
R>temptest<-temp[temp$date>="2010-03-01",]
```

训练集和测试集增加了额外的 3 列（日期、集合均值和标准差）组成，分别有 417 行和 253 行：

```
R>dim(temptrain)
    [1]417 15
R>dim(temptest)
    [1]253 15
R>names(temp)
    [1]"temp"      "tempfc. 1"  "tempfc. 2"  "tempfc. 3"  "tempfc. 4"  "tempfc. 5"
    [7]"tempfc. 6" "tempfc. 7"  "tempfc. 8"  "tempfc. 9"  "tempfc. 10" "tempfc. 11"
    [13]"date"     "ensmean"    "enssd"
```

温度观测与集合均值预报的散点图由如下代码生成：

```
R>plot(temp~ensmean, data = temptrain)
R>abline(0, 1, lty =2)
```

如图 11.1 所示，显示出明显的负偏差，大部分点位于对角线（虚线）上方。此外，这种负偏差对于较低的温度显然更强。在 R 语法中 Temp~ensmean 称为公式，常用于 R 语言中指定因变量（预报变量）和自变量（预报因子）。关于公式的更多细节可以在 R Development Core Team(2017)中查到。

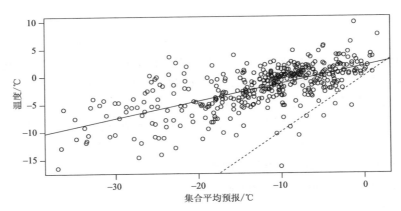

图 11.1　集合均值预报与相应温度观测的散点图，虚线显示 1∶1 关系，实线显示 MOS 回归拟合

11. 2. 2 模型拟合

MOS(Glahn et al.，1972)是在确定性预报中订正系统性预报偏差的常用方法。对训练数据应用最小二乘回归以估计预报和相应观测的线性关系。然后可以利用这种线性关系修正未来的预报。

在 R 语言线性回归中可以很简单地用 lm( )进行拟合,使用的参数与 plot( )相同:

R>MOS<-lm(temp～ensmean, data= temptrain)

R>abline(MOS)

其中,abline ( )将回归线添加到图 11.1 的散点图中。

MOS 是一个 "lm"类的拟合模型对象,包含系数估计值和关于回归拟合的进一步信息。summary( )可以用来提取这些信息的一部分,如标准误差和 P 值、残差标准误差、R^2 或 F-统计量的系数估计值(示例参见(Wilks,2011)):

R>summary(MOS)

Call:

lm(formula= temp~ensmean, data= temptrain)

Residuals:

Min	1Q	Median	3Q	Max
-15.0234	-1.5003	0.1596	1.7068	9.1260

Coefficients:

	Estimate	Std. Error	t value	Pr(>|t|)	
(Intercept)	1.89614	0.26189	7.24	2.19e-12	***
ensmean	0.31579	0.01768	17.86	<2e-16	***

Signif.codes: 0 ′***′ 0.001 ′**′ 0.01 ′*′ 0.05 ′.′ 0.1 ′′ 1

Residual standard error: 2.953 on 415 degrees of freedom

Multiple R-squared: 0.4346,　　　　Adjusted R-squared: 0.4332

F-statistic: 319 on 1 and 415 DF,　p-value: <2.2e-16

对于一个无偏的集合均值预报,其截距和集合均值系数应分别接近于 0 和 1。较小的集合均值系数意味着对于集合平均预报增加 1 ℃,预计观测温度仅增加 0.316 ℃。这个关系也可以在图 11.1 中看到。

summary ( )是一个通用的(广义函数)类别函数,它可以应用于不同的对象,并且输出取决于对象类别。例如,summary ( )为"lm"或"data.frame"对象生成不同的输出结果。模型拟合的其他典型通用函数有 coef ( )、predict ( )或 plot ( )。有关 R 语言中面向对象编程的更多细节,请参见 R Development Core Team (2017)。

11. 2. 3 预报

通过对训练集线性回归拟合,将回归方程应用于(未来)集合均值预报来生成 MOS 预报。

可以方便地用 newdata 设置测试数据集，利用 predict( )：

```
R>fcMOS<-predict(MOS, newdata= temptest)
```

利用以下代码可以生成具有相应集合均值预报和观测数据的前 20 个日期的折线图：

```
R>plot(fcMOS[1:20], type = "l", lty = 2, ylab = "2m temperature",
+    xlab = "date", xaxt = "n", ylim = c(-35, 10))
R>axis(1, at = seq(1,20,6), temptest$date[seq(1, 20, 6)])
R>lines(temptest$temp[1:20])
R>lines(temptest$ensmean[1:20], lty = 3)
```

其中，plot 参数 xaxt= "n"和 axis ( )函数创建日期轴而不是数值索引。如图 11.2，在所选示例日期中 MOS 模型很好地订正了集合均值预报中的强负偏差。

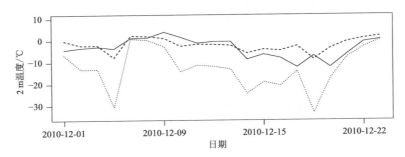

图 11.2 2010 年 12 月 1—23 日预报示例（原始集合均值预报显示为点线，MOS 预报显示为虚线，相应的观测显示为实线）

11.2.4 检验

由图 11.2 可以看出，相比原始集合平均，MOS 具有明显的优势。偏差（BIAS）、平均绝对误差（MAE）或均方根误差（RMSE）等评分可以对预报质量进行定量和更全面的评估。下面的代码可以得到具有以上评分结果的原始集合平均预报和 MOS 预报的评分列表：

```
R>rbind(raw =c(BIAS = mean(temptest$ensmean-temptest$temp),
+            MAE = mean(abs(temptest$ensmean-temptest$temp)),
+            RMSE = sqrt(mean((temptest$ensmean-temptest$temp)^2))),
+            MOS = c(BIAS = mean(fcMOS-temptest$temp),
+            MAE = mean(abs(fcMOS-temptest$temp)),
+            RMSE = sqrt(mean((fcMOS-temptest$temp)^2))))
```

	BIAS	MAE	RMSE
raw	- 9.4870258	9.531735	11.022110
MOS	0.3179221	2.346333	3.202392

从以上的评分结果可以明显看出 MOS 预报的优势（较小的绝对值）。

11.3　温度的单变量后处理

上一节给出了一种基于过去数据确定性(集合均值)预报校准的非常简单方法。然而,由于忽略了集合离散度信息,因此得到的预报是确定性的,预报结果没有提供任何与预报不确定性相关的信息。因此,本节将在上一节的基础上进行拓展,并应用了 Wilks(2018,第 3 章)和 Thorarinsdottir 等(2018,第 6 章)所述的一些单变量集合后处理和验证方法。具体而言,是采用非齐次高斯回归(NGR)(Gneiting et al,2005)、贝叶斯模型平均 (BMA)(Raftery et al.,2005)以及两种集合敷料法 (Bröcker et al.,2008;Wang et al.,2005)进行单变量集合后处理并对其结果进行比较。由于逻辑回归及其变体在降水预报中更为常用,因此将在下一节中介绍。

11.3.1　数据处理

这一节使用的数据与上一节相同,不同的是用于拟合 BMA 和 NGR 的函数 (ensembleBMA( )和 ensembleMOS( )) 要求的数据具有特定的 "ensembleData"结构,这类 ensembleData 对象可以使用 **ensembleBMA** 包中的 ensembleData( )函数创建产生,例如:

```
R>library("ensembleBMA")
R>temptrain_eD <- ensembleData(forecasts = temptrain[,2:12],
+dates = temptrain$date, observations = temptrain$temp,
+forecastHour = 24, initializationTime = "00", exchangeable = rep(1, 11))
R>temptest_eD <- ensembleData(forecasts = temptest[,2:12],
+dates = temptest$date, observations = temptest$temp,
+forecastHour = 24, initializationTime = "00", exchangeable = rep(1, 11))
```

这些对象 temptrain_eD 和 temptest_eD 与 temptrain 及 temptest 包含相同的数据以及其他信息,如预报时效或初始化时间等信息。接下来的 GEFS 回报结果假定是可替换的,用 exchangeable = rep(1, 11) 指定(即 11 个成员都在 1 组中)。

在上一节中已经说到了集合均值中负偏差现象,通常使用验证排序直方图(Wilks,2011)评估整个集合的校准,该直方图可以用 rank( )和 hist( )生成:

```
R>rank <- apply(temptrain[, 1:12], 1, rank)[1,]
R>hist(rank, breaks = 0:12+0.5, main = "Verification Rank Histogram")
```

在图 11.3 左图所示的验证排序直方图中,负偏差可以从大于最高集合成员(峰值位于排名 12 处)的大部分观测值来看出。此外,几乎所有剩余的观测值的排序为 1,这表明了欠离散常见的问题(Buizza,2018,第 2 章)。

尽管该集合显然是未经校准的,但如果预报误差与集合离散度存在明确的关系,它仍可能包含关于预报不确定性的有用信息。例如,这种离散度—技巧关系可以在不同集合标准差区

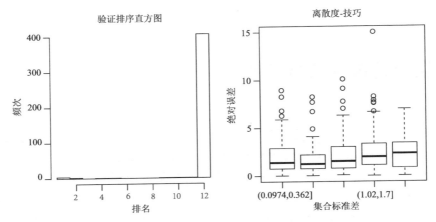

图 11.3　温度集合预报的验正排序直方图(左)和离散度技巧关系(右)

间的绝对预报误差箱线图中进行评估:

```
R>sdcat <- cut(temptrain$enssd,
+breaks = quantile(temptrain$enssd, seq(0, 1, 0.2)))
R>boxplot(abs(residuals(MOS))~sdcat, ylab ="absolute error",
+xlab ="ensemble standard deviation", main ="Spread-Skill")
```

图 11.3 右图即显示了集合离散度与确定性 MOS 预报的绝对误差之间微弱正相关关系。

11.3.2　模型拟合

图 11.3 表明虽然集合是未校准的,但在集合离散度中仍然包含了预报的不确定性信息。下面,我们将给出不同的集合后处理方法的实现过程,以利用这种离散度—技巧关系生成校准后的概率温度预报。

非齐次高斯回归

非齐次高斯回归(NGR)(Gneiting et al. ,2005)是温度集合预报最常用的后处理方法之一。它与线性回归 MOS 密切相关,但假设了观测值在回归拟合平均值附近呈正态分布,其标准差是集合离散度的函数。NGR 可以表示为:

$$T \sim \mathcal{N}(\mu, \sigma) \tag{11.1}$$

$$\mu = \beta_0 + \beta_1 m \tag{11.2}$$

$$\log(\sigma) = \gamma_0 + \gamma_1 s \tag{11.3}$$

其中,T 为观测温度,m 和 s 分别为集合平均和标准差,β_0、β_1、γ_0 和 γ_1 为回归系数。式(11.3)的取对数是为了保证 σ 为正数(Messner et al. ,2014),或者也可对 σ 或 σ^2 进行拟合,例如:

$$\sigma^2 = \gamma_0 + \gamma_1 s^2 \tag{11.4}$$

其中,γ_0 和 γ_1 限制为正(Gneiting et al. ,2005)。注意,对于可交换的集合成员,式(11.1)、式(11.2)和式(11.4)等价于第 3 章(Wilks,2018)中的式(3.1)~式(3.5)。

模型系数的估计通常采用极大似然估计或最小 CRPS 估计(Gneiting et al. ,2005)。在 R 语言中式(11.1)~式(11.3)的最大似然估计模型可以用 **crch** 包中的函数 crch( )或是 **gamlss** 包中的函数 gamlss( )实现。两个函数的接口都类似于函数 lm( )。唯一的区别是,除了均值 μ

的预报变量外,还必须确定 σ 的预报变量。在 crch( )中,μ 和 σ 的预报变量在两部分公式
(Zeileis et al.,2010)中用"|"分隔。在 gamlss( )中,σ 的预报变量在第 2 个公式 sigma.formula
中这样确定:

```
R>library("crch")
R>NGR_crch<- crch(temp~ensmean | enssd, data= temptrain)
R>library("gamlss")
R>NGR_gamlss<- gamlss(temp~ensmean, sigma. formula=~enssd,
+    data= temptrain)
```

经过少许的修改并附加参数,crch( )也可以用来拟合具有最小 CRPS 估计和 σ 参数化的模
型(式(11.4)),方法如下:

```
R>NGR_crch2<- crch(temp~ensmean | I(enssd^2), data = temptrain,
+    link. scale = "quad", type = "crps")
```

该模型在 R 语言中的另一种实现方式是利用 **ensembleMOS** 包中的函数 fitMOS( )。它的
接口略有不同,并且不使用公式符号。此外,它要求输入数据对象是一个"ensembleData",例
如 temptrain _ eD 或 temptrain _ eD(见第 1.3.1 节):

```
R>library("ensembleMOS")
R>NGR_ensembleMOS<- fitMOS(temptrain_eD, model = "normal")
```

crch 和 **gamlss** 还为典型的提取器函数(例如 summary( )或 coef( ))提供了方法。在 NGR_
ensembleMOS 中,系数可以用以下方法访问:

```
R>coef_ensembleMOS<- c(NGR_ensembleMOS$a, 11 *NGR_ensembleMOS$B[1],
+NGR_ensembleMOS$c, NGR_ensembleMOS$d)
```

其中,NGR _ ensembleMOS $ B 实际上是每个集合成员的系数向量。但由于假定集合成员是可
交换的,因此所有系数都等于集合均值系数的 1/11。通过比较不同模型拟合的系数发现,NGR _
crch 和 NGR _ gamlss 以及 NGR _ crch2 和 NGR _ ensembleMOS 分别是等价的:

```
R>rbind(crch = coef(NGR_crch),
+gamlss = c(coef(NGR_gamlss), coef(NGR_gamlss, what = "sigma")),
+ensembleMOS = coef_ensembleMOS, crch2 = coef(NGR_crch2))
```

	(Intercept)	ensmean	(scale)_(Intercept)	(scale)_enssd
crch	1.889426	0.3186283	1.032608	0.03955893
gamlss	1.889460	0.3186099	1.032671	0.03950481
ensembleMOS	2.032526	0.3197697	6.185533	0.29298578
crch2	2.032560	0.3197728	6.185556	0.29299460

因此,下面将只使用 NGR _ crch 和 NGR _ crch2 作为例子进行展示。这些模型在标准差系
数((scale) _ (Intercept)和(scale) _ enssd)上的明显差异源于式(11.3)和式(11.4)中参数化的不
同。

BMA 和其他集合敷料法

BMA(Raftery et al.,2005)以及其他集合校正后处理方法(Bröcker et al.,2008;Wang
et al.,2005)也是像温度这样的连续变量预报的常用后处理方法。与 NGR 不同,连续预报分
布不是特定的参数形式,而是以订正的集合预报为中心的分量分布的(加权)混合,有关详细信

息请参阅第 3 章 Wilks（2018）有关内容。

在 R 语言中，高斯 BMA（Raftery et al.，2005）可以利用 **ensembleBMA** 包中的 fitBMA 函数进行估计，其接口与 ensembleMOS( )函数类似且输入的数据类型为"ensembleData"：

```
R> BMA <- fitBMA(temptrain_eD, model = "normal")
```

Wang 等（2005）所述的更简洁集合敷料法在 R 语言中没有直接的实现方式。然而，通过使用第 3 章中 Wilks（2018）提出的式（3.48）所确定的模型，采用第 11.2 节中确定性 MOS 模型很容易地手动实现，方法如下：

```
R>smuy2 <- var(MOS$residuals)
R>st2 <- mean(temptrain$enssd^2)
R>dress <- sqrt(smuy2- (1 + 1/8)* st2)
```

在前面的 BMA 模型中，可交换成员具有相同的权重和共同的分量分布方差。因此，BMA 和集合敷料法后处理都只有 3 个模型参数：两个用于修正集合成员预报，另一个用于校正一个分量分布标准偏差。因此，这些模型的参数通过如下的代码是可以比较的：

```
R>rbind(BMA = c(BMA$biasCoefs[,1], BMA$sd),
+ensdress = c(coef(MOS), sd = dress))
```

	(Intercept)	ensmean	sd
BMA	1.76468	0.3051412	2.909911
ensdress	1.89614	0.3157856	2.410527

仿射核敷料法（AKD）（Bröcker et al.，2008）是另一种集合敷料方法（见第 3 章）（Wilks，2018），可以通过 **SpecsVerification** 包中的函数 FitAkdParameters( )来拟合。它输入的是一个集合预报矩阵和一个观测值向量并返回模型系数（见第 3 章式（3.50）和式（3.51））（Wilks，2018），用如下代码：

```
R>library("SpecsVerification")
R>(AKD <- FitAkdParameters(ens = as. matrix(temptrain[,2:12]),
+obs = temptrain$temp))
```

a	r1	r2	s1	s2
0.311741683	2.031694139	0.007992924	14.405440887	4.787428548

11.3.3　预报

概率预报有多种表达方式。如完全连续的预报分布可以用概率密度图表现，但概率预报通常很难显示，尤其是涉及到多个预报时。因此，通常会提取低于或超过某个阈值或预报分位数（预报区间）的概率。本节介绍了根据前面拟合的模型生成的这些不同类型的预报。

对于 NGR，这些预报可以基于 R 语言提供的分布函数（即 dnorm( ),pnorm( ), qnorm( )分别为正态分布的密度、概率和分位数）来实现。因此，首先必须通过第 11.2 节中的线性回归函数类似的 predict ( )得到预报均值及标准差。预报均值（μ）和标准差（σ）分别由 type = 'location'和 type = 'scale' 得到：

```
R>mean_NGR <- predict(NGR_crch, newdata = temptest, type = "location")
R>sd_NGR    <- predict(NGR_crch, newdata = temptest, type = "scale")
```

```
R>mean_NGR2 <- predict(NGR_crch2, newdata = temptest, type = "location")
R>sd_NGR2    <- predict(NGR_crch2, newdata = temptest, type = "scale")
```

从这些值,可以很容易地得到密度和概率:

```
R>x <- seq(-10, 10, 0.1)
R>pdf_NGR <-dnorm(x, mean_NGR[1], sd_NGR[1])
R>cdf_NGR <-pnorm(0, mean_NGR, sd_NGR)
```

此代码根据－10 到 10 的估计值(pdf _ NGR)和一系列冻结温度的概率预报(cdf _ NGR),生成测试数据中第一个日期的预报密度。预报分位数可以与 qnorm ( )类似地导出,函数 predict( )也有一个 type = "quantile"选项:

```
R>quant_NGR <- predict(NGR_crch, newdata = temptest, type = "quantile",
+at = c(0.25, 0.5, 0.75))
```

它生成测试数据中所有日期的预报四分位数和中位数。

BMA 与集合敷料法预报的分布是以订正后的集合预报为中心的正态分布的混合。因此,必须先求出订正后的集合预报和各分量分布的标准差。**ensembleBMA** 包没有直接求出订正后集合预报的功能,但是可以对每一个集合成员利用 apply( )函数采用矩阵相乘%*% 的方法很容易地得到订正后的结果:

```
R>corrected_BMA <- apply(temptest[,2:12], 2,
+    function(x) BMA$biasCoefs[,1] %*% rbind(1, x))
```

同样,该订正方法也可用于集合敷料法:

```
R>corrected_dress <- apply(temptest[,2:12], 2,
+function(x) coef(MOS) %*% rbind(1, x))
```

对于 AKD,**SpecsVerification** 提供了 DressEnsemble ( )函数来导出校正的集合和分量分布标准差:

```
R>AKDobj <- DressEnsemble(ens = as. matrix(temptest[2:12]),
+dressing.method = "akd", parameters = as. list(AKD))
```

这一行代码返回一个包含订正集合预报矩阵和分量分布标准差的列表。

为了使用 **SpecsVerification** 中的一些函数,可通过以下方式为基本的集合敷料模型创建一个类似的对象:

```
R>dressobj <- list(ens = corrected_dress,
+ker.wd = matrix(dress, nrow = nrow(corrected_dress), ncol = 11))
```

ensembleBMA 提供了直接函数来预报"fitBMA"对象的概率及分位数。在集合敷料预报以及 AKD 中,pnorm( )函数可以用来导出概率预报:

```
R>cdf_BMA <- cdf(BMA, temptest_eD, values = 0)
R>cdf_AKD <- rowMeans(pnorm(0, AKDobj$ens, AKDobj$ker.wd))
R>cdf_dress <- rowMeans(pnorm(0, dressobj$ens, dressobj$ker.wd))
```

用 dnorm ( )代替 pnorm( )也可以类似地推导出预报概率密度函数(PDFs),或者也可以使用函数 density( )。另外,通用的 plot( )函数还有一个方法可以生成"fitBMA"模型的概率密度图。

以下代码可以为 NGR、BMA、集合敷料预报和 AKD 的测试数据集中的第一个日期创建预报 PDF 图：

```
R>par(mfrow = c(1,4))
R>plot(x, pdf_NGR, type = "l", xlab = "Temperature", ylab = "Density",
+lwd = 3, main = "NGR")
R>abline(v = temptest$temp[1], col = "orange", lwd = 3)
R>plot(BMA, temptest_eD[1,])
R>title(main = "BMA")
R>plot(density(dressobj$ens[1,], bw = dressobj$ker.wd[1, 1]),
+xlab= "Temperature", main = "ensembledressing", lwd = 3)
R>abline(v = temptest$temp[1], col = "orange", lwd = 3)
R>plot(density(AKDobj$ens[1,], bw = AKDobj$ker,wd[1, 1]),
+xlab = "Temperature", main = "AKD", lwd = 3)
R>abline(v = temptest$temp[1], col = "orange", lwd = 3)
```

图 11.4 为这些概率密度图，对所有的预报模型这些图看起来十分类似。

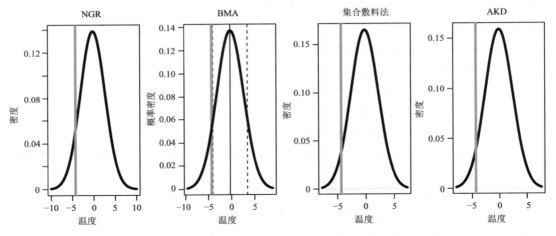

图 11.4　2010 年 12 月 1 日的 NGR、BMA、集合敷料和 AKD 的预报密度

（黑色实线表示预报密度，垂直橙色线表示验证观测；对于 BMA，还显示了预报中位数（细垂线）以及
0.1 和 0.9 分位数（虚线））（见彩图）

连续几天的完整预报 PDF 图是很难显示的。因此，通常会显示分位数或预报区间。图
11.5 的左图为 NGR 的中位数和四分位数预报的示例图。用以下方法生成：

```
R>plot(quant_NGR[1:20, 2], type = "l", lty = 2, ylab = "2m temperature",
+xlab = "date", xaxt = "n", ylim = c(-15, 10))
R>axis(1, at = seq(1, 20, 6), temptest$date[seq(1, 20, 6)])
R>polygon(c(1:20, 20:1), c(quant_NGR[1:20, 1], quant_NGR[20:1, 3]),
+col = gray(0.1, alpha = 0.1), border = FALSE)
R>lines(temptest$temp[1:20])
```

polygon( )函数可以用来加阴影区域。

除分位数之外，还可以为一系列日期绘制阈值概率（如 11.5 右图）：

```
R>plot(cdf_NGR[1:20], type = "l", ylab = "Pr(T<0)",
+xlab = "date", xaxt = "n", ylim = c(0, 1))
R>axis(1, at = seq(1, 20, 6), temptest$date[seq(1, 20, 6)])
R>points(temptest$temp<0)
```

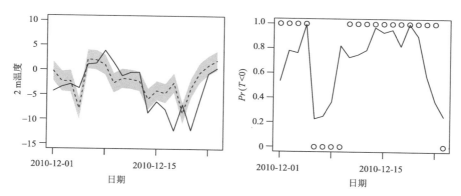

图 11.5　左图为 NGR 中位数预报（虚线）和预报四分位范围（灰色阴影），观测结果如实线所示；右图为冻结温度的 NGR 概率（实线）及对应的观测值（圆圈为 1 表示发生，圆圈为 0 表示不发生）

11.3.4　检验

有多种不同的方法可用来检验概率集合预报的性能，Thorarinsdottir 等（2018，第 6 章）已经对此进行了概述。本节给出了一些最常见的连续概率预报的检验方法，例如连续分级概率评分（CRPS）、无知（对数）评分和概率积分变换（PIT）直方图。用二元或分类检验措施来评估这些预报的阈值概率也很常见，本节不再赘述，详情请参考第 11.4.4 节。

CRPS（见第 6 章）是连续概率预报最常见的单个数值评分之一（Thorarinsdottir et al.，2018）。对于某些参数化的预报分布，如高斯分布，**scoringRules** 包中的 crps( ) 函数有 CRPS 解析表达式的实现。混合高斯分布 CRPS 的解析推导在 **ensembleBMA** 中的 crps( ) 实现，也可用 **specsVerification** 的 DressCrps( ) 实现。

以下代码创建了一个不同方法的 CRPS 评分值矩阵，行表示不同的日期，列表示不同的方法：

```
R>library("scoringRules")
R>crps_all <- cbind(
+NGR1 = scoringRules::crps(temptest$temp, family = "normal",
+mean = mean_NGR, sd = sd_NGR),
+NGR2 = scoringRules::crps(temptest$temp, family = "normal",
+mean = mean_NGR2, sd = sd_NGR2),
+BMA = ensembleBMA::crps(BMA, temptest_eD)[, 2],
+dress = DressCrps(dressobj, temptest$temp),
+ AKD = DressCrps(AKDobj, temptest$temp))
```

注意：这里 crps( ) 函数的调用写为 syntax packagename::crps( ) 是由于在软件包 **ensembleBMA** 和

scoringRules 中也有函数 crps( )，此处需要指定函数出自哪个软件包。ensembleBMA::crps( )返回原始集合成员及 BMA CRPS 评分的两列矩阵行，这里只取第二列[, 2]。

通常，CRPS 是测试日期数据集的检验平均值，可以利用 colMeans( )得到该均值。为了估计平均 CRPS 的抽样分布，我们采用自助法（Efron，1979）在 250 个自助样本中计算平均 CRPS 值。以下为一个简单函数通过替换的方法随机抽取 250 个样本，计算每个样本上的平均 CRPS 评分，并返回一个列为不同后处理方法、行为 250 个样本的平均 CRPS 值矩阵。

```
R>bootmean <- function(scores, nsamples = 250) {
+boot <- NULL
+for(i in 1:nsamples) {
+bindex <- sample(nrow(scores), replace = TRUE)
+boot <- rbind(boot, colMeans(scores[bindex,]))
+}
+boot
+}
```

然后可以在箱线图中绘制这些抽样分布，如图 11.6 左图所示：

```
R>boxplot(bootmean(crps_all), ylab = "CRPS")
```

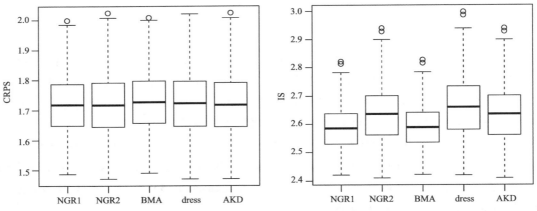

图 11.6　NGR、BMA、集合敷料和 AKD 的连续分级概率评分（CRPS，左）和无知评分（IS，右）的抽样分布（水平线标记中位数，方框标记来自辅助法程序的 250 个值的四分位范围。盒上的须显示的最极端值小于且远离框长度的 1.5 倍，须以外的值为圆圈。NGR1 和 NGR2 为利用式(11.3)和(11.4)推导得到）

第 2 个常见的单一数值评分是无知或对数评分，是在观测值处预报对数密度的检验（第 6 章）（Thorarinsdottir et al.，2018）。因此，它的计算类似于密度预报，可以用 dnorm( )来实现：

```
R>ign_all <- cbind(
+NGR1 =- dnorm(temptest$temp, mean_NGR, sd_NGR, log = TRUE),
+NGR2 =- dnorm(temptest$temp, mean_NGR2, sd_NGR2, log = TRUE),
+BMA =- log(rowSums(BMA$weights*dnorm(temptest$temp, corrected_BMA, BMA$sd))),
+dress =- log(rowMeans(dnorm(temptest$temp, dressobj$ens, dressobj$ker.wd))),
+AKD =- log(rowMeans(dnorm(temptest$temp, AKDobj$ens, AKDobj$ker.wd))))
```

类似于 CRPS，抽样分布的箱线图（图 11.6 右）由以下代码实现：

```
R> boxplot(bootmean(ign_all), ylab = "IS")
```

虽然图 11.6 中的 CRPS 显示了不同预报方法之间仅有的微小差异,但无知评分表明 NGR 和 BMA 模型的性能略好。

PIT 直方图是检验排序直方图的连续对应形式(图 11.3 左),可用于评估连续概率预报的可靠性(即校准,第 6 章)(Thorarinsdottir et al.,2018)。PIT 是在观测值处估计的预报累积分布函数,因此它们的计算与阈值概率的计算类似。对于 BMA,可以使用 **ensembleBMA** 包的 pit( )函数生成 PIT 图。对于其他方法,PIT 图可用函数 pnorm( )生成:

```
R>pit <- cbind(
+NGR1 = pnorm(temptest$temp, mean_NGR, sd_NGR),
+NGR2 = pnorm(temptest$temp, mean_NGR2, sd_NGR2),
+BMA = pit(BMA, temptest_eD),
+dress = rowMeans(pnorm(temptest$temp, dressobj$ens, dressobj$ker.wd)),
+AKD = rowMeans(pnorm(temptest$temp, AKDobj$ens, AKDobj$ker.wd)))
```

可以用 hist( )绘制 PIT 直方图。

```
R>par(mfrow = c(1, ncol(pit)))
R>for(model in colnames(pit)){
+hist(pit[, model], main = model, freq = FALSE,
+xlab = "", ylab = "", ylim = c(0, 1.6))
+abline(h = 1, lty = 2)
+}
```

图 11.7 中的 PIT 直方图表明,与原始集合(图 11.3)相比,经过后处理的预报得到了更好的校准。然而,直方图的波动形式表明高斯分布的对称性假设可能并不完全适合该数据集。

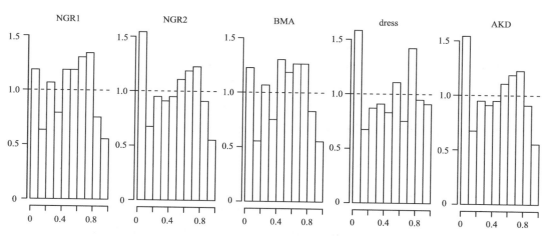

图 11.7　NGR、BMA、集合敷料和 AKD 的 PIT 直方图
(完美订正显示为虚线水平线)

11.4 降水的单变量后处理

前两节介绍了温度集合预报的后处理,其中使用的所有方法都是直接假定高斯分布,或者假定由高斯分布组成的混合分布。然而像降水或风速等这些气象要素都是非负的,其分布显然是非高斯的,因此不能直接应用这些后处理方法。降水的集合后处理一直是一个活跃的研究领域,已经提出了很多方法(Hamill et al., 2004;Scheuerer, 2014;Scheuerer et al., 2015a;Sloughter et al., 2007;Stauffer et al., 2017;Wilks, 2009)。关于这些方法的概述见第 3 章(Wilks, 2018)。本节展示了其中一些方法在 R 语言中的实现,即删失非齐次逻辑回归,离散伽马混合分量分布的 BMA,以及逻辑回归的几种变体。

11.4.1 数据处理

本节使用的 rain 数据集来自 **ensemblepp** 包,可用以下代码加载:

R>data("rain", package = "ensemblepp")

该数据集包含奥地利因斯布鲁克的 12 h 累积降水观测和相应的 18~30 h 集合预报。与 temp 数据集类似,其中的集合预报来自第 2 代 GEFS 回报数据集(Hamill et al, 2013),时间跨度为 2000—2015 年。

R>dim(rain)

〔1〕2749 12

R>names(rain)

〔1〕"rain"   "rainfc.1"   "rainfc.2"   "rainfc.3"   "rainfc.4"   "rainfc.5"

〔7〕"rainfc.6"   "rainfc.7"   "rainfc.8"   "rainfc.9"   "rainfc.10"   "rainfc.11"

通常在应用后处理方法之前,需要对数据进行预处理。常见的方法是进行平方根(Stauffer et al., 2017;Wilks, 2009)或者立方根(Schmeits et al., 2010;Sloughter et al., 2007)变换。为了便于方法之间的比较,这里只采用平方根变换。

R>rain<- sqrt(rain)

再次只使用 12 月、1 月和 2 月的数据:

R>rain$date <- as.Date(rownames(rain))

R>rain <- rain[format(rain$date, "%m") %in% c("12", "01", "02"),]

此外,与第 11.2.1 节中的温度数据一样,计算集合预报的均值和标准差,并将数据分为训练数据和测试数据:

R>rain$ensmean <- apply(rain[,2:12], 1, mean)

R>rain$enssd <- apply(rain[,2:12], 1, sd)

R>raintrain <- rain[rain$date <"2010-03-01",]

R>raintest <- rain[rain$date >"2010-03-01",]

这样就可以制作与第 11.2 节和第 11.3 节类似的集合均值预报降水散点图、检验排序直方图和离散度—技巧图。下面的代码还创建了降水观测的直方图：

```
R>par(mfrow = c(2,2))
R>plot(rain～ensmean, raintrain, col = gray(0. 2, alpha = 0. 4),
+main = "Scatterplot")
R>abline(0, 1, lty = 2)
R>rank <- apply(raintrain[,1:12], 1, rank)[1,]
R>hist(rank, breaks = 0:12 + 0. 5, main = "Verification Rank Histogram")
R>sdcat <- cut(raintrain$enssd, quantile(raintrain$enssd, seq(0, 1, 0. 2)))
R>boxplot(abs(rain-ensmean)~sdcat, raintrain, ylab = "absolute error",
+xlab = "ensemble standard deviation", main = "Spread-Skill")
R>hist(rain$rain, xlab = "square root of precipitation", main = "Histogram")
```

以上代码的绘制结果如图 11.8，与温度相比，降水的集合均值与观测的相关较弱，但集合校准较高，表现出更强的离散度—技巧关系。直方图也可以看出降水样本明显的非高斯分布以及存在大量的 0 降水事件。

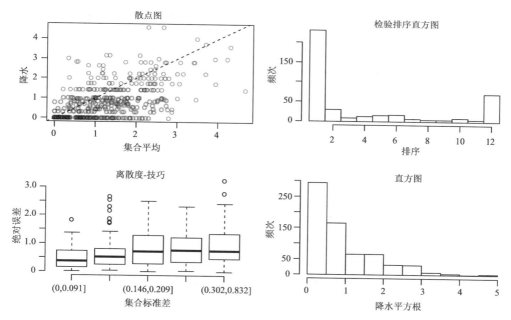

图 11.8　18～30 h 累计降水集合预报的诊断图

（左上：12 h 累计降水量的散点图，1∶1 的关系显示为虚线；右上：检验排序直方图；
左下：离散度—技巧关系；右下：转换后的降水观测数据的直方图）

11.4.2　模型拟合

降水数据是非负的非高斯分布的，通常包含大量的 0 值。因此不能直接应用上一节中的方法。本节介绍了一些更适合于降水的后处理方法的实现，连续概率降水量预报可以通过非高斯非齐次回归方法或非高斯分量分布的 BMA 或扩展的逻辑回归方法得到。

一般通过使用其他逻辑回归方法来预报低于或高于一个或几个阈值的概率,这样可以避免分布假设。

非齐次回归

有关文献中提出了降水预报后处理非齐次回归的几种变体,它们主要在假设预报和分布上有所不同。例如,Scheuerer(2014)提出了广义极值(GEV)分布,Messner 等(2014)提出了逻辑分布,Scheuer 等(2015a)提出了平移 Γ 分布。所有这些方法都通过删失数据来考虑大量 0 降水事件。因此,降水量(r)建模为一个潜在变量 r^*,它也可以呈现负值,但这些负值的观测值为 0。

$$r = \begin{cases} 0, & r^* \leqslant 0 \\ r^*, & r^* > 0 \end{cases} \tag{11.5}$$

可 R 语言并不能直接实现删失广义极值(cGEV)和删失平移 Γ 模型,因此下面只展示了删失非齐次逻辑回归(cNLR)(Messner et al,2014)。这个模型类似于 NGR 的式(11.1)~式(11.3)。只是这里用 logistic 代替式(11.1)中的高斯分布:

$$r^* \sim \mathcal{L}(\mu, \sigma) \tag{11.6}$$

$$\mu = \beta_0 + \beta_1 m \tag{11.7}$$

$$\log \sigma = \gamma_0 + \gamma_1 s \tag{11.8}$$

其中,$\mathcal{L}(\mu, \sigma)$ 是均值为 μ、尺度为 σ 的 logistic 分布。该模型的极大似然(和最低 CRPS)估计可以用 crch( )通过设置左删失点 left = 0 和 dist = 'logistic'实现(见第 11.3 节)。

```
R>cNLR <- crch(rain~ensmean | enssd, data = raintrain, left = 0,
+dist = "logistic")
```

gamlss( )也支持该模型的最大似然估计,可作为 crch( )的替代。

BMA

Sloughter 等(2007)提出了一种专门用于定量降水预报的 BMA 变体。在 0 处分量分布不是高斯分布而是 Γ 分布和 0 降水量的混合(Wilks,2018,第 3 章)。该模型在 R 语言中由 **ensembleBMA** 的 fitBMA( )函数实现。因此,首先需要将数据转换为"ensembleData"对象:

```
R>raintrain_eD <- ensembleData(forecasts = raintrain[,2:12],
+dates = raintrain$date, observations = raintrain$rain,
+forecastHour = 24, initializationTime = "00", exchangeable = rep(1, 11))
R>raintest_eD <- ensembleData(forecasts = raintest[,2:12],
+dates = raintest$date, observations = raintest$rain,
+forecastHour = 24, initializationTime = "00", exchangeable = rep(1, 11))
```

与第 11.3 节中高斯 BMA 的情况一样,用 fitBMA( )进行模型拟合,但其参数设置为 model = "gamma0"。默认情况下在 BMA 拟合之前,数据在内部进行了立方根转换。然而,由于这里的数据已经进行了平方根转换,所以通过设置 control = controlBMAgamma0(power=1)来关闭转换功能:

```
R>gBMA <- fitBMA(raintrain_eD, model = "gamma0",
+control = controlBMAgamma0(power =1))
```

逻辑回归

通常,仅需预报降水量低于或高于某些阈值的概率就足够了。一个典型的例子是阈值为 0 的降水发生预报。通过仅对这些阈值概率建模而不是全连续分布,可以避免特定的分布假设。Hamill 等(2004)提出了使用逻辑回归进行后处理的集合预报,它是广义线性模型(GLM)家族的一员(Nelder et al.,1972),是二元结果的常用回归方法。

在 R 语言中,GLMs 通常用 glm( )拟合,glm( )具有与 lm( )类似的接口。对于逻辑回归,预报量必须是一个二元变量(TRUE 和 FALSE 或 0 和 1),例如可以由关系运算符(如'>')创建。此外,family 参数必须设置为 binomial( ):

```
R>logreg <- glm(rain >0~ensmean, data = raintrain, family = binomial( ))
```

前面的示例代码使用集合均值作为唯一的预报值,因为各种研究表明,将集合标准差作为额外的预报因子并不能改善预报(Hamill et al.,2004；Wilks et al.,2007)。Messner 等(2014)指出,集合离散度当作为标准预报变量使用时,不能直接影响预报不确定性,而作为逻辑函数尺度的预报变量时,可以更有效地利用集合离散度(类似于第 3 章中的式(11.6)作为标准或式(3.13))(Wilks,2018)。这种方法可以利用 **glmx** 包中的 hetglm( )实现,与 crch( )类似,预报变量通过"|"分离位置和尺度预报变量的公式指定:

```
R>library("glmx")
R>hlogreg <- hetglm(rain >0~ensmean | enssd, data = raintrain,
+family = binomial())
```

通常关注的不止一个阈值,如气候十分位数(概率为 0.1~0.9 的分位数),可以这样实现:

```
R>q <- unique(quantile(raintrain$rain, seq(0.1, 0.9, 0.1)))
```

使用 unique( ),合并相等值的分位数(这里 0.1、0.2 和 0.3 的分位数为 0)。

作为一种简单的方法,逻辑回归可以对每个阈值分别进行拟合。下面的代码适用于这些独立的(异方差)逻辑回归拟合,并将拟合的模型对象写入列表中:

```
R>logreg2 <- hetlogreg2 <- list()
R>for(i in 1:length(q)){
+logreg2[[i]] <- glm(rain <= q[i]~ensmean, data = raintrain,
+family = binomial())
+hetlogreg2[[i]] <- hetglm(rain <= q[i]~ensmean | enssd,
+data = raintrain, family = binomial())
+}
```

但这种方法的一个问题是,不同阈值的回归线可能会交叉,这将导致这些阈值之间的区间出现无意义的负概率(如第 3 章图 3.4)(Wilks,2018)。Wilks(2009)建议使用扩展逻辑回归来避免这个问题,该逻辑回归对所有阈值都拟合一个方程,阈值作为额外的预报变量(第 3 章)(Wilks,2018)。除了避免负概率外,这种扩展的逻辑回归还可以提供完全连续的预报分布。Messner 等(2014)进一步扩展了这种方法,以有效地利用集合离散度,类似于异方差逻辑回归(hetglm( ))或非齐次回归(式(11.6)~式(11.8))。**crch** 包的 hxlr( )可以实现这种异方差扩展逻辑回归(**HXLR**),其接口与 crch( )或 hetglm( )类似:

```
R>HXLR <- hxlr(rain~ensmean | enssd, data = raintrain, thresholds = q)
```

比例—优势回归或排序逻辑回归(**OLR**；Hemri et al.,2016；Messner et al.,2014)是另

一种与逻辑回归密切相关的方法,它适用于有限的阈值集合,并通过限制回归线平行来避免其交叉。OLR 的实现可以在 **MASS** 的 polr( )或 **ordinal** 的 clm( )中找到。对于这些函数,预报量必须是有序因子,例如,可以通过 cut( )创建:

R>raintrain$raincat <- cut(raintrain$rain, c(-Inf, q, Inf))

clm ( )还有一个用法,可以用第 2 个公式 scale 指定尺度的预报变量:

R>library("ordinal")

R>OLR <- clm(raincat~ensmean, scale = ~enssd, data = raintrain)

11.4.3 预报

上一小节中拟合的模型与第 11.3.3 节中的温度预报类似。然而二元和排序逻辑回归模型不支持密度或分位数预报,只能导出概率预报。对于 cNLR 预报逻辑分布的位置和尺度参数可以通过函数 predict( )得到。

R>location_cNLR <- predict(cNLR, newdata = raintest, type = "location")

R>scale_cNLR <- predict(cNLR, newdata = raintest, type = "scale")

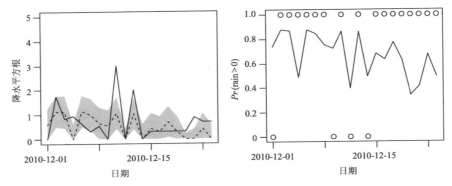

图 11.9　左图为 cNLR 中位数预报(虚线)和预报四分位数间距(灰色阴影),观测以实线表示;右图为 cNLR 降水概率(实线)和相应观测值(圆在 1 为发生,在 0 为不发生)

密度、分位数和概率与之前的温度预报的生成类似,但是带有删失逻辑概率的概率分布函数来自 **crch** 的 dclogis( )、pclogis( )和 qclogis( )。图 11.9 中 cNLR 的预报区间或降水概率图与图 11.5 生成类似:

R>par(mfrow = c(1,2))

R>quant_cNLR <- predict(cNLR, newdata = raintest, type = "quantile",

+at = c(0.25, 0.5, 0.75))

R>plot(quant_cNLR[1:20, 2], type = "l", lty = 2, ylim = c(0, 5),

+ylab = "square root of precipitation", xlab = "date", xaxt = "n")

R>axis(1, at = seq(1, 20, 6), raintest$date[seq(1, 20, 6)])

R>polygon(c(1:20, 20:1), c(quant_cNLR[1:20, 1], quant_cNLR[20:1, 3]),

+col = gray(0.1, alpha = 0.1), border = FALSE)

R> lines(raintest$rain[1:20])

R >cdf_cNLR <- sapply(q, function(q) plogis(q, location_cNLR, scale_cNLR))

R>plot(1 - cdf_cNLR[1:20], type = "l", ylab = "Pr(rain> 0)",

+xlab = "date", xaxt = "n", ylim = c(0,1))

R>axis(1, at = seq(1, 20, 6), temptest$date[seq(1, 20, 6)])

R>points(raintest$rain>0)

cNLR、BMA 和 HXLR 的预报密度图的生成与生成图 11.4 方法类似：

R>par(mfrow = c(1,3))

R>x <- c(0, seq(1e-8, 6. 5, 0. 1))

R>##cNLR

R>plot(x, dclogis(x, location_cNLR[2], scale_cNLR[2], left = 0), type = "l",

+lwd = 3, xlab = "Square root of precipitation", ylab = "PDF", main = "cNLR")

R>abline(v = raintest$rain[2], lwd = 3, col = "orange")

R>##BMA

R>plot(gBMA, raintest_eD[2,])

R>title(main = "BMA")

R>##HXLR

R>location_HXLR <- predict(HXLR, newdata = raintest, type = "location")

R>scale_HXLR <- predict(HXLR, newdata = raintest, type = "scale")

R>plot(x, dclogis(x, location_HXLR[2], scale_HXLR[2], left = 0), type = "l",

+lwd = 3, xlab = "Square root of precipitation", ylab = "PDF", main = "HXLR")

R>abline(v = raintest$rain[2], lwd = 3, col = "orange")

这些预报密度(图 11.10)，均在 0 处具有离散概率。然而，尽管 BMA Γ 分布对非常小的降水量具有接近 0 的概率，但在 cNLR 和 HXLR 的删失逻辑分布中，可以看到从 0 到正值的平滑过渡。

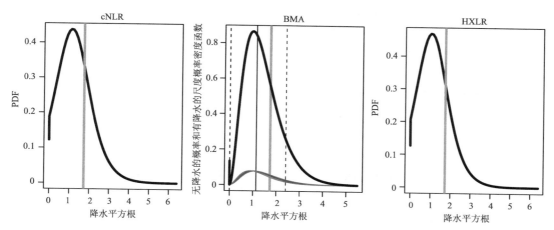

图 11.10　2010 年 12 月 1 日的 cNLR、BMA 和 HXLR 平方根预报密度

(黑色实线表示预报密度，橙色竖线表示验证的观测值。对于 BMA 也给出了预报中值(细竖线)，
0.1 和 0.9 分位数(虚线)，以及成员分布(彩色曲线))(见彩图)

下一节的检验主要集中在阈值概率预报方面。对于 BMA 这些预报可以用函数 cdf( )生成。

```
R>cdf_gBMA <- cdf(gBMA, raintest_eD, values = q)
```

对于二元(异方差)逻辑回归,概率可通过 predict( )计算,其中必须设置参数 type= "response"。下面的代码使用 sapply( )函数来预报所有阈值的逻辑回归模型,并为所有阈值创建一个累积概率矩阵。

```
R>cdf_logreg <- sapply(logreg2, function(mod)
+predict(mod, newdata = raintest, type = "response"))
R>cdf_hetlogreg <- sapply(hetlogreg2, function(mod)
+predict(mod, newdata = raintest, type = "response"))
```

predict( )也用于 HXLR 和 OLR 的阈值概率预报,参数分别是 type = "cumprob"和 type = "cum.prob"。

```
R>cdf_HXLR <- predict(HXLR, newdata = raintest, type = "cumprob")
R>cdf_OLR <- predict(OLR, newdata = raintest, type = "cum.prob")$cprob1[,-7]
```

最后,将不同方法得到的预报概率合并为一个列表,为方便后面的检验。

```
R>CDF <- list(cNLR = cdf_cNLR, BMA = cdf_gBMA, logreg = cdf_logreg,
+hlogreg = cdf_hetlogreg, HXLR = cdf_HXLR, OLR = cdf_OLR)
```

11.4.4　检验

CNLR、BMA 和 HXLR 提供了完全连续的预报分布。其他逻辑回归方法只能预报阈值概率。因此,本节主要是对二元或分类预报评分进行比较。cNLR、BMA 和 HXLR 的 CRPS、无知评分或 PIT 直方图类似于第 11.3.4 节的推导。

下面仅给出降水发生(阈值为 0;CDF 矩阵的第一列)时的二元验证方法。其他阈值也可以进行类似地评估。

Brier 评分是二元概率预报最常用的检验指标之一。本质上,它是概率预报的平方误差,其中观测值被认为是 0(未发生)或 1(发生)。下面的代码导出了所有方法的 Brier 评分,并将它们与列中的不同方法和行中的不同日期合并在一个矩阵中:

```
R>brier_all <- NULL
R>for(n in names(CDF)) {
+brier_all <- cbind(brier_all, ((raintest$rain <=0) - CDF[[n]][,1])^2)
+}
R>colnames(brier_all) <- names(CDF)
```

与第 11.3.4 节中的 CRPS 和无知评分类似,Brier 平均评分的抽样分布可以用自助法均值的箱线图来说明:

```
R>boxplot(bootmean(brier_all), las = 2, ylab = "Brier score")
```

在图 11.11 的左图中,可以看出 BMA 与其他方法相比差异很小,但 BMA 略微逊色于其他方法。

通常 Brier 评分可分解为可靠性、分辨性和不确定性(Thorarinsdottir et al.，2018)。该分解利用 **verification** 包中的函数 brier( )或 **SpecsVerification** 包中的函数 BrierDecomp( )实现:

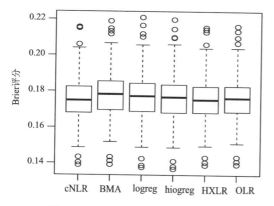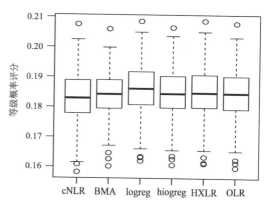

图 11.11 不同后处理方法的无降水概率预报的自助法抽样分布的 Brier 评分(左)以及
排序概率评分(右)(方框、胡须和圆圈的含义与图 11.6 相同)

```
R>sapply(CDF, function(x) BrierDecomp(x[,1], y = (raintest$rain <= 0))[1,])
```

	cNLR	BMA	logreg	hlogreg	HXLR	OLR
REL	0.004704628	0.009858622	0.003886837	0.004187534	0.006635748	0.00464618
RES	0.043203596	0.043641378	0.040695738	0.041052569	0.043469168	0.03907385
UNC	0.214751051	0.214751051	0.214751051	0.214751051	0.214751051	0.21475105

函数 BrierDecomp( )返回的矩阵,第一行为 Brier 评分,第二行为其估计的标准差。因此第一行即子集[1,]。这种分解表明,BMA 的高 Brier 评分(即相对较差)主要归因于其较大的可靠性。

可靠性图提供了对二元预报更全面的评估(Wilks,2011),可通过 **verification** 包中的 reliability.plot( )或 **SpecsVerification** 包中的 ReliabilityDiagram( )实现。所有方法的可靠性图(图 11.12)都可以通过以下代码创建。其中因为 ReliabilityDiagram( )重置了图形参数,图 11.12 需要用命令 par(mfg = c((n-1)% /% 3+1, (n-1)% 3+1))排版 6 个图表。

```
R>par(mfrow= c(2,3))
R>for(n in 1:length(names(CDF))){
+ReliabilityDiagram(1-CDF[[n]][,1], (raintest$rain >0), plot= TRUE)
+par(mfg = c((n-1) %/%3 +1, (n-1) %%3+1))
+title(main = names(CDF)[n])
+}
```

可靠性图显示所有预报方法都有的良好校准(校准函数接近于对角线),与 Brier 评分分解的可靠性一致,BMA 偏离对角线最多,但仍在一致性范围内。

受试者工作特征曲线(ROC)图是二元预报的另一个常用图形检验工具(Wilks,2011)。R 语言提供了各种创建 ROC 图的函数,比如 **verification** 包中的 roc.plot( )函数,**ROCR** 包中的 plot( )函数,或者 **pROC** 包中的 roc( )函数。下面的代码为所有方法创建 ROC 图,并将曲线下的面积(AUC)添加到这些图中:

```
R>library("pROC")
R>par(mfrow = c(2, 3))
R> for(n in names(CDF)){
+rocplot <- roc((raintest$rain >0)~I(1 - CDF[[n]][, 1]), plot= TRUE,
```

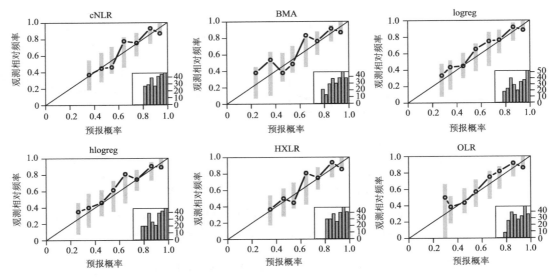

图 11.12 不同后处理方法的降水概率(即 $Pr(r>0)$)的可靠性图示,校准作用用直线连接的圆圈表示,
灰色条为自助法再抽样的一致性(Bröcker et al.,2007)

```
+main = n)
+text(0.2, 0.2, paste("AUC = ", round(rocplot$auc, digits = 4)))
+}
```

如图 11.13 所示,所有方法的 ROC 图看起来都非常相似,但 BMA 有最差(最低)的 AUC。

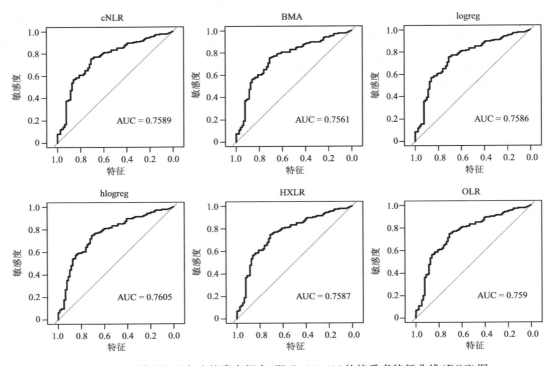

图 11.13 不同后处理方法的降水概率(即 $Pr(r>0)$)的接受者特征曲线(ROC)图
曲线下的面积(AUC)显示在各图的右下角

Brier 评分是一种适用于单阈值概率预报的检验措施。对于两个或多个阈值,Brier 评分可以推广为分级概率评分(ranked probability score,RPS)。从本质上讲,RPS 是所有阈值的平均 Brier 评分(这里我们使用与第 11.4.2 节中用于拟合的阈值相同,即概率为 0.1,0.2,…,0.9 的气候十分位值),可以通过以下命令计算:

```
R>cdf_obs <- sapply(q, function(q) raintest$rain < = q)
R>rps_all <- NULL
R>for(n in names(CDF)) {
+rps_all <- cbind(rps_all,
+rowSums((CDF[[n]] - cdf_obs)^2)/(ncol(cdf_HXLR) -1))
+}
R>colnames(rps_all) <- names(CDF)
```

自助法的 RPS 平均的抽样分布的箱线图可以由下面的代码创建,如图 11.11 的右列。

```
R>boxplot(bootmean(rps_all), las = 2, ylab = "RPS")
```

与 Brier 评分结果一致,cNLR 表现良好。标准逻辑回归(logreg)的性能相对较差,特别是与异方差逻辑回归(hlogreg)相比,这表明了利用集合离散度的优势。

11.5 温度与降水的多变量后处理

第 11.3 节和第 11.4 节分别对温度和降水资料示例进行了单变量集合后处理。本节将这些示例推广到这两个变量的双变量集合后处理。

Schefzik 等(2018)概述了多种多变量后处理方法。本节采用参数化多变量高斯 copula 方法(Möller et al.,2013)、非参数化的集合 copula 耦合(ECC)(Schefzik et al.,2013)和 Schaake 洗牌法(Clark et al.,2004)。

11.5.1 数据处理

本节采用的数据与前几部分相同。图 11.14 给出了降水随温度变化的图,由以下代码生成:

```
R>plot(raintrain$rain~temptrain$temp, xlab = "temperature",
+ylab = "precipitation")
R>abline(lm(raintrain$rain~temptrain$temp))
```

图 11.14 显示了这两个变量之间的弱正相关关系,可以解释为较低的温度主要发生在晴朗、很少或没有降水的夜晚。下面用多变量方法来捕捉这种相关。

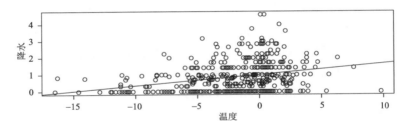

图 11.14　因斯布鲁克 3 d 累计降水与气温变化的关系,实线为线性回归拟合

11.5.2　模型拟合

下面使用的基于 copula 的多变量后处理方法均基于边缘预报分布的单变量后处理。这里我们用 NGR（式(11.1)～式(11.3)）表示温度,用 cNLR(式(11.6)～式(11.8))表示降水,这些数据已在第 11.3 节和 11.4 节中进行过拟合。

在高斯 copula 方法中,使用高斯分位数函数（qnorm( )）和边缘预报 CDF 将数据转化为多变量高斯样本。对于删失分布,不能在删失点（0 降水）上准确推导得出 CDF 的值。因此,用第 11.7.1 节的 clogispit( )函数通过随机抽样得到这些数据的边缘 CDF。因此,高斯 copula 可以用于训练数据：

```
R>trtemp<- qnorm(pnorm(temptrain$temp,
+fitted(NGR_crch, type = "location"),
+fitted(NGR_crch, type = "scale")))
R>trrain<- qnorm(clogispit(raintrain$rain,
+fitted(cNLR, type = "location"),
+fitted(cNLR, type = "scale")))
```

在高斯 copula 方法中,这些变换后的数据假设服从多变量高斯分布,其协方差矩阵可以由 cov ( )导出：

```
R>covmatrix<- cov(cbind(trtemp, trrain))
```

非参数 ECC 和 Schaake 洗牌法不需要任何先验模型拟合,可直接应用于预报。

11.5.3　预报

多变量预报通常作为情景或集合的形式提供。ECC 方法中的情景数量必须与后处理集合的规模相匹配。因此,为了比较不同方法的优劣,为所有方法生成了 nscen =11 的情景。

```
R>nscen <-11
```

对于高斯 copula 方法,首先需要抽取 nscen 个二元高斯随机样本,可以利用 **mvtnorm** 软件包中的函数 rmvnorm ( )实现。然后通过边缘分位数函数（qnorm ( )和 qclogis ( )和高斯 CDF（pnorm ( )）将这些随机样本变换回边缘分布。下面的代码可以为整个测试数据集生成温度和降水情景预报：

```
R>library("mvtnorm")
```

```
R>GCtemp <- GCrain <- NULL
R>for(i in 1:nrow(temptest)) {
+sim <- rmvnorm(nscen, c(0, 0), sigma =covmatrix)
+GCtemp <- rbind(GCtemp, qnorm(pnorm(sim[,1]), mean_NGR[i], sd_NGR[i]))
+GCrain <- rbind(GCrain,
+qclogis(pnorm(sim[,2]), location_cNLR[i], scale_cNLR[i], left = 0))
+}
```

ECC 和 Schaake 洗牌法都是基于从边缘预报分布中提取的单变量情景, 可以很容易地由各自分布的随机数函数(rnorm ( )和 rclogis ( ))生成:

```
R>UNIVtemp <- UNIVrain <- NULL
R>for(i in 1:nrow(temptest)) {
+UNIVtemp <- rbind(UNIVtemp, rnorm(nscen, mean_NGR[i], sd_NGR[i]))
+UNIVrain <- rbind(UNIVrain,
+        rclogis(nscen, location_cNLR[i], scale_cNLR[i], left =0))
+}
```

随后, 这些情景预报的排序调整为原始集合(ECC)的排序或采样过去数据的排序(Schaake 洗牌法)。这种排序可以通过 sort ( )和 rank ( )进行:

```
R>ECCtemp <- ECCrain <- NULL
R>for(i in 1:nrow(temptest)) {
+ECCtemp <- rbind(ECCtemp, sort(UNIVtemp[i,])[rank(temptest[i, 2:12])])
+ECCrain <- rbind(ECCrain, sort(UNIVrain[i,])[rank(raintest[i, 2:12])])
+}
R>SStemp <- SSrain <- NULL
R>for(i in 1:nrow(temptest)) {
+ind <- sample(nrow(temptrain), nscen)
+SStemp <- rbind(SStemp, sort(UNIVtemp[i,])[rank(temptrain$temp[ind])])
+SSrain <- rbind(SSrain, sort(UNIVrain[i,])[rank(raintrain$rain[ind])])
+}
```

11. 5. 4　检验

Thorarinsdottir 等(2018, 第 6 章)概述了多变量概率预报不同的检验方法。本节将双变量集合温度和降水预报与常用的能量评分(Gneiting et al. , 2008)、变差函数评分(Scheuerer et al. , 2015b)和多变量排序直方图(Gneiting et al. , 2008)进行比较。能量和变差函数评分(variogram score)可分别由 **scoreRules** 软件包中的 es_sample ( )和 vs_sample ( )函数计算得到。下面的代码可导出测试数据集中所有日期的这两个评分:

```
R>es <- vs <- NULL
R>for(i in 1:nrow(temptest)) {
+obs <- c(temptest$temp[i], raintest$rain[i])
```

```
+es <- rbind(es, c(
+UNIV = es_sample(obs, rbind(UNIVtemp[i,], UNIVrain[i,])),
+ECC = es_sample(obs, rbind(ECCtemp[i,], ECCrain[i,])),
+GC = es_sample(obs, rbind(GCtemp[i,], GCrain[i,])),
+SS = es_sample(obs, rbind(SStemp[i,], SSrain[i,]))))
+vs <- rbind(vs, c(
+UNIV = vs_sample(obs, rbind(UNIVtemp[i,], UNIVrain[i,])),
+ECC = vs_sample(obs, rbind(ECCtemp[i,], ECCrain[i,])),
+GC = vs_sample(obs, rbind(GCtemp[i,], GCrain[i,])),
+SS = vs_sample(obs, rbind(SStemp[i,], SSrain[i,]))))
+
+}
```

与图 11.6 类似,均值评分的抽样分布可以通过自助法平均值的箱线图来描述:

```
R>par(mfrow = c(1, 2))
R>boxplot(bootmean(es), ylab = "ES")
R>boxplot(bootmean(vs), ylab = "VS")
```

图 11.15 显示出不同方法之间的微小差异。高斯 copula 方法在这两个评分上的表现都比其他方法略好。Schaake 洗牌法在变差函数评分中略好于单变量情景和 ECC。单变量情景和 ECC 的差异非常小,这表明原始集合不能很好地反映温度和降水的相关。

多变量检验排序直方图是多变量的另一个常用检验工具。这些诊断图类似于单变量检验排序直方图,但使用多变量排序顺序。

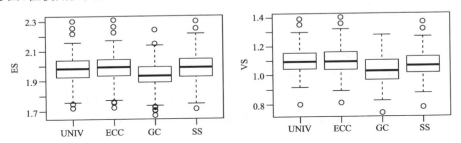

图 11.15　不同多变量后处理方法的能量(左)和变差函数评分(右)的自助抽样分布

Thorarinsdottir 等(2016)的补充材料中提供了一个计算多变量排序的函数,也可以在第 11.7.1 节中查到。利用函数 mv. rank( )可以推导出测试数据集的多变量排序:

```
R>r <- NULL
R>for(i in 1:nrow(temptest)) {
+obs <- c(temptest$temp[i], raintest$rain[i])
+r <- rbind(r, c(
+UNIV = mv.rank(cbind(obs, rbind(UNIVtemp[i,], UNIVrain[i,])))[1],
+ECC = mv.rank(cbind(obs, rbind(ECCtemp[i,], ECCrain[i,])))[1],
+GC = mv.rank(cbind(obs, rbind(GCtemp[i,], GCrain[i,])))[1],
+SS = mv.rank(cbind(obs, rbind(SStemp[i,], SSrain[i,])))[1]))
```

+}

多变量检验排序直方图如图 11.16：

R>par(mfrow = c(1, 4))

R>for(n in colnames(r)){

+hist(r[,n], freq = FALSE, breaks = 0:12 +0. 5, main = n, ylim = c(0, 0. 12))

+abline(h = 1/11, lty = 2)

+}

与能量评分一致,多变量排序直方图只显示不同方法之间的微小差异。

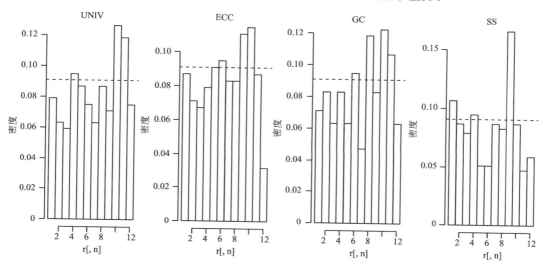

图 11.16　不同多变量后处理方法的多变量检验排序直方图

11.6　小结与讨论

本章在 4 个典型的后处理示例中介绍了统计软件和编程语言 R,即温度的确定性后处理、温度的单变量集合后处理、降水的单变量集合后处理以及温度和降水的双变量后处理。这些例子涉及不同的后处理和检验方法,但是,对于集合后处理,显然还有许多其他任务和有用的 R 函数是本章无法涵盖的。

Hamill(2018)鼓励使用开源软件和通用代码及数据存储库(第 7 章)。CRAN 存储库共享和访问开源 R 语言代码以及集成后处理包,如 **ensemblueBMA**、**crch**、**scoringRules** 或 **Specs-Verification** 已经使用了这些便利。本章介绍的这些和其他 R 函数和包便于测试和比较已知的和新开发的后处理方法。

11.7　附录

11.7.1　附录 A：本章使用的函数代码

本附录提供了本章中使用的一些函数的代码。例如第 11.5.2 节中使用的删失分布的 PIT 图不能在删失点（0 降水）处精确得到。为了得到均匀分布的 PIT，对删失数据绘制随机值。这些随机值对应于负的潜在（未观测到的）值。下面的函数为删失逻辑分布计算这些 PIT 图：

```
R>clogispit <- function(obs, location, scale, left = 0) {
+pit <- pclogis(obs, location, scale, left = left)
+pit[obs <= 0] <- runif(sum(obs <= 0), 0, pit[obs <= 0])
+return(pit)
+}
```

以下函数来自 Thorarinsdottir 等（2016）的补充材料，可用于对多变量数据排序：

```
R>mv.rank <- function(x) {
+d <- dim(x)
+x.prerank <- numeric(d[2])
+for(i in 1:d[2]) {
+x.prerank[i] <- sum(apply(x<= x[,i],2,all))
+}
+x.rank <- rank(x.prerank,ties= "random")
+return(x.rank)
+}
```

11.7.2　附录 B：可用于集合后处理的 R 包

本附录列出了对集合后处理非常有用的软件包。关于这些包的更多信息可以在它们各自的包文档中查到。

可用的数据集和数据处理包

集合预报和相应观测的示例数据可以在 **ensemblepp**（Messner，2017）、**crch**（Messner，2016）、**ensembleMOS**（Yuen et al.，2017）、**ensembleBMA** 包（Fraley et al.，2018）和 **Specs-Verification**（Siegert，2017）中查到，并可以用来方便地测试现有或新的集合后处理方法。以文本格式存储的数据可以加载到 R 语言中的函数有 read.table（ ）和 read.csv（ ），**RNetCDF**（Michna 和 Woods，2016）和 **rNOMADS**（Bowman et al.，2015）分别提供了加载 netCDF 和 grib 文件的函数。

处理时间序列数据的方便软件包有 **zoo**（Zeileis et al.，2005）、**chron**（James et al.，2018）、**tseries**（Trapletti et al.，2017）、或 **xts**（Ryan et al.，2017）。可以使用如 **sp**（Bivand et al.，2013）、**raster**（Hijmans，2017）或 **rgdal**（Bivand et al.，2017）处理空间数据。有关时间序列和空间数据可用包的概述，另请参见相应的 CRAN 任务视图（Hyndman，2017；Bivand，2017）。

集成后处理模型包

本章已经涵盖了集合后处理最重要的 R 语言包和函数，例如 **ensembleBMA**（Fraley et al.，2018）、**crch**（Messner，2016）、**gamlss**（Rigby et al.，2005）、**ensembleMOS**（Yuen et al.，2017）、**SpecsVerification**（Siegert，2017）、**glmx**（Zeileis et al.，2015）和 **ordinal**（Christensen，2015），但还有很多提供其他有用的后处理功能的软件包，例如用于分位数回归的 **quantreg**（Koenker，2017），用于自回归后处理的 **ensAR**（Groß et al.，2016），用于贝叶斯模型拟合的 **INLA** 或 **bamlss**（Umlauf et al.，2017）。**RandomFields**（Schlather et al.，2015）和 **SpatialExtremes**（Ribatet，2018）用于模拟最大稳定过程（Friederichs et al.，2018，第 5 章）或用于模拟 C-Vinecopulae（Hemri，2018，第 8 章）的 **CDVine**（Brechmann et al.，2013）。

检验包

本章中的预报检验主要是基于基本 R 函数、**scoringRules**（Jordan et al.，2017）以及 **SpecsVerification**（Siegert，2017）中的函数。其他非常有用的检验函数可以在 **verification**（NCAR-Research Applications Laboratory，2015）、**easyVerification**（MeteoSwiss，2017）或 **SpatialVx**（Gilleland，2017）中找到。

参考文献

Bivand R，2017. CRAN task view：Analysis of spatial data. https://CRAN. R-project. org/view＝Spatial.

Bivand R，Keitt T，Rowlingson B，2017. Rgdal：Bindings for the geospatial data abstraction library.
R package version 1. 2-16. https://CRAN. R-project. org/package＝rgdal.

Bivand R S，Pebesma E，Gomez-Rubio V，2013. Applied Spatial Data Analysis With R. New York：Springer.
http://www. asdar-book. org/.

Bowman D C，Lees J M，2015. Near real time weather and ocean model data access with rNOMADS. Computers & Geosciences，78，8 8-95.

Brechmann E C，Schepsmeier U，2013. Modeling dependence with C- and D-vine copulas：The R package CD-Vine. Journal of Statistical Software，52，1-27.

Bröcker J，Smith L A，2007. Increasing the reliability of reliability diagrams. Weather and Forecasting，22，651-661.

Bröcker J，Smith L A，2008. From ensemble forecasts to predictive distribution functions. Tellus A，60，663-678.

Buizza R，2018. Ensemble forecasting and the need for calibration // Vannitsem S，Wilks D S，Messner J W. Statistical Postprocessing of Ensemble Forecasts. Elsevier.

Christensen R H B，2015. Ordinal—Regression models for ordinal data. R package version 2015. 6-28. https:// cran. r-project. org/package＝ordinal.

Clark M，Gangopadhyay S，Hay L，et al，2004. The Schaake shuffle：A method for reconstructing spacetime variability in forecasted precipitation and temperature fields. Journal of Hydrometeorology，5，243-262.

Efron B, 1979. Bootstrap methods: another look at the jackknife. The Annals of Statistics, 7, 1-26.

Fraley C, Raftery A E, Sloughter J M, et al, 2017. Ensemble BMA: Probabilistic forecasting using ensembles and Bayesian model averaging. R package version 5. 1. 5. https:// CRAN. R-project. org/package=ensembleBMA.

Friederichs P, Buschow S, Wahl S, 2018. Post-processing for extreme events // Vannitsem S, Wilks D S, Messner J W. Statistical Postprocessing of Ensemble Forecasts. Elsevier.

Gilleland E, 2017. SpatialVx: Spatial forecast verification. R package version 0. 6-1. https://CRAN. R-project. org/package=SpatialVx.

Glahn H, Lowry D, 1972. The use of model output statistics (MOS) in objective weather forecasting. Journal of Applied Meteorology, 11, 1203-1211.

Gneiting T, Raftery A E, Westveld A H, et al, 2005. Calibrated probabilistic forecasting using ensemble model output statistics and minimum CRPS estimation. Monthly Weather Review, 133, 1098-1118.

Gneiting T, Stanberry L I, Grimit E P, et al, 2008. Assessing probabilistic forecasts of multivariate quantities, with an application to ensemble predictions of surface winds. TEST, 17, 211.

Groß J, Möller A, 2016. Ensar: Autoregressive postprocessing methods for ensemble forecasts. R package version 0. 0. 0. 9000. https://github. com/JuGross/ensAR.

Hamill T M, 2018. Practical aspects of statistical postprocessing // Vannitsem S, Wilks D S, Messner J W. Statistical Postprocessing of Ensemble Forecasts. Elsevier.

Hamill T M, Whitaker J S, Wei X, 2004. Ensemble reforecasting: Improving medium-range forecast skill using retrospective forecasts. Monthly Weather Review, 132, 1434-1447.

Hamill T M, Bates G T, Whitaker J S, et al, 2013. NOAA's second-generation global medium-range ensemble reforecast dataset. Bulletin of the American Meteorological Society, 94, 1553-1565.

Hemri S, 2018. Application of postprocessing for hydrological forecasts // Vannitsem S, Wilks D S, Messner J W. Statistical Postprocessing of Ensemble Forecasts. Elsevier.

Hemri S, Haiden T, Pappenberger F, 2016. Discrete postprocessing of total cloud cover ensemble forecasts. Monthly Weather Review, 144, 2565-2577.

Hijmans R J, 2017. raster: Geographic data analysis and modeling. R package version 2. 6-7. https:// CRAN. Rproject. org/package=raster.

Hyndman R J, 2017. CRAN task view: Time series analysis. https://CRAN. R-project. org/view=TimeSeries.

James D, Hornik K, 2018. Chron: Chronological objects which can handle dates and times. R package version 2. 3-52. https://CRAN. R-project. org/package=chron.

Jordan A, Krueger F, Lerch S, 2017. scoringRules: Scoring rules for parametric and simulated distribution forecasts. R package version 0. 9. 4. https://CRAN. R-project. org/package=scoringRules.

Koenker R, 2017. quantreg: Quantile regression. R package version 5. 34. https://CRAN. R-project. org/package=quantreg.

Messner J W, 2016. Heteroscedastic censored and truncated regression with crch. The R Journal, 8, 2073-4859. https://journal. r-project. org/archive/2016-1/messner-mayr-zeileis. pdf.

Messner J W, 2017. ensemblepp: Ensemble postprocessing. R package version 0. 1-0. https://CRAN. R-project. org/package=ensemblepp. Accessed 23 January 2018.

Messner J W, Mayr G J, Wilks D S, et al, 2014. Extending extended logistic regression: Extended vs. separate vs. ordered vs. censored. Monthly Weather Review, 142, 3003-3014.

Messner J W, Zeileis A, Mayr G J, et al, 2014. Heteroscedastic extended logistic regression for post-processing of ensemble guidance. Monthly Weather Review，142，448-456.

MeteoSwiss，2017. Easyverification：Ensemble forecast verification for large data sets. R package version 0. 4. 4. https：//CRAN. R-project. org/package＝easyVerification. Accessed 23 January 2018.

Michna P，Woods M，2016. RNetCDF：Interface to NetCDF Datasets. R package version 1. 9-1. https：// CRAN. R-project. org/package＝RNetCDF. Accessed 23 January 2018.

Möller A，Groß J，2016. Probabilistic temperature forecasting based on an ensemble autoregressive modifica-tion. Quarterly Journal of the Royal Meteorological Society，142，1385-1394.

Möller A，Lenkoski A，Thorarinsdottir T L，2013. Multivariate probabilistic forecasting using ensemble Bayesian model averaging and copulas. Quarterly Journal of the Royal Meteorological Society，139，982-991.

NCAR-Research Applications Laboratory，2017. Verification：Weather forecast verification utilities. R package version 1. 42. https：//CRAN. R-project. org/package＝verification.

Nelder J A，Wedderburn R W M，1972. Generalized linear models. Journal of the Royal Statistical Society. Series A (General)，135，370-384.

Raftery A E，Gneiting T，Balabdaoui F，et al，2005. Using Bayesian model averaging to calibrate forecast en-sembles. Monthly Weather Review，133，1155-1174.

R Development Core Team，2017. An introduction to R. Vienna，Austria. http://www. R-project. org/.

Ribatet M，2018. Spatialextremes：Modelling spatial extremes. R package version 2. 0-6. https：//CRAN. Rproject. org/package＝SpatialExtremes.

Rigby R A，Stasinopoulos D M，2005. Generalized additive models for location，scale and shape (with discus-sion). Applied Statistics，54，507-554.

Ryan J A，Ulrich J M，2017. xts：eXtensible Time Series. R package version 0. 10-1. https：//CRAN. R-pro-ject. org/package＝xts.

Schefzik R，Möller A，2018. Multivariate ensemble post-processing// Vannitsem S，Wilks D S，Messner J W. Statistical postprocessing of ensemble forecasts. Elsevier.

Schefzik R，Thorarinsdottir T L，Gneiting T，2013. Uncertainty quantification in complex simulation models using ensemble copula coupling. Statistical Science，28，616-640.

Scheuerer M，2014. Probabilistic quantitative precipitation forecasting using ensemble model output statistics. Quarterly Journal of the Royal Meteorological Society，140，1086-1096.

Scheuerer M，Hamill T M，2015a. Statistical postprocessing of ensemble precipitation forecasts by fitting cen-sored，shifted gamma distributions. Monthly Weather Review，143，4578-4596.

Scheuerer M，Hamill T M，2015b. Variogram-based proper scoring rules for probabilistic forecasts of multiva-riate quantities. Monthly Weather Review，143，1321-1334.

Schlather M，Malinowski A，Menck P J，et al，2015c. Analysis，simulation and prediction of multivariate ran-dom fields with package RandomFields. Journal of Statistical Software，63，1-25.

Schmeits M J，Kok K J，2010. A comparison between raw ensemble output，(modified) Bayesian model avera-ging，and extended logistic regression using ECMWF ensemble precipitation reforecasts. Monthly Weather Review，138，4199-4211.

Siegert S，2017. Specsverification：Forecast verification routines for ensemble forecasts of weather and cli-mate. R package version 0. 5-2. https：//CRAN. R-project. org/package＝SpecsVerification.

Sloughter J M L，Raftery A E，Gneiting T，et al，2007. Probabilistic quantitative precipitation forecasting u-sing Bayesian model averaging. Monthly Weather Review，135，3209-3220.

Stauffer R, Umlauf N, Messner J W, et al, 2017. Ensemble post-processing of daily precipitation sums over complex terrain using censored high-resolution standardized anomalies. Monthly Weather Review, 145, 955-969.

Thorarinsdottir T, Schuhen N, 2018. Verification: Assessment of calibration and accuracy // Vannitsem S, Wilks D S, Messner J W. Statistical Postprocessing of Ensemble Forecasts. Elsevier.

Thorarinsdottir T L, Scheuerer M, Heinz C, 2016. Assessing the calibration of high-dimensional ensemble forecasts using rank histograms. Journal of Computational and Graphical Statistics, 25, 105-122.

Trapletti A, Hornik K, 2017. tseries: Time series analysis and computational finance. R package version 0. 10-42. https://CRAN. R-project. org/package=tseries. Accessed 23 January 2018.

Umlauf N, Klein N, Zeileis A, 2017. BAMLSS: Bayesian additive models for location, scale and shape (and beyond). Journal of Computational and Graphical Statistics, in press. https://doi. org/10. 1080/10618600. 2017. 1407325.

Wang X, Bishop C H, 2005. Improvement of ensemble reliability with a new dressing kernel. Quarterly Journal of the Royal Meteorological Society, 131, 965-986.

Wilks D S, 2009. Extending logistic regression to provide full-probability-distribution MOS forecasts. Meteorological Applications, 368, 361-368.

Wilks D S, 2011. Statistical Methods in the Atmospheric Sciences. London: Academic Press.

Wilks D S, 2018. Univariate ensemble post-processing // Vannitsem S, Wilks D S, Messner J W. Statistical Postprocessing of Ensemble Forecasts. Elsevier.

Wilks D S, Hamill T M, 2007. Comparison of ensemble-MOS methods using GFS reforecasts. Monthly Weather Review, 135, 2379-2390.

Yuen R, Gneiting T, Thorarinsdottir T, et al, 2017. ensembleMOS: Ensemble model output statistics. R package version 0. 8. 1. https://CRAN. R-project. org/package=ensembleMOS.

Zeileis A, Croissant Y, 2010. Extended model formulas in R: multiple parts and multiple responses. Journal of Statistical Software, 34, 1-13.

Zeileis A, Grothendieck G, 2005. Zoo: S3 infrastructure for regular and irregular time series. Journal of Statistical Software, 14, 1-27.

Zeileis A, Koenker R, Doebler P, 2015. Glmx: Generalized linear models extended. R package version 0. 1-1. https://CRAN. R-project. org/package=glmx. Accessed 23 January 2018.

主题索引

注:页码后面的 f 表示图,t 表示表格。

D

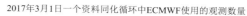

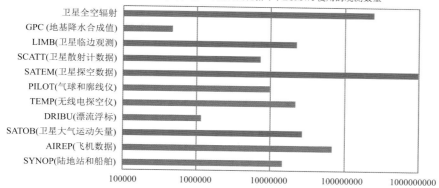

图 2.3　2017 年 3 月在 ECMWF 的一个数据同化周期中使用的分类观测数量,按 11 类分类(红色条表示卫星观测值)。注意 x 轴为对数(来自 ECMWF 的 Alan Geer;个人交流)

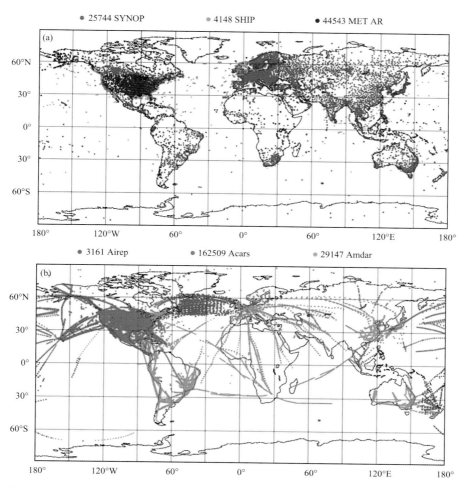

图 2.4　ECMWF 用于生成 2017 年 3 月 2 日 00:00 UTC 分析的地面气象站和浮标(a),以及飞机(b)观测数据的空间覆盖范围

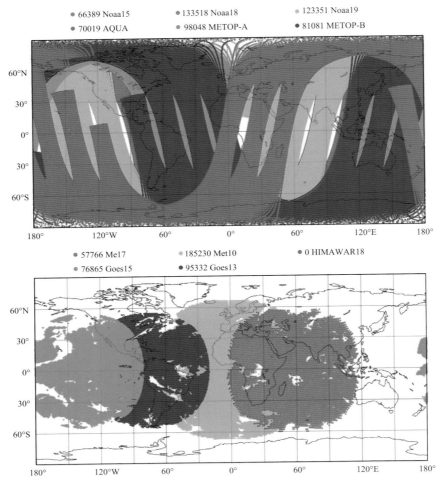

图 2.5 可用于 ECMWF 生成 2017 年 3 月 2 日 00:00 UTC 分析的
极轨 AMSU-A 仪器（上图）和地球静止卫星（下图）的卫星观测空间覆盖范围

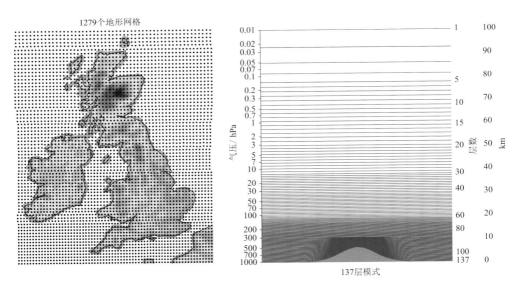

图 2.6 ECMWF 集合模式版本使用的水平网格（左）和垂直层次（右），其分辨率为 Tco639L91：
水平方向为三次八面体表示，总波数为 639，网格间距约为 18 km，垂直方向为 91 层，
高度可达 0.01 hPa（约 80 km）

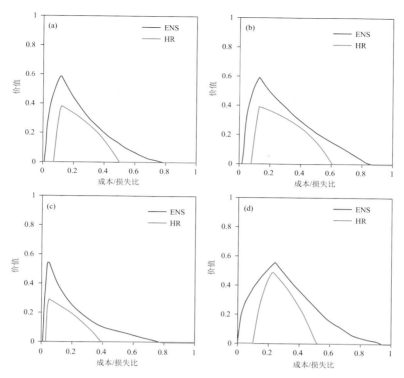

图 2.10　欧洲中期天气预报中心单一高分辨率预报(红线)和 ENS 概率预报(蓝线)的 PEV,成本损失
比 C/L 从 0 到 1,针对 4 种不同预报:2 m 气温负异常低于 4 ℃(a)、2 m 气温正异常高于 4 ℃(b)、
10 m 风速大于 10 m·s^{-1}(c)和总降水量大于 1 mm (d)(PEV 平均值的计算考虑了 2016 年 10—12 月
的 ECMWF 业务预报,并与 SYNOP 观测值进行了验证)

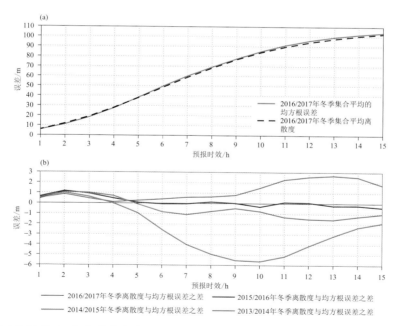

图 2.11　(a)2016/2017 年冬季北半球 500 hPa 位势高度 ECMWF 集合预报平均离散度,分别用标
准差(黑色虚线)和用集合平均的平均均方根误差(红色实线)计算的;(b)采用分析数据进行检验的
离散度的误差:2016/2017 年冬季(红线)、2015/2016 年冬季(蓝线)、2014/2015 年冬季(绿色线)和
2013/2014 年冬季(青色线)

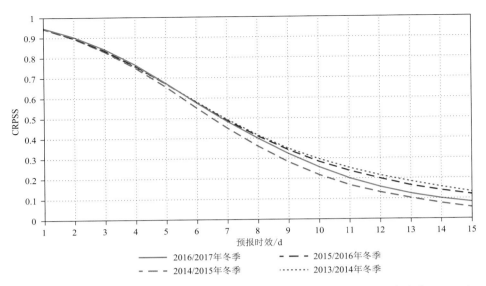

图 2.12 2016/2017 年(2016 年 11 月—2017 年 1 月;红实线)、2015/2016 年(蓝色虚线)、2014/2015 年
(绿色虚线)和 2013/2014 年(青色虚线)年冬季 ECMWF 北半球 500 hPa 位势高度集合概率预报连续分级
概率技巧评分(CRPSS ,更多详情请参阅正文);预报已根据分析数据进行了检验

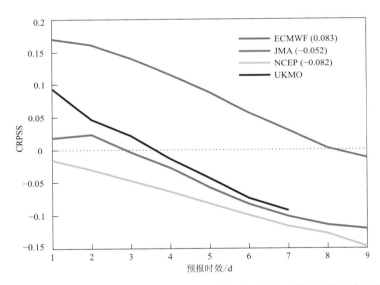

图 2.13 2016/2017 年冬季全球降水 ECMWF 集合概率预报(红色实线)的连续分级概率技巧评分
(CRPSS,更多详情请参阅正文);蓝色、绿色和黄色线对应表示 UKMO、JMA 和 NCEP 集合预报;
预报已根据 SYNOP 观测值进行了检验

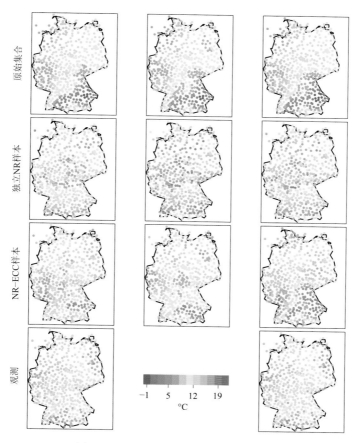

图 4.1 多变量后处理方法的效果说明

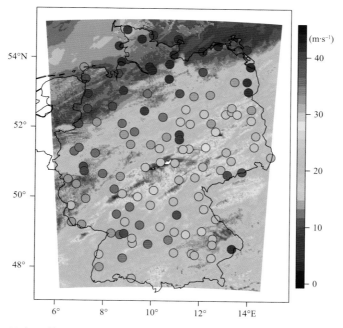

图 5.12 2011 年 6 月 22 日 12：00—18：00 UTC 的集合最大阵风 VMAX-max（阴影）和
观测阵风（圆点）分布

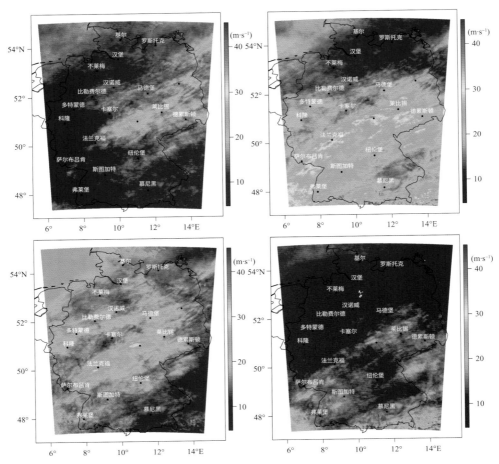

图 5.13　2011 年 6 月 22 日 12:00—18:00 UTC 使用空间布朗—雷斯尼克过程和非平稳
广义极值分布（GEV）边缘得到的阵风预报 4 个实例

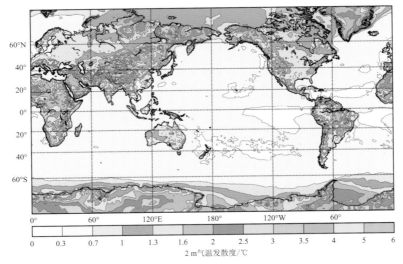

图 7.4　2015 年 00:00 UTC 2 m 气温分析场的年平均发散度
（每个分析系统的数据都通过欧洲中期天气预报中心的 TIGGE 数据平台（Bougeault et al.，2009）
提取至同样的 1°网格。此处使用的分析系统有美国国家环境预报中心、加拿大气象中心、
英国气象局书馆和欧洲中期天气预报中心）

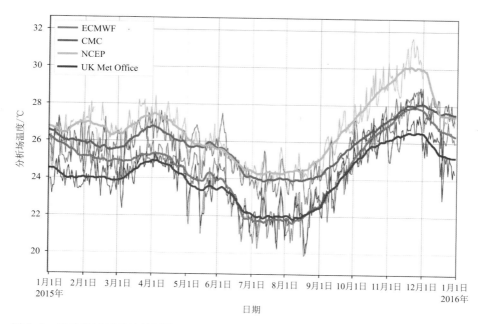

图 7.5　亚马孙流域某地的原始(细线)和＋/－15 d 平滑后(粗线)2 m 地表温度分析场的
时间序列,分析量分别来源于 4 个不同的全球资料同化系统

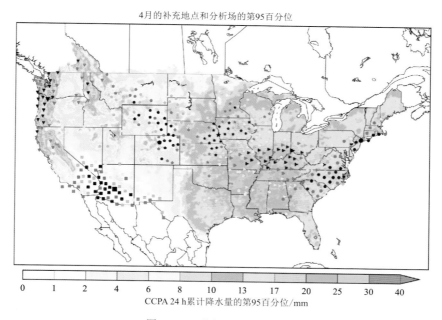

图 7.8　4 月的补充地点示意

(较大的符号表示采用补充地点(大致为俄勒冈州波特兰市、亚利桑那州凤凰城、科罗拉多州博尔德市、
内布拉斯加州奥马哈市、俄亥俄州辛辛那提市和纽约州纽约市)。较小的符号表示补充地点。色彩
较深的符号表示匹配较好;较浅的符号匹配较差。地图上的颜色表示该月 24 h 累计降水量的第
95 百分位数,由 2002—2015 年 CCPA 数据的气候态确定)(引自 Hamill et al.,2017)

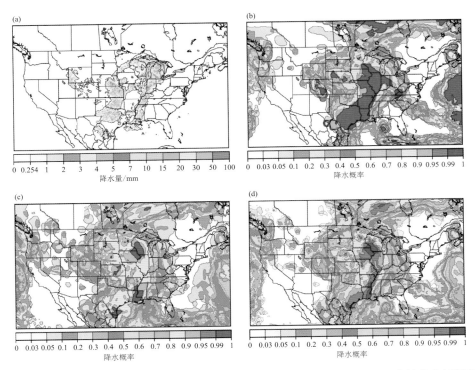

图 7.10　2016 年 4 月 18 日 00 UT 初始化、预报 60～72 h 的 POP12 后处理步骤的个例研究
(a)CCPA 降水分析场；(b)原始 NCEP POP12 预报场；(c)原始 CMC POP12 预报场；
(d)原始 CMC＋NCEP POP12 预报场

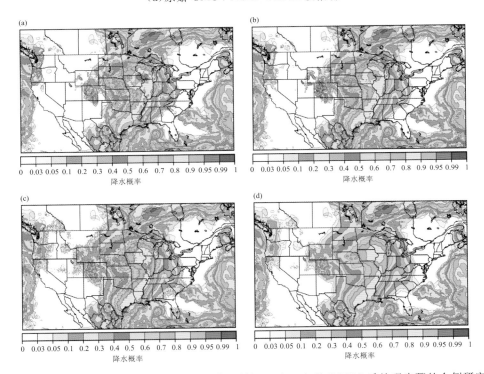

图 7.11　2016 年 4 月 18 日 00 UT 初始化、预报 60 至 72 h 的 POP12 后处理步骤的个例研究
(a)仅使用相关格点进行分位数映射后处理；(b)以每个关注点为中心的 3×3 网格的分位数映射；
(c)分位数映射和修正的 POP12 预报；(d)使用 3×3 网格分位数映射、修正和平滑后的最终产品

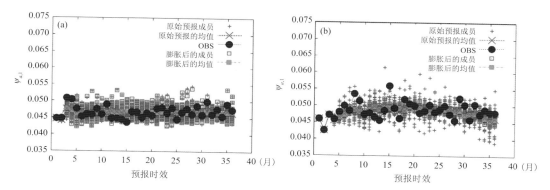

图 10.3　25 个成员的集合预报(a)弱耦合和(b)无模式误差的强耦合
(蓝色圆圈表示观测值,RAW 和 INFL 分别为原始预报和使用膨胀法的订正预报)

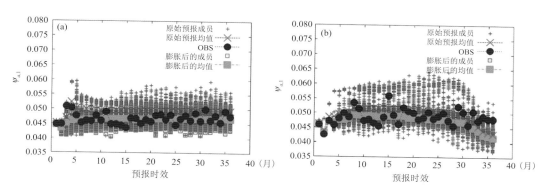

图 10.4　同图 10.3,但对于 100 个成员的多模式集合
(a)为弱耦合和(b)为强耦合

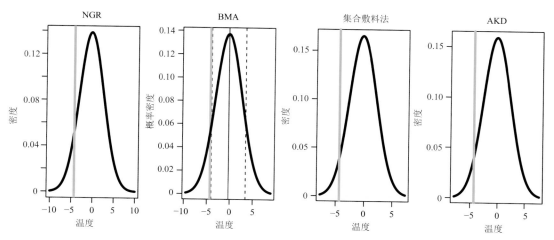

图 11.4　2010 年 12 月 1 日的 NGR、BMA、集合敷料和 AKD 的预报密度
(黑色实线表示预报密度,垂直橙色线表示验证观测;对于 BMA,还显示了预报中位数(细垂线)以及
0.1 和 0.9 分位数(虚线))

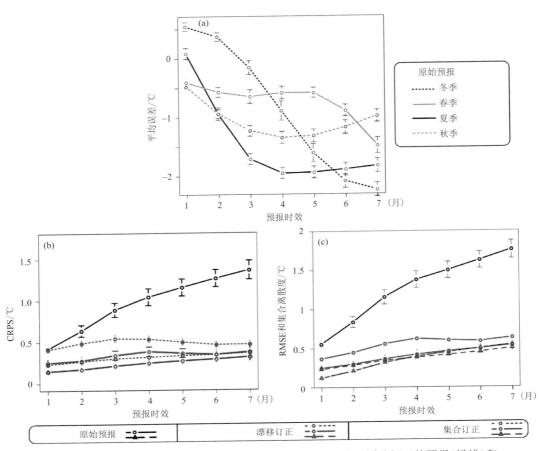

图 10.6　利用 Best$_{rel}$ 方法分析的 ECMWF IFS 原预报（黑线）、漂移订正的预报（绿线）和

集合订正预报（红线）的预报特征

（a）原始预报相对于不同气象季节预报时效的平均误差或偏差；（b）各预报时效的连续分级概率评分（CRPS）（绿实线和红实线是使用四个校准获得的，每个季节一个，而虚线是使用一个校准的，使用所有可用的数据）；（c）各预报时效的 RMSE（圆圈）和集合标准差（三角形）（不确定区间描述了假定误差统计量遵从正态分布的 95 ％置信区间）

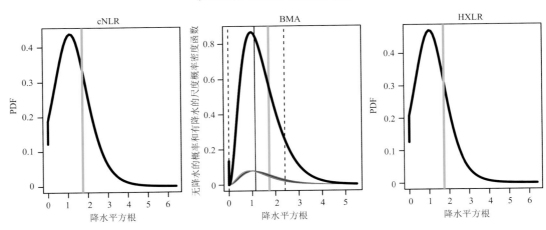

图 11.10　2010 年 12 月 1 日的 cNLR、BMA 和 HXLR 平方根预报密度

（黑色实线表示预报密度，橙色竖线表示验证的观测值。对于 BMA 也给出了预报中值（细竖线），

0.1 和 0.9 分位数（虚线），以及成员分布（彩色曲线））